증보개정판

최신 유가공학

김거유 · 김세헌 · 김완섭 · 김철현
남명수 · 문용일 · 배인휴 · 오세종
윤성식 · 이수원 · 이원재 · 전우민
하월규 공 저

yh 도서출판 유한문화사

머리말

경제성장과 더불어 높아진 국민소득으로 국민들의 식생활도 빠르게 변화되어 왔다. 이와 함께 유가공산업도 크게 발전하여 세계적 수준이 되었고, 우리는 매일 유가공 제품을 섭취하고 있다. 요즘 슈퍼마켓에 가서 보면 다양한 유가공 제품들이 진열되어 있고, 얼마 후에 다시 가 보면 또 새로운 유가공 제품이 있을 것이다.

우유는 식품 중 가장 많이 연구된 동물성 식품으로서 어떤 식품보다도 건강에 유익하다는 것이 널리 알려져 왔다. 세계적으로 우유를 많이 소비하는 나라가 선진국으로 발전하였다. 우유·유제품을 많이 소비하는 나라 사람들이 통계적으로 평균 수명도 길고 건강하다는 사실은 이미 알려진 사실이다. 이러한 우유는 영양학적으로 가장 완전에 가까운 식품으로 인정받아 왔으며, 2세에게 우유를 많이 먹도록 하는 것이 가장 확실한 투자라는 말도 전해지고 있다.

우리나라는 1960년대부터 본격적인 낙농진흥계획에 의거 낙농업이 발전하기 시작해서 이제는 국민 1인당 65 kg에 가까운 우유·유제품을 소비하게 되었으며, 어느 가정에서나 낯설지 않은 음식으로 자리하게 되었다.

우유 가공산업은 식품산업 중에서 가장 발달된 가공기술을 이용하여 최고의 위생적인 설비를 사용, 안전한 유제품을 생산하기 위해서 계속 노력하고 있으므로 거기에 종사하는 유가공 기술자도 대학에서부터 철저하게 최신의 유가공학 교육을 받아야만 한다. 우리나라에도 유가공학에 관한 교재가 몇 권 있지만 출판된 지 오래 되어 최근의 유가공학 기술을 반영하지 못하고 있기에 5년 전에 저자들이 모여 새로운 내용이 많이 보완된 교재를 편찬하였다. 초판을 발행한 지도 벌써 5년이라는 세월이 경과되었기에 그 간의 유가공 기술 발전을 반영하여 더 많은 저자들이 참여하여 이번에 새롭게 발간하게 되었다.

이 책이 부족한 점이 많겠지만 부디 많은 분들이 잘못된 점을 지적하여 주시면 충실히 보완해 나갈 것을 다짐하면서 아무쪼록 이 책이 앞으로의 한국 유가공 기술의 발전과 유가공 분야를 공부하는 데 조금이나마 도움이 되기를 바랍니다.

이 책에 주로 많이 인용된 Dairy processing handbook에 있는 훌륭한 공정 그림의 사용을 허락해주신 한국 테트라팩 박중수 부사장님께 깊이 감사를 드립니다. 또한 출간에 애써주신 유한문화사 천승배 사장님께 감사드립니다.

2011년 2월

저자 일동

차 례

제1장 한국인과 우유 / 15

제2장 시유 및 가공유 / 33

제3장 크림과 크림제품 / 67

제4장 버 터 / 87

제 5장 농축유제품 / 101

제6장 분 유 / 113

제7장 발효유 / 157

제8장 치 즈 / 197

제9장 아이스크림 / 267

제 10장 부산물과 유사 유제품 / 285

제 11장 유성분을 이용한 기능성 식품소재 / 307

제13장 우유 및 유제품의 포장 / 363

제 1 장

한국인과 우유

1. 유가공의 역사

유가공이란 주로 우유(牛乳) 또는 양유(羊乳)를 가공하여 유제품을 만드는 작업을 말하지만, 오늘날 대부분의 유제품은 주로 우유를 원료로 하여 제조되고 있으며, 양젖은 생산량이 적어서 그 이용이 극히 제한되고 있다. 이러한 유가공의 역사를 살펴보면 우유는 오랜 옛날부터 인류가 음용 및 식용으로 이용하여 왔으며, 역사적 기록에 의하면 인도에서는 약 6,000년 전에 주요 식품으로 이용하였고, 바빌로니아에서는 기원전 2,000년경에 암소를 숭배하였다는 기록이 있으며, 이집트에서는 풍요의 여신으로 숭배하였다고 전해진다.

아시아에서는 13세기경 몽골 왕이 아시아를 정복하고 유럽으로 진출하였을 때 그 당시 병사들이 건조유를 식량의 일부로서 휴대하였다고 한다. 이와 같이 우유는 고대로부터 식품으로 사용되어 왔으며, 고대 중앙아시아 민족들은 가축의 소유 두수로서 재산을 가늠하였으며 암소를 신성시하였다.

우리나라에서 우유를 이용한 역사는 삼국사기, 고려사, 이조실록 등에 실려 있으나 그때는 왕실이나 극히 일부 사람만이 우유를 약용으로 이용하였을 것이다. 약 1,000년 전부터 우유를 이용하긴 했으나 젖을 짠 소 종류에 대한 기록은 없고, 유용종이 아닌 재래 한우이었다고 추정된다.

근대 우리나라의 낙농의 역사는 최경석(崔景錫)이 1884년 미국에 보빙사(報聘使)로 다녀온 후 고종으로부터 농무목축시험장 설치를 허가받아 1885년 미국산 저지종 암소 2두와 수소 1두를 도입하여 사육한 데서 시작된다. 그 후 1902년 구한국(舊韓國) 농상공부(農商工部) 기사로 근무하던 프랑스인 쇼트(Short) 씨가 현재의 신촌역 부근에 우사를 짓고 젖소 20두를 도입하여 '신촌목장'이라 명명하고, 착유한 우유를 판매한 것이 우리나라 유가공업의 시작이라 할 수 있다.

1911년 총독부령으로 제정된 우유 영업취체규칙에 따르면『우유란 판매를 목적으로 하는 전유 또는 탈지유를 가리키고, 유제품이라 함은 판매를 목적으로 하는 우락

표 1-1. 젖소의 사육현황

연도	사육 가구수		사육두수			착유우		두당 산유량(kg)	
1962	576		2,406			822		1,850	
1970	3,126	(100)	20,510	6.6	(100)	12,067	(100)	3,593	(100)
1980	17,666	(565.1)	172,883	9.8	(842.9)	84,114	(697.1)	4,546	(126.5)
1985	43,760	(1,399.9)	390,135	8.9	(1,902.1)	175,532	(1,454.6)	4,813	(133.9)
1990	33,277	(1,064.5)	503,947	15.1	(2,457.1)	272,963	(2,262.1)	5,372	(149.5)
1991	30,150	(964.5)	495,772	16.4	(2,417.2)	262,948	(2,179.1)	5,538	(154.1)
1992	27,965	(394.6)	508,241	18.2	(2,478.0)	269,121	(2,230.2)	5,643	(157.1)
1993	28,219	(902.7)	553,343	19.6	(2,697.9)	274,034	(2,270.9)	5,668	(157.8)
1994	25,667	(821.1)	552,139	21.5	(2,692.0)	279,731	(2,318.1)	5,731	(159.6)
1995	23,519	(752.7)	553,467	23.5	(2,698.5)	286,320	(2,372.8)	5,836	(162.4)
1996	21,129	(675.9)	551,493	26.1	(2,688.9)	285,600	(2,366.8)	5,959	(165.9)
1997	17,419	(557.2)	544,417	31.3	(2,654.4)	282,100	(2,337.8)	5,882	(163.7)
1998	15,671	(501.3)	538,913	34.4	(2,627.6)	280,983	(2,328.5)	6,032	(167.9)
1999	14,392	(460.4)	534,506	37.1	(2,606.1)	305,980	(2,535.7)	6,135	(170.7)
2000	13,348	(426.9)	543,708	40.7	(2,650.1)	285,607	(2,366.8)	6,591	(183.4)
2001	12,800	(409.4)	548,176	42.7	(2,671.8)	289,093	(2,395.7)	6,763	(188.2)
2002	11,700	(374.3)	543,587	46.5	(2,650.4)	302,215	(2,504.5)	7,017	(195.3)
2003	10,514	(336.4)	518,645	49.3	(2,528.7)	278,541	(2,308.3)	7,102	(197.7)
2004	9,612	(307.5)	497,261	51.7	(2,424.5)	258,778	(2,144.5)	7,286	(202.8)
2005	8,923	(285.4)	478,865	53.7	(2,334.8)	251,121	(2,081.1)	7,420	(206.5)
2006	8,260	(264.2)	464,056	56.2	(2,262.6)	241,106	(1,998.1)	7,546	(210.0)
2007	7,657	(244.9)	453,403	59.2	(2,210.6)	237,209	(1,965.8)	7,711	(214.6)
2008	7,000	(223.9)	445,754	63.7	(2,173.3)	209,124	(1,733.0)	7,885	(219.5)

· 자료 : 2008 낙농통계연감 ; 농림수산식품부, 낙농진흥회
· ( )는 1970년을 기준한 증가율
· ____는 가구당 평균 사육두수

(牛酪, 버터), 연유, 탈지연유, 분유 또는 탈지분유를 말한다.』고 하였다.

그 후 총독부의 정책적인 지원으로 1910년에 젖소 수는 452두에 달하였고, 1928년에는 1,156두, 1944년에는 2,661두로 증가하였다. 현재의 서울우유협동조합의 전신이라고 할 수 있는 경성우유동업조합이 1938년 7월11일 조선총독부 고시 제573호로 설립을 인가받아 최초의 근대식 우유처리장이 생겨나게 되었다. 초창기 경성우유동업조합의 1일 수유량은 2,070 kg 정도의 미미한 수준으로 저온살균방법(65℃, 30분 살균)이 최초로 시행되었다.

해방된 해인 1945년 9월 2일 경성우유동업조합은 서울우유동업조합으로 개칭되고, 1962년 1월 동업조합 조직을 해체하고 새로운 농업협동조합법에 의해 현재의 서울우유협동조합이 탄생하게 되었다.

그러나 우리나라에서 본격적인 낙농업이 시작된 것은 1961년 제1차 경제개발 5개년 계획 속에 축산진흥 5개년 계획이 수립되어 낙농발전의 기틀을 마련하게 되었다. 이러한 계획에 따라 매년 1,000여 두의 젖소를 외국으로부터 도입하여 농가에 입식시킴으로써 낙농발전이 급속히 이루어져 2003년 젖소의 사육두수는 54.8만 두를 넘어섰다가 이후 감소하여 현재 44만 두에 이르게 되었다(표 1-1).

2. 한국 유가공 산업의 현황

우리나라의 유가공 산업은 1961년에 정부의 낙농진흥정책 추진에 의해 활기를 띠면서 1962년 국민 1인당 년 평균 우유 소비량이 100g에 불과하던 것이 2002년에는 64.2 kg으로 40년 사이에 643배로 급성장하였다(표 1-3). 이는 1961년 이후 국가적인 낙농진흥정책에 힘입은 바가 크며, 경제발전에 따른 국민 소득 증가가 우유 및 유제품의 소비를 이끌어온 것이다.

그러나 낙농 선진국의 1인당 우유 소비량에 비하면 아직 낮은 수준이며, 원유 생산량의 65~79%를 음용유로 소비하였다(표 1-2). 치즈와 같은 가공유제품의 비율이 음용유보다 높은 낙농 선진국과는 상반된 분포를 보이고 있다. 이것은 우유의 가격이 선진국보다 비싸 주식이라기보다는 영양식품 또는 기호식품으로 소비되기 때문이며, 저장성이 높은 치즈 및 농축유제품은 국제 경쟁력이 떨어져 생산이 위축된 결과이다. 우리나라 유가공산업의 황금기는 1961년 정부의 낙농진흥정책이 수립된 이후부터 1995년 우루과이 라운드에 의한 무역자유화 이전까지로 볼 수 있으며, 이때가 유가공산업의 고도 성장기였다고 할 수 있다.

1962년에 젖소 사육두수 2,406두이던 것이 1995년 말에는 553,467두로 230배의 빠른 성장을 보여 주었으나(표 1-1), 1995년 우루과이 라운드 타결에 의해 치즈, 분유류가 수입 개방되고 유가공 산업이 재편되면서 젖소의 사육두수도 2008년 말 현재 445,754두로 점차 감소하였다.

표 1-2. 우유처리, 가공실적 (단위 : ton)

연도	산유량		납유량		음용유용(%)			가공용(%)		
1970	51,888	(100)	47,706	(100)	20,996	44.0	(100)	26,710	56.0	(100)
1980	457,580	(881.9)	452,327	(948.1)	258,587	57.2	(123.1)	193,740	42.8	(725.3)
1985	1,011,114	(1,948.6)	1,005,811	(2,108.3)	714,370	71.0	(3,402.4)	291,441	29.0	(1,091.1)
1990	1,754,964	(3,382.2)	1,751,758	(3,671.9)	1,305,825	74.5	(6,219.3)	445,933	25.5	(1,669.5)
1991	1,742,665	(3,358.5)	1,740,995	(3,649.4)	1,303,718	74.9	(6,209.3)	437,277	25.1	(1,637.1)
1992	1,817,422	(3,502.6)	1,816,121	(3,806.9)	1,356,853	74.7	(6,462.4)	459,268	25.3	(1,719.4)
1993	1,858,929	(3,582.6)	1,857,873	(3,894.4)	1,368,233	73.6	(6,516.3)	489,640	26.4	(1,833.1)
1994	1,918,590	(3,697.5)	1,917,398	(4,019.1)	1,475,425	76.9	(7,017.1)	441,973	23.1	(1,654.7)
1995	1,999,747	(3,853.9)	1,998,220	(4,188.6)	1,490,873	74.6	(7,100.1)	507,347	25.4	(1,899.4)
1996	2,036,458	(3,899.6)	2,033,738	(4,242.1)	1,474,119	72.5	(7,020.9)	559,619	27.5	(2,095.1)
1997	1,985,875	(3,827.2)	1,984,024	(4,158.8)	1,539,650	77.6	(7,333.0)	444,374	22.4	(1,663.6)
1998	2,028,374	(3,909.1)	2,027,210	(4,249.3)	1,293,000	63.8	(6,158.3)	734,210	36.2	(2,748.8)
1999	2,246,296	(4,329.1)	2,243,941	(4,703.7)	1,292,392	57.6	(6,155.4)	951,549	42.4	(3,562.5)
2000	2,253,635	(4,342.3)	2,252,804	(4,722.3)	1,671,508	74.2	(7,961.1)	581,296	25.8	(2,176.3)
2001	2,339,792	(4,509.3)	2,338,874	(4,902.6)	1,729,331	73.9	(8,236.5)	609,543	26.1	(2,282.1)
2002	2,537,917	(4,891.1)	2,536,648	(5,317.3)	1,664,329	65.6	(7,926.9)	872,319	34.4	(3,265.9)
2003	2,367,419	(4,562.6)	2,366,214	(4,960.0)	1,828,541	77.3	(8,709.0)	537,673	22.7	(2,013,0)
2004	2,256,428	(4,348.7)	2,255,450	(4,727.8)	1,781,221	79.0	(8,483.6)	474,229	21.0	(1,775.5)
2005	2,229,783	(4,297.3)	2,228,821	(4,672.0)	1,691,199	75.9	(8,054.9)	537,621	24.1	(2,012.8)
2006	2,177,177	(4,195.9)	2,176,340	(4,562.0)	1,683,582	77.4	(8,018.6)	492,758	22.6	(1,844.8)
2007	2,188,866	(4,218.4)	2,187,824	(4,586.1)	1,696,546	77.5	(8,080.3)	491,278	22.5	(1,839.3)
2008	2,139,835	(4,123.9)	2,138,802	(4,483.3)	1,702,295	79.6	(8,107.7)	436,507	20.4	(1,634.2)

• 자료 : 2008 낙농통계연감 ; 농림수산식품부, 낙농진흥회
• ( )는 1970년을 기준한 증가율
• ____는 납유량 대비 점유율

유가공장은 1962년 이전까지만 해도 서울우유협동조합 공장 1개에 불과하던 것이 낙농업이 전국적으로 확대됨에 따라 부산・대구・인천・광주・천안지역의 축산관련 협동조합을 시발로 유가공업에 참여하기 시작하여 도청소재지 주변 협동조합으로 확산되었으며, 민간 기업으로는 한국비락주식회사(현 주식회사 비락의 전신), 대한식품공사주식회사(현 동원데어리푸드의 전신), 남양유업주식회사, 백설유업사(현 주식회사 영남우유의 전신) 등이 유가공업에 참여하였으며, 70년대 이후에는 민간 기업들이 활발하게 참여하는 반면 협동조합은 감소하는 양상을 나타내었다.

1971년에는 정부와 민간 합작으로 설립된 매일유업(당시 한국낙농유업)이 정부의 축산진흥사업 중 낙농・유가공 분야의 사업을 맡아 낙농가에 대한 장기 저리자금 융자 및 전국적인 종합 낙농개발 사업을 추진하였다. 1970년대 중반에는 우유 수요의 급격한 증가에 부응하기 위하여 정부는 희망하는 민간 유업체에 젖소 도입, 입식사업을 허가하였다. 그러나 우유 유제품의 수요가 급증, 우유 부족현상이 심화되어 업체간 수유를 위한 경쟁이 과도해지자 농수산부는 집유 일원화 제도를 도입하여 이를 보완하고자 하였다. 그러나 민간 유업체가 강하게 반발하는 바람에 이 제도는 무산되었다.

1976년 개정된 축산법에 따라 축산진흥기금 제도가 만들어져 1977년 4월 15일부

표 1-3. 우유생산 및 소비실적

연 도	우유 생산량		우유 소비량		연간 인구 1인당 소비량	
	납유량 (M/T)	전년 대비 (%)	소비량 (M/T)	전년 대비 (%)	소비량 (kg)	전년 대비 (%)
1990	1,751,758	99.4	1,879,044	114.5	43.8	113.2
1995	1,998,445	104.2	2,143,841	103.2	47.5	101.9
2000	2,252,804	100.4	2,803,248	102.0	59.6	101.2
2001	2,338,875	103.8	3,026,216	108.0	63.9	107.2
2002	2,536,648	108.5	3,060,258	101.1	64.2	100.5
2003	2,366,214	93.3	2,990,342	97.7	62.4	97.2
2004	2,255,450	95.3	3,074,037	102.8	63.9	102.4
2005	2,228,821	98.8	3,028,287	98.5	62.7	98.1
2006	2,176,340	97.6	3,070,140	101.4	63.6	101.4
2007	2,187,824	100.5	3,054,290	99.5	63.0	99.1
2008	2,138,802	97.8	2,980,089	97.6	61.3	97.3

・자료 : 2008 낙농통계연감 ; 농림수산식품부, 낙농진흥회

・우유 소비량에는 수출도 포함. Including Exports of Milk Consumption

터 우유 수유시마다 일정액이 적립되다가 1982년 4월에 이르러 납부금이 소비자 가격 상승요인으로 작용한다는 이유로 징수 유예조치를 받게 되고, 이후는 수입축산물 판매차익 납입금이 기금에 편입되어 기금 규모가 매년 확대되었다. 이 기금은 우유 수급조절, 젖소 수입, 학교 우유 급식보조, 가공시설 지원 및 생산기반 확충 등 제반 사업에 유용하게 사용되었다.

1985년 이후에는 원유의 공급과잉 및 부족현상이 반복되다가 1991년에는 원유의 공급부족이 심해져서 집유 질서가 극도로 혼란스러워져 정부에서 집유선 동결조치를 내렸으나 별 효과를 거두지 못하였다. 이에 정부는 분유를 대규모(18,000톤)로 수입하여 제과・제빵 실수요 업체와 유가공 업체에 배분하였으며, 버터도 2,000톤 수입하였다. 그 이후 현재에 이르기까지 매년 분유류가 수입되고 있다(표 1-4).

원유의 위생등급제도가 1993년 6월부터 우유의 위생품질을 향상시키기 위하여 시행되었다. 1995년 10월에는 등급기준이 강화되어 1등급이 1등급 A와 1등급 B로 세분되었으며, 1996년 7월부터는 체세포수 등급에 따른 차등지급을 시작하였으며, 1997년 3월에 다시 개정하여 세균수와 체세포수 등급에 따라 원유가격이 가감되어

표 1-4. 유제품의 수입실적 (단위 : 천$, 톤)

연도 / 구분	1998		2000		2007		2008	
	수입량	금 액	수입량	금 액	수입량	금 액	수입량	금 액
우유·크림	3,259	4,364	3,060	3,552	2,589	3,838	1,688	3,588
탈지분유	2,648	4,243	3,004	4,939	4,994	17,624	5,022	20,179
전지분유	194	369	693	1,309	1,136	3,366	1,261	5,955
혼합분유	12,285	24,232	24,626	42,381	31,723	103,782	26,042	107,229
조제분유	380	1,101	1,846	6,035	2,372	19,768	1,991	21,477
연 유	–	–	37	45	262	524	380	1,132
발효유	53	161	48	129	214	1,054	76	583
유청분말	24.015	17,958	38.877	25,236	46.792	67,083	32.007	38,306
아이스크림	1,167	4,110	1,743	6,045	3,673	18,950	2,524	15,045
버 터	498	1,213	947	1,997	4,096	11,298	3,092	13,390
치 즈	13,262	35,902	30,515	70,598	49,471	178,992	47,385	238,876
유 당	10,740	7,422	15,108	8,885	13,857	31,009	14,073	19,126
Casein	4,261	20,781	4,901	23,564	7,226	58,236	6,812	86,286
계		121,856		194,715		515,524		571,172

・자료 : 2008 낙농통계연감 ; 농림수산식품부, 낙농진흥회

kg당 최고 143원의 차이를 나타내 우유의 품질향상에 크게 기여하였다.

1995년 우루과이 라운드 타결에 의해 치즈·분유류의 수입이 개방되면서 우리 유가공 산업에 큰 변화가 불어왔다. 협상 시 분유류는 220%, 치즈 40%, 유청분말은 99% 관세화 조치를 실행하여 수입자유화의 충격을 최소화하려고 하였으나 관세율이 낮은 모조분유 및 모조유제품의 수입량이 급증하여 국내 우유의 수급 불균형을 초래하였다. 이는 앞으로의 이러한 협상에서 깊이 반성하고 참고해야 될 일이다.

한편 2006년 현재 우리나라에 수입되는 모든 낙농유제품들의 가중 평균 관세율은 33.7%이다. 하지만 한·EU FTA로 EU로부터 수입되는 유제품의 관세가 100% 철폐되는 경우에는 24.9%까지 떨어진다. 이에 따라 한·EU FTA 체결 시 기존에 수입해 오던 혼합분유와 버터는 물론 치즈의 수입도 증가해 수입량이 2.9～5.4% 늘어 2만 5588톤～4만 7646톤이 증가할 것으로 예상된다. 반면 우리의 낙농 생산액은 5.6～6.6% 감소, 최대 1,028억원이 줄어들고, 생산량도 0.8～1.8% 감소해 최대 3만3174톤이 감소할 것이란 전망이다. 이런 피해는 단순히 낙농산업에만 국한되지 않는다.

표 1-5. 한국의 유제품 생산동향 (단위 : M / T)

연 도 / 구 분	1966	1970	1980	1990	1995	2000	2002	2005	2008
국민 1인당 총 소득($)	124	249	1,598	5,886	10,823	9,770	10,013	20,590	16,832
총 유우두수	8,471	23,624	172,883	503,947	553,467	543,708	543,587	478,865	445,784
총 우유생산량(M/T)	14,600	51,888	457,580	1,754,964	1,999,747	2,253,035	2,537,917	2,229,783	2,139,835
국민 1인당 연간 소비량(kg)	0.4	1.4	10.8	42.8	47.8	59.2	64.3	62.7	61.3
유제품생산량									
시 유	5,053	20,996	188,365	1,242,140	1,326,131	1,447,376	1,362,107	1,310,882	1,351,540
가공시유	-	-	90.691	94,312	242,064	224,132	302,222	380,317	350,755
연 유	544	1,341	2,802	3,391	3,843	4,130	3,836	3,948	3,546
조제분유	346	3,409	16,747	25,692	26,587	26,612	20,595	15.204	15,631
탈지분유	-	-	3,377	12,261	13,081	24,357	35,946	23,677	19,885
전지분유	-	353.7	10,105	8,551	2,937	5,491	9,074	4,762	3,430
버 터	-	8	1,123	5,095	3,349	4,310	5,943	4,013	3,512
발효유	-	-	98,083	352,896	584,773	529,603	540,183	482,506	455,005
치 즈	-	-	1,340	3,315	6,716	4,107	9,508	11,692	9,702

발효유와 조제분유의 원료로서 값싼 수입 분유의 원유 대체와 국산 음용유의 소비 감소는 낙농업의 전망을 어둡게 하고 있다. 과거에는 여름과 겨울의 음용유 비수기에 남는 원유를 분유, 버터, 치즈로 만들어 보관하다가 성수기에 사용함으로써 수요와 공급의 격차를 해소하였으나 수입분유와 우유성분 함유 조제품이 대량 수입됨에 따라 잉여원유는 분유로 전환되어 악성 재고로 남게 되었다.

우유 수급문제와 관련하여 앞에서도 서술하였듯이 1987년에 수급안정을 위한 방안이 활발히 논의되어 낙농진흥법 개정안으로 집약되어 국회에 상정되었으나 여러 차례 통과에 실패하였다. WTO 체제 출범에 따라 낙농산업의 존폐가 시급해짐에 따라 1997년 드디어 낙농진흥법이 국회를 통과하여 시행되었다.

표 1-5에 나타난 바와 같이 각 유제품을 종류별로 볼 때 대부분의 유제품이 생산되어 시판되고 있다. 그러나 현재 우리 국민이 음용하고 있는 유제품의 양은 구미 여러 나라와 비교할 때 아직 매우 적은 양에 불과하다. 그러므로 우리 국민이 서구 사람들의 수준으로 우유 및 유제품을 소비하려면 상당한 기간이 필요하겠지만 우유 및 유제품의 소비량을 증가시키기 위해서는 보다 종합적인 낙농발전과 연구개발이 이루어져야 할 것이다. 우리 국민의 기호에 맞는 유제품들이 개발되어야만 우유 소비를 증대시킬 수 있을 것이다.

3. 유가공 산업의 전망

지난 40여 년간 한국의 낙농 발전은 참으로 괄목할 만한 성장을 하였으며, 1인당 우유 소비량은 연간 약 64 kg에 이르고 있다. 치즈만의 소비량도 연간 20 kg에 이르고 있는 낙농 선진국에 비하면 아직 적은 양이며, 낙농·유가공 산업 관련자들의 대응방법에 따라 현재의 소비수준에 머무를지 또는 비약적인 소비증가가 이루어질지가 결정될 것이다.

표 1-6에서 보는 바와 같이 같은 동양권인 일본을 제외한 낙농 선진국에서는 1인당 우유·유제품 소비량이 품목에 따라 우리나라의 3배 이상으로 많다. 이러한 통계자료로 미루어 우리 국민의 기호에 맞는 유제품 개발이 활발하게 이루어진다면 앞으로의 유가공산업의 잠재력은 매우 크다고 볼 수 있다. 하나의 산업이 지속적으로 성장하기 위해서는 1차적으로 시장을 키우는 것이 무엇 보다 중요하다. 또한 시장을 키우기 위해서는 소비확대를 위한 홍보의 중요성을 외면할 수 없다. 더욱이 유제품에 대한 다양한 대체제가 등장하고 있음을 감안할 때 이 같은 홍보는 장기간에 걸쳐 지속적으로 실시되어야 비로소 효과를 거둘 수 있을 것이다.

표 1-6. 주요 선진 외국의 주요 우유제품 소비량(국민 1인당) (단위 : kg)

국가별		프랑스	네덜란드	호주	스위스	독일	미 국	일 본	한 국
국민 1인당 소비량	음용우유	86.8	119.4	107.2	79.9	94.0	82.6	35.8	35.0
	발효유	29.9	45.0	6.7	31.4	30.5	N	N	9.3
	버 터	7.8	3.3	4.1	5.7	6.2	2.5	0.7	0.1
	치 즈	24.6	17.3	11.8	22.7	22.1	15.0	4.6	1.5

· 자료 : IDF Bulletin(2009년) : 2008년 말 통계자료
N : 자료 없음

실질소득의 증대에 따라 식생활은 점차 고급화·다양화함과 더불어 건강에 대한 관심이 높아지고 있다. 그 과정에서 수요의 소득 탄력성이 가장 높은 식품 중의 하나가 유제품이다. 이 같은 점을 감안할 때 유가공 업체는 과감한 연구개발 투자를 하여 성별·연령별·소득 계층별 life style에 부합하는 다양한 유제품 개발을 통해 틈새시장을 공략하는 판매 전략을 강화할 필요가 있다. 또한 성분 및 원산지 표시 등 소비자에게 유제품에 대한 정확한 정보전달을 통해 국산 유제품에 대한 신뢰를 구축할 필요가 있다.

한편 유통과정에서 국산 유제품의 일관적인 위생관리를 통해 외국산과의 품질 차별화의 확보가 요구된다. 유제품의 안전성과 신선도 유지를 통한 신뢰구축에 최선을 다한다면 앞으로의 유가공산업의 전망은 더욱 밝아질 것이다.

4. 우유 유제품의 영양학적 의의

4.1 우유와 인류문화

인류가 언제부터 우유를 이용하게 되었는지 정확히 말하기는 어렵지만 아마도 기원전 4,000년경으로 추정된다. 이것은 기원전 4,000년경에 그려진 이집트 나일강변의 소의 착유광경 벽화로부터 알 수 있다.

또한, 기원전 3500년경으로 추정되는 메소포타미아, 유프라테스 근처의 사원에서 발견된 벽화에는 외양간의 소와 사람이 우유를 짜는 모습, 착유한 우유를 처리하는 모습이 분명히 조각으로 새겨져 있다. 이러한 사실로 미루어 볼 때 우유를 최초로 이용한 지역은 현대의 중동과 이집트 지역이며, 이곳을 기점으로 인접하고 있는 유럽지

역으로 널리 전파되었으리라고 추정된다.

고대 유목민들의 식량원은 육류와 우유로서 가축은 그들의 중요한 재산이었기 때문에 가축은 함부로 도살하지 않았을 것이고, 우유는 그들의 중요한 식량이었을 것이다. 이러한 우유의 이용은 역사적으로 인류를 번영시킨 원동력이었으니 인간과 우유는 문화 창조의 공동체이며, 인류가 멸망할 때까지 유대관계를 계속 이어갈 것이다. 포드(W. D. Ford)는 "소는 인류의 유모(乳母)이다. 인류는 옛날 힌두시대부터 오늘날에 이르기까지 인간의 생명을 지켜주는 힘을 이 친절하고 유익한 동물에게 얻어 왔다."라고 소를 예찬하였으며, 러소프(Russorff) 또한 "아메리칸 인디언들이 문명을 발달시키지 못하고 멸망한 이유는 젖 짜는 가축을 보유하지 못한데 있다"라고 주장하고 있다. 또 성경에는 우유에 대한 이야기가 많이 나오는데 유대인의 이상향인 '가나안'을 「젖과 꿀이 흐르는 땅」이라고 기술하고 있다.

서양의 신화에서 갓 낳을 아이의 영혼은 하늘에서 내려온다고 믿었으며, 이 영혼이 오는 길을 「젖이 흐르는 길(The milky way, 은하수)」이라고 하였다. 우유의 가치는 기원전부터 인정되어 왔으며, 역사적으로 보더라도 젖소를 기르고 젖을 짜서 매일 먹고 산 민족이 건강하고 원기 있는 생활을 하였으며, 세계를 정복하고 문명을 발전시킨 민족들도 모두 우유와 유제품을 많이 먹고 산 민족임을 알 수 있다.

젖은 인간이 생존하는 데 있어 필요한 모든 영양소를 공급할 수 있는 거의 유일한 단일 식품이라고 할 수 있다. 인간에게 뿐만 아니라 젖은 모든 포유동물의 새끼를 성장시키는 유일한 식품이기도 하다. 여러 종류의 동물이 가축화되기 시작한 것은 수십세기 전으로, 소·물소·양·염소·낙타의 젖을 인간이 이용하게 되었다. 여러 동물의 유즙 중 우유만이 중요한 상품으로 여러 나라에서 판매하게 되었고, 소량의 염소젖이 상품화되어 있는 실정이다.

그림 1-1. 기원전 3500년 전 조각된 벽화 Al'ubaid에서 발견된 착유와 우유 취급법이 새겨진 가장 오래된 낙농자료

4.2 우유의 영양가치

우유는 인간이 살아가기 위해 필요한 거의 모든 종류의 영양소들이 적절한 비율로 들어 있으며 소화율도 높은 천연의 완전식품이다. 영양소란 인간이 생명활동을 영위하는 데 필요한 물질을 총칭하는 것이며, 균형 있고 합리적이며 충분한 영양을 섭취함으로써 인체는 정상적인 활동을 할 수 있고 건강을 유지할 수 있는 것이다.

우유는 균형된 영양소의 보고(寶庫)라고 할 수 있으며, 이러한 영양소 중에서도 단백질・칼슘・비타민 B_2 그리고 비타민 B_{12}는 인간의 경우 더욱더 그 가치가 높은 영양소라고 할 수 있으며, 표 1-7에서와 같이 한국인의 영양권장량과 우유 중의 영양소 함량을 비교해 볼 때 철분 이외에는 우유가 칼슘・비타민 A・비타민 B1・비타민 B_2 등을 거의 모두 함유하고 있어 한국인의 영양권장량을 충족시킬 수 있는 식품임을 쉽게 알 수 있다.

1) 우유 단백질

우유에는 단백질이 약 3.4% 함유되어 있으며, 이 단백질의 영양가는 필수 아미노산의 함량에 달려 있는데 우유에는 양질의 필수 아미노산이 다량 함유되어 있는 양질의 단백질이다. 우유 단백질의 질을 판정하는 방법이 많이 개발되어 있지만, 그 중에서 간단한 방법인 생물가로 비교해 보면 계란이 94인데 비해서 우유는 85이며, 육류는 74～76이고, 대두는 71이다. 이처럼 우유 단백질은 그 생물가가 높은 양질의 단백질이다. 양질의 단백질이란 인간의 건강 유지 그리고 성장을 위해서 필요로 하는 각종 필수 아미노산의 공급원으로써 손색이 없는 단백질이다.

우유에는 여러 종류의 단백질이 함유되어 있다. 케이신(casein)은 우유 단백질의 82%를 차지하고 있다. 그리고 나머지 18%에 해당하는 단백질은 대부분이 유청단백질(whey protein)로서 lactalbumin과 lactoglobulin으로 구성되어 있다. Casein은 한 종류가 아니라 여러 종류인 α_s-casein, β-casein, κ-casein으로 구성되어 있다.

표 1-8은 우유에 함유된 각종 단백질의 함량 %이다.

표 1-7. 성인 1인당 한국인 영양권장량

	에너지 (kcal)	단백질 (g)	칼슘 (mg)	철 (mg)	비타민 A (μg)	비타민 B_1 (mg)	비타민 B_2 (mg)
영양권장량*	2500	70	700	12	700	1.3	1.5
우유 1ℓ의 영양량	610	32.9	1190	0.5	590	0.38	1.62

* 한국인 영양권장량(2006)

표 1-8. 우유에 포함된 주요 단백질 함량(30~35g/L)

단백질	함량(g/L)
Casein	24~28
α_s-casein	15~19
β-casein	9~11
κ-casein	2~4
Whey protein	5~7
β-Lactoglobulin	2~4
α-Lactoalbumin	0.6~1.7
Blood protein	0.7~2.2
Serum albumin	0.2~0.4
Immunoglobulins	0.5~1.8

우유 단백질은 장내에서 소화효소에 의해 여러 펩티드와 아미노산으로 분해되는데 표 1-9는 이들의 면역증강작용, 칼슘의 흡수촉진, 진정작용, 장내 우유 단백질로부터 유래되는 기능성 물질을 나타내고 있다.

우유 단백질은 가공처리 중에 구조적 및 화학적인 변화를 하게 되어 소화과정에서 여러 가지 생리활성(기능성) 펩티드류의 생성에 영향을 주게 된다. 소화효소들은 구조적으로 변화된 단백질들을 마치 다른 기질인 것처럼 반응한다. 그래서 가공처리는 소화관 내의 단백질 분해에 영향을 미치는데, 이 사실은 우유 단백질의 경우에 실험적으로 입증되었다.

대부분의 생리활성 펩티드들은 효소적인 가수분해에 저항성을 갖는 바, 이것은 주로 생리활성 펩티드들이 유기적으로 결합된 인산염기들 또는 프롤릴(prolyl) 잔기들이 많이 함유되어 있기 때문이다.

소화관 내에서의 효소적 가수분해로 인한 생리활성 펩티드들의 생성과 함께 여러 가지 유제품의 제조과정에서도 생성된다. 치즈의 숙성과정에서 이차적 단백질 분해로 인하여 다양한 펩티드들이 생성되는데, 생리활성이 있는 casomorphin류가 대표적이다. 유황을 함유하는 아미노산인 메치오닌·시스테인·타우린 등은 유아의 모발 및 각질 생성에 있어 주요한 성분이며, 신경계 조직 및 두뇌발달에 필요한 것으로 알려져 있다. 필수 아미노산의 하나인 트립토판은 세로토닌(serotonin)의 전구체인데, 이것은 신경호르몬을 만들어 혈압을 조절하고 숙면을 도와주는 물질이다.

아미노산의 균형·소화율·흡수율 등은 우유와 모유 모두 높으며 유아들에게 만족스럽다고 권장된다. 또한 발효 유제품들은 위장내의 pH를 낮추어 주므로 유아의 식이에 적합하다.

우유와 모유에는 락토페린(lactoferrin), 라이소자임(lysozyme) 등 항균물질들이 포함되어 있는데 모유에 더 많이 존재한다. 이 두 성분들은 어떤 특정한 미생물들에 대하여 현저한 사멸효과를 갖고 있는데, 락토페린은 미생물들이 이용할 수 있는 철분을

표 1-9. 우유 단백질에서 유래하는 기능성 물질 및 생리적 역할

단백질 성분	기능성 물질	생리적 역할
Casein	Casein phosphopeptide(CPP)	칼슘흡수 촉진, 무기물 운반
	Opioid agonist peptide(OPP) β-Casomorphin-7 β-Casomorphin-6 β-Casomorphin-5 β-Casomorphin-4 Exorphins Morphiceptin Casoxins	진통, 호흡, 박동, 체온조절, 호르몬 분비조절, 진정, 안정작용
	ACE-inhibition peptide	항고혈압 작용
	Casoplatelins	항혈전증 작용
	Glucomacropeptides	장내 비피더스균의 증식, 정장기능
	Immunopeptides	면역력 증진
	Angiotensin 전환효소 저해제	혈압의 정상 유지
	Phagocytosis peptides	면역기능 증강, 식세포 기능
	Antithrombic peptides	항응혈작용 촉진
α-Lactalbumin	Opioid peptide	진통작용, 호르몬 분비촉진
	α-Lactorphin	호르몬 분비조절, 소화관 기능촉진
β-Lactogloblin	Opioid peptide	진통작용, 호르몬 분비촉진
	β-Lactorphin	호르몬 분비조절, 소화관 기능촉진
	평활근 수축 peptide	평활근 수축활성 촉진
Lactoferrin	Lactoferricin	철분흡수 촉진, 혈압강하 작용, 진통작용, 항균작용, 세균성 설사방지
면역글로블린 (Immunoglobulins)	Immunoglobulin A, E, G, M	면역기능, 건강유지

박탈하고, 라이소자임은 미생물들의 세포벽 구성성분들을 공격함으로써 항균성을 발휘한다. 이들은 또한 장관 내부에 존재하는 부패성 균의 생육을 억제하고, 장의 정균작용을 강화하며, 세균성 설사를 예방하는 효과를 나타내고 있다.

2) 유 당

우유에 함유되어 있는 주요 당은 유당이다. 유당은 우유에 약 4.8% 함유되어 있으며, 포도당과 갈락토오스가 결합된 2당류로서 주로 에너지 공급원으로 작용하는데 g당 16.8 kJ의 열을 발생한다. 유당은 다른 2당류와 같이 단당류 성분으로 가수분해되지 않으면 장내 세포막을 통해 운반되지 못한다. 가수분해되면 포도당과 갈락토오스가 되며, 이 중 갈락토오스는 유아의 뇌조직 성분인 당지질의 합성에 이용된다. 포도당은 갈락토오스보다 흡수가 빠르다. 한편 유당은 포도당보다 훨씬 느리게 대사작용이 이루어지는데, 이로 인해 우유를 마신 후 혈액 중의 포도당 농도가 급격히 상승되는 것을 막아 주므로 당뇨병 환자에게 효과적이라고 할 수 있다.

유당을 분해하는 효소를 β-galactosidase 또는 lactose라고 하는데 소화기관의 점액세포에 존재한다. 유당은 이 가수분해 효소에 의해 갈락토올리고당이 생성되어 장내 비피더스균의 증식을 도와준다. 이것은 또한 장내균총을 개선하여 소화관내의 유해세균들을 억제함으로써 소화를 촉진시켜 주고 장의 건강을 증진시켜 준다. 성인의 경우에 유당분해효소의 분비 능력이 좋으면 유당 섭취 시 칼슘의 흡수를 증가시킨다고 알려져 있다.

그러나 이 효소는 어떤 사람에게는 아주 적게 존재하거나 없는 경우도 있다. 이 분해효소가 없는 경우에 유당은 소화되지 않고 대장으로 들어가서 미생물에 의해 분해되어 가스가 발생된다. 이로 인하여 복부의 경련·팽배·가스차기 등의 증상이 일어나고 설사를 초래하는 때도 있는데, 이런 현상을 유당불내증(lactose intolerance)이라고 한다. 유당불내증은 유전적으로 유당 분해효소의 결함에 기인하는 수도 있고, 장기간 우유를 섭취하지 않았을 경우 효소의 분비가 감소되어 나타나는 수도 있는 것으로 알려져 있다. 유당불내증은 인종그룹에 따라 다양하다.

일반적으로 백인보다는 유색인종에게서 이러한 증상이 나타나는 비율이 증가한다. 여러 세대에 걸쳐서 우유를 섭취해온 그룹의 자손들은 우유를 마시지 않은 그룹의 자손들보다 유당불내증의 발현율이 훨씬 낮다고 보고되고 있다. 유당불내증인 사람이 우유에 다시 익숙해지려면 우유를 따근하게 데워 천천히 조금씩 며칠간 지속적으로 섭취하거나 유당을 분해시키거나 제거시킨 우유나 요구르트 또는 치즈 등과 같은 발효유제품을 섭취하는 것이 바람직하다.

3) 유지방

유지방은 우유에 약 3.7% 함유되어 있으며 주로 에너지원으로 이용된다. 유지방은 g당 평균 37 kJ의 열을 내는데, 지방의 함량과 지방산 사슬의 길이 등에 따라 차이가 있다. 유지방은 지방산 길이가 비교적 짧거나 중간 정도의 지방산들로 이루어져 있기 때문에 소화흡수율이 양호하다. 분자량이 작은 휘발성 저급 포화지방산은 산화될 경우 불쾌한 산패취를 나타낸다. 유지방은 필수 지방산의 공급원이고 비타민 A, D, E 등과 같은 지용성 비타민을 함유하고 있다.

우유 지방산들은 세포의 성장촉진과 인슐린의 분비 자극 등의 생리활성을 나타낸다. 유지방에는 미량의 인지질인 레시틴과 당지질인 강글리오사이드(ganglioside)가 함유되어 있어 두뇌발육 촉진, 신경조직 발육, 세포활성 작용 등의 기능을 하는 것으로 알려져 있다. 유지방은 또한 우유와 낙농제품의 풍미 및 질감에 중요한 역할을 한다. 표 1-10은 우유지방의 성분별 함량%를 표시한 것이다.

우유에 함유된 지방산의 종류를 가능한 이성체까지 간주하면 약 400여 종이나 된다고 한다. 그러나 지방산 함량(%)이 1% 이상인 것을 표에 나열하였다. 탄소의 길이가 16개인 palmitic acid의 함량(%)이 가장 높고, 다음이 14개인 myristic acid의 함량(%)이 높은데, 이러한 현상은 우유지방이 순환계 질환에 미치는 영향으로 판정한다면 별로 긍정적으로 평가되지는 않는다. 그러나 18개인 지방산의 함량(%)이 두 번째로 높고, 불포화 지방산으로는 불포화기가 1개인 올레인산의 함량이 높은데, 이는 순환계 질환에 긍정적 영향을 미친다. 그러나 n-3계 지방산의 함량이 거의 없으며 오

표 1-10. 우유의 주요 지방산 함유율

지방산	함유 무게(%)
4 : 0	3.8
6 : 0	2.4
8 : 0	1.4
10 : 0	3.5
12 : 0	4.6
14 : 0	12.8
15 : 0	1.1
16 : 0	43.7
18 : 0	11.3
14 : 1	1.6
18 : 1	11.3
18 : 2	1.5

히려 n-6계 지방산이 존재하기 때문에 이러한 현상도 또한 우유지방의 순환계에 미치는 영향은 긍정적인 것만은 아니다.

우유지방에는 지용성 비타민인 비타민 A, D, E, K가 존재한다. 지용성인 황색의 카로티노이드 색소가 우유에 존재하기 때문에 우유에서 유리된 크림이나 버터에서 황색을 나타내고 있다. 미국에서도 요즈음 건강상의 이유로 우유 버터의 소비량이 감소하고 있다. 이로 인해서 잉여 버터지방의 이용을 위해서 SFE(Supercritical Fluid Extraction) 기술에 의해서 버터지방의 화학적 물리적 특성을 변화시켜서 새로운 제품 개발에 이용되고 있는 실정이다. 이러한 기술에 의해서 처리된 우유는 이에 함유된 cholesterol의 함량을 감소시킬 수 있는 이점이 있다.

4) 비타민류

비타민은 동물들이 자체 내에서 합성하지 못하고 식이로부터 공급받아야 하는 필수적인 유기화합물이다.

우유에 함유된 지용성 비타민 A는 시력을 보호하며 야맹증을 막아 주고, 비타민 D는 칼슘의 흡수를 촉진하고 구루병을 예방해 주는 효과가 있다. 비타민 B_1은 뇌의 기능을 증가시켜 주고 각기병을 예방하는 데에 필수적이다. 우유는 비타민 C의 함량이 낮으며 설상가상으로 우유의 저온 살균 시에 함유된 비타민 C의 25%가 파괴된다. 그러므로 우유는 비타민 C의 충분한 급원은 될 수 없다.

우유의 영양 가치를 한마디로 요약하면 비타민 C와 철분을 제외하고는 모든 영양소가 골고루 함유된 질 좋은 식품이다. 비타민 B_2는 구각염을 막아 주며 유청의 녹황색을 나타나게 하는 물질로 알려져 있다. 비타민 B_{12}는 악성 빈혈을 예방해 주는 역할을 한다고 보고되고 있다.

5) 무기질과 미량원소

우유에는 비교적 많은 양의 무기질과 미량원소들이 다양하게 함유되어 있다. 우유에는 칼슘이 많이 함유되어 있으며 인과의 함량비율은 약 1.25 : 1이므로 영양학자들이 추천하는 칼슘과 인의 좋은 급원이다. 특히 성장기의 어린이들에게 중요한 골격과 치아의 원만한 형성을 위해 이상적이라고 할 수 있다. 또한 칼슘은 불소와 함께 어린이들의 충치예방에도 효과적이었다고 한다. 노인들의 경우도 많은 칼슘이 권장되며 우유는 노령화에 따른 뼈의 손실과 골다공증을 예방하거나 완화시키는데 적합하다.

서구에서는 우유와 유제품으로부터 최고 칼슘 필요량의 75%나 섭취한다고 한다. 우유 중의 칼슘이 단백질에 결합되어 있으므로 인체에 좋은 칼슘의 공급은 물론 칼슘의 흡수율은 유당・단백질・비타민 D・구연산 등에 의해 높아진다고 알려져 있다.

또한 우유에는 인체에 필요한 Cu・Fe・Co・Mo・Zn・Mn・F・Se 등과 이 외에도 10여 종의 미량 원소들이 함유되어 있는데 이들은 대부분 유기적으로 결합되어 있으며, 경우에 따라서는 비타민 또는 효소 등의 구성물질로서 인체의 대사작용에 중요한 역할들을 한다.

6) 효 소

우유에는 40여 종의 효소들이 함유되어 있는데 그 대부분이 유선에서 합성되며, 일부는 젖소의 혈액에서 직접 우유로 이행되는 것들도 있다. 대표적인 우유 효소로는 lipase, protease, phosphotase, lactoperoxidase, xanthine oxidase, amylase, lysozyme, aldolase 등을 들 수 있다. 중요한 효소들 가운데 성인의 경우에는 영양생리학적으로 그 기여도가 잘 알려져 있지 않으나 유아의 영양생리에는 중요한 역할을 하는 것들이 있다. 예를 들면 lipase는 장내에서 지방질 분해에 결정적인 역할을 하여 소화 및 흡수율을 높여 준다. Lactoperoxidase를 비롯한 xanthine oxidase와 lysozyme들은 항균작용 및 면역기구에도 관여하여 유아의 질병에 대한 저항력을 증가시켜 준다. Lysozyme은 또한 단백질의 소화・흡수를 돕는 작용을 한다.

4.3 우유의 건강증진 효과

(1) 성장증진 및 장수 효과가 있다.

여러 동물실험과 학교 아동, 사회, 국가, 민족을 대상으로 한 많은 연구보고서에서 우유는 어린아이에게 성장 효과가 있고, 또 우유와 유제품을 많이 섭취한 사람의 평균수명이 길다는 보고가 많이 있다.

(2) 항암효과가 있다.

우유와 발효유의 유산균은 암 발생 물질을 감소시키고 암세포의 성장을 억제한다. 식사 후 발암성이 강한 N-니트로소아민이 생성되는데, 식후에 마신 우유는 이를 무독화하거나 위암의 원인물질을 불활성화시키며, 우유 자체에도 여러 항암성분을 함유하고 있다.

(3) 위와 장기의 건강증진 효과가 있다.

우유는 위 기능과 식욕을 정상화시키는 효과가 있고, 발효유는 장염・변비 등에 효과가 있다. 우유를 마실 경우 젖산균의 활동이 증진되는데, 이로 인해 장의 생리적 건강을 촉진하고, 무기질 흡수 촉진 및 유해 미생물 억제 등의 효과가 있다.

(4) 치아건강에 효과가 있다.

우유는 칼슘을 충분히 공급하기 때문에 치아형성을 도와준다. 치아 표면의 산을 중화시키는 역할도 하고 불소를 강화시켜 치아의 인산칼슘 형성에 도움을 주어서 충치 예방에 기여한다.

(5) 면역증진 효과가 있다.

우유와 발효유의 유산균은 사람의 면역반응을 증진시키고, 혈액 내의 백혈구 수를 증가시키는 역할을 한다.

(6) 피부건강 효과가 있다.

우유에 풍부하게 함유된 비타민 A는 피부나 점막을 건강하게 유지시켜 주며, 체내의 노화촉진 물질을 분해하여 노화를 방지한다.

참고문헌

1. Varnam, A. H. and J.P. Sutherland, 1994. Milk and Milk Products.
2. 농림부, 2004. 낙농진흥회 낙농편람.
3. 이수원, 2001. 유청 중의 생리활성물질(I), 식품세계 17(7) ; 114～119.
4. 이수원, 2001. 유청 중의 생리활성물질(II), 식품세계 17(8) ; 124～129.
5. 서울우유협동조합, 1997. 서울우유 60년사.
6. 김현욱, 권일경, 박승룡, 박종래, 안종건, 윤영호, 이수원, 1989. 낙농화학, 선진문화사.

제 2 장

시유 및 가공유

1. 시 유

1.1 서 론

시유(市乳 ; market milk, city milk)란 유제품 중에서 가장 기본이 되는 제품으로 백색의 마시는 우유이며 포장용기에 넣어 시판되는 것을 말한다. 목장에서 수유한 원유를 축산물 가공처리법에 따라 검사하고 합격한 원유를 규정에 따라 여과·균질·살균·포장 등의 공정을 거쳐서 제조된 우유로 다른 성분이 전혀 함유되지 않은 것을 말한다. 최근에는 다양한 크기의 용기에 시유를 충전하여 판매하고 있는데 소비자의 선택의 폭이 그만큼 넓어져서 좋다. 원유는 젖소로부터 착유와 동시에 미생물에 오염이 되므로 가능한 오염을 적게 하기 위하여 착유실은 항상 청결을 유지하고 착유자는 착유 시설을 깨끗이 하여 위생적으로 착유 할 수 있도록 해야 한다.

원유는 미생물이 자라기에 필요충분 조건을 모두 갖추고 있는 배지의 역할을 하기 때문에 착유와 동시에 4℃ 이하의 냉각탱크에 저장한다. 냉각 저장한 원유는 유업회사에서 집유하여 제조공정을 거쳐서 유제품으로 생산한다. 유제품으로 생산하기 위하여 원유의 열처리는 필수적인데 오염된 유해 미생물의 사멸과 영양가 손실을 최소화하는 열처리 방법으로 시유를 생산한다.

1.2 시유(우유류)의 기준 및 규격

1) 정 의

우유류라 함은 원유 또는 원유에 비타민이나 무기질을 강화하여 살균 또는 멸균처리한 것이거나, 살균 또는 멸균 후 유산균·비타민·무기질을 무균적으로 첨가한 것 또는 유가공품으로 원유성분과 유사하게 환원한 것을 살균 또는 멸균처리한 것을 말한다.

2) 축산물 가공품의 유형

① 우유 : 원유를 살균 또는 멸균처리한 것을 말한다(원유 100%).
② 강화우유 : 우유에 비타민 또는 무기질을 강화한 것을 말한다(원유 100%, 단, 강화제 제외).
③ 환원유 : 유가공품으로 원유성분과 유사하게 환원하여 살균 또는 멸균처리한 것으로 유고형분(전지분유와 성분규격이 같은 것) 11% 이상의 것을 말한다.
④ 유산균첨가 우유 : 우유에 유산균을 첨가한 것을 말한다(원유 100%, 단, 유산균 제외).

3) 성분규격

① 성상 : 유백색~황색의 액체로서 이미·이취가 없어야 한다.
② 비중(15℃) : 1.028~1.034
③ 산도(Titratable Acidity ; TA, %) : 0.18 이하(유산으로서)
④ 무지유고형분(SNF, %) : 8.0 이상
⑤ 유지방(%) : 3.0 이상
⑥ 세균수 : 1mL당 20,000 이하(멸균제품의 경우 55℃에서 1주 또는 30℃에서 2주 보관 후 표준평판배양법에 의할 때 음성이어야 한다. 단, 유산균첨가 제품의 경우 유산균수를 제외한다)
⑦ 대장균군 : n=5, c=2, m=0, M=10(멸균제품의 경우 음성이어야 한다)
⑧ 포스파타제 : 음성이어야 한다(저온장시간 살균제품, 고온단시간 살균제품에 한한다).
⑨ 유산균수 : 1mL당 1,000,000 이상(단, 유산균 첨가제품에 한한다)

4) 시험방법

축산물시험방법에 따라 시험한다.

2. 시유의 제조공정

시유의 제조공정은 그림 2-1에 나타난 바와 같이 목장에서 착유한 원유를 집유 및

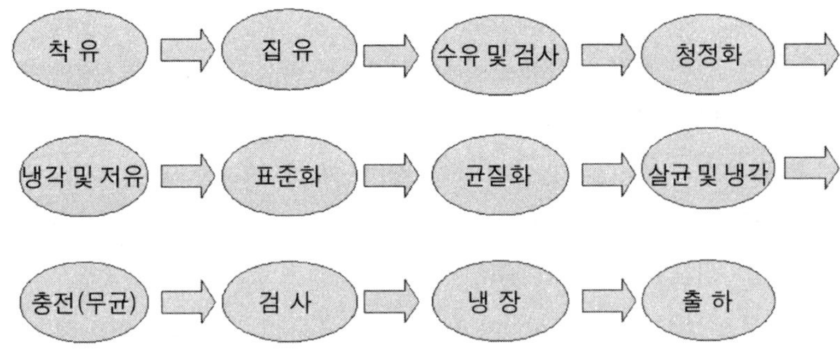

그림 2-1. 시유의 제조 공정도

수유과정을 거쳐서 검사를 하고 청정화 작업을 한다. 청정화 된 원유를 냉각 및 저유 후 제품생산을 위해서 표준화 과정을 거쳐서 균질화, 살균 및 냉각, 충전(무균충전) 후 제품의 검사를 실시한다. 검사가 끝난 시유는 냉장상태로 유지하면서 출하한다.

2.1 수 유

수유란 목장에서 착유한 원유를 유업회사에서 탱크로리 차량으로 공장으로 수송한 후 원유의 품질을 검사하는 일련의 과정을 말한다. 그림 2-2는 목장에서 원유를 착유하는 모습이다. 착유기를 이용하여 젖소의 유방으로부터 착유한 원유는 파이프라인을 통해 이동하면서 이물질을 제거하는 간이 여과장치에 의해 여과된 후 냉각탱크에 저장한다. 냉각기는 4℃로 유지하고 착유된 원유를 교반기에 의해 교반하면서 신속히 냉각시키는 기능을 한다.

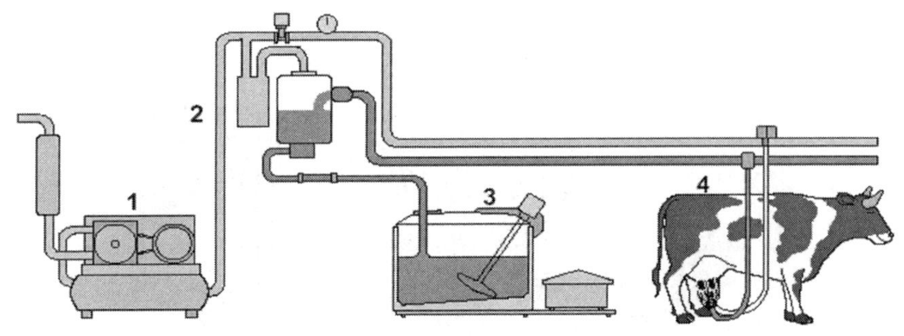

그림 2-2. 파이프라인을 이용한 일반적인 착유시스템

1. Vacuum pump
2. Vacuum pipeline
3. Milk cooling tank
4. Milk pipeline

1) 집 유

목장에서 착유한 원유 또는 집유소에서 모아둔 원유를 유업회사가 저온냉각 시설을 갖춘 탱크로리 차량으로 원유를 수집하는 과정을 말한다(그림 2-3). 목장에서 착유한 원유는 원료유의 품질을 향상시키기 위하여 위생적으로 착유하여 곧바로 4℃ 냉각탱크에 저장한다. 최근에는 착유시설이 현대화되어 착유와 동시에 파이프라인을 통하여 저장탱크로 이동하여 즉시 냉각되어진다.

이러한 착유시설을 이용함으로써 원유가 외부로부터 공기와 접촉할 수 있는 기회가 최대한 줄어들게 되므로 미생물의 오염을 줄일 수 있고, 또한 즉시 냉각시킴으로써 원유의 미생물 증식을 최대한 억제시킬 수 있다. 원유를 착유하는 착유기, 파이프라인, 저장탱크 및 탱크로리 차량의 세정 살균은 원유의 품질을 향상시키는데 필수적으로 실시해야 될 과정이다. 세정 및 살균과정을 보면 우선 물로 잔여 우유를 세척하고 염소수(유효염소 100 ppm)로서 살균을 행하며, 우유관은 증기로서 살균을 한다. CIP의 경우는 수세 세제에 의한 세정·살균 등이 전자동으로 실시된다.

2) 검 사

목장에서 원유를 유업회사로 수송되면 우선 실시해야 될 일이 원유검사이다. 원유를 검사하여 유제품 제조에 적합한 원료유인가를 판단하여 등급을 결정하고, 이 등급에 따라 유대가격을 결정한다. 검사에는 수유검사 및 실험실 검사가 있다.

(1) 수유검사(platform test)

수유검사는 색상·응고·향취 등 외관과 풍미검사를 실시하고 비중, 주정시험(alcohol test), 자비시험, 산도측정, 침전물 측정 등을 실시한다.

그림 2-3. 목장에서 탱크로리로 집유하는 과정

(2) 실험실 검사(laboratory test)

단백질 · 지방 · 유당 · 무지유고형분 등 일반 조성분 분석을 행하고 세균수, 체세포수, 항생물질 검사, 색소환원시험, 빙점측정 및 기타 이물질 혼입 등을 검사한다(그림 2-4, 2-5).

(3) 계 량

집유소나 유업회사에서 원유의 무게를 계량하는 것으로 원유통 또는 탱크수송차에서 집유한 원유를 계량하여 기록하는 장치가 있다(그림 2-6).

그림 2-4. 항생물질이 함유된 원유 분리

그림 2-5. 우유의 실험실 검사

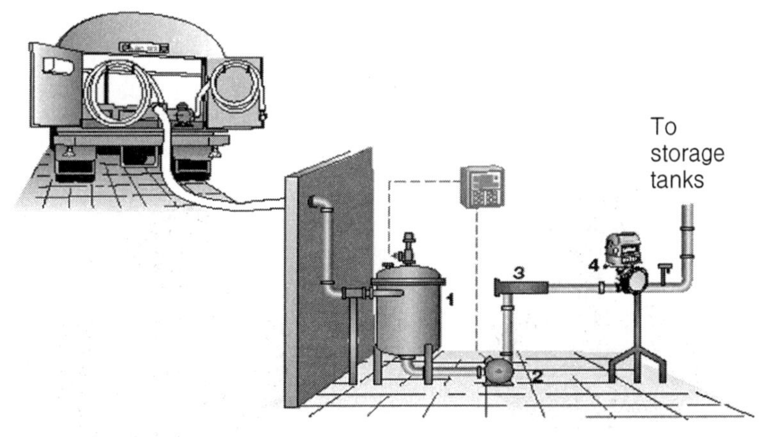

그림 2-6. 유업회사에서 원유의 계량

1. Air eliminator, 2. Pump, 3. Filter, 4. Metering device

2.2 저 유

1) 청정(淸淨)

목장에서 원유를 착유할 때 먼지와 털, 사료, 깔짚 등 이물질이 혼입될 수 있다. 원유를 저유탱크에 저장하기 전에 이러한 이물질을 제거하여 원유를 깨끗하게 처리하는 과정을 청정이라 말한다. 이렇게 함으로써 원유에 나쁜 풍미 및 세균의 오염 등이 제품 중에 혼입되는 것을 막을 수 있다. 청정화는 여과와 원심분리기를 이용하여 할 수 있는데 여과에 의한 청정화는 비교적 큰 이물질을 제거하는데 이용되는 것으로서, 일반적으로 여포(濾布)나 stainless망을 사용하며 사용한 여포는 찢어진 부분이 있는지 점검을 하고 세척 및 살균을 철저히 하여 사용한다.

원심분리기를 이용한 청정화는 원심력을 이용하여 기계적으로 먼지나 이물을 분리 제거하는 방법으로 청정기(clarifier)가 사용되며 여과에 비하여 극히 미세한 물질까지 제거할 수 있다. 자동청정기는 원유에서 분리된 이물질을 자동적으로 배출시키면서 또한 청정화를 효율적으로 할 수 있게 되었다(그림 2-7). 아울러 원유에 함유된 세균을 99.99%까지 분리 제거할 수 있는 bactofuge라는 기계가 개발되었고, 이 기계

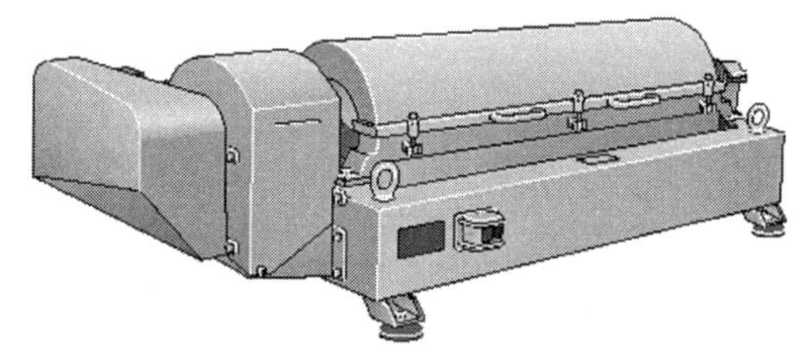

그림 2-7. 청정용 원심분리기

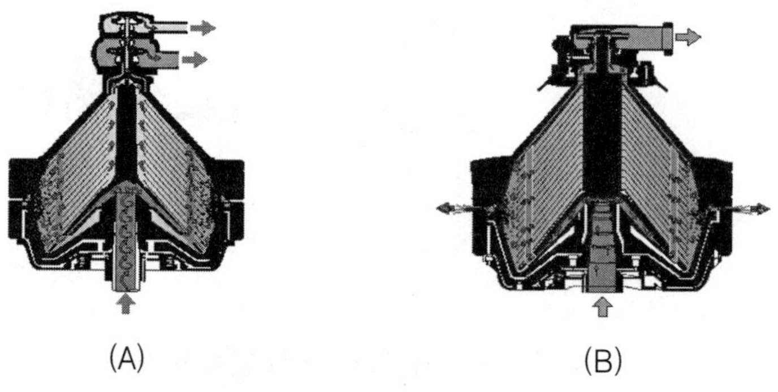

그림 2-8. 2단계 연속 유출 박토퓨지(A)와 1단계 간헐 유출 박토퓨지(B)

를 이용하여 미생물이 제거된 원유로 양질의 치즈를 제조하는 데 이용한다. 이 기계의 원리는 특별히 고안된 원심분리기로 원심력을 이용하여 미생물을 제거하는 것이다. Bactofuge는 연속적으로 미생물을 제거할 수 있는 두 개의 출구를 가진 형태와 간헐적으로 분리된 미생물을 제거하는 한 개의 출구를 가진 형태가 있다(그림 2-8).

2) 저유(貯乳)

청정화시킨 원유는 다음 공정으로 가기 전까지 일단 저유조에 저장한다. 저유조는 5℃ 이하로 유지되면서 원유를 냉각하면서 저장한다. 냉각은 냉각수에 의한 plate cooler나 brine에 의한 표면냉각기, 암모니아를 직접 팽창시킨 표면냉각기 등에 의하여 행해진다. 저유탱크의 모양은 원통형 · 각형 등이 있으며, 대규모 공장에서는 옥외에 설치하는 사이로(그림 2-9)와 공 모양의 것이 있으며, 용량은 100 ton에 달하는 대형인 것도 있다.

저유탱크는 냉각된 우유를 저장하고 온도의 상승을 막아 품질을 유지하는 기능이 있는 것으로 저장 중에 온도의 상승을 막는 보냉설비나 장치가 필요하며, 세균이 오염되지 않고 세척에 편리한 구조를 하여야 한다. 또한 저유탱크는 우유 중의 지방분리 및 크림 부상(浮上)을 막기 위하여 교반기를 설치하여야 하는데 규모가 큰 저유탱크는 공기에 의한 교반(air-agitation)을 실시하며, 이때 원유에 흡입되는 공기는 정화 후 사용한다는 것에 유의하여야 한다.

2.3 표준화

표준화(標準化, standarization)는 원유를 제품의 생산 목적에 알맞게 성분을 조정

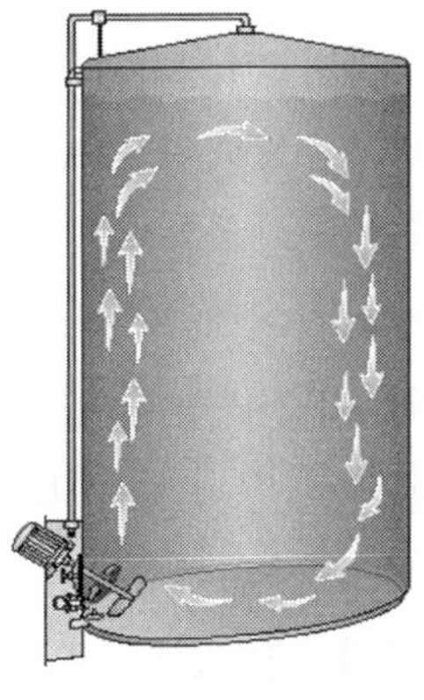

그림 2-9. 프로펠라 교반장치가 있는 우유저장 사일로탱크

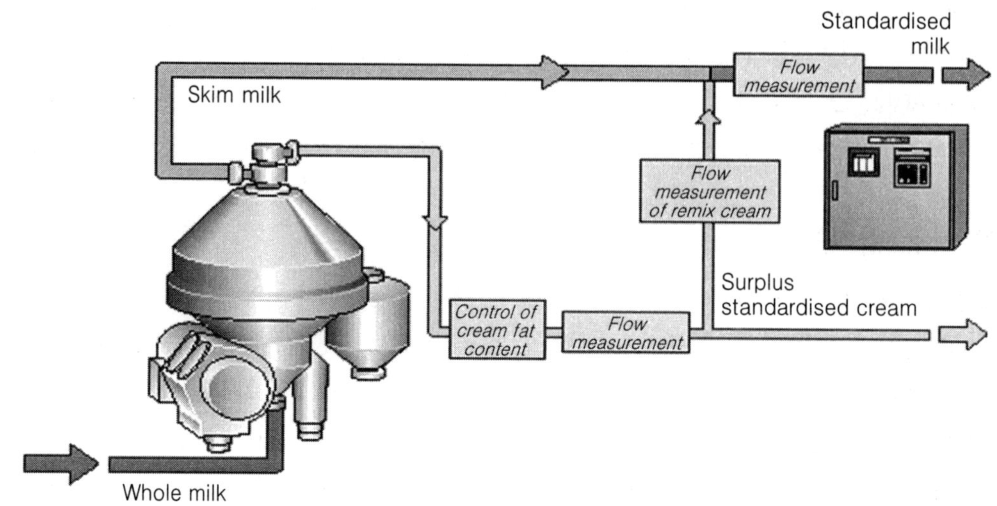

그림 2-10. 크림과 우유의 표준화 자동 시스템

하는 과정으로 지방, 무지유고형분, 강화성분(vitamin, 무기물 등)의 함량 조정이나 유음료의 원료성분을 조정하는 것을 말한다. 지방의 조정은 일반적으로 삼원분리기(tri-purpose-separator)에 의하여 행하여지며, 무지유고형분 및 강화성분은 저유탱크에 필요한 성분을 첨가하는 방법으로 성분을 조정하며, 첨가 후에는 교반을 잘 하여 품질이 균일하도록 하여야 한다(그림 2-10).

2.4 균 질

시유처리 공정에서 균질(均質, homogenization)을 하는 목적은 우유의 소화흡수 개선과 촉진 그리고 충전 후 지방구 부상(浮上)을 방지하는 것으로 시유 제품의 대부분이 균질과정을 거쳐 판매되고 있다. 균질은 기계적인 방법에 의하여 물리적인 힘을 지방구에 가함으로써 지방구 입자가 미세하게 만들어지며, 미세한 지방구 입자를 우유 중에 분산시킴으로써 지방구가 부상하여 cream line을 형성하는 것을 방지하여 준다.

우유에 함유된 지방구의 크기는 직경이 0.1～16㎛ 정도의 구형으로 존재하고, 우유 1mL 중에는 약 10～20억 개의 지방구들이 있다. 이 중 약 80% 정도는 3～7㎛ 정도의 비교적 큰 지방구들로 균질시킨 우유의 지방구는 대부분이 0.1～2.0 ㎛ 정도의 크기이다(그림 2-11 A). 균질공정에서 우유의 온도는 약 60℃ 정도가 적당하고, 압력은 제품의 종류에 따라 다르지만, 일반적으로 100～300 kg/cm^2의 압력 하에서 이루어진다.

균질의 원리는 균질기 내의 높은 압력 하에서 균질기 헤드의 좁은 구멍으로 우유를 밀어내면 높은 압력은 운동에너지로 바뀌어 우유는 대단히 빠른 속도로 이동하는데, 구멍을 통과하는 순간 압력은 줄어들면서 지방구는 파괴되어 미세한 지방구로 만들어진다.

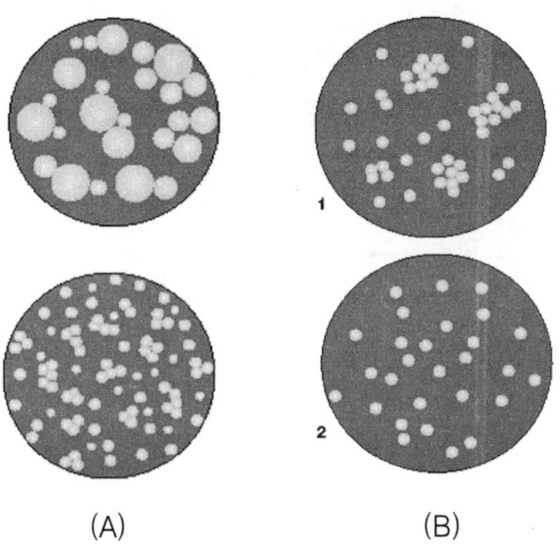

그림 2-11. 무균질 우유의 균질 후 지방구 크기(A)와 1단계 균질 후 2단계 균질한 지방구의 모습(B)

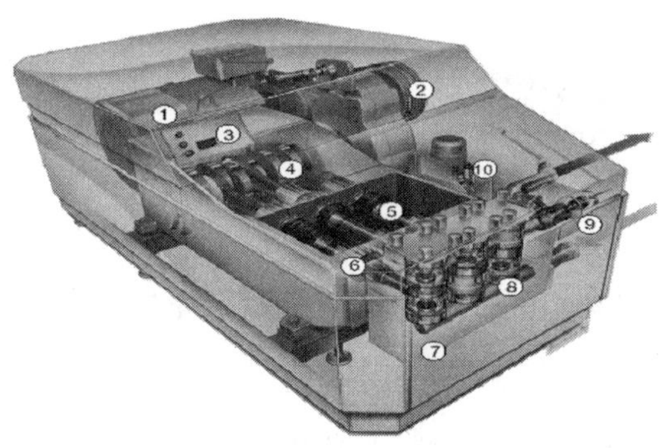

그림 2-12. 고압펌프 장치를 갖춘 균질기

① Main drive motor	⑥ Piston seal cartridge
② V-belttransmission	⑦ Solid stainless steel pump block
③ Pressure indication	⑧ Valves
④ Crankcase	⑨ Homogenizing device
⑤ Piston	⑩ Hydraulic pressure setting system

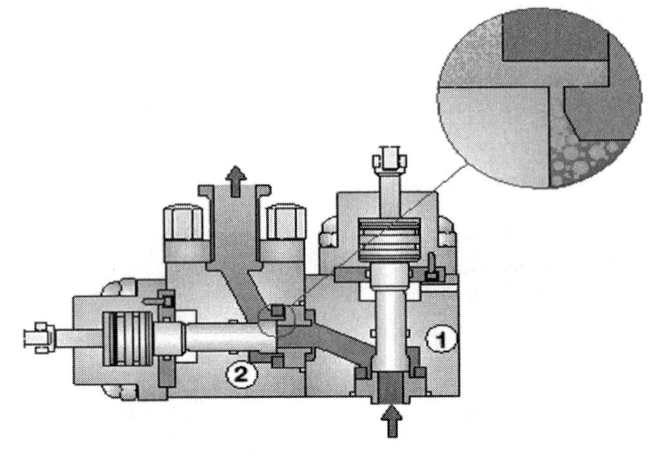

그림 2-13. 2단계 균질기 헤드

1. First stage 2. Second stage

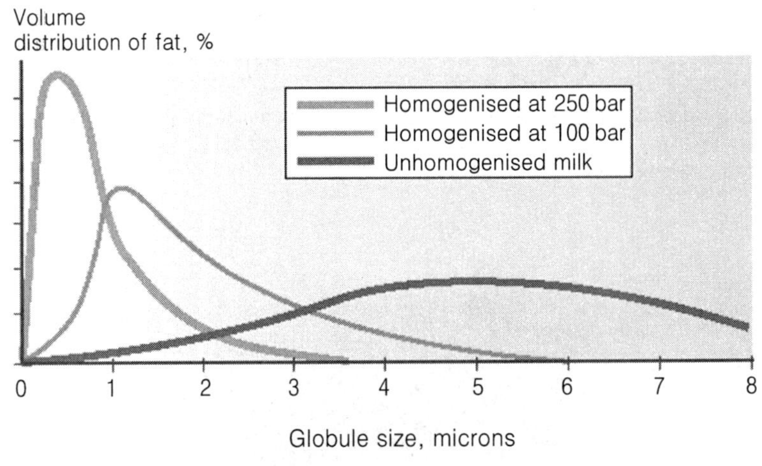

그림 2-14. 균질 후 지방구 크기의 분포 곡선

2단계 균질헤드로 구성된 균질기를 사용할 경우 균질효과는 훨씬 높다(그림 2-11 B, 2-13). 그림 2-12는 균질기의 실물을 나타낸 것이다. 또한 그림 2-14는 균질 중 압력의 차에 의한 지방구의 크기를 그래프로 나타낸 것으로 250 bar의 압력 하에서 균질한 것은 대부분의 지방구 크기가 1 ㎛ 이하이다.

2.5 살균 및 멸균

우유는 영양분이 풍부하여 미생물이 자라기에는 아주 이상적인 배지 역할을 하므로 미생물에 오염이 되면 미생물은 쉽게 증식하여 산패나 부패를 일으켜 식품으로서의 가치를 잃게 된다. 우유의 착유와 취급 중에 각종 미생물이 오염되는 기회가 많아 우유를 안전하게 보존하기 위해서는 우유에 오염된 미생물을 사멸시켜야 한다. 우유에 오염되는 미생물의 종류는 다양하여 식중독균, 결핵균, 포도상구균, *Brucella*균, 연쇄상구균, 이질균, *Diphtheria*균 등과 같은 병원성 세균이 함유될 수 있으므로 우유 중의 유해미생물은 완전히 사멸시켜야만 한다. 우유의 살균(殺菌) 및 멸균(滅菌) 방법으로는 가열에 의한 방법이 가장 일반적인 방법이며, 전자파·방사선·원심력 등의 물리적 방법과 과산화수소와 여타 약물을 이용하는 화학적 방법 등이 있으나 가열에 의한 방법이 현재 가장 널리 이용되고 있다.

우유의 열처리 방법에는 살균(pasteurization)과 멸균(sterilization) 두 가지 방법이 있다. 살균이라 함은 우유 중에 오염되어 있는 미생물을 사멸하여 식품의 안전성을 확보하고 보존성을 향상시키려는 것으로 우유의 영양가의 감소 및 풍미변화 등을 최소로 줄일 수 있는 조건하에서 실시하여야만 한다. 또한 멸균은 일반적으로 미생물을 완전히 살멸하여 무균상태로 만드는 것을 의미하나 상온에서 보관할 때에 무기한의 보존성을 갖는 우유라는 의미는 아니다. 따라서 극히 적은 수의 미생물포자를 함유하고 있어도 우유 중에서 증식하지 않는다면 문제가 없으므로 이렇게 우유를 처리하는 것을 우유의 멸균이라 말한다.

1) 우유의 살균

우유를 이용하여 제조하는 모든 유제품은 반드시 열처리 공정을 거쳐야 하며 가장 기본이 되는 공정이다. 우유 열처리 공정의 방법은 저온장시간살균법, 고온단시간살균법, 초고온순간살균법이 있다. 저온단시간살균법은 프랑스의 Louis Pasteur가 1863~1870년 사이에 포도주의 보존성을 높이기 위해 개발한 방법으로 1880년경부터 우

표 2-1. 우유 열처리의 주요 분류

Process	Temperature	Time
Thermisation	63~65℃	15s
LTLT pasteurisation of milk	63℃	30min
HTST pasteurization of milk	72~75℃	15~20s
HTST pasteurization of cream ect.	> 80℃	1~5s
Ultra pasteurization	125~138℃	2~4s
UHT (flow sterilization) normally	135~140℃	a few seconds
Sterilization in container	115~120℃	20~30min

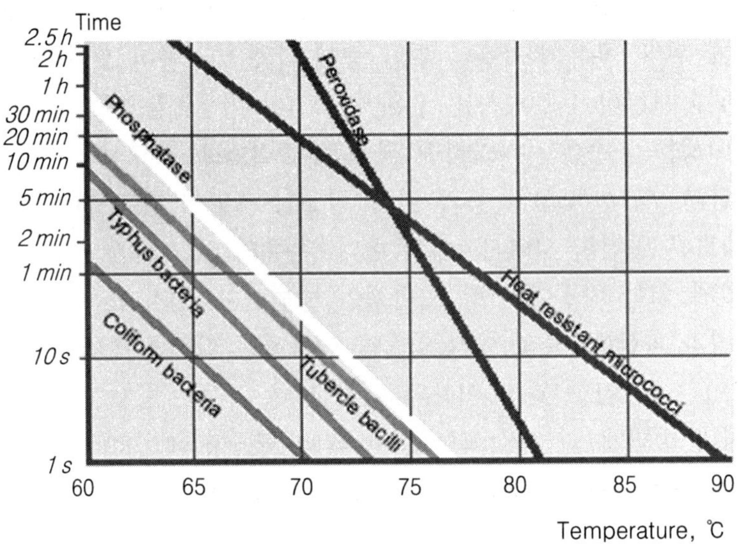

그림 2-15. 몇 가지 효소와 미생물의 파괴에 대한 치사효과와 시간/온도와의 관계

유의 열처리에 응용하였다.

그 당시 많은 문제점으로 지적된 인수공통 전염병 균인 결핵균(結核菌)을 사멸시키기 위해서는 57℃에서 약 40분, 71℃에서는 10초, 75℃에서는 2초 이하의 가열로서 사멸됨이 밝혀짐에 따라 저온살균조건은 결핵균의 사멸에 요하는 최소 열처리 온도에 안전성을 감안하여 좀 더 높은 온도를 설정하게 되었다. 그림 2-15는 몇 종류의 미생물 사멸 및 효소의 파괴에 필요한 시간과 온도의 변화를 나타낸 것이다.

(1) 저온장시간살균법(低溫長時間殺菌法, LTLT)

저온장시간(low temperature long time pasteurization, LTLT)살균법은 우유를 62~63℃에서 30분간 가열한 후 냉각하는 열처리 방법을 말한다. 저온장시간살균법에 의하여 열처리된 우유는 병원균의 사멸이 충분하고 cream line을 손상하는 일이 없으며 가열취가 생기지 않고 비타민(vitamin)과 다른 영양소의 파괴 없이 열처리가 진행된다.

우유를 저유탱크로부터 살균기(pasteurizer)에 보내기 전에 살균온도 가까이 까지 가열하는데 이를 예열(豫熱, preheating)이라 하며, 이 처리는 소규모로 처리할 때 가열기(heater)를 별도로 설치하지 않고 살균기를 이용하게 되며 예열을 위하여 사용되어지는 가열기를 예열기(豫熱機, preheater)라 한다. 예열기에는 paddle식 가열기가 있으며, 이는 jacket식 솥으로서 jacket 내에 증기(steam)를 통과시켜 가열한다. 근년에 이르러서는 plate heater나 tubular heater를 대부분 사용하고 있다.

(2) 고온단시간살균법

고온단시간살균법은 72～75℃(160°F)에서 15초간 가열하는 방법이다. 우유를 박층(薄層)으로 만들어 모든 부분을 균등하게 72～75℃(160°F)에서 15초간 가열하면 병원균의 대부분이 사멸되고 cream line에도 영향을 주지 않는 것으로 밝혀져 온도와 유량(流量)을 정확히 조절할 수 있는 장치의 개발에 따라 고온단시간(high temperature short time, HTST)살균법이 비교적 규모가 큰 시유처리장에서 이용하게 되었다. HTST살균의 표준 살균조건은 72～75℃에서 15초 살균하는 것으로 되어 있으나 국가에 따라 규정은 다소 차이가 있다.

① 가열기(加熱器)

HTST 살균 가열기는 평판열교환기(plate heat exchanger, 그림 2-16)와 관형열교환기(tubular heat exchangers, 그림 2-17)가 있는데 평판열교환기가 주로 사용되며, 0.6～1.5 mm의 얇은 스테인레스 강철판에 파도형태의 홈을 내어 강도를 높이고, 열전달면적을 1.2～1.8배 증가시킨 여러 장의 평판을 겹쳐서 조립한 것을 말한다. 그림 2-16은 평판열교환기의 평판종류를 나타낸 것이다.

평판열교환기의 가열매체가 증기 또는 열수인 경우는 가열기로써 작용하고 냉각매체가 냉수 또는 brine인 경우는 냉각기로서 작용하는데, 한 장의 평판을 사이에 두고 반대방향으로 흐르면서 평판을 통하여 열을 교환하는데 구조는 예열부(preheating section), 가열부(heating section), 유지부(holding section), 냉각부(cooling section)로 구성되어 있다.

관형열교환기는 평판열교환기보다는 살균처리에 덜 사용되며 열전달 효율이 평판

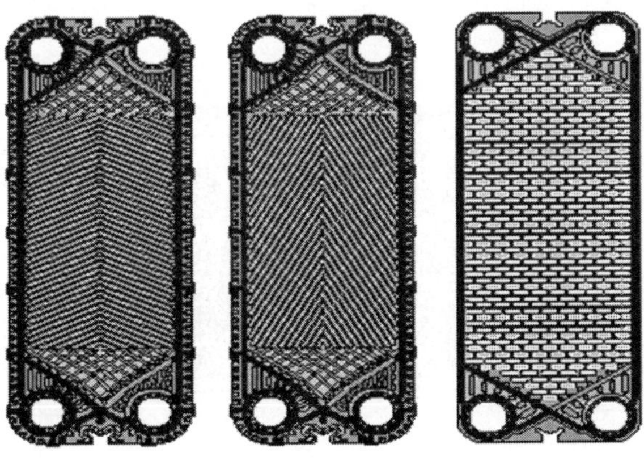

그림 2-16. 평판열교환기에 사용되는 여러 종류의 평판 모양

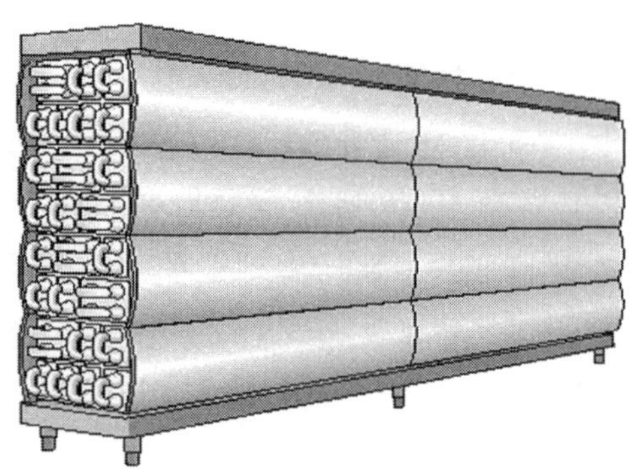

그림 2-17. 관형열교환기튜브

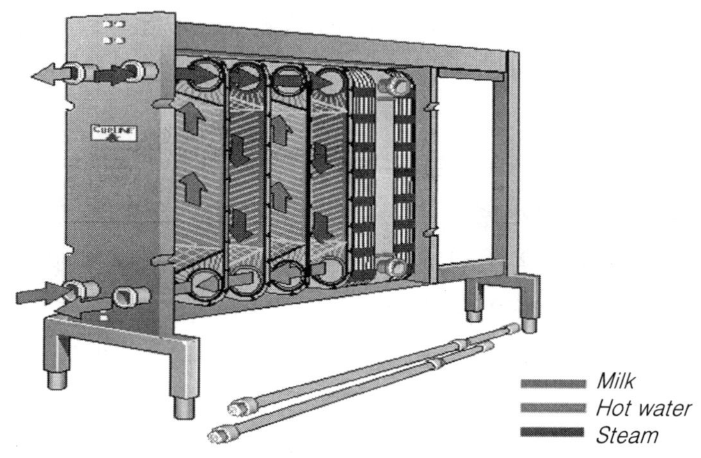

그림 2-18. 평판열교환기에서 우유와 열수의 흐름도 원리

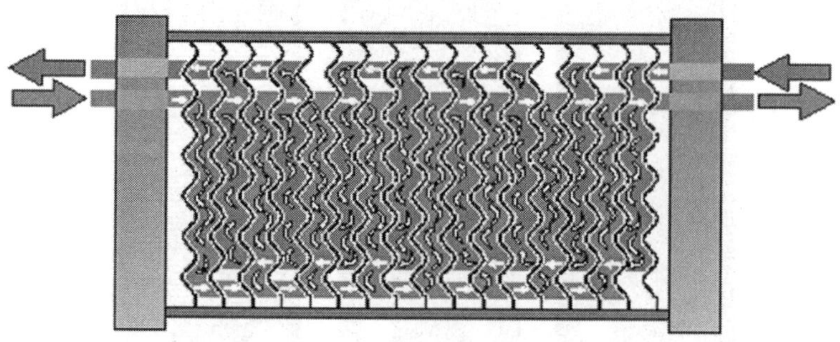

그림 2-19. 평판열교환기에서 우유와 가열/냉각 매체의 평행흐름도 체계

열교환기보다 떨어진다. 그림 2-18은 HTST 살균가열기를 나타낸 것이고, 그림 2-19는 HTST 살균가열기에서 우유와 열수의 흐름도를 나타낸 것이다.

가. 예열부

유량조절 탱크에서 4℃로 저장 중인 원유를 예열부로 이동시키면 이미 72~75℃로 살균된 우유가 냉각부로 이동하면서 예열부에 다다른 4℃ 우유에 열전달을 해서 60℃ 전후로 예열이 됨과 동시에 살균된 우유는 10℃ 정도로 냉각이 이루어지기 때문에 일명 열재생부(regenerative section)라고도 한다.

나. 가열부

우유를 가열하기 위해서 사용되는 가열매체는 가열증기와 열수 등이 있다. 이러한 가열매체를 사용하여 우유를 온도조절 장치에 의해 살균온도인 72~75℃까지 가열한다.

다. 유지부

72~75℃에서 열처리 된 우유를 15초 동안 유지시키는 부분으로 유지관을 통과하는 시간이 소정의 유지시간이 된다. 또한 holding tube의 말단 근처에 자기온도기록계가 있어 우유온도를 기록하게 되나 살균온도가 규정에 맞게 되면 살균유는 평판열교환기(plate heat exchanger)와 냉각기(plate cooler)를 경과하여 충전기 쪽으로 흐

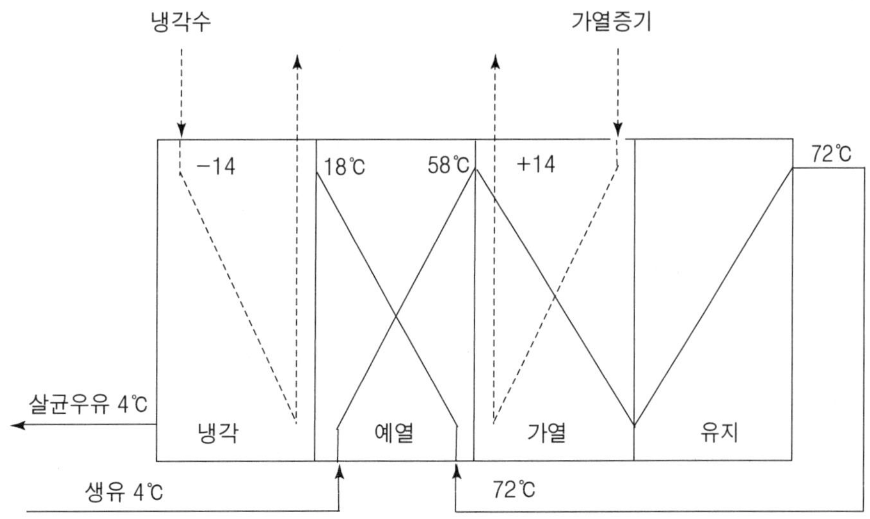

그림 2-20. 평판열교환기에 의한 HTST 살균처리에서 열 재생 및 온도 변화과정

르게 된다.

이때 만일 온도가 규정온도 이하일 때에는 역류밸브가 자동적으로 작동하여 우유는 불완전살균유의 반송(反送) 파이프를 통하여 조절탱크(balance tank)로 되돌아가게 된다.

라. 냉각부

예열부에서 냉각된 우유와 살균된 우유가 열교환을 함으로써 10℃까지 냉각된 살균유는 0℃ 정도의 냉각수에 의해 5℃ 이하로 냉각되는 부분이다. 고온단시간살균처리에서 평판열교환기에 의한 열 재생률(Regeneration)은 다음과 같이 계산이 가능하다(그림 2-20).

〈주어진 조건〉

생유온도 : 4℃, 살균온도 : 72℃, 열 재생률 : 80%

- 생유의 가열온도 : 72℃ - 4℃ = 68℃
- 열 재생으로 가열할 수 있는 온도 : $68℃ \times \frac{80}{100} = 54.4℃ \fallingdotseq 54℃$
- 생유의 예열온도 : 4℃ + 54℃ = 58℃
- 증기로 가열해야 할 온도 : 72℃ - 58℃ = 14℃
- 살균우유의 열 재생 후 온도 : 72℃ - 54℃ = 18℃

② HTST 살균 장치의 이점

㉠ 처리능력에 비하여 기계장치가 점유하는 면적이 적고 연속살균이 가능하므로 능률이 높다.

㉡ 모든 공정이 자동적으로 이루어지며 살균공정 중 우유가 외부 공기에 노출되지 않으므로 세균의 오염이 방지되며 위생적인 처리를 할 수 있다.

㉢ 미생물 사멸(死滅)의 온도계수(溫度係數)는 우유성분의 화학적 변화의 온도계수에 비하여 높다. 즉 고온에서 단시간 처리함에 의하여 미생물의 사멸에 있어서는 저온살균법과 비슷한 효과를 나타내나 화학적 변화는 저온살균법에 비하여 적다.

㉣ CIP(cleaning-in-place, 定置洗淨) 등 기계화·자동화가 용이하고 노력이 적게 든다.

㉤ 크림분리, 균질, 표준화의 공정과 연계시킬 수 있다.

2) 살균유의 품질 유지

우유는 그 자체의 성분 때문에 미생물과 화학물질(구리, 철 등) 오염뿐만 아니라 빛의 노출에 영향을 미치는 것이 대단히 민감한데, 특히 균질했을 때도 마찬가지이다. 따라서 기계시설의 양호한 CIP를 위해서 세제, 살균제와 질 높은 용수의 사용이 가장 중요하다.

일단 포장이 되면 제품은 햇빛이나 인공 빛으로부터 보호되어야 한다. 빛은 여러 가지 영양성분에 해로운 결과를 미친다. 빛은 또한 맛에도 영향을 미친다. 햇빛 풍미는 우유의 단백질에서 유래된다. 햇빛에 노출되면 메티오닌 아미노산이 메티오날로 분해된다. Ascorbic acid(비타민 C)와 riboflavin(비타민 B_2)는 산소가 존재할 때 가공과정에서 중요한 역할을 한다.

메티오날은 특징적인 맛을 가지고 있는데 일부 사람들은 그것을 마분지에 비교하고, 또 다른 사람들은 금강사(金剛砂)에 비교한다. 이 맛은 멸균유에는 나타나지 않고 균질했을 때에는 아마도 비타민 C가 열에 의해 분해되고, 유청단백질의 S-H 성분이 화학적 변화를 겪기 때문일 것으로 추정된다. 표 2-2는 투명유리병과 카톤에 충전된 살균우유가 빛에 의한 영향을 나타내고 있다.

첫 번째로 비타민 손실은 투명유리병에 충전된 우유가 1,500룩스에 2시간 동안 노출되었을 때 일어난다. 불투명 카톤에서는 단지 최소 손실만 있다. 노출 4시간 후에는 병장우유에서는 이미 뚜렷한 맛의 변화가 있었지만 카톤 제품은 그렇지 않았다.

3) 살균우유의 수명

살균우유의 수명은 기본적으로 항상 원유의 품질에 달려 있다. 또한 원유의 생산

표 2-2. 1,500 Lux 에 노출되었을 때 맛과 비타민의 손실

카 톤				투명병		
맛	비타민 C	비타민 B_2	시 간	맛	비타민 C	비타민 B_2
손실 없음	-1.0%	손실 없음	2		-10%	-10%
	-1.5%		3	약간	-15%	-15%
	-2.0%		4	분명함	-20%	-18%
	-2.5%		5	강함	-25%	-20%
	-2.8%		6	강함	-28%	-25%
	-3.0%		8	강함	-30%	-30%
	-3.8%		12	강함	-38%	-35%

조건이 최적의 기술과 위생이 가장 중요하고 생산 기계는 적절하게 관리되어야 한다. 우수한 기술과 위생적인 조건하에서 착유된 아주 우수한 양질의 원유로부터 생산되어졌을 때, 일반적으로 살균우유는 포장을 개봉하지 않았을 때 수명은 5～7℃에서 8～10일 정도 가능하다. 만약 원유가 열 저항성 효소 체계 형태(단백질 분해효소와 지방분해효소)인 *Pseudomonas* 종과 같은 미생물 또는 포자 상태로 살균처리에서도 살아남은 *Bacillus cereus*와 *Bacillus subtilius*와 같은 열 저항성 Bacilli에 오염이 되었다면 제품의 수명은 급격히 짧아질 수 있다. 살균처리 우유의 미생물학적 향상을 위해서 보호수단에 의하거나 또는 수명 연장을 위해서 미생물 처리기계는 *Bactofugation* 또는 미생물 여과기를 보충할 수 있다.

4) ESL 우유

ESL이란 뜻은 “Extended Shelf Life” 의 약자로 7℃ 또는 그 이하의 온도에서 좋은 품질을 유지하는 신선한 액상 제품을 위해서 캐나다와 미국에서 빈번히 적용한다. ESL에 대한 정의는 많은 요소들을 포함하고 있는 개념으로, 제품의 수명연장을 위한 힘이 원래의 뜻이다.

5) 우유의 멸균

멸균(滅菌, sterilization)이란 우유에 존재하는 모든 미생물이 완전히 사멸되도록 처리하여 세균이나 포자가 한 개도 남아 있지 않도록 가열처리하는 것을 말하며, 이론적으로는 우유를 무한정의 보존성을 갖게 처리하는 방법을 뜻한다. 따라서 열처리한 우유를 실온에 두었을 때 미생물학적으로 상당기간 오래 동안 보존성을 유지하는 것이 당연하다. 그러나 실제로 그렇지 않은 경우도 있다.

미생물 중에는 열에 민감한 것과 그렇지 않은 것이 있는데, 일반적으로 포자를 가진 미생물은 높은 열에서 사멸이 잘 되지 않는다(그림 2-21 A). 그래서 멸균이라는 열처리 공정을 거쳐서 포자균을 사멸하는 방법을 이용하고 있다. 우유에 오염된 포자균은 135℃에서 수초간 열처리하면 완전히 사멸되는데 비하여 유성분의 화학적 변화는 같은 온도에서 비교해 보면 아주 적은 편이다(그림 2-21 B).

따라서 유성분의 화학적 성분을 최소로 변화시키면서 미생물의 사멸효과가 가장 높은 결과를 만족하는 온도에서 열처리하여야 한다. 그림 2-22는 열처리에 의한 포자 미생물의 사멸효과와 우유에 미치는 한계선을 나타낸 것으로 line A는 우유가 갈색화를 일으키는 온도와 시간의 최저 한계선을 나타낸 것이고, line B는 완전한 멸균(고온성 포자균)을 할 수 있는 온도와 시간의 최저 한계선을 나타낸 것이다. 화살표로 표시한 선은 시간과 온도에 따른 중온성(mesophilic spores, 30℃) 및 고온성 포자균(thermophilic spores, 55℃)의 최저사멸 한계선을 나타낸 것이다.

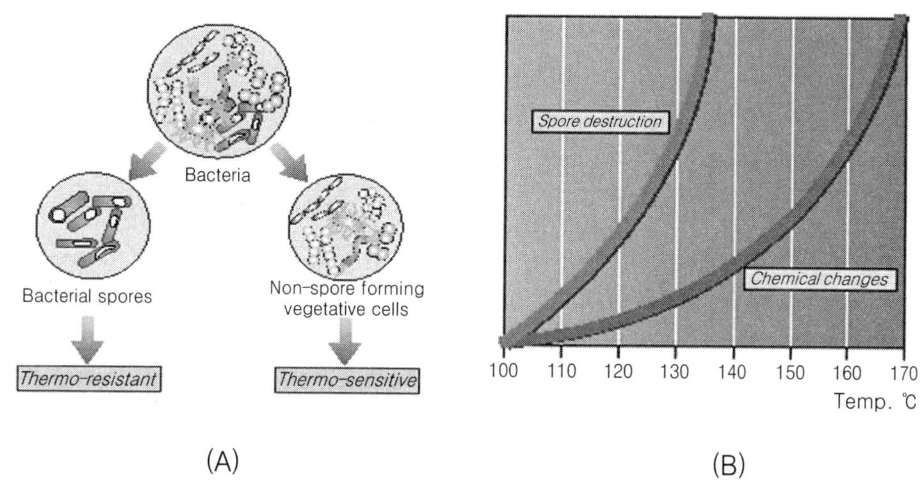

그림 2-21. 미생물의 종류에 따른 열에 대한 영향(A) 및 온도 증가에 따른 우유의 화학적 특성 변화와 포자미생물의 사멸속도(B)

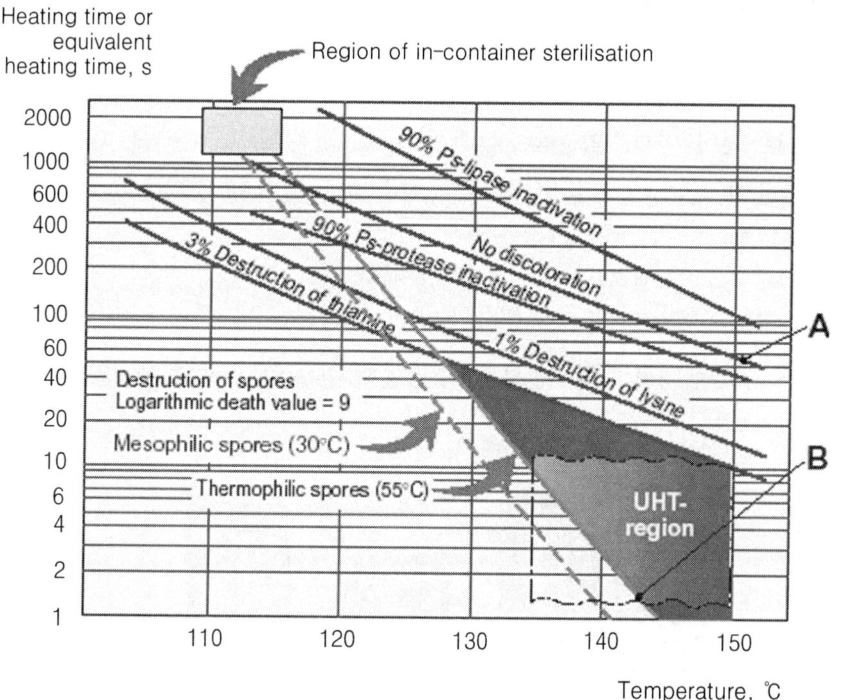

그림 2-22. 열처리에 의한 포자미생물의 사멸효과와 우유에 미치는 한계선

(1) 포장(병장) 멸균(in-container sterilization)

본 방법은 예전부터 이용되어 온 방법으로 우유를 병장하여 멸균하는 방법이다. 이 방법에는 batch식과 연속식이 있다.

① Batch processing

우유를 75~77℃에서 예열하고 균질화한 후 병장하여 밀봉하고 autoclave에 넣어 증기로서 110~120℃에서 10~30분간 가열한다(그림 2-23). Autoclave에는 고정식(stationary)과 회전식(rotary)이 있으나 균등한 가열을 위해서는 회전식이 유리하다.

본 방식에 의한 멸균제품은 고온에서 장시간 가열하게 되므로 amino carbonyl 반응이 일어나 갈색화 됨과 동시에 카라멜취(caramelized flavor)나 탄 냄새(burnt flavor)를 나타내어 보통 살균유와는 확실히 다른 것을 알 수 있다. 그러나 보존성이 높아 어두운 장소에 보관해 두면 풍미의 변화를 크게 고려치 않을 경우 1년간 저장할 수 있다.

② Continuous processing systems

가. Vertical hydrostatic towers

병장하여 밀봉한 용기를 담을 멸균타워가 수직형태로 생긴 것으로 고압스팀에 의해 멸균온도를 유지시키는 내부 공간이 있다. 이 수직유체 타워 내부는 이동벨트가 있어서 병장우유를 천천히 이동시키면서 열처리를 하는데 온도를 유지시키고 냉각시키는 부분으로 되어 있다. 멸균온도는 115~125℃에서 20~30분 동안 열처리 부분을 통과하게 된다. 열처리가 끝난 우유는 계속 이동하면서 냉각수에 의해 냉각되어진다(그림 2-24 A).

나. Horizontal sterilizers

멸균타워가 수평형태로 이동 밸브로타가 설치되어 있고, 여기에 병장우유가 실려서

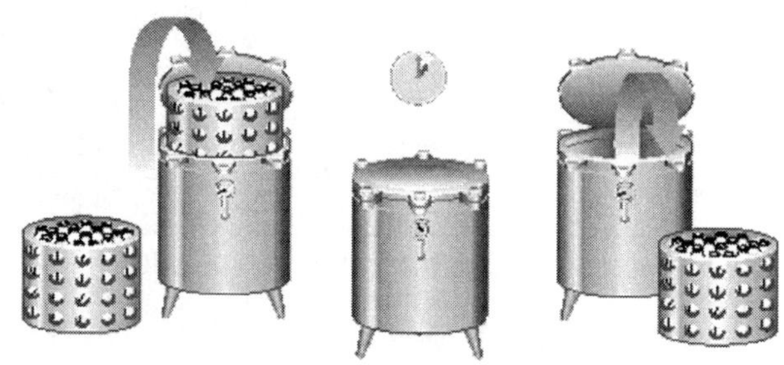

그림 2-23. Batch식 고정압력 멸균용기

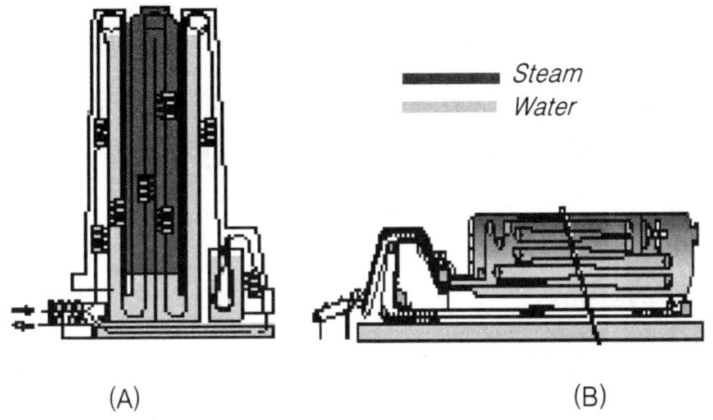

그림 2-24. 병장 멸균용 타워, 수직형(A)과 수평형(B)

타워 안으로 이동이 되어 고압·고온 지역으로 통과되면서 열처리가 이루어진다. 열처리는 132~140℃에서 10~12분간 이루어진다. 열처리가 끝난 우유는 냉각단계로 이동되면서 냉각이 이루어진다(그림 2-24 B).

(2) 초고온단시간멸균(超高溫短時間滅菌, UHT sterilization)

UHT처리는 130~150℃에서 2~5초간 가열하여 멸균을 시키는 것으로 멸균 후 우유는 포장용기에 무균으로 충전하여야 한다. UHT멸균법을 사용함에 따라 HTST살균과 같은 원리로서 미생물의 사멸효과를 얻을 수 있고 색과 풍미의 변화가 적은 멸균유를 생산하기에 이르렀으며, 멸균 Pak과 같은 사면체(四面體, tetrahedron)의 종이용기에 무균적으로 충전하는 장치와 조합하여 이용하게 되었다.

국제낙농연맹(International Dairy Fedration)에서는 초고온멸균무균충전우유(超高溫滅菌無菌充塡乳, UHT sterilized and aseptically filled milk)라 불려지나 간략하게 UHT멸균유라고 부른다.

표 2-3. 멸균처리에서 우유에 미치는 영향

Constituents	Heat effects
Fat	No changes
Lactose	Marginal changes
Protein	Partial denaturation of whey protein
Mineral salts	Partial precipitation
Vitamins	Margunal losses

① 직접가열법

직접가열법은 가열용 스테인리스 판에 대한 유석(乳石) 부착의 염려가 없고 가열 후에 진공장치를 사용하므로 우유의 탈취(脫臭)가 가능하다. 증기를 통하여 이물이 제품 중에 혼입될 위험성이 있으므로 특별한 증기 세정장치가 필요하다. 그리고 온도, 압력, 유량(流量)의 제어가 간접가열법보다 복잡하다.

가. Steam injection systems

우유에 증기를 분사하여 가열하는 방법으로 그림 2-25 (A)에 잘 나타나 있다.

나. Steam infusion system

증기에 우유를 분무하여 가열하는 방법으로 그림 2-25 (B)에 잘 나타나 있다.

② 간접가열법

간접가열법은 가열용 스테인리스 판에 유석이 부착되기 쉬우나 금속 벽을 사이에 두고 가열하므로 이물 혼입의 위험성이 없다.

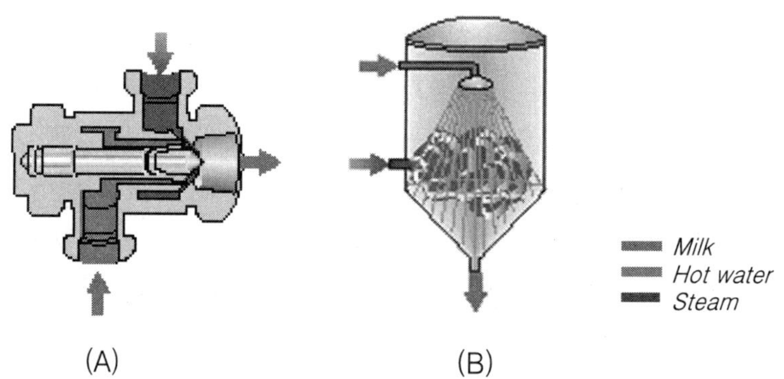

그림 2-25. 스팀 주입 노즐장치(A)와 스팀 분사장치(B)

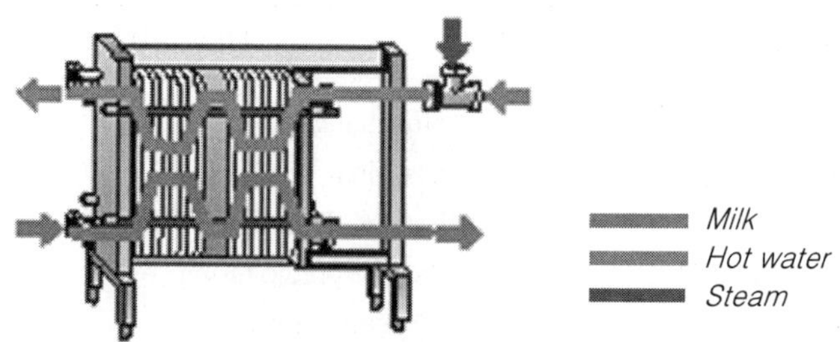

그림 2-26. 가열/냉각을 위한 평판열교환기

가. 평판열교환법(plate heat exchanger)

열수와 우유가 평판열교환기를 통과하면서 열처리가 이루어지는 것을 말한다(그림 2-26).

나. 관형열교환법(tubular heat exchanger)

열수와 우유가 관형열교환기를 통과하면서 열처리가 이루어지는 것을 말한다(그림 2-27).

다. 단편표면열교환법(scraped surface heat exchanges)

열수와 우유가 단편표면열교환기를 통과하면서 열처리가 이루어지는 것을 말한다(그림 2-28).

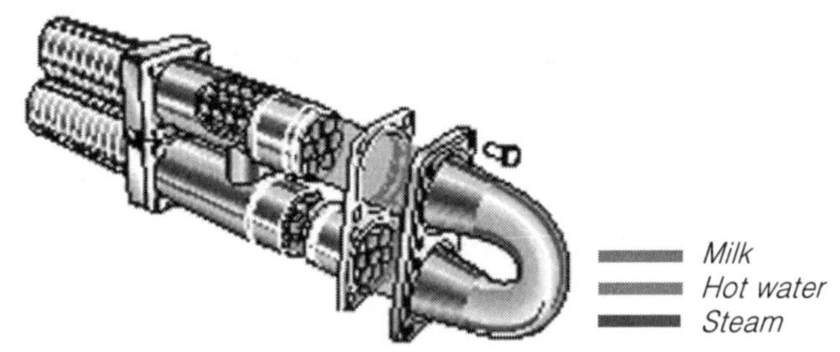

그림 2-27. 가열/냉각을 위한 관형열교환기

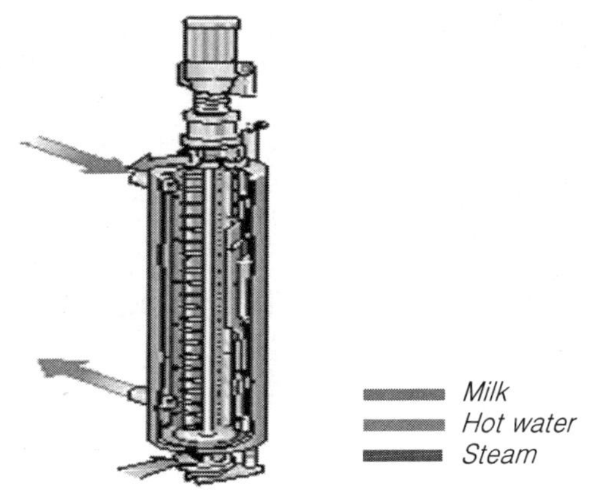

그림 2-28. 가열/냉각을 위한 단편표면열교환기

2.6 충전 및 포장

1) 포장용기

열처리가 끝난 후 냉각된 우유는 충전탱크로 이동 후 바로 충전 포장된다. 우유의 용기는 1970년대 및 80년대 초반에는 유리병을 써왔으나 그 이후에는 종이로 만든 용기와 plastic 용기가 이용되고 있다. 유리병은 재활용이 가능하나 무겁고 수송 할 때는 불편이 따른다.

종이용기와 plastic용기는 가볍고 운반이 용이하며 회수할 필요가 없는 이점이 있어 회수하지 않고 버리는 용기(thrown-away container)로서 대부분 이용하게 되었다. 최근에 우유 용기는 100 mL에서부터 2～4 L에 이르기까지 매우 다양한 종류의 용기에 충전하여 생산되고 있다.

2) UHT 멸균유의 무균충전

UHT멸균유는 무균충전(aseptic filling)의 개발에 의하여 완성된 것으로 관을 사용한 무균충전법은 이미 1951년에 실용화되었으나 큰 발전이 없었으며, UHT멸균유가 발달하게 된 것은 Sweden의 Tetra pak 무균충전기가 개발되었을 때부터이다.

Tetra pak 무균충전에 사용되는 용지는 보존성을 높이기 위하여 내측의 kraft지를 흑색으로 만든 것 또는 내측에 aluminium foil을 접착한 것이 사용되며, 알루미늄박을 사용한 것이 보존성 면에서 유리하다. 그림 2-29는 열처리된 우유를 무균탱크로 이송시켜서 짧은 시간동안 저장했다가 무균포장기계로 이송 후 포장용기에 충전시킨다.

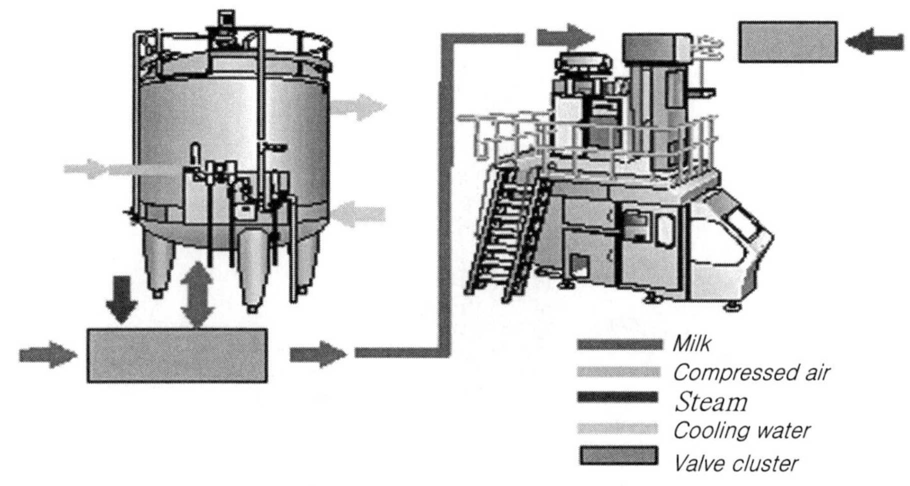

그림 2-29. 무균탱크에서 무균포장기로 이동하는 시유의 흐름도

3) 상자포장 및 냉장

충전된 시유는 제품의 이상 유무를 검사 후 자동포장장치에 의하여 목재 또는 플라스틱제의 상자에 넣어지고, 상자에 넣어진 것은 stacker에 일정량이 쌓여지면 conveyor에 의하여 냉장고 내에 운반되고, 냉장고에서는 4℃에서 출하될 때까지 냉장보관 하게 된다.

또한 포장된 우유제품은 45～50개씩 한 상자에 넣어 냉장고에 보관하게 되며, 요즘은 이 모든 작업이 자동으로 이루어진다. 냉장고 내의 냉각방법은 균일한 냉각에 알맞은 unite cooler 방식을 이용하는 데 공냉식이 가장 적합하며, 냉장고 내의 작업자는 방한복을 착용하고 교대로 작업을 한다.

냉장고 내에 제품을 쌓을 때에는 크기와 출하시의 편의를 고려하여 제품별・요일별로 정리하고 무리별로 표시를 해 놓는 것이 편리하다. 냉장고 내의 온도는 5℃ 이

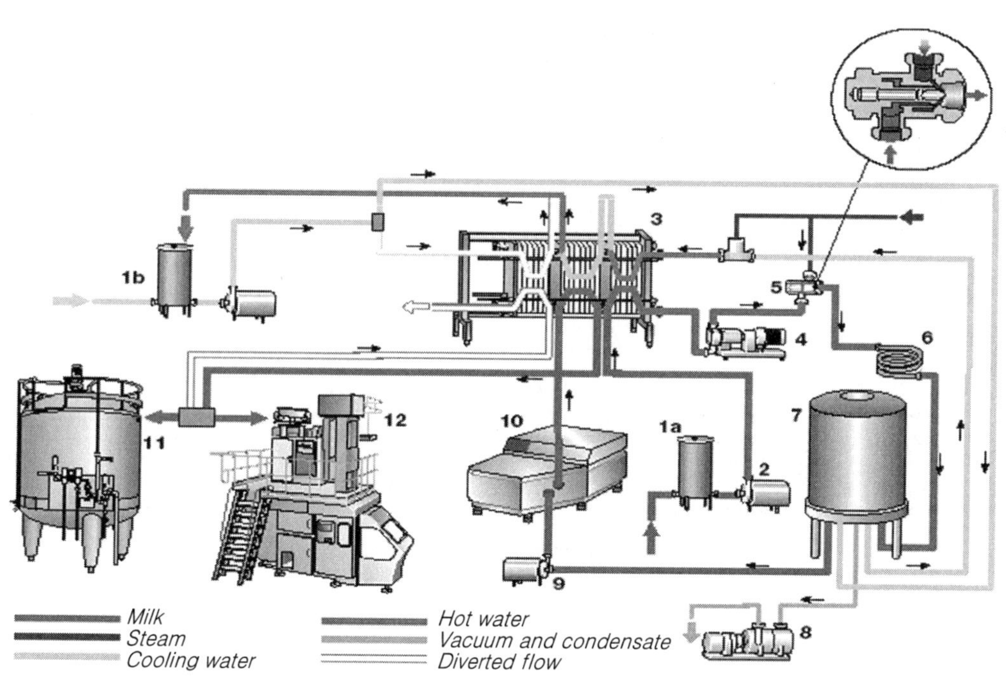

그림 2-30. 평판열교환기가 설치된 직접스팀주입 가열 UHT 처리공정

1a. Balance tank milk
1b. balance tank water
2. Feed pump
3. Plate heat exchanger
4. positive pump
5. Steam injection head
6. Holding tube
7. Expansion chamber
8. vacuum pump
9. Centrifugal pump
10. Aseptic homogenizer
11. Aseptic tank
12. Aseptic filling

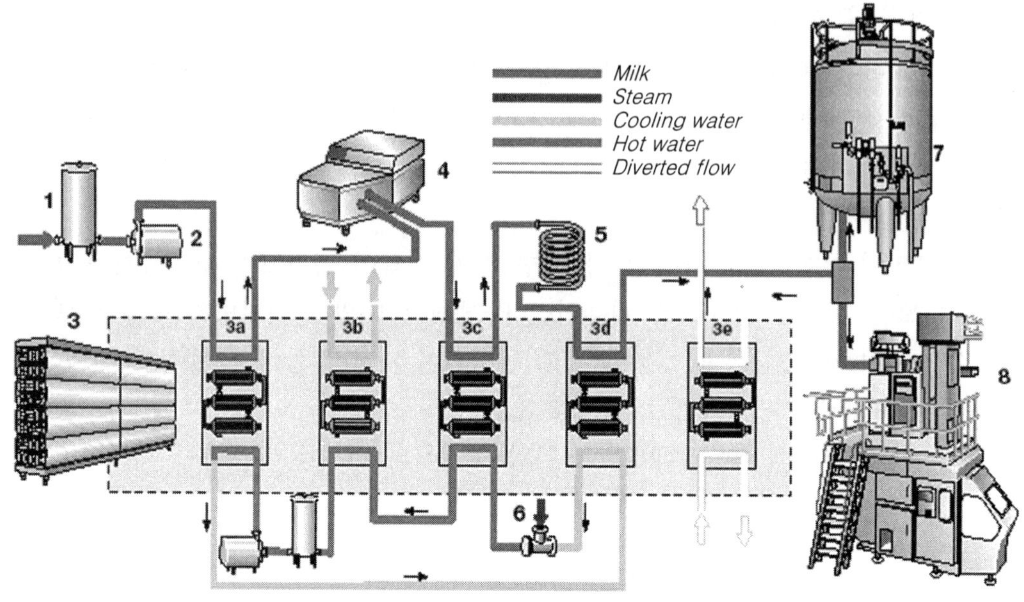

그림 2-31. 관형열교환기가 설치된 간접가열 UHT 처리공정

1. Balance tank
2. Feed pump
3. Tubular heat exchanger
3a. Preheating section
3b. medium cooling section
3c. heating section
3d. regenerative cooling section
3e. Start-up cooling section
4. Non-aseptic homogenizer
5. Holding tube
6. Steam injection head
7. Aseptic tank
8. Aseptic filling

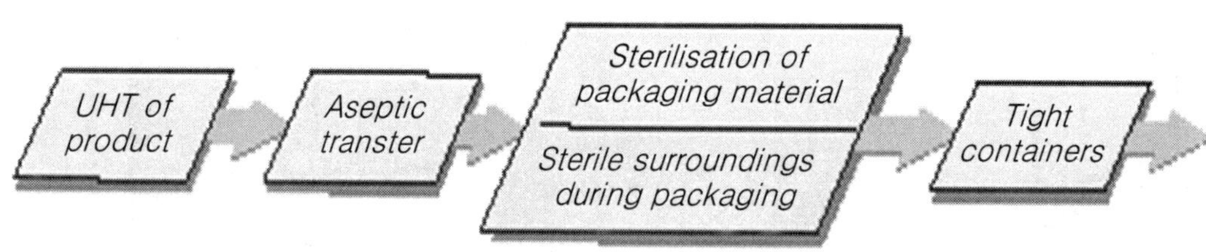

그림 2-32. 무균조건 하에서 포장과정

하가 바람직하고 온도계를 설치하고 냉장고내 온도와 제품온도를 수시로 확인할 필요가 있다. 출하할 때의 제품 출고구는 입고구와는 별도로 설치하고, 불필요할 때에는 닫아 둔다. 공장 내의 조명은 전표를 읽을 수 있을 정도의 조도가 필요하며, 냉장고 내의 배수구로부터 쥐가 침입하지 않도록 조치해 두어야 할 것이다.

그림 2-30은 노즐에 의해 스팀을 직접 주입하여 열처리하여 포장까지 하는 UHT

공정도를 나타낸 것이고, 그림 2-31은 관을 통하여 스팀을 주입하여 스팀의 열이 열교환기에 전달되어 간접적인 방법으로 UHT 열처리가 이루어지는 공정도를 나타낸 것이다. 그림 2-32는 열처리된 시유가 무균상태로 포장이 되고 수송을 하기 위하여 수송용기에 담겨지는 과정을 나타낸 것이다.

3. 가공유 및 기타 우유류

3.1 서 론

가공유란 원유 또는 유가공품을 원료로 하여 가공하는 과정에서 미량성분을 첨가하거나 기호에 따라 식품첨가물 등을 가한 후 살균 또는 멸균 처리하여 제조하는 것으로 무지유고형분 4% 이상의 음용을 목적으로 하는 우유를 말한다. 현재 국내에서는 다양한 가공유가 생산되고 있다. 가공유의 종류는 조성과 제조방법에 따라 다음과 같이 분류할 수 있다.

3.2 가공유류의 기준 및 규격

1) 정 의

가공유류라 함은 원유 또는 유가공품을 원료로 하여 이에 다른 식품 또는 식품첨가물 등을 가한 후 살균 또는 멸균처리 한 것이거나, 살균 또는 멸균처리 후 식품 또는 식품첨가물 등을 무균적으로 첨가한 것으로 무지유고형분(탈지분유와 성분규격이 같은 것) 4% 이상의 것을 말한다.

2) 축산물 가공품의 유형

① 가공유 : 원유 또는 유가공품을 원료로 하여 이에 다른 식품 또는 식품첨가물 등을 가한 후 살균 또는 멸균 처리한 것이거나 살균 또는 멸균처리 후 식품 또는 식품첨가물 등을 무균적으로 첨가한 것을 말한다.

② 저지방 가공유 : 원유 또는 유가공품을 원료로 하여 이에 다른 식품 또는 식품첨가물 등을 가한 후 살균 또는 멸균처리한 것이거나, 살균 또는 멸균처리 후 식품 또는 식품첨가물 등을 무균적으로 첨가한 것으로 조지방 2.0% 이하의 것을 말한다.

③ 유음료 : 무지유고형분이 4% 이상 함유된 음료로서 다른 유가공품에 해당되지 아니하는 것을 말한다.

3) 성분규격

항목＼유형	가공유	저지방 가공유	유음료
성 상	고유의 색택과 향미를 가진 액상으로서 이미·이취가 없어야 한다.	고유의 색택과 향미를 가진 액상으로서 이미·이취가 없어야 한다.	고유의 색택과 향미를 가진 액상으로서 이미·이취가 없어야 한다.
무지유 고형분(%)	7.2 이상	5.5 이상	-
유지방(%)	2.7 이상	2.0 이하(조지방을 기준으로 한다)	-
세균수	1 mL당 20,000 이하(멸균제품의 경우 55°에서 1주 또는 30°에서 2주 보관 후 표준평판배양법에 의할 때 음성이어야 한다)	1 mL당 20,000 이하(멸균제품의 경우 55°에서 1주 또는 30°에서 2주 보관 후 표준평판배양법에 의할 때 음성이어야 한다)	1 mL당 20,000 이하(멸균제품의 경우 55°에서 1주 또는 30°에서 2주 보관 후 표준평판배양법에 의할 때 음성이어야 한다)
대장균군	n=5, c=2, m=0, M=10 (멸균제품의 경우 음성이어야 한다)	n=5, c=2, m=0, M=10 (멸균제품의 경우 음성이어야 한다)	n=5, c=2, m=0, M=10 (멸균제품의 경우 음성이어야 한다)

4) 시험방법

축산물시험방법에 따라 시험한다.

3.3 조성에 따른 분류

1) 강화우유

강화우유(fortified milk)란 우유에 무기물 및 비타민 성분을 첨가한 것을 말한다. 1일 영양기준 측면에서 볼 때 우유에는 비타민 D의 함유량이 낮기 때문에 이 성분을 강화하고 또한 비타민 B군 및 A 성분을 강화한 제품도 생산되고 있다. 아울러 무기물 강화우유는 Ca과 Fe 성분을 강화한 제품 및 최근에 생산되고 있는 식물성 단백질 성분을 첨가한 검은콩 우유도 일종의 강화우유라 하겠다.

2) 유음료

유음료(vegetable milk)란 우유 및 유제품을 주요 원료로 하여 과일즙, 기타 식품류, 색소 또는 향료 등을 첨가하여 음용하기 좋도록 맛을 개선시킨 제품으로 무지유고형분 4% 이상의 다양한 종류의 제품이 생산되고 있다.

(1) 과즙 유음료

우유 및 탈지유에 바나나 · 오렌지 · 파인 · 딸기 · 사과 · 메론 등의 과즙을 넣고 여기에 유기산 · 설탕 · 안정제 등을 첨가하여 산미가 있고 청량감이 나는 유음료로 제조한 것를 말한다. 과즙 유음료의 지방 함량은 0.3%, 감미료인 설탕은 10%, 단백질 1.2% 전후로 pH는 4.6~4.8 정도이다.

(2) 커피 유음료

우유 또는 탈지유에 커피추출물, 카라멜, 감미료 및 향료 성분 등을 첨가하고 혼합하여 제조한 우유를 말한다. 제조 방법은 커피 추출액 및 감미료를 우유 또는 탈지유에 배합하고 균질화, 살균 순서로 하며 커피의 농도는 유고형분이 8% 정도일 때 1.5%, 10%에서는 2% 정도 첨가하고, 감미료는 4% 정도로 조정하여 제조한다. 최근에는 다양한 종류의 포장용기를 사용한 커피유음료가 생산되고 있다.

(3) 초콜릿 유음료

우유 또는 탈지유에 초콜릿 1%, 유지방 2~3%, 무지고형분 3~5%, 설탕 5%를 첨가하여 제조한 우유를 말한다.

3) 특별 우유

웰빙 및 특별한 목적에 맞게 생산되는 제품을 말하며, 국민생활의 향상과 더불어 특별우유는 앞으로 더욱 다양한 제품이 연구 개발될 것으로 생각한다.

(1) 저지방 우유류

① 정 의

저지방 우유류라 함은 원유의 유지방분을 부분 제거한 것, 이에 비타민이나 무기질을 강화한 것을 살균 또는 멸균처리한 것, 살균 또는 멸균 후 유산균 · 비타민 · 무기질을 무균적으로 첨가한 것, 또는 유가공품을 저지방 상태로 환원하여 각각 살균 또는 멸균처리한 것을 말한다.

② 축산물 가공품의 유형

㉠ 저지방우유 : 원유의 유지방분을 2% 이하로 조정하여 살균 또는 멸균한 것을 말

한다(원유 100%).

ⓛ 환원 저지방우유 : 유가공품으로 저지방우유와 유사하게 환원한 것으로 무지유고형분(탈지분유와 성분규격이 같은 것) 8% 이상의 것을 말한다.

ⓒ 강화 저지방우유 : 저지방우유에 비타민 또는 무기질을 강화한 것을 말한다(원유 100%, 단, 강화제 제외).

ⓡ 환원강화 저지방우유 : 유가공품으로 저지방우유와 유사하게 환원한 것에 비타민, 무기질을 강화한 것으로 무지유고형분(탈지분유와 성분규격이 같은 것) 8% 이상의 것을 말한다.

ⓜ 유산균첨가 저지방우유 : 저지방우유에 유산균을 첨가한 것을 말한다(원유 100%, 단, 첨가유산균 제외).

③ 성분규격

ⓖ 성상 : 유백색～황색의 액체로서 이미·이취가 없어야 한다.

ⓛ 비중(15℃) : 1.030～1.045

ⓒ 산도(%) : 0.18 이하(젖산으로서)

ⓡ 유지방(%) : 2.0 이하

ⓜ 무지유고형분(%) : 8.0 이상

ⓑ 세균수 : 1mL당 20,000 이하(멸균제품의 경우 55℃에서 1주 또는 30℃에서 2주 보관 후 표준평판 배양법에 의할 때 음성이어야 한다. 단, 유산균 첨가제품의 경우 유산균수를 제외한다)

ⓢ 대장균군 : n=5, c=2, m=0, M=10(멸균제품의 경우 음성이어야 한다)

ⓞ 포스파타제 : 음성이어야 한다(저온장시간 살균제품, 고온단시간 살균제품에 한한다).

ⓙ 유산균수 : 1,000,000 이상(단, 유산균첨가 제품에 한한다)

④ 시험방법

축산물시험방법에 따라 시험한다.

(2) 유당분해 우유

① 정 의

유당분해 우유라 함은 원유, 우유 또는 저지방 우유를 유당분해효소로 처리하여 유당을 분해 또는 유당을 물리적으로 제거한 것이나, 이에 비타민, 무기질을 강화한 것으로 살균 또는 멸균처리 한 것을 말한다(원유, 우유 또는 저지방 우유 100%).

② 축산물 가공품의 유형

㉠ 유당분해 우유 : 원유의 유당을 분해 또는 제거한 것이나, 이에 비타민, 무기질을 강화한 것으로 살균 또는 멸균처리 한 것을 말한다.

㉡ 저지방 유당분해 우유 : 원유의 유당을 분해 또는 제거하여 유지방분을 2% 이하 조정한 것을 살균 또는 멸균 처리한 것을 말한다.

③ 성분규격

㉠ 성상 : 유백색 내지 황색의 균질한 액체로서 이미・이취가 없어야 한다.

㉡ 산도(%) : 0.18 이하(젖산으로서)

㉢ 유당(%) : 1.0 이하

㉣ 유지방(%) : 3.0 이상(저지방 유당분해 우유는 2.0 이하이어야 한다)

㉤ 세균수 : 1mL당 20,000 이하(멸균제품의 경우 55℃에서 1주 또는 30℃에서 주 보관 후 표준평판 배양법에 의할 때 음성이어야 한다)

㉥ 대장균군 : n=5, c=2, m=0, M=10(멸균제품의 경우 음성이어야 한다)

④ 시험방법

축산물 시험방법에 따라 시험한다.

(3) 산양유

① 정 의

산양유라 함은 산양의 원유를 살균 또는 멸균 처리한 것을 말한다(산양의 원유 100%).

② 성분규격

㉠ 성상 : 유백색～황색의 균질한 액체로서 이미・이취가 없어야 한다.

㉡ 비중(15℃) : 1.030～1.034

㉢ 산도(%) : 0.20 이하(젖산으로서)

㉣ 무지유고형분(%) : 7.5 이상

㉤ 유지방(%) : 3.2 이상

㉥ 세균수 : 1mL당 20,000 이하(멸균제품의 경우 55℃에서 1주 또는 30℃에서 2주 보관 후 표준평판 배양법에 의할 때 음성이어야 한다)

㉦ 대장균군 : n=5, c=2, m=0, M=10(멸균제품의 경우 음성이어야 한다)

◎ 포스파타제 : 음성이어야 한다(저온장시간 살균제품, 고온단시간 살균제품에 한한다).

③ 시험방법

축산물 시험방법에 따라 시험한다.

3.4 제조방법에 따른 분류

1) 환원우유

우유를 분유로 제조하여 저장하였다가 필요에 따라 액상 우유로 만드는 것을 환원우유라 한다. 탈지분유를 용해하고 온도를 조절한 후 지방 성분을 혼합하고 균질하여 액상으로 만든 다음 살균・포장한 것을 recombined milk라 하고, 전지분유를 용해하여 액상으로 만든 것을 reconstitutes milk라 하는데, 이들을 통틀어 환원우유라 한다. 환원우유의 제조방법은 전지분유 또는 탈지분유를 40～50℃에서 용해하는데, 분유의 첨가량은 조금씩 천천히 넣으면서 교반기를 이용하여 혼합한다. 용해가 끝난 혼합액은 청정기를 사용하여 이물질을 제거하고 균질기에서 균질을 실시한다. 그리고 살균과 냉각공정을 실시하고 포장하여 제품을 생산한다.

2) 균질우유

목장에서 생산된 원유를 저온에서 정치하면 비중이 낮은 지방이 부상하여 크림층을 형성한다. 일반적으로 시유처리 공정 중 균질공정은 필수적이므로 거의 모든 회사에서 시행하고 있다. 그러나 최근에는 균질공정을 거치지 않은 제품도 생산되고 있다. 시유의 균질화는 크림층의 형성을 방지하고 조직을 균일하게 함으로써 풍미가 좋고 지방구가 미세화 되어 소화흡수가 용이하고 아울러 부드러운 커드를 형성함으로써 단백질의 소화도 용이하다.

3) 멸균우유

우유를 UHT 처리 후 무균 충전 및 포장하는데 포장지 내부는 알루미늄 막층이 있어서 광선 및 햇빛의 투과를 막아 주는 역할을 한다. 이 제품은 주로 열대지방에 수출을 목적으로 생산되는 제품으로 저장기간은 6개월 정도이다.

참고문헌

1. Fennema, O. R., Karel, M., Sanderson, G. W., Tannenbaum, S. R., Walstar, P. and Whitaker J. R., 1998. Milk and dairy product technology. Marcel Dekker, Inc. New york. America.
2. Fox, P. F. and McSweeney, P. L. H., 1998. Dairy chemistry and Biochemistry. Thomson Science. London. UK.
3. Teknotex AB., 1995. Dairy processing handbook, Tetra Pak Processing Systems AB. Lund. Sweden.
4. 국립수의과학검역원, 2010. 축산물의 가공기준 및 성분규격.
5. 김종우 외 19인, 2000. 낙농자원학, 선진문화사.
6. 김현욱 외 13인, 1999. 유가공학, 선진문화사.
7. 김현욱, 이무하, 성삼경. 2001. 축산식품가공학. 선진문화사.

제 3 장

크림과 크림제품

1. 서 론

소에서 착유한 원유를 가만히 놓아두거나 원심분리기를 이용하면 유지방이 떠올라 유지방 함량이 많은 부분과 적은 부분으로 구분된다. 원유 내의 유지방 함량은 3~3.5%이며, 지방함량이 많은 우유를 고지방우유(high fat milk)라 하지만 지방함량이 10% 이상이 되면 이를 크림(cream)이라 부른다.

표 3-1. 크림의 성분 규격

항목 \ 유형	유크림	가공 유크림	분말 유크림
성 상	유백색~황색의 균질한 유동성 액체 또는 반고형체로서 이미·이취가 없어야 한다.	고유의 색택과 향미를 가지고 이미·이취가 없어야 한다.	고유의 색택과 향미를 가진 분말로서 이미·이취가 없어야 한다.
수분(%)	-	-	5.0 이하
산도(%)	0.20 이하(젖산으로서)	-	
유지방(%)	30.0 이상	18.0 이상	50.0 이상
세균수	1 g당 20,000 이하	1 g당 20,000 이하(멸균제품의 경우 55°에서 1주 또는 30°에서 2주 보관 후 표준평판 배양법에 의할 때 음성이어야 한다)	1 g당 20,000 이하
대장균군	1 g당 2 이하	1 g당 2 이하(멸균제품의 경우 음성이어야 한다)	음성이어야 한다.

크림은 유지방구막(milk fat globular membrane : MFGM)에 의해 쌓여있는 유지방구가 농축된 것이라 할 수 있다. 크림의 종류는 크림에 함유된 지방함량에 따라 주로 분류되며, 제조공정이나 사용용도에 따라 구분된다.

1.1 국내 유크림류의 가공기준 및 성분규격

1) 정 의

국내에서는 축산물의 가공기준 및 성분 규격에서 유크림류라 함은 원유 또는 우유에서 분리한 유지방분 또는 이에 식품이나 식품첨가물 등을 가한 것을 각각 살균 또는 멸균처리 한 것이나 이를 분말화한 것을 말한다. 유크림류의 유형은 유지방분 30% 이상의 유크림, 유지방분 18% 이상의 가공유크림 및 이를 분말화하여 유지방분이 50% 이상인 분말 유크림이 있으며, 이들의 성분규격은 표 3-1과 같다.

1.2 제조공정

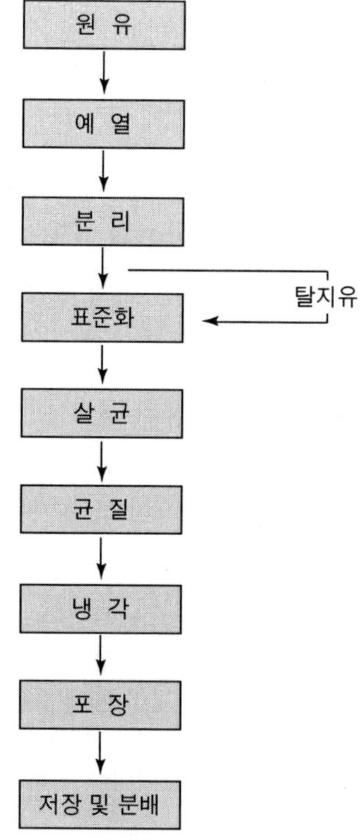

그림 3-1. 크림의 제조공정

크림의 제조기술은 비교적 간단하며, 유지방과 무지고형분의 중력 차이를 이용하여 원심분리기로 신속하게 분리할 수 있다. 이렇게 분리된 크림은 표준화와 균질 및 살균을 거쳐 냉각 포장된다. 크림의 자세한 제조공정은 그림 3-1과 같다.

2. 원유 수유

크림은 신선한 원유를 이용해야 한다. 지방은 냄새를 쉽게 흡수하기 때문에 원유는 사료 오염이 없어야 하며, 흔히 발생하기 쉬운 사료취는 매우 중대한 크림의 결함이 된다. 또한 크림은 세균의 지방분해효소로 인하여 산패가 일어나 풍미에 나쁜 영향을 줄 수 있으므로 원유의 냉장보존은 24시간 이내에 처리하는 것이 바람직하다. 원유는 저장기간이 증가함에 따라 크림분리 효율이 떨어지므로 특히 저장기간이 오래된 원유는 수유 후 바로 지방을 분리하여야 한다.

소들이 신선한 풀을 먹는 봄에는 유지방이 더 부드러워져 점도가 감소하는 경향이 있으며, 이러한 계절에 따른 변화에 의하여 크림의 점도는 다소 영향을 받게 된다. 비유기에 따른 유지방구의 크기는 다양하게 변하게 되는데, 특히 비유 말기의 원유에는 유지방구의 크기가 0.8 ㎛ 이하의 작은 유지방구가 많다. 0.8 ㎛ 이하의 작은 유지방구는 원심분리기로 분리가 잘 되지 않기 때문에 이 경우 탈지유로의 지방 손실이 증가하게 된다.

2.1 크림 분리

크림 분리는 원유로부터 원심분리기에 의해 유지방구를 농축하여 탈지유와 크림을 분리하는 작업이다. 구형물질의 액체 내의 행동에 대한 스토크(Stoke)의 법칙에 따르면 우유 속에서 유지방구가 떠오르는 속도는 지방구의 반경의 제곱에 비례하며, 지방구 상호간에 응집작용이 생겨 떠오르는 속도는 더욱 빨라진다. 이러한 과정은 다음과 같은 식으로 표현된다.

$$FR = r^2 \times F$$

여기서 R은 분리속도, r은 지방구의 반지름이고, F는 적용된 힘이다.

전통적인 크림 분리방법은 장시간 우유를 정치하는 것이지만 이 과정은 시간이 오래 걸리고 분리된 크림의 품질이 좋지 않으며 비효율적이기 때문에 산업화된 나라에서는 소규모 생산에서만 사용한다. 따라서 대부분은 원심분리기를 이용하여 신속하게 효율적으로 크림을 분리한다. 대부분의 경우 원심분리기를 이용하여 크림을 제조 시

실제로 반지름이 매우 작은 지방구는 분리할 수 없기 때문에 탈지유는 약 0.06%의 지방을 함유하게 된다. 원심분리기에 의한 크림분리는 원통형(tubular bowl type)도 있으나 요즘은 원추판식(disc stack type) 분리기를 주로 이용한다.

원추판식 분리기는 겹쳐진 원추형의 스테인리스 스틸 원판이 분리기 보울 안쪽에 위치하고 보울의 중앙에 위치한 회전축에 의해 구동된다. 이러한 원리에 의해 지방구가 우유 내에서 이동하여 분리되는 거리를 줄임으로써 분리공정의 속도와 효율을 높인다. 비록 모든 형태의 원추판식 분리기들의 작동원리가 비슷하지만 디자인이 현저하게 다른 세 가지 형태의 분리기가 있다. 이들 분리기들은 6,000～9,000 rpm으로 회전하는 로터(rotor) 또는 보울(bowl)로 원유를 흘려보내는 것은 비슷하나 고체입자인 먼지, 백혈구와 기타 부스러기 등의 슬러지(sludge)를 배출하는 방법에 따라 개방형, 반개방형, 밀폐형으로 나눈다.

1) 개방형 분리기

개방형 분리기는 매우 단순하며 처리용량이 작을 때 이용한다(그림 3-2). 원유는 우유 자체의 중력으로 보울에 흘러 들어가며, 보울의 중간까지 차도록 설계된 고정 공급 튜브를 통해서 들어간다. 유입될 때 원유는 회전하지 않으나 빠른 속도로 흐르며, 보울과 같은 속도로 가속화된다. 크림과 탈지유가 분리된 후 보울의 최상부로부터 넘쳐흘러 배출구를 통해 용기로 이동되며, 배출되는 크림과 탈지유는 압력이 거의 없다. 크림의 지방함량은 일반적으로 크림 배출구의 배압에 따라 제어된다.

2) 반개방형 크림 분리기

원유가 반개방형 분리기로 유입되는 과정은 개방형과 같다. 그러나 크림과 탈지유

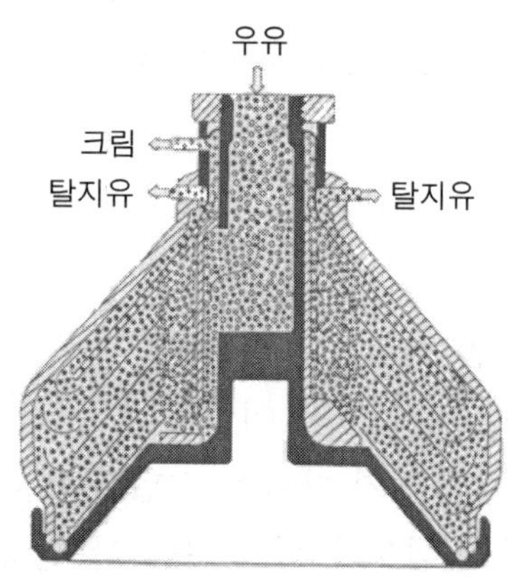

그림 3-2. 개방형 크림 분리기

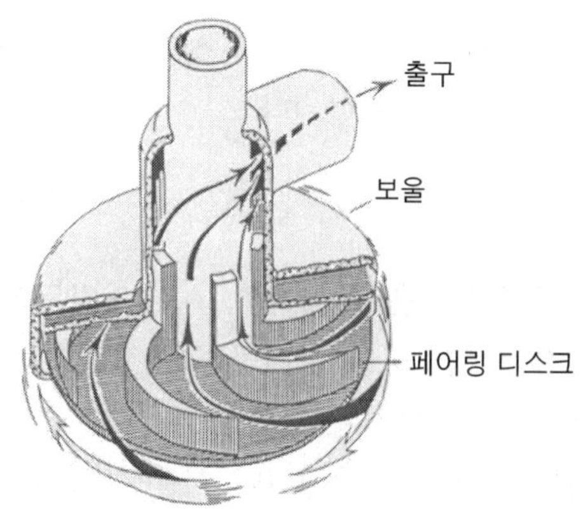

그림 3-3. 반개방형 크림 분리기

를 배출하는 방법은 아주 다르다. 반개방형 분리기는 원심 펌프의 로터와 비슷한 고정된 페어링 디스크(paring disc)가 설치되어 있으며, 이 페어링 디스크는 크림과 탈지유를 위해 분리된 페어링 챔버(paring chamber) 속에 들어 있다. 이들은 또한 배출 파이프에 크림과 탈지유가 각각 연결되어 있다.

작동 시 분리된 크림과 탈지유는 고정된 페어링 디스크의 바깥 가장자리를 덮은 상태에서 보울과 같은 속도로 회전한다. 회전에너지는 압력으로 전환되고, 제품은 5 kg/㎠ 압력으로 분리기를 빠져 나간다. 크림의 지방함량은 탈지유와 크림 양측의 배압을 조정하여 조절할 수 있다. 고농축 된 지방상의 외층만이 페어링 디스크에 의해서 제거되어지며, 45% 이상의 고농도 지방함량을 가진 크림을 생산할 때는 탈지유로의 지방 손실이 증가하게 된다. 개방형이나 반밀폐형의 분리기가 주로 이용되며, 이들의 특성이 혼합된 중간형의 분리기도 이용된다.

3) 밀폐형 분리기

밀폐형 분리기는 제품과 공기가 접촉하지 않도록 입구와 출구 양쪽이 밀폐되어 있다. 원유는 원심분리기 밑에서 회전축(spindle)에 뚫려있는 튜브를 통하여 보울로 공급되어지고 보울의 속도는 점차 가속화 된다.

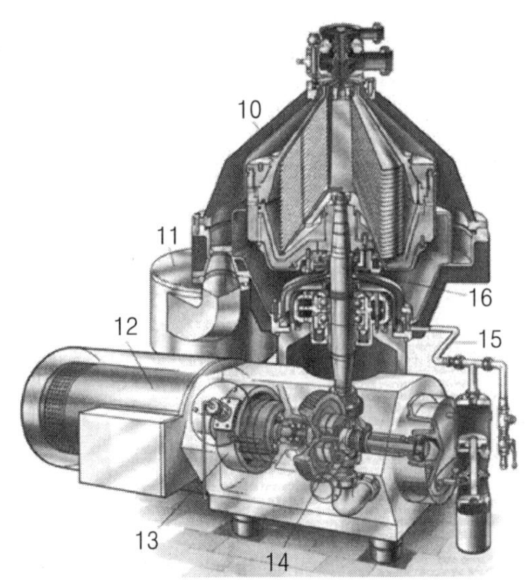

그림 3-4. 밀폐형 크림 분리기

10. Frame hood
11. Sediment cyclone
12. Motor
13. Brake
14. Gear
15. Operating water system
16. Hollow bowl spindle

밀폐형 분리기는 유지방구의 손상이 적으며, 크림의 안정성이나 휘핑 특성을 향상시킨다. 크림과 탈지유는 각각 분리실을 지나 밀폐된 상태로 회전 펌프장치에 의해 배출된다. 지방상 전체가 크림챔버로부터 배출되고, 유지방 함량이 55%까지의 크림은 탈지유 내로 유지방의 손실 없이 생산이 가능하다. 크림의 지방함량은 크림 배출구의 압력을 조절하여 조정할 수 있으며, 탈지유 배출구의 충분한 배출압력으로 열교환기 등의 장치에 역류가 생길 수 있으므로 밸브 등의 장치가 요구되지만 배출압력은 통상 낮은 편이다.

4) 크림분리기의 자동세척

크림분리기는 흔히 단단한 보울로 만들어지며, 그 안에 찌꺼기가 축적된다. 과도한 찌꺼기의 축적은 분리효율을 감소시키며, 찌꺼기가 디스크의 배출구 가장자리까지 채워지면 작동이 멈추게 된다. 이러한 현상은 생산시간을 제한하게 되며, 특히 대형 크림생산 공장에서 문제가 발생하는 경우가 있다.

최근에 반개방형 및 밀폐형의 자동세척 크림분리기가 개발되었으며, 장기간 작업을 하지는 못하지만 CIP세척이 가능하게 되었다. 하지만 이러한 기술의 개발은 힘들고 귀찮아서 자주 빠뜨리던 작업들의 문제점을 해결해 주고 있다. 밀폐형 크림분리기의 자동세척기술이 점차 발전하면서 공기 혼입으로 인한 크림의 손상도 점차 감소하고 있다.

자동세척 크림분리기의 형태는 다양하지만 대부분의 경우 보울의 하부에 수압에 의해 작동하는 피스톤이 있으며, 미끄러운 보울의 바닥은 아래쪽으로 찌꺼기를 밀어내고 축적된 찌꺼기는 수압에 의해 밀려나와 덮개에 있는 용기에 모인다. 매시간 찌꺼기의 배출이 이루어지며 장비의 검사 및 정비는 2～3개월에 한 번씩 하면 충분하다. 크림분리기는 크림 생산에서 중요한 구성 요소지만 예열기나 펌프 등과 분리되어 있지 않다.

실제 원유는 38～60℃ 사이에서 분리되는데, 이런 범위의 온도가 분리를 용이하게 해주며 지방구의 손상을 최소화하여 주고, 결국 부드러운 조직을 만들어 준다. 반면에 45℃ 이하에서 분리된 크림은 분리와 살균 사이의 짧은 시간 동안에도 원유에서 유래하는 지방분해효소로 인하여 산패가 생길 수 있으므로 최저 분리 온도로서 45℃ 이상이 권장되며, 실제로는 55℃가 종종 사용된다. 부수적인 장비들도 분리기만큼 크림의 품질에 영향을 주지는 않지만 그 영향력을 무시할 수는 없다. 모든 공장은 공기의 유입을 피하여 펌핑을 최소화하면서 유속, 유입량 그리고 배출압력이 일정하게 되도록 설계되어야만 한다. 유속은 미터 펌프(meter pump) 혹은 기계적인 유속 조절기에 의해 조절된다.

5) 크림 분리에 영향을 미치는 인자들

원추판식 크림분리기의 분리 능력은 보울의 회전속도, 우유의 유속, 우유의 온도, 우유의 지방함량 등에 따라 차이가 발생한다. 그러므로 보울의 회전속도가 빠를수록 크림의 지방함량은 높아지고, 우유의 유속을 증가시키면 크림의 지방함량은 높아진다. 또한 우유의 온도가 낮을 때 분리되는 크림의 점도가 높아지므로 분리되는 크림의 양은 감소하며, 탈지유 내의 지방함량이 상대적으로 높아진다.

(1) 보울의 속도

지방구의 이동속도는 보울 회전속도의 제곱에 비례한다. 그러므로 보울의 회전속도 증가는 분리효율에 매우 중요한 영향을 미친다. 보울의 회전수가 빠를수록 크림의 지방함량은 높아진다. 탈지효율은 4,000～6,000 rpm에서 가장 적당하다.

(2) 우유의 유량

크림과 탈지유의 배출량은 투입되는 전유의 유량과 동일해야만 한다. 배출구에 조절기가 달리지 않은 완전 개방식 분리기는 유입되는 우유의 유량에 따라 크림의 지방함량이 조절된다. 상업적 분리기에서는 크림과 탈지유의 배출량은 배압에 의해 조절되어지고, 이 배출량은 크림의 지방함량을 조절한다. 최근에 이용되는 분리기들은 보통 최대의 분리효율을 위해 크림과 탈지유 라인에 유량 조절기가 달려 있다. 일단 분리조건이 안정되면 라인에 일정한 배압을 유지하는 것이 중요하다.

(3) 우유의 온도

우유의 온도가 높아지면 탈지유와 지방간에 밀도 차이가 커지고, 탈지유의 점도가 감소하게 된다. 그러므로 온도를 높이면 분리효율이 증가한다. 높은 온도는 지방구의 붕괴를 가져올 수 있고, 지방구의 붕괴는 분리 효율에 매우 중요한 영향을 미친다.

탈지유로의 지방 손실은 54.5℃에서 분리할 때보다 72℃에서 분리할 때 약간 증가

표 3-2. 크림의 분리온도와 탈지유의 지방함량

우유의 온도(℃)	탈지유의 지방함량(%)
25	0.0625
33	0.0575
35	0.0550
40	0.0500

하였지만, 32℃에서의 분리는 54℃나 72℃에서 분리할 때보다 더 높은 지방손실을 가져온다. 우유의 온도는 분리효율에서 중요한 의미를 지닌다.

실제로 뉴질랜드에서는 50℃ 근처에서 온도를 고정시켜 크림을 분리하고 있으며, 50～55℃가 보통 탈지효율에 최적 온도로 인식되고 있다. 하지만 4～5℃에서 가동되는 냉각 우유분리기들도 많이 이용되는데, 이것들은 공장에서 수유하면서 크림을 분리할 수 있으며, 비록 탈지유로의 지방손실이 다소 높지만 상당한 에너지 절감을 가져오는 장점이 있다. 더욱이 냉각 우유분리기는 인지질 함량이 높은 크림을 생산하므로 좋은 휘핑 특성을 나타낼 수 있다.

(4) 유지방함량 및 유지방구의 크기

우유의 지방함량과 크림의 지방함량은 비례하며, 유지방구가 클수록 분리 능력은 높아지는데 2 ㎛ 이하의 지방구는 잘 분리되지 않는다.

2.2 표준화

크림을 원하는 지방함량으로 표준화하는 것은 분리공정 중의 중요한 일이다. 크림 분리기는 생산되는 크림의 지방함량을 0.5～1% 지방함량 이내로 조정할 수 있으며, 요구되는 지방함량보다 다소 높은 지방함량의 크림을 생산하는 것이 일반적이다. 지방함량은 신속한 방법으로 측정되고(Gerber test, Babcock test, Milk scanner 등), 지방함량을 조정하기 위해 전유나 탈지유를 첨가한다.

계산은 『피어슨 공식(Pearson's square Method)』을 사용하면 편리하다. 작업이 늘 반복되는 경우에는 일정한 지방함량의 탈지유를 이용하여 일정량의 크림을 표준화할 때 표를 만들어 두면 계산하는 번거로움을 피할 수 있다. 크림과 우유의 부피를 결정하는 방법이 종종 부정확할 경우 함량 부족으로 인한 법적 문제를 피하기 위해 실제로 약간 초과량을 설정하는 것이 일반적이지만, 일정 기간이 지나면 상당한 금전적인 손실을 초래한다. 표준화 할 때에 생기는 여러 가지 문제는 정확한 지방함량의 크림을 생산하는 분리기를 사용함으로써 미연에 방지할 수 있으며, 이것은 현대적인 대형 크림공장에 있어서 일반적으로 사용되고 있다.

가장 간단한 방법으로 전유의 지방함량을 미리 결정하고, 그 때 크림과 탈지유의 흐름을 조절할 수 있는 특수한 밸브를 장착한 분리기를 설치하는 것이 좋다. 만족스러운 결과를 얻기 위해서는 유량측정기의 정확한 검량과 표준화된 가동조건이 요구되며, 분리기로부터 나온 크림의 정확한 지방함량을 측정하고 유입되는 우유의 조성과 조작 조건의 변경으로 인해 생긴 차이를 조정해 주어야 한다.

크림의 지방함량을 결정짓는 가장 정확한 수단은 밀도계를 이용하는 것이며, 다음 식에 의해 밀도를 계산한다.

$$D = 1038.2 - 0.17T - 0.003T^2 - \theta(133.7 - 475.5/T)$$

D ; 밀도
T ; 온도(℃)
θ ; 지방함량

밀도는 수동으로 조절할 수 있는 '밀도 모니터'를 이용하거나 또는 미세장치 자동조절 시스템이 부착된 '밀도 모니터'에서 사용하여 연속적으로 모니터 할 수 있다. 밀도 모니터는 매우 민감하기 때문에 보통 공장에서 우연히 발생하는 진동에 의해 큰 영향을 받는다. Milko-tester를 이용한 자동조절 시스템이 최근에 많이 이용되고 있다. 이 기계는 민감도가 낮지만 진동에 의한 영향을 상대적으로 적게 받는다. 미세장치 자동조절 시스템을 사용하여 크림의 함량을 일정하게 유지시킬 수 있으며, 유입되는 우유의 지방함량과 분리 가동조건이 일정한 범위 내에서 유지되도록 해야 한다.

2.3 크림의 취급

크림분리기로부터 이송되어 온 크림은 물리적 충격이 주어지면 고지방 크림의 경우 버터링(buttering)을 야기하고, 휘핑 능력이 현저하게 감소하기 때문에 현장에서 주의하여 취급해야 한다. 냉각된 크림의 펌핑도 마찬가지로 가능한 피하는 것이 바람직하다.

2.4 균 질

생산된 크림은 최종 소비제품의 특성에 따라 필요시 균질을 해야 하며, 방법은 시유와 동일하다. 모든 형태의 크림은 우유의 균질과 동일한 균질기를 사용한다. 균질로 인하여 가속화되는 지방의 산패를 막고, 미생물의 오염을 최소화하기 위하여 균질은 살균 또는 기타 열처리 전에 하는 것이 좋다. 그러나 열처리 후의 균질은 지방 가수분해효소 때문에 야기되는 산패 문제를 줄일 수 있다. 열처리 후 균질은 일반적으로 UHT 멸균크림에서 흔히 사용된다.

2.5 열처리

특별한 목적으로 사용되는 '비열처리 크림'을 제외하고 판매되고 있는 모든 크림은 안전성을 위하여 살균 또는 기타 열처리를 해야 한다. 일부 국가를 제외하고 대부분의 나라에서 이와 같이 규정하고 있다.

1) 살 균

살균은 LTLT 방법이나 HTST 방법이 주로 사용된다. LTLT 방법은 소규모 공장에서 사용되며, 63℃~65℃에서 30분간 열처리한다.

크림의 점도는 열전달에 문제가 있기 때문에 가열탱크는 적당히 내용물을 교반할 수 있는 장치를 갖추어야 한다. 그러나 너무 지나친 교반은 거품이 발생하므로 바람직하지 않다. 오염 가능성을 최소화하기 위해 가열시 사용한 동일 용기를 냉각 시에도 사용하는 것이 좋다. HTST 살균은 대형 공장에서 사용되며, 1일 500 kg 이상 생산하는 데 효과적이다. 72℃~75℃에서 15초간 가열하여야 하는데 더 높은 온도를 사용하기도 한다. 살균은 시유의 살균에서 사용한 것과 같은 장비를 이용한다. 이 장비는 유동전환장치(flow diversion device)로 조절하며 모니터 할 수 있는 것이 편리하다.

크림은 살균 후 가능한 한 빨리 냉각해야 하고, 포장은 냉각 후 바로 해야 한다. 수분과 지방에 내성이 있는 polystyrene(ps)이나 polypropylene(pp) 용기를 사용하지만 비용이 적게 들기 때문에 polypropylene이 선호된다. 크림은 급식 용도로서 대용량으로 포장되며, 이러한 목적을 위해 금속 캔 대신에 bag-in-box에 포장으로 대체하기도 한다.

2) 장기간 열처리 (Extended heat treatment)

특별히 세균수가 아주 적은 크림을 생산하기 위하여 독일에서는 장기간 열처리법을 사용하여 상당히 관심을 끌어 왔다. 크림은 무균포장기 또는 과산화수소 스프레이가 장착되거나 자외선 조사가 되는 포장기로 포장된다.

상업적으로 사용되는 방법은 110℃에서 30~60초의 단열(單熱)처리나 95~102℃에서 15~30초, 8℃에서 24시간 저장 후 120~127℃ 3초간 재가열하는 이중 열처리 방법이 사용된다.

이중 열처리의 이론적 근거는 8℃에서 저장하는 동안 일차 열처리에서 살아남은 생존 포자가 발아하여 열에 민감한 생균으로 되기 때문이다. 이것은 장기간 열처리를 함으로써 10℃에서 4주 이상 저장기간을 연장할 수 있다고 한다. 하지만 저장기간이 연장되는 이익과 부가적인 가공비용이 더 많이 들어가는 것에 대한 손익을 잘 계산하여야 한다.

3) UHT 멸균

크림의 UHT 멸균은 시유의 UHT 멸균의 원리와 동일하다. 포자 형성 세균수가 감소하도록 하기 위하여 영국에서는 최소 140℃에서 2초간 살균하는 규정을 두고 있다. 하지만 이러한 열처리 공정에서도 높은 열에 견디는 내열성 포자의 생존이나 성장으로 인해 발생하는 문제점을 완전히 제거하지는 못한다. 직접 가열방법과 간접가열방법이 모두 사용되는데 직접가열방법이 제품의 품질이 더 좋다. 그러나 높은 전단력이 혼합 시점에 나타나 크림의 유화가 불안정해질 수도 있다.

UHT 크림의 저장 기간 중에 크림 층 형성이나 응집과 같은 바람직하지 못한 물리적 변화가 일어나기 때문에 크림분리를 방지하기 위하여 휘핑크림을 포함한 모든 형태의 크림은 균질이 필요하다. 균질은 멸균하기 전에 하는 것이 미생물의 오염을 피할 수 있기 때문에 많이 사용된다. 하지만 열처리가 크림을 불안정하게 할 수 있기 때문에 무균조건하에서는 멸균 후 균질 하는 것이 일반적이다.

가열부에 고압균질 펌프를 설치하거나 냉각부 다음에 균질밸브를 두는 절충형 배열도 이용되고 있다. 높은 온도에서 우유의 분리와 칼슘 제거제의 첨가는 UHT 크림의 안정성을 높이지만 휘핑성을 저하시킨다. UHT 크림 포장 재료는 대부분의 경우 우유에 사용하는 것과 같다. 특히 1회용 커피 크림은 알루미늄 호일로 밀봉한 플라스틱 용기로 포장되며, 급식용으로 널리 이용되고 있다.

4) 용기 내 멸균 (In-container sterilization)

용기 내 멸균 크림은 금속 캔이나 유리병에서 110~120℃에서 10~20분간 가열처리한다. 용기 내 멸균 크림은 유럽 대륙에서는 커피 크림, 영국에서는 23% 크림과 같이 비교적 저지방 제품이 일반적이다. 고지방 크림은 열전도가 나쁘기 때문에 가공하기 어렵고 저장 중 지방이 분리되기 쉽다. 회전식 및 고정식의 뱃치식 레토르트(batch retort) 또는 연속식 레토르트 등 여러 가지 형태의 레토르트를 사용하기 때문에 온도가 높고 시간이 길어 제품의 갈변화, 단백질 변성, 지방응집 등이 발생하는 경우가 있다.

2.6 크림의 종류

휘핑크림을 제외하고 대부분의 크림은 소비자의 요구에 맞게 점도를 변화시키는 것이다. 예를 들면 소비자는 신선한 딸기와 함께 먹는 더블 크림은 스푼으로 뜰 수 있도록 점성을 요구하고, 카스테라류와 함께 이용되는 크림은 따를 수 있을 정도의 유동성이 요구된다.

표 3-3. 크림의 지방함량에 따른 종류

형 태	최소 지방함량(%)
하프크림(half & half cream)	10～18
싱글크림(single cream/light cream)	18～30
더블크림(double cream/heavy cream)	45
휘핑크림(whipping cream)	28
헤비휘핑크림(heavy whipping cream)	35

중성지방의 성분함량, 지방함량, 균질압력, 열처리, 저장기간과 온도 등의 여러 가지 요인들이 크림의 점도에 영향을 주며, 실지로 크림 공장의 배열, 공정 및 취급의 모든 면이 점도에 어느 정도 영향을 준다고 할 수 있다. 실제로 우유 조성과 같은 요인들은 대부분 제어될 수 없다. 반면 분리온도를 포함한 기타 요인들은 정상적인 제조 조건하에서는 고정되어 있지만 열처리 후의 냉각 온도 조절과 균질에 의해 점도를 변경할 수 있다.

1) 싱글 크림 또는 라이트 크림 (single cream or light cream)

만족스러운 점도의 제품을 생산하고 지방과 유장의 분리를 막기 위해 싱글 크림 생산 시에 균질은 필수적이다. 지방과 유장의 분리를 방지하기 위하여 특히 상대적으로 높은 균질압력을 사용하여야 한다.

싱글크림은 일반적으로 25 MPa의 압력으로 1단계 균질하지만 적합한 점도를 가진 하프크림을 생산하려면 30 Mpa 이상의 높은 압력이 요구된다. 이 두 가지 모두 균질 온도는 55℃가 적합하다. 비교적 지방함량이 낮은 제품 중에는 하프크림(half & half cream)이 많이 이용되고 있으며, 생산된 크림과 우유를 반반 혼합하여 제조되고 지방함량이 11～18%이다.

2) 더블크림 또는 헤비크림 (double cream or heavy cream)

UHT 멸균을 일반적으로 균질할 필요가 없다. 그러나 냉각과 균질을 조합한 공정으로 정상보다 매우 높은 점도(extra-thick)의 살균 크림을 생산하는 경우는 균질을 한다. 이 경우 55℃에서 3.5 MPa 또는 그 이하의 압력으로 1단계 균질을 한다. 흔히 사용되는 냉각공정은 일반적으로 20～25℃로 냉각하고, 소매용기에 포장한 후 냉장고에서 냉각을 완료하는 것 아래 부패 미생물과 병원균들은 잠재적으로 냉각 중에 급속히 증식할 수 있으므로 미생물에 의한 품질저하에 주의하여야 한다.

냉각을 조절하면서 균질을 하면 다양한 점도의 크림을 생산할 수 있다. 주어진 여건 하에서 여러 가지 성질의 크림을 생산하기 위해서 많은 임기응변식 공정이 개발되었다.

3) 커피크림 (coffee cream)

뜨거운 커피에 크림을 첨가하였을 때 일어나는 크림의 응집현상 미 유리지방의 분리 현상을 우모현상(羽毛現狀, feathering)이라 한다. 이러한 현상은 열안정성과 연관이 있으며, UHT 크림에서 발생 빈도가 높고, 균질압력이 지나치게 높을 때도 쉽게 일어난다.

커피크림은 이를 최소화하기 위하여 가공된 특수 형태의 저지방 크림이다. 우모현상은 커피의 온도, pH, 칼슘의 활성도에 영향을 받으며, SNF의 함량 증가나 인산염의 첨가로 다소 해결할 수 있다. 또한 1단계에서 약 17 MPa, 2단계에서 약 3.5 MPa의 압력을 사용한 2단 균질기를 사용하여 제조하는 경우도 이러한 현상을 줄이는 효과가 있다. 우모현상의 형성 여부와 정도는 크림의 품질뿐만 아니라 커피를 용해한 수질에 의해 결정이 되며, 경수를 이용할 경우 심하게 발생한다.

4) 휘핑크림 (whipping cream)

크림을 일정한 조건에서 교반하여 미세한 기포가 생기게 하며 용적을 증가시키고, 버터밀크의 분리가 거의 일어나지 않게 한 크림을 휘핑크림이라고 한다. 휘핑크림의 품질은 기포력에 의해서 결정된다. UHT 멸균 제품을 제외하고는 휘핑크림은 균질작업을 하지 않는다. 때때로 사용되는 매우 낮은 균질 압력일지라도 지방구 피막의 변화로 인하여 휘핑 특성이 손상되기 때문이다. 또한 휘핑크림을 취급할 때에는 다른 어떤 종류의 크림보다 더욱 조심스럽게 다루어야만 한다.

UHT 멸균 휘핑크림은 크림 분리를 방지하고 휘핑성을 손상시키지 않는 범위 내에서 균질해야만 한다. 상대적으로 낮은 균질 압력, 특히 3.5～7 MPa 범위에서 1단계 또는 2단계 균질을 사용한다. 15～20㎛ 크기의 지방구는 최적의 휘핑성을 주며, UHT 크림의 휘핑은 낮은 온도에서의 크림 분리와 칼슘의 첨가에 의해 개선된다. 그러나 이러한 처리는 크림의 저장안정성을 나쁘게 만들 수도 있다.

전통적으로 설탕은 휘핑과정에서 첨가되는데, 영국에서는 상업용으로 판매되는 휘핑크림에 13%까지 첨가가 허용되며, 다른 안정제도 상업용 휘핑크림에 허용된다. 지방 중에 트리애실글리세롤(triacylglycerols) 함량이 높은 늦봄이나 초여름에 생산되는 휘핑크림에는 특히 안정제를 사용하여야 한다. 영국에서는 알긴산나트륨, Na-CMC,

카라지난(해초의 일종), 젤라틴의 첨가제가 허용된다. 이러한 것 중 알긴산나트륨과 카라지난은 지방구와 상호 작용하므로 진정한 안정제와 같은 역할을 하지만 다른 타입은 단지 점도를 증가시킬 뿐이다. 안정제로 크림의 지방함량을 낮출 수도 있지만 대부분의 경우 낮출 수 있는 정도는 법적으로 제한을 받으며 과다 사용 시 기호성이 떨어진다.

휘핑크림의 품질은 공기를 함유한 비교적 견고한 거품을 형성할 수 있는 능력에 의해 결정된다. 용기에서부터 배출될 때 휘핑크림의 점도는 중요하지 않으며, 지나치게 높은 점도는 거품을 형성시킬 때 추가로 필요한 기계작업이 발생하므로 바람직하지 않다.

5) 분말 유크림 (dried cream)

분말 유크림은 전지분유보다 지방함량이 높은 건조 유제품이다. 건조하기 전의 크림에 따라 지방함량은 50～80%의 범위이고, 수분은 2% 이하이다. 유지방률이 60%의 분말유크림은 11～13%의 유지방률로 조정된 크림을 가열살균(80℃, 15초)후 약 1/2로 농축하고, 크림의 수분이 1% 이하가 되도록 건조기에서 140～210 kg/㎠의 압력으로 분무한 다음 신속히 냉각하여 제조한다. 이때 뜨거운 분말은 점착성이 강하므로 포집장치의 구조는 단순한 것이 좋다.

유지방률 80%의 분말 유크림은 버터파우더라 하며, 건조한 산 카제인을 구연산나트륨과 섞어 70～80℃로 가열한 탈지유에 분산시킨 다음 2～3% 수산화나트륨을 서서히 가해서 카제인을 분산 용해시킨 다음 유화제를 첨가한다. 여기에 유지방율 60%의 크림을 가해 잘 혼합한 다음 모든 혼합액을 살균 후 분무 건조한다. 건조된 분말은 냉각 후 규산 알루미늄나트륨을 첨가하고 캔에 질소 충전한다.

건조 크림분말은 산화되기 쉽고, 건조 전에 지방분해효소를 불활성화 시키기 위해서 제조 시 높은 열처리를 하고 저장 전에 항산화제를 첨가해야 한다. 칼슘 실리카를 첨가하고, 지방을 고체형태로 유지하며 굳어지는 현상을 방지하기 위해 저온저장을 한다. 건조크림은 제한된 기능성만을 가지며, 만약 특별한 유화와 균질과정을 거치지 않는다면 다시 천연제품같이 복원되지 않는다.

6) 동결크림 (frozen cream)

연간 계절에 따라 크림의 수요량, 소비량이 다르기 때문에 계절에 따라 가격차가 크므로 크림의 수급 조절을 위하여 크림을 동결하여 저장하는 경우가 많다. 구조가 중요시 되지 않고 단지 원재료로 사용하기 위한 크림은 어떤 특별한 주의 없이 동결하지만 천연크림의 특성과 비슷한 해동제품 특성을 요구할 때 유지방구막의 손상을 방지하기 위해 급속냉동이 필요하다.

냉동크림을 만드는 가장 일반적인 방법은 크림을 막대 모양의 틀에 넣고 염화칼슘에 침지시켜서 -30℃로 냉동시키는 개량 냉동기를 사용하는 것이다. 작업 효율은 크림의 점도가 높으면 감소되므로 높은 온도에서 크림을 분리하여 조절하여야만 한다. 고지방 크림은 높은 점도로 인하여 문제가 발생하기 때문에 10℃ 이하로 냉각하지 말아야 하며, 냉동 전에 4시간 이내로 저장하는 것이 좋다.

이밖의 냉동방법으로는 소매용기에 크림을 넣고 순간 냉동하는 방법 등이 있다. 이것은 냉동에 상대적으로 영향을 덜 받는 고체크림에 적당하다. 건조크림과 같이 냉동크림은 저장과 예비 냉동 중에 지방분해가 일어나기 쉽게 때문에 지방분해효소를 파괴할 정도의 충분한 열처리를 하여야만 한다. 이것은 일반적으로 82℃에서 순간살균으로 파괴된다.

7) 발효크림 (cultured cream, sour cream)

발효크림은 스타터 균주로서 *Lactococcus lactis* ssp. *lactis*, *Lactococcus lacis* ssp. *cremoris*, *Lactococcus lactis* ssp. *diacetyllactis*, *Leuconostoc mesenteroides* ssp. *cremoris* 등을 이용하여 제조된 발효유제품이다. 발효크림의 지방함량은 그 용도에 따라 12～30 %로 표준화하며, 표준화된 크림을 75～80℃에서 살균한 후 60℃, 95～100 kg/㎠의 조건 하에서 균질 한다. 스타터 첨가량은 1～2% 정도이며, 25℃에서 16～20시간 배양하여 산도가 0.6%가 되도록 한다.

발효 후의 공정이 표준화되어 있지 않거나 소포장 용기에 담아서 배양을 하게 되면 발효크림의 물성에 문제가 생길 수도 있다. 발효크림은 사라다(salada), 채소 드레싱(dressing), 케이크, 과자나 과일의 장식용 등으로 이용된다.

8) 대용크림 (substitute cream)

저렴한 가격의 크림 수요가 증가하면서 대용크림의 생산이 증가하게 되었다. 저칼로리, 저지방의 대용크림이 인기가 증가하고 있지만 설탕 함량이 높기 때문에 건강식품으로서 이용하려고 하는 사람들에게 거부감을 주고 있다.

모조크림도 천연크림과 같이 여러 가지 농도의 제품이 생산되고 있으며, 일반적으로 지방 15%, 설탕 약 7%, 무지유고형분 약 3%, 유화제 0.4%를 함유하는 제품이 많이 생산되고 있다. 최종 제품에 요구되는 특성에 따라 식물성 지방을 사용하기도 하며, 특별한 균질이 필요한 경우는 2단계 균질이 필수적이다. 모조크림의 물리적 특성은 천연크림의 특성과 매우 비슷하나 지방구의 형태는 전혀 다르다. 모조 산성크림은 glucono-δ-lactone와 같은 산을 사용하여 만들며, 최근에는 'party dip'으로서 인기가 높다.

모조크림은 휘핑에 적당하며, 여러 가지 종류의 휘핑용 토핑이 생산되고 있다. 안정제 및 유화제가 첨가되고 24～35%의 지방, 6～15%의 설탕, 그리고 1～6%의 식물성 단백질을 함유하는 제품들이 많이 생산되고 있으며, 쉽게 환원하여 사용할 수 있게 조제한 분말이나 냉동상태의 즉석 휘핑용 토핑들이 널리 이용되고 있다. 커피크림용으로는 소매용 냉동 액상제품 또는 분말제품이 생산되고 있으며, 지방은 주로 비유제품류를 사용한다.

저칼로리 크림 대용품은 일반적으로 설탕 대신 아스파템과 같은 감미료를 사용하기도 하며, 지방의 일부 또는 전량이 대체된 제품의 수요가 증가되고 있다. 카르복실메틸셀룰로오스(carboxylmethylcellulose), 펙틴(pectin) 또는 폴리덱스트린(polydextrin)과 같은 증량제가 이용되며, 지방은 변형된 옥수수 전분이나 유청단백질 농축물 등의 지방대체제를 이용하며 대체하기도 한다.

2.7 기타 제품에서 크림의 이용

크림은 통조림 수프, 제과용 믹스 분말 등을 포함한 아주 많은 상업적 식품에 첨가되어진다. 이러한 제품에서 크림은 유지방의 공급원으로서의 역할을 하며, 크림의 조직 특성은 그다지 중요하지 않다. 크림을 이용한 제품은 크림케이크, 디저트와 크림주정음료의 두 가지 그룹으로 나눌 수 있는데, 이들 두 제품 모두 크림은 주요 성분이며, 최종 제품의 특성에 영향을 미친다.

3. 크림의 화학적 특성

3.1 크림의 영양가

크림의 영양분들은 크림 분리되기 전의 우유의 영양분에 영향을 받으며, 분리 정도에 따라 다르지만 수용성 영양분들의 수준은 떨어지는 반면에 지용성 영양분들은 증가한다. 예를 들면 지방함량이 10%인 크림은 비타민 A의 함량이 전유보다 2～3배 더 많고, 지방함량이 40%인 크림은 8～12배 더 많다.

가공과정에서 주로 비타민 C와 엽산(folic acid)이 감소하는데, UHT 멸균크림과 병장 멸균크림에서 특히 많이 감소한다. 비타민 B_{12} 역시 병장 멸균 시 많이 감소한다.

3.2 크림의 풍미와 향기

크림의 독특한 풍미와 향기는 지방의 형상에 좌우되며, 이는 수분과 지방구막의 구성형태에 영향을 받는다. 보통 크림에 존재하는 alkanoic acids, δ-lactones, indol, skatole, dimethyl disulphide, hydrogen sulphide 등은 크림에 통상적으로 존재하는 성분이며, 이들이 풍미에 기여하는 것으로 생각되어진다. o-Methoxyphenol 같은 페놀이나 페놀화합물도 약간의 영향을 준다. 휘핑 중의 산화는 풍미를 향상시키며 4-*cis*-heptanol이 kg당 μg 수준으로 소량만 존재하더라도 전체 풍미에 영향을 미치게 된다.

가공과정에서의 변화는 우유에서 일어나는 것과 비슷하며, 변화의 범위는 가열의 정도에 좌우된다. 이때 지방상에서의 변화는 매우 중요하고, UHT와 병장 멸균 시 락톤들과 같은 화합물이 많이 생성되면 이취를 나타낼 수 있다. 살균 전에 분리된 크림 중의 지방분해효소 때문에 지방분해가 일어난다. 이러한 분해작용은 더블크림의 생산 중에 주로 일어나며, 차가운 우유를 다시 데울 때도 증가한다. 이러한 현상은 생산되는 제품 간에 차이가 심하게 나타난다. 제품 간의 차이는 분리하는 동안 기계적 손상의 정도와 살균 전 유지온도와 시간에 영향을 받으며, 40℃에서 가장 심하게 나타난다. 매일 매일의 변화도 나타나는데 그런 현상은 봄에 더 심하게 나타나고, 사료의 계절적 변화는 거의 영향을 미치지 않는다.

저장 중의 크림 풍미 변화는 지방분해나 산화 때문에 일어난다. 카제인과 결합된 지방분해효소는 충분한 열처리로 불활성화 시켜야 하며, 그렇지 못한 크림은 지방분해가 일어나기 쉽다. 실제 크림의 저장기간은 세균에 의한 부패가 가장 중요한 문제이며, 특히 원유의 내냉성 세균이 생성한 지방분해효소는 살균크림을 장기간 저장할 때 문제를 일으킨다. 크림은 지방함량이 높고, 내냉성 지방분해효소가 크림 상에 주로 존재하기 때문에 쉽게 부패하게 되지만 부패에 관여하는 유리지방산의 함량이 우유보다 많지는 않다. 내냉성 세균이 증식하므로 생성된 단백질분해효소는 크림을 겔화시키고, 쓴맛을 일으키는 부패의 원인이 된다.

크림은 특히 빛에 노출되면 지방이 쉽게 산화된다. 산화는 310～490 nm 파장의 빛에 의해 가속화되며, 440～490 nm의 파장에서 가장 심하게 손상된다. 지방 산화는 원유와 살균유에서 빠르게 진행되며, UHT 또는 병장 멸균 동안 가열에 의하여 베타락토글로불린(β-lactoglobulin)으로부터 생성된 활성화된 SH그룹은 이러한 산화를 억제하게 된다. UHT처리한 크림을 1인용 플라스틱 용기에 포장하고, 멸균크림을 유리병에 포장하는 것은 이러한 억제작용으로 가능하게 되었다. 균질된 크림은 지방의 표면적이 증가하므로 산소에 쉽게 노출되어 산화되기 쉽다.

우유에서와 같이 유지방구막은 여러 가지 요인에 따라 산화촉진 또는 항산화 작용을 하기도 한다. Xanthine oxidase와 같은 금속단백질들이 주로 산화에 관여하지만 유지방구막에 있는 인지질의 산화는 지방구 내의 트리애실글리세롤의 산화를 촉진할 수 있다. 크림은 포장 재료를 포함한 외부로부터 냄새 성분을 쉽게 흡수할 수 있기 때문에 polyethylene(PE)이 이상적인 포장재라 할 수 있다.

3.3 크림의 점도

지방함량은 점도에 영향을 주며, 지방함량이 증가할수록 점도는 더욱 증가한다. 또한 융점이 높으므로 지방이 많을수록 점도는 더욱 증가한다. 동일한 지방함량일 경우 균질하면 점도가 감소하게 되는데, 이는 지방구가 파괴되고 케이신 마이셀이나 서브마이셀(sub-micelles) 등의 단백질이 흡착되므로 다량의 작은 지방구가 형성되기 때문이다.

크림에서 높은 지방함량은 균질 밸브에서 지방구를 응집시키고 지방구의 붕괴를 방해하므로 지방의 분산을 제한한다. 저장기간 동안 점도가 증가하는 것은 균질압력, 지방함량, 열처리의 정도에 영향을 받게 된다. 특히 교반할 경우 고지방 크림은 불안정하게 되고, 유지방구막이 파열되어 유지방이 유출되므로 버터링(buttering) 현상이 발생하게 된다.

3.4 커피크림의 우모현상

뜨거운 커피에 크림을 첨가할 때 일어나는 우모현상의 이유는 주로 크림의 특성 때문이라고 생각되어 왔지만, 최근에는 커피의 폴리페놀이 중요한 역할을 하는 것으로 밝혀졌다. 케이신 마이셀들은 서로 결합하기도 하고 지방구와 결합하기도 한다. 마이셀은 높은 온도로 가열할 때 충분한 양의 칼슘과 인에 노출되면 응집하게 된다.

응집된 마이셀들은 chlorogenic acid(1.3.4.5-tetrahydrocyclohexane carboxylic acid-3-[(3,4)dehydroxycinnametel])와 같은 폴리페놀에 의해 불안정해지고, 유리지방의 유출과 함께 응고된다. 마이셀의 안정성은 크림의 pH와 총고형분 함량에 영향을 받으며, 우모현상의 정도는 지방함량 증가에 매우 민감하게 반응한다. 크림에 있어서 우모현상의 발생 가능성은 cholorogenic acid의 농도와 340 nm에서의 자외선 흡광도의 비율이라는 두 가지 변수에 따라 영향을 받게 된다.

3.5 화학적 분석

화학적 분석은 생산의 조절과 최종 제품검사를 위하여 필요하며, 전통적인 Gerber

방법이나 Milko-tester와 같은 장비를 이용하며 측정한다. Babcock 방법이나 Rose-Gottlieb 방법을 응용한 Mojonnier 방법과 같은 지방분석 방법들도 이용할 수 있으며, 무지고형분과 같은 다른 성분들은 액상유를 위해 개발된 방법을 이용하여 측정한다. 포스파이테스(phosphatase) 시험은 이 효소가 열에 약한 점을 이용하여 살균의 여부를 측정하는 지표로서 사용되지만 불활성화된 효소가 시간이 지나면서 재활성이 되는 것 때문에 문제가 다소 있으며, 이러한 현상은 우유보다 크림에서 더 자주 일어난다. 그러므로 잔여 포스파테이스와 재활성 포스파테이스를 구분할 수 있는 기술의 개발이 필요하다.

우유에서와 마찬가지로 고온에서 처리되는 UHT 멸균에 대한 지표시험이 없으며, 병장 멸균유에서는 탁도시험을 이용하고 있으나 병장 멸균크림에 사용하는 것은 바람직하지 못하다. 이런 경우에는 미생물학적 분석방법을 이용하여 검증하여야 좀 더 정확한 검사가 이루어질 것이다. 유동학적 특성과 용도특성(휘핑과 커피크림의 경우에)은 품질과 기호성의 중요한 결정 요소이고, 최종 제품검사에서 중요한 부분이다. 크림의 점도는 Brookfield와 같은 점도계를 이용하여 정확하게 측정할 수 있다.

휘핑크림의 용도검사는 휘핑 종점에 도달하는 시간을 측정하고, 증량률(overrun)을 계산하는 것이다. 교반 시 유청 누출에 대한 안정성은 구멍이 뚫린 디스크가 설치된 여과 깔데기(filter funnel)에 표준량의 크림을 올려놓고 측정한다. 측정용 실린더 위에 깔때기와 크림을 올려놓고 교반 시 유출되는 유청(serum)의 양을 4～18℃에서 24시간 후 측정한다.

안정성 검사는 휘핑된 크림에도 이용할 수 있다. 휘핑시험은 낮은 온도에서 수행하고 주의 깊게 조절된 환경 하에서 행한다. 휘핑의 종점은 측정하기가 어렵고 미리 결정된 기준에 따라 숙달된 기술자가 필요하다. 휘핑크림의 용도 검사는 때때로 커피크림에 대한 미백능력과 우모현상에 대한 저항력을 측정하기 위해 사용된다. 기기를 사용하여 측정하기도 하지만 미백력은 주로 육안으로 측정된다. 우모현상은 검사자의 주관적 판단에 많이 의존하여 측정되지만 커피의 종류에 따라 많은 변화가 예상되며, 이러한 분석은 복잡한 분석 장비를 필요로 한다.

참고문헌

1. Rajar K. K. and K. J. Burgess, 1991. Milk Fat : Production, Technology and Utilization. Society for Dairy Technology, Huntingdon. England.
2. Alfa-Laval, 1980. Dairy Handbook. Alfa-Laval AB, Dairy and Food Engineering Division, Lund, Sweden.
3. Mann E. J., 1989. Dairy Industries International. 54(11):24.
4. Robinson R. K., 1994. Modern Dairy Technology 2nd Ed. Vol. 1. Advances in Milk Processing.
5. Varnam A. H. and T. J. Sutherland, 1994. Milk and Milk Products
6. Rothwell J., 1989. Cream Processing Mannual. Society for Dairy Technology, Huntingdon. England.
7. Tetra Pak Processing systems, 1995. Dairy Processing Handbook, Lund, Sweden.
8. Walstra P. and T. J. Geurts, A. Noomen, A. Jellema, 1999. Dairy Technology. Marcel Dekker, Inc. New York.
9. 林 弘通, 1977. 乳業技術綜典(上卷), p. 186, 酪農技術普及學會.
10. 林 弘通, 1978. 乳業技術綜典(下卷), p. 266, 酪農技術普及學會.
11. 祐川 金次郎, 1974. 乳業機械工學便覽, 上卷, p. 106, 酪農技術普及學會.
12. 韓國食品工業協會, 2003. 食品公典.

제 4 장

버 터

1. 서 론

버터는 교반(churning) 과정을 통해 크림으로부터 만들어지는 유가공품으로 일반적으로 80% 이상의 유지방으로 구성된 w/o 에멀젼이다. 버터는 고대로부터 양이나 염소젖이 담긴 염소 가죽을 버터가 형성될 때까지 좌우로 흔드는 고전적인 교반방식으로 만들어져 왔으며, 1850년대부터 중력을 이용한 크림 분리가 일반화된 이후 공장 생산이 시작되었다. 이후 1878년에 자동화 된 원심분리기가 개발되어 우유로부터 크림을 보다 빠르고 효율적으로 분리할 수 있게 되어 공장에서 버터의 대량 생산이 가능하게 되었다.

1.1 버터류의 정의 및 성분 규격

1) 정 의

축산물의 가공기준 및 성분규격(국립수의과학원, 2010)에 의하면 「버터류라 함은 원유에서 유지방분을 분리한 것이나 발효시킨 것을 그대로 또는 이에 다른 식품이나 식품첨가물 등을 가하여 각각 교반·연압한 것」으로 정의되고 있다. 버터류는 이용되는 성분과 제조방법에 따라 버터, 가공버터, 버터오일 등으로 나눌 수 있으며, 버터류의 가공기준 및 성분 규격은 다음과 같다.

① 버터 : 유지방 함량이 80% 이상이어야 하며, 유지방을 원유에서 분리하여 교반 및 연압한 것을 말한다.

② 가공버터 : 유지방 함량이 30% 이상(단, 제품의 지방함량에 대한 중량 비율을 기준으로 유지방 함량이 50% 이상일 것)이어야 하며, 유지방을 원유에서 분리

하여 이에 식품 또는 식품첨가물을 첨가한 후 교반 및 연압한 것을 말한다.

③ 버터오일 : 거의 모든 무지유고형분과 수분을 버터 또는 크림에서 분리 제거한 것을 말한다.

2) 버터류의 성분규격 (국립수의과학원, 2010)

<table>
<tr><th>항 목 / 유 형</th><th>수분(%)</th><th>유지방(%)</th><th>산 가</th><th>지방의 낙산가</th><th>타르색소</th><th>대장균군</th></tr>
<tr><td>버 터</td><td rowspan="2">18.0 이하</td><td>80.0 이상</td><td rowspan="3">2.8 이하</td><td>20.0±2</td><td rowspan="3">검출되어서는 안 된다.</td><td rowspan="3">n= 5
C= 2
m= 0
M=10</td></tr>
<tr><td>가공버터</td><td>30.0 이상</td><td>-</td></tr>
<tr><td>버터오일</td><td>0.3 이하</td><td>99.6 이상</td><td>20.0±2</td></tr>
</table>

■ 산화방지제(g/kg) : 다음에서 정하는 이외의 산화방지제가 검출되어서는 안 된다.

- 부틸히드록시아니졸, 디부틸히드록시톨루엔, 터셔리부틸히드로퀴논 : 0.2 이하 (병용할 때에는 부틸히드록시아니졸, 디부틸히드록시톨루엔 및 터셔리부틸히드로퀴논으로서의 사용량의 합계가 0.2 이하)
- 몰식자산 프로필 : 0.1 이하

■ 보존료(g/kg) : 다음에서 정하는 이외의 산화방지제가 검출되어서는 안 된다.

- 데히드로초산, 데히드로초산나트륨 : 0.5 이하(데히드로초산으로서)

1.2. 버터 분류

버터는 제조에 사용되는 크림의 발효 유무에 따라 발효 크림버터(cultured cream butter)와 감성 크림버터(sweet cream butter)로 분류된다. 발효 크림버터는 젖산 발효를 통해 디아세틸 같은 풍미 성분을 생성시켜 버터풍미(buttery flavor)를 주기 위하여 *Lactococcus* 와 *Leuconostoc* 같은 젖산균 스타터를 이용하여 발효시킨 크림으로 만들어진다.

반면 감성 크림버터는 살균된 신선크림(fresh cream)을 이용하여 제조된다. 또한 식염의 첨가 유무에 따라 무염버터(unsalted butter)와 가염버터(salted butter)로 분류할 수 있으며, 가염버터는 미생물 생장을 억제하고 풍미를 증진시키기 위해 1.0~2.5% 범위로 식염이 첨가된 버터이다.

1.3. 버터의 물리 · 화학적 품질 특성

1) 풍미(flavor)

버터의 풍미는 주로 락톤(lactone), 케톤(ketone), 알데히드(aldehyde), 자유지방산(free fatty acid) 같은 휘발성 화학물과 염(salt)에서 유래되며, 발효 크림버터의 경우 주요 풍미원은 유산균의 발효과정 결과 생기는 디아세틸(diacetyl)이다. 일반적으로 소비자들이 선호하는 버터의 풍미는 크림미(creamy)의 리치(rich)한 풍미이며, 반면 버터 제조 시 피해야 할 이취(off-flavor)는 지방분해 작용과 휘발성 화학물의 오염이 주요 원인이다.

지방분해 작용은 버터에 비누취나 산패취 같은 이취를 발생시킨다. 또한 버터 저장기간 중 유지방의 자동산화(autoxidation)로 인한 버터의 비린 맛 생성과 버터 제조과정에서 분리된 크림의 살균 온도가 지나치게 높을 경우 생성되는 가열취(cooked flavor)는 피해야 할 대표적 버터 관련 이취이다.

2) 색상(color)

버터의 노란색 색상은 주로 카로티노이드(carotenoid, β-carotene) 성분 때문이며, 특히 겨울철에는 청초를 급여하지 못하고 대신 인공사료 등을 다량 섭취하기 때문에 카로티노이드 농도가 감소함에 따라 버터의 색상도 상대적으로 보다 하얀색을 띄게 된다.

3) 경도(consistency)

버터의 경도는 주로 유지방의 결정(crystal)이 버터 조직 내로 응집하는 정도에 따라 영향을 받는다. 버터는 모양을 유지할 정도로 단단하여야 하며, 특히 액체 지방이 버터에서 분리되는 지방분리(oiling-off) 현상이 생기지 않을 정도로 충분한 경도를 가져야 한다. 그러나 버터를 빵에 바르지 못할 정도로 경도가 높지 않도록 제조 시 주의해야 한다.

2. 버터 제조공정

2.1 버 터

버터 생산에는 다음과 같은 3가지 기초공정이 있다.

1) 유지방의 농축

유지방의 농축과정은 크게 2가지 단계로 구성된다. 원심분리기와 같은 기계적 분리 수단에 의해 우유가 크림으로 전환되는데, 본 단계에서 버터 제조에 사용되는 우유 내 지방함량(~4%)은 10배 정도 증가한다(~40%). 교반공정을 통해 크림이 버터로

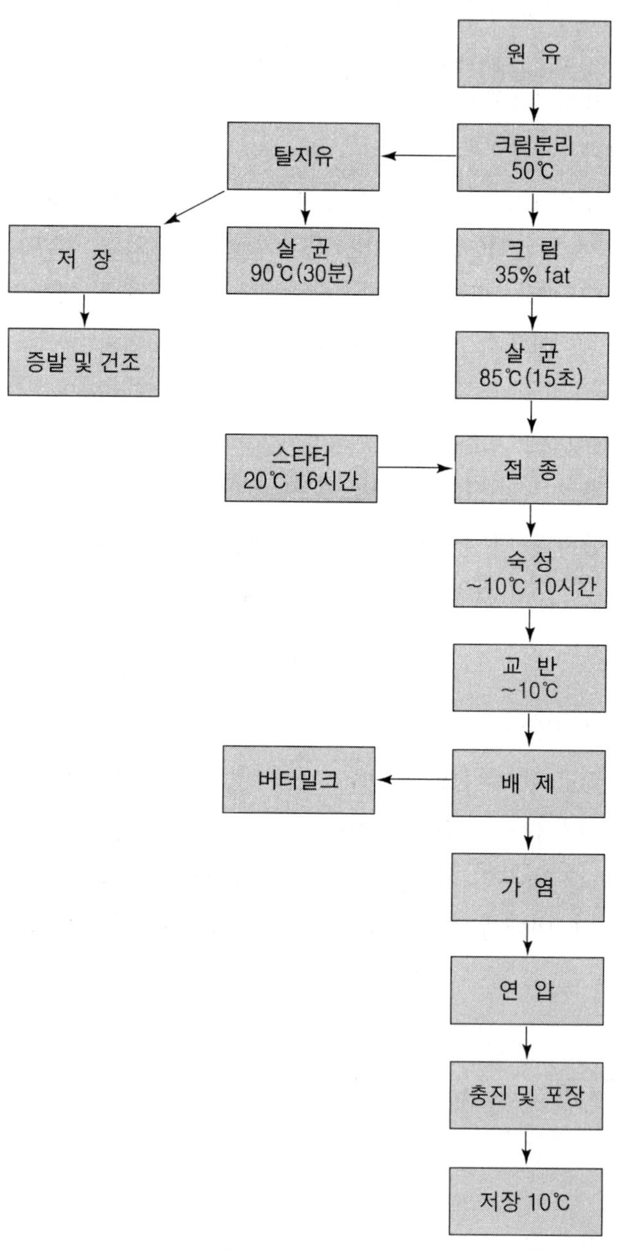

그림 4-1. 일반적인 버터 제조공정

전환됨에 따라 지방함량은 2배 정도 증가하게 되어(~80%) 결과적으로 우유는 원심 분리와 교반과정 동안 20배 정도 농축되게 된다.

2) 지방 결정화

교반공정(churning) 전에 원유에서 분리된 크림은 버터의 주요 물리 화학적 품질 특성 중 하나인 경도에 영향을 미치는 지방 결정화를 조절하기 위하여 낮은 온도(~10℃)에서 숙성된다. 버터의 경도는 융점(melting point)이 다른 지방산의 상대적인

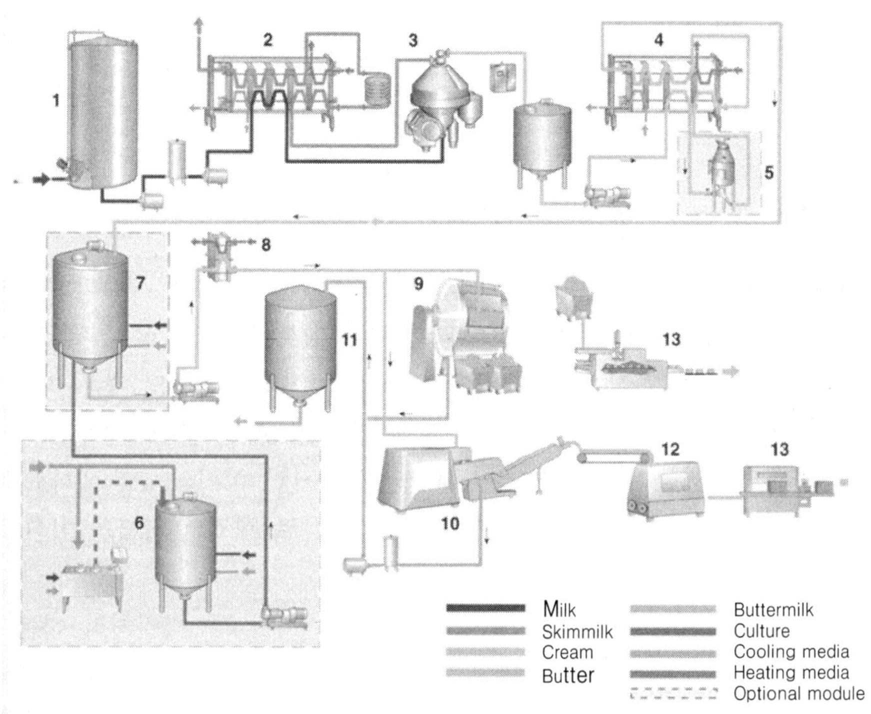

그림 4-2. 발효버터의 배치식 및 연속제조 공정

(Dairy processing handbook 2003 © Tetra Pak Inc., all rights reserved)

1. Milk reception
2. Preheating and pasteurisation of skim milk
3. Fat separation
4. Cream pasteurisation
5. Vacuum deaeration, when used
6. Culture preparation, when used
7. Cream ripening and souring, when used
8. Temperature treatment
9. Churning / working, batch
10. Churning / working continuous
11. Buttermilk collection
12. Butter silo with screw conveyor
13. Packaging machines

비율에 따라 달라진다. 경도가 낮은 부드러운 버터의 경우 상대적으로 많은 양의 낮은 융점을 지닌 지방산을 가지고 있는데 그 결과 실내온도에서 유지방 연속상은 상대적으로 적은 양의 결정화 된 고융점 지방을 지니게 되어 버터는 연성 조직을 가지게 된다.

3) 유지방의 상전환(phase inversion)

버터는 ~40% 지방으로 구성된 크림(O/W 에멀젼)이 교반공정을 통해 W/O 에멀젼으로 상이 전환되는데, 그 결과 지방 결정과 버터 오일로 구성된 유지방 연속상(continuous phase)이 물방울 분산상(dispersed phase) 등을 둘러싸고 있는 버터가 생성된다. 일반적으로 버터제조에 있어 3가지 공정은 연속적으로 이루어지지만, 일부 연속버터 제조의 경우에는 다른 공정을 따르기도 한다. 기초공정은 그림 4-1, 4-2에 나타낸 바와 같다.

2.2 원유의 품질 관리

버터의 품질은 착유된 원유의 품질에 영향을 미친다. 버터의 생산량과 관련된 지방 함량 측정은 거버(Gerber) 방법 등이 사용되고 있으며 색상, 향취 등 외관 및 풍미 관련 검사가 필요하다. 착유 후 탱크에서 저온 보관되는 원유의 경우 저온에서 생장 가능한 호냉성(psychrotroph) 미생물과 관련된 원유 품질 문제가 발생 가능한데, 호냉성 미생물에서 만들어지는 지방분해효소들은 100℃ 이상의 고온에서도 견디는 내열성 지방분해효소(lipase)이기 때문에 이러한 원유로 제조된 버터의 이취 생성의 원인이 된다.

따라서 원유를 63~65℃에서 약 15초간 짧은 시간 동안 열처리 하는 예비가열(thermalization) 공정을 통해 호냉성 미생물 생장을 막아야 한다. 또한 버터 제조에 사용될 크림은 이취가 나지 않아야 하며, 항생물질이나 소독제를 포함하지 않아야 한다.

2.3 크림의 분리 및 중화

1) 크림분리(skimming)

크림분리(skimming) 공정은 크림 분리로 인한 지방손실 감소, 교반기 크기 감소, 버터밀크 부피 감소에 따른 경제적 이유로 수행된다. 원유는 공기 접촉으로 인한 산패 발생 같은 품질 저하를 피하기 위하여 밀폐된 원심분리기(centrifugal separator)(그림 4-3)를 사용하여 크림(cream)과 탈지유(skim milk)로 분리된다.

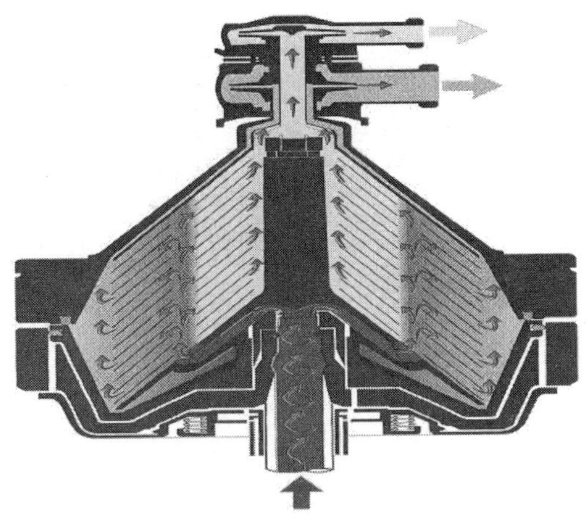

그림 4-3. 원심분리기
(Dairy processing handbook 2003 © Tetra Pak Inc., all rights reserved)

원유로부터 크림분리 결과 버터 제조에 사용되는 우유 내 지방함량(~4%)은 10배 정도 농축된다(~40%). 이러한 농축은 과다한 에너지 소비 없이 교반작업(churning)을 가능하게 한다.

2) 크림의 중화(neutralization)

만일 분리된 크림의 상태가 나쁜 경우, 예를 들면 분리한 크림의 산도(산도 0.20% 이상)가 신선한 크림의 산도(0.10~0.14%) 보다 높거나 이취(off-flavor)가 나는 크림), 이러한 크림을 이용하여 버터를 제조할 경우 살균 후 유단백질 응고 등으로 인해 버터의 품질 및 생산량 저하를 가져오기 때문에 살균 전 가성소다(NaOH)나 중탄산소다($NaHCO_3$) 같은 중화제를 이용하여 중화시켜야 한다.

2.4 크림의 살균

크림을 살균(pasteurization)하는 목적은 병원성 미생물(pathogenic microorganism)을 죽여서 버터의 위생상 안전성을 높이고, 버터의 품질에 부정적 영향을 주는 지방분해효소를 불활성화시켜 저장성을 향상시키며, 또한 지방의 자동산화(autoxidation)로 인한 버터의 품질저하를 억제시키는 데 있다.

크림은 일반적으로 평판열교환기(그림 4-4)를 사용하여 HTST 살균법(85~90℃, 15초)으로 열처리된다. 지방분해효소 등을 불활성화 시키기 위해 일반적인 HTST 살

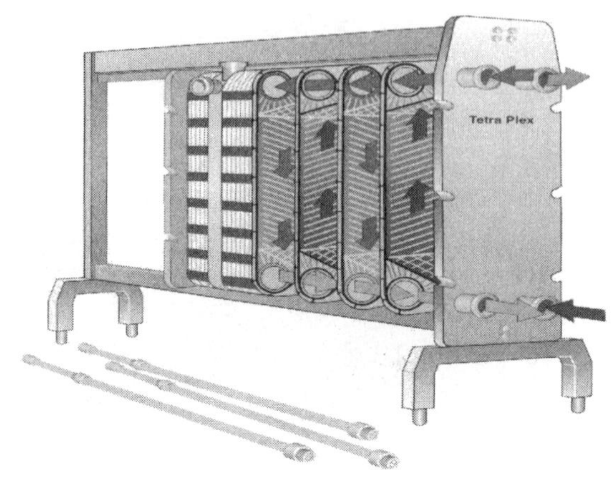

그림 4-4. 평판열교환기
(Dairy processing handbook 2003 © Tetra Pak Inc., all rights reserved)

균법에서 이용되는 열처리 온도보다 약간 높은 온도가 이용된다. 몇몇 크림 생산자들은 음성의 과산화효소(peroxidase) 결과가 나올 정도로 고온에서(95℃ 이상) 크림을 열처리하기도 하지만 버터의 품질 저하나 가열취(cooked flavor)가 생성될 정도의 열처리는 피해야 한다.

버터는 많은 양의 지방을 가지고 있기 때문에 자체에서 이취가 발생할 수 있고, 만일 필요하다면 이러한 이취는 진공탈기(vacuum deaeration) 공정을 통해 제거할 수 있다. 크림은 먼저 78℃로 열처리 후 진공챔버(vacuum chamber, 0.2 bar)로 보내지고 진공챔버 내에서 감압으로 인해 크림 내 이취를 제거할 수 있다. 진공탈기 후 크림은 평판열교환기로 보내져 살균 후 냉각된다.

2.5 발 효

발효크림 버터를 제조하는 데 이용되는 젖산균 스타터는 버터의 풍미 향상을 위해 사용된다. 크림의 발효는 혼합스타터를 이용하며 보통 *Str. diacetylactis*와 *Leuc. citrovorum* 또는 *Leuc. cremoris*와 *L. lactis*를 혼합하여 사용한다.

크림에 첨가하는 스타터의 접종농도는 배양온도 등에 따라 1에서 7%로 다양하다. 일반적으로 발효는 ~20℃에서 젖산균을 접종하고, 바람직한 pH(~pH 5.5)나 디아세틸(diacetyl) 수준에 도달하면 결정화가 개시되는 10℃ 이하로 냉각하여 발효를 종료한다.

발효크림 버터의 최종 pH는 *L. lactis* 같은 젖산균에 의한 산 생성 결과 pH 4.5~

4.7 정도이며, 스타터에 의한 버터의 풍미향상은 주로 젖산, 초산 및 발효과정 중 구연산염(citrate)에서 전환된 디아세틸 생성에 기인한다.

2.6 크림의 숙성 및 지방 결정화

크림의 숙성(aging) 공정은 살균된 크림을 냉각하고 교반할 때까지 ~10℃ 정도의 온도로 유지하는 공정을 말한다. 크림을 숙성하는 목적은 유지방을 결정화 하는 것인데, 일반적으로 숙성 공정은 8~13시간 정도 소요된다. 크림 내 지방은 살균 후 액체 상태인데 40℃로 냉각하게 되면 크림 내 지방의 결정화(fat crystallization)가 시작된다. 일반적으로 고품질의 버터 생산을 위해서는 작은 크기(~5 μm)의 지방 결정 형성이 바람직하며, 반면 모래와 같은 거친 조직감을 가진 버터의 경우 상대적으로 큰 지방 결정을 가지고 있다.

지방의 결정 형성은 살균된 크림을 천천히 냉각할 경우 매우 많은 시간이 소요되어 미생물학적, 경제적 측면에서 문제가 생길 수 있다. 따라서 이러한 문제를 최소화하고 지방결정 형성을 촉진하기 위해 크림을 급속 냉각시켜야 한다. 일반적으로 크림을 급속 냉각할 경우 상대적으로 작은 크기의 지방 결정이 생기고 증가된 표면적으로 인해 좀 더 많은 양의 액상지방, 예를 들면 낮은 융점(melting point)을 가진 트리글리세라이드가 지방 결정에 흡착하게 된다. 결과적으로 숙성 후 교반공정을 통해 상대적으로 적은 양의 액상 지방만이 용출되고 보다 많은 양의 결정화 된 지방을 지니게 되어 버터는 경성 조직을 가지게 된다. 반면 크림을 천천히 냉각 시킬 경우 상대적으로 큰 크기의 지방 결정이 생기고, 결과적으로 숙성 후 교반공정을 통해 상대적으로 많은 양의 액상 지방만이 용출되고 보다 적은 양의 결정화 된 지방을 지니게 되어 버터는 연성조직을 가지게 된다.

버터 숙성과정에서 정해진 온도에 따라 지방의 융점에 따른 결정화 정도가 달라지게 되며, 버터의 품질과 관련된 액상 지방과 결정화 된 지방의 비율에 영향을 미쳐 결과적으로 지방의 경도(consistency)에 영향을 미친다. 지방 결정화와 관련된 온도는 지방의 옥도가(iodine value)에 따라 결정되는데 표 4-1은 지방의 옥도가에 따른 열처리 프로그램의 예이다. 지방의 옥도가가 낮은 경우 융점이 높은 지방산이 많기 때문에 상대적으로 단단한 버터지방이 될 가능성이 높은데, 좀 더 부드러운 버터지방 제조를 위해서는 결정화된 지방보다 액상지방의 함량을 많게 하여 교반공정을 통해 상대적으로 많은 양의 액상지방만이 용출되고 보다 적은 양의 결정화 된 지방을 지니게 되어 버터가 연성조직을 가지게 해야 한다.

부드러운 버터 제조를 위해 표 4-1에서 볼 수 있듯이 먼저 8℃로 급속 냉각 후 2

표 4-1. 옥도가와 스타터 양에 따른 열처리 프로그램

옥도가(Iodine value)	열처리 온도(Temperature programme, ℃)	크림 내 스타터 양 (Approx. % of starter in cream)
< 28	8 - 21 - 20	1
28 - 29	8 - 21 - 16	2 - 3
30 - 31	8 - 20 - 13	5
32 - 24	6 - 19 - 12	5
35 - 37	6 - 17 - 11	6
38 - 39	6 - 15 - 10	7
> 40	20 - 8 - 11	5

(Dairy processing handbook 2003 © Tetra Pak Inc., all rights reserved)

시간 정도 저장하고 천천히 20～21℃까지 지방을 열처리 한 뒤 최소 2시간 동안 온도를 유지하고 16℃냉각한 후 교반을 한다. 반면, 지방의 옥도가가 높은 경우(예를 들면, 39～40) 즉 융점이 낮은 지방산이 많은 경우 살균 후 크림은 20℃로 냉각하고 5시간 정도 저장한 후 다시 8℃로 냉각하고, 11℃로 유지한 후 교반을 한다.

2.7 교 반

1) 배치식 버터 제조법

크림의 교반(churning)이란 살균 및 숙성 후 버터쳔(그림 4-5)을 이용하여 버터밀크와 분리되도록 물리적으로 지방구에 충격을 가해 크림 내 지방구를 군집화시켜 작은 입자들을 형성시키는 과정이다(그림 4-6). 교반과정을 통해 버터는 ～40% 지방으로 구성된 크림(O/W 에멀젼, oil in water emulsion)이 교반공정을 통해 W/O 에멀젼(water in oil emulsion)으로 상이 전환되는데, 그 결과 지방 결정과 버터 오일로 구성된 유지방 연속상(continuous phase)이 물방울 분산상(dispersed phase) 등을 둘러싸고 있는 버터가 생성된다.

크림이 교반과정을 통해 기계적으로 충격을 받음에 따라 단백질 기포가 생성되며, 지방구막은 공기/물의 경계면으로 이동하며 포말(foam) 내에 농축되게 된다. 교반이 계속되면서 기포는 점점 작아지며 포말은 좀 더 압축되며 지방구에 압력을 주게 된다. 결과적으로 기포와 지방구 표면에 얇은 피막을 형성하게 되는 액상지방은 교반에 의한 충격으로 배출되고 포말이 파괴되며 지방구는 작은 입자로 응집되게 된다. 교반

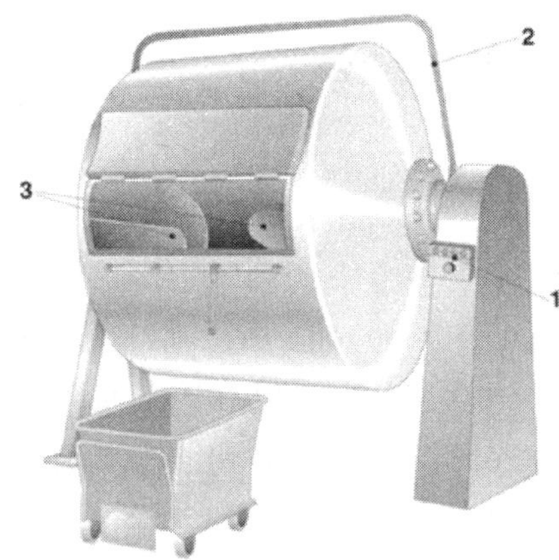

그림 4-5. 배치식 버터쳔(butter churn)
(Dairy processing handbook 2003 © Tetra Pak Inc., all rights reserved)
1. Control panel, 2. Emergency stop, 3. Angled baffles

그림 4-6. 버터의 교반과정
(modified by H. Mulder and P. Walstra. The Milk Fat Globule(Wageningen: Pudoc, 1974)

과정 후 비중이 다른 버터 미립자와 버터밀크를 분리시키기 위해 4~6분 정도 기다린 후 버터밀크를 배제한다.

2.8 가 염

가염(salting) 과정은 수분활성도에 영향을 미치기 때문에 버터를 위해미생물 생장으로부터 보호하고 풍미를 증가시키기 위하여 필요하다. 배치식 버터 제조의 경우 식염 첨가량을 1~3% 정도 되도록 버터 표면에 첨가한다. 또한 연속식 버터 제조의 경우 식염 현탁액(10% 농도)을 버터에 첨가한다.

2.9 연 압

연압(working)은 버터밀크를 배출한 후 수행된다. 연압과정을 통해 버터입자들은 가압되고 압착되는데, 이러한 과정은 버터 내 수분 제거에 도움이 되고, 버터 조직 내 수분과 식염이 잘 분산되도록 하며, 또한 지방결정 형성을 억제하는 역할을 한다. 최근 감압을 이용한 진공연압(vacuum working) 과정을 통해 버터가 만들어지는데, 기존 연압과정을 통해 제조된 버터와 비교하여 적은 양의 공기를 함유하고 있어 좀 더 단단한 조직을 가지고 있다.

1) 연속식 버터 제조법(continuous butter making)

연속식 버터 제조법은 19세기 후반에 도입되었으나 1940년대에 본격적으로 버터 생산에 이용되었다. 연속식 제조법 도입으로 단시간에 많은 양의 버터를 제조할 수 있게 되었으며, 배치식 제조법과 달리 교반, 크림분리, 농축과정 등이 하나의 연속공정 상태로 처리된다.

그림 4-7은 연속식 버터 제조기계의 예인데, 크림은 먼저 모터와 연결되어 있는 교반 실린더(churning cylinder)로 들어가서 교반 후 버터입자와 버터밀크는 1차 연압

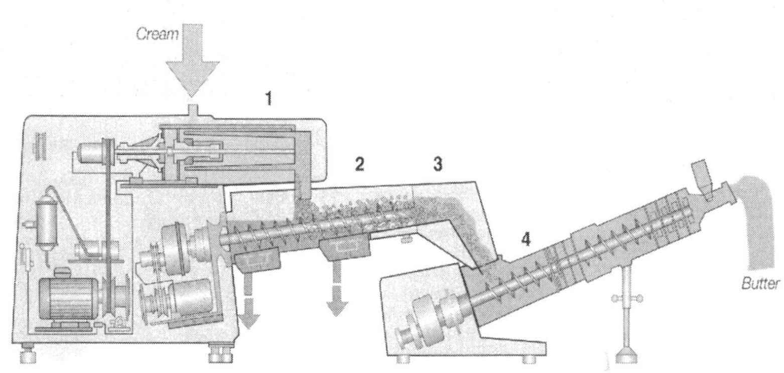

1. Churning cylinder
2. Separation section
3. Squeeze-drying section
4. Second working section

그림 4-7. 연속식 버터 제조기계

(Dairy processing handbook 2003 © Tetra Pak Inc., all rights reserved)

구역이라 불리는 분리구역(separation section) 내로 보내진다. 이곳에서 버터는 버터밀크와 분리되고, 버터입자는 회전하는 스크류에 의해 다음 squeeze-drying 구역으로 보내지면서 압축된다. 연압된 버터입자가 squeeze-drying 구역을 통과하면서 남아 있던 버터밀크는 제거된다.

버터입자가 스크류에 의해 2차 연압구역(working section)으로 전달되면 감압을 이용한 진공 연압구역을 통과하면서 버터입자 내 공기량을 감소시켜 좀 더 단단한 버터 제조에 도움이 된다. 2차 연압구역 하단부에는 식염 농도와 수분함량을 조절하는 장치가 설치되어 있다. 연속식 버터 제조기계를 이용하여 크림으로부터 시간당 200~5,000 Kg 정도의 버터 생산이 가능하다.

2.10 포장 및 저장

연압과정 후 버터는 컨베이어 장치 등을 통해 5 Kg 이상의 대형 포장이나 10 g에서 5 Kg 미만의 소형 포장용으로 나뉘어 포장된다.

버터 포장지는 방유(grease proof), 방수제품이고, 지방 산패를 억제하기 위해 빛을 투과시키지 않는 재질이어야 한다. 과거 버터 포장(packaging)에는 주로 파치먼트지(parchment paper)가 이용되었으나 최근에는 수분과 빛에 대한 투과성이 낮은 알루미늄지와 폴리에틸렌지가 많이 사용된다. 포장 후 버터는 5℃ 냉장온도에서 저장되며, 장시간 저장 시에는 -15~-30℃ 냉동고에서 보관된다.

2.11 생산 저장 중 버터의 변화

버터는 80% 이상의 유지방으로 구성되기 때문에 매우 낮은 온도에서 저장되더라도 자동산화(autoxidation)가 발생할 수 있고, 그 결과 생선 비린내 같은 산패취로 인한 관능적 문제가 생길 수 있다. 또한 열전도가 낮은 크림이 적절한 살균이 되지 않을 경우 지방분해효소(lipase)로 인해 비누취와 같은 가수분해성 산패취가 발생할 수 있기 때문에 이러한 문제점을 최소화하기 위해 버터 제조 시 고품질의 크림을 사용하고 적절한 HTST 살균을 수행하여야 한다.

참고문헌

1. Dairy Processing Handbook. 2003. Tetra Pak Processing systems, Lund, Sweden.
2. Singh R. P. and D. R. Heldman. 1993. Introduction to food engineering. Academic press, Inc., USA.
3. Varman A. H. and J. P. Sutherland. 1994. Milk and milk products.
4. Walstra P., T. J. Geurts, A. Noomen, A. Jellema and M. A. J. S. van Boekel. 1999. Dairy technology: Principles of milk properties and processing. Marcel Dekker., Inc, USA.
5. 고준수 외 17인. 2002. 유식품가공학, 선진문화사.
6. 축산물의 가공 기준 및 성분규격. 2010. 국립수의과학원.

제 5 장

농축유제품

1. 서 론

원유로부터 수분을 증발시켜 부피를 줄인 유제품을 농축유제품이라 하며, 연유제품(練乳, condensed milk products)으로도 잘 알려져 있다.

우유를 농축하기 위해서는 여러 가지 기계설비가 필요한데, 기계장치가 개발되기 이전에는 우유를 솥에 넣고 가열하면서 수분을 증발시킴으로써 농축유를 제조하였다. 당시에는 우유가 솥바닥에 눌러 붙지 않도록 계속 저어주어야 했으며, 가정에서 소규모로 제조되었다. 1856년 미국에서 설탕이 첨가된 가당연유를 제조하여 판매하였는데, 이는 진공농축용기의 개발에 의한 산업적인 최초의 생산이었다.

한국에서는 1962년 12월에 서울우유에서 처음으로 가당연유가 생산되었는데, 소비자의 수요보다는 원유수급 조절기능을 위해 농축유를 제조하였다. 농축유는 저장성과 편의성 때문에 제조되었으나, 분말화장치의 발전으로 분유제품이 보편화되면서 농축유 시장은 확대되지 못하였다. 따라서 농축유가 국내 유제품 시장에서 차지하는 비중은 매우 적은 편이다.

1990년 농축유(연유) 총 생산량은 3,448톤(M/T)이었으며, 2007년 총 생산량은 4,084톤이었다. 이를 통해 오랜 기간 동안 소비가 정체되어 있는 것으로 추정할 수 있다. 식생활 패턴의 서구화로 인하여 빵과 케이크의 수요가 급증하고 커피의 보조첨가제로 농축유의 수요가 점차로 증대되리라 생각되지만 다른 유제품과 비교할 때 그리 밝은 전망은 아니다.

농축유제품의 종류에는 가당연유(sweet condensed milk)와 무당연유에 해당하는 농축유(unsweetened condensed milk 또는 evaporated milk)가 있으며, 식품공정에는 다음과 같이 농축유제품의 규격을 설정하고 있다.

2. 농축유제품의 법적 기준

2.1 정 의

농축유류라 함은 원유 또는 저지방우유를 그대로 농축한 것이거나 식품 또는 식품첨가물을 가하여 농축한 것을 말한다(원유 또는 탈지유 100%, 식품 또는 식품첨가물은 제외).

2.2 제조 · 가공기준

① 원료와 직접 접촉하는 기계 또는 기구류는 세척이 용이하고 내부식성의 재질이어야 하며, 작업 전 · 후에 위생적으로 세척 및 살균하여야 한다.
② 농축공정은 영양성분의 손실을 최소화할 수 있는 방법으로 실시하여야 한다.
③ 유당을 석출방지에 사용하는 때에는 미세한 분말로서 미생물의 오염을 방지할 수 있도록 처리하여야 한다.
④ 살균제품은 미생물의 2차 오염이 방지되도록 자동포장 공정으로 충전하여야 하며, 멸균제품은 멸균한 용기 또는 포장에 무균공정으로 충전 · 포장하여야 한다.
⑤ 농축유류에는 일체의 다른 물질을 가하여서는 안 된다. 다만, 가당연유와 가당탈지연유에 있어서는 당류(설탕 · 포도당 · 과당 · 올리고당)를, 가공연유에 있어서는 식품 또는 식품첨가물을 가할 수 있다.

2.3 주원료 성분 배합기준

1) 용어의 정의

① 농축우유: 원유를 그대로 농축한 것을 말한다.
② 탈지농축우유: 원유의 유지방분을 0.5% 이하로 조정하여 농축한 것을 말한다.
③ 가당연유: 원유에 당류를 가하여 농축한 것을 말한다.
④ 가당탈지연유: 원유의 유지방분을 0.5% 이하로 조정한 후 당류를 가하여 농축한 것을 말한다.
⑤ 가공연유: 원유에 식품 또는 식품첨가물을 가하여 농축한 것으로 유고형분 22.0% 이상의 것을 말한다.

2) 성분 배합기준

① 농축우유, 탈지농축우유: 원유 또는 탈지우유 100%

② 가당연유, 가당탈지연유 : 원유 또는 탈지우유 100%(가당량은 제외한다)

2.4 성분규격

유형 항목	농축우유, 탈지농축우유	가당연유	가당탈지연유	가공연유
성 상	유백색～황색의 균질한 액체로서 이미·이취가 없어야 한다.	유백색～황색으로 균질하고 감미가 있는 액체로서 이미·이취가 없어야 한다.	유백색～황색으로 균질하고 감미가 있는 액체로서 이미·이취가 없어야 한다.	고유의 색택을 가지고 균질하고 감미가 있는 액체로서 이미·이취가 없어야 한다.
수분(%)	-	27.0 이하	29.0 이하	32.0 이하
유고형분(%)	22.0 이상	29.0 이상	25.0 이상	22.0 이상
유지방(%)	6.0 이상(농축우유에 한한다)	8.0 이상	-	6.0 이상
산도(%)	0.4 이하(젖산으로서 기준하며 농축우유에 한한다)	-	-	-
당 분 (유당포함%)	-	58.0 이하	58.0 이하	58.0 이하
세균수	1 g당 20,000 이하(멸균제품의 경우 55℃에서 1주 또는 30℃에서 2주 보관 후 표준평판배양법에 의할 때 음성이어야 한다)	1 g당 20,000 이하	1 g당 20,000 이하	1 g당 20,000 이하
대장균군	n=5, c=2, m=0, M=10(멸균제품의 경우 음성이어야 한다)	n=5, c=2, m=0, M=10	n=5, c=2, m=0, M=10	n=5, c=2, m=0, M=10

3. 농축공정의 종류

유가공 산업에서 농축의 목적은 첫째 저장·수송 등의 경비를 절감하기 위해서이며, 둘째로 액체부피를 감소시킬 때 상대적으로 가용성 성분의 농도를 높여 미생물의 생육억제를 통한 저장성을 향상시키고자 함이다. 셋째로 여러 기능성 성분을 분리하기 위한 전처리 공정으로 이용된다. 농축의 대상이 되는 것은 보통 우유·탈지유 및 유청 등이며, 농축의 목적에 따라 다양한 방법이 사용되고 있다.

식품공장에서 많이 사용되는 농축방법으로는 증발(evaporation)·동결농축(freeze concentration)·막분리(membrane separation) 등이 있다.

증발은 일반적으로 물의 끓는점까지 가열하여 수분을 기화시켜 제거하여 농축된 우유를 얻는 조작을 말한다. 증발은 가장 경제적이며, 일반적으로 사용이 되는 농축 공정으로 농축유 및 가당연유의 제조에 많이 사용되는 방법이다. 그러나 증발공정은 열에 민감한 유청단백질의 변성, 휘발성 향기성분의 손실이 발생하기 때문에 최종제품의 신선도가 낮아지는 단점이 있다.

동결농축은 농축하고자 하는 액체를 어는점 이하로 냉각시키면 염, 향기성분, 당분, 단백질 및 지방을 거의 함유하지 않은 순수한 얼음결정이 형성되는데, 여기서 얼음결정을 분리시키면 고형분 농도가 높은 농축된 용액을 얻을 수 있다. 그러나 이 방법은 유가공 산업에서 거의 이용되지 않고 있다.

최근에는 막분리를 이용해서 농축방법이 많이 사용되는데, 막분리는 각각의 분자에 대하여 다른 투과성, 즉 선택투과성을 가지고 있는 막을 통한 투과현상을 이용하여 물질을 분리하는 조작이다. 막이 가진 각각의 기능에 따라 투석(dialysis), 삼투(osmosis), 역삼투(reverse osmosis), 한외여과(ultrafiltration ; UF) 등의 방법이 이용된다. 일부 유가공 공장에서는 원료유를 표준화시킬 때 탈지분유를 첨가하지 않고 한외여과를 이용하고 있다. 막분리는 생산량 대비 공정비용이 많이 소요되기 때문에 생리활성 물질의 정제 및 농축과 같이 제한적으로 사용되고 있으며, 유가공 제품에 적용되는 사례는 적은 편이다. 농축유나 가당연유를 제조할 때에는 농축비가 높기 때문에 한외여과 방법이 적절하지 않다.

4. 농축과 수분활성도

농축공정은 부피와 무게를 줄여 수송과 운반에 편리성을 부여하는 것 이외에도 미생물의 생육억제를 통한 저장성을 증진시킬 때 사용한다. 가당연유의 경우 멸균공정을 거치지 않았음에도 불구하고 1년 정도의 유통기한이 가능하다. 우유 및 유청은 영양성분이 풍부하기 때문에 미생물에 의하여 변질되기 쉽다. 그러나 우유 및 유청을 농축하면 저장성이 증진되는데, 이것은 바로 수분활성도(water activity, A_w)를 낮추기 때문이다. 식품에서 수분함량이 감소되면 수분활성도 역시 낮아진다.

모든 생물체는 일정한 수준의 수분이 생명을 유지하는데 필요하며, 그 수분은 생물이 자유로이 이용할 수 있는 수분(available water)이어야 한다. 따라서 식품에서 미생물이 생육할 수 있는 가능성은 그 식품 중의 미생물이 실제로 이용할 수 있는 수분함량에 의해서 결정된다.

보통 유제품을 포함한 식품 속의 수분함량은 퍼센트 함량으로 표시되는 경우가 많다. 미생물 특히, 부패미생물들의 생존에 실제로 영향을 주는 식품 속의 수분함량은 전체 수분함량이 아니라 미생물이 실제로 이용할 수 있는 수분함량(available water 또는 available moisture content)이다. 식품의 전체 수분함량은 이런 경우에는 별로 도움이 되지 않는다. 따라서 식품의 전체 수분함량보다도 그 식품의 수분활성도라는 개념을 사용하는 것이 적절하다.

식품의 수분활성도는 임의의 온도에 있어서 식품의 수증기압(*Ps*)에 대한 순수한 물의 수증기압(*Po*)의 비율로 정의되며, 식품 속의 각 구성성분들과 수분과의 결합능력을 나타내는 척도로 볼 수 있다.

식품의 수증기압은 그 식품의 수분에 녹아 있는 용매(solute)의 종류와 양에 의해서 직접 영향을 받으며, 다음과 같은 식이 성립된다(Raoult's law).

$$A_w = \frac{Ps}{Po} = \frac{Nw}{Nw + Ns}$$

Aw = 수분활성도
Ps = 식품 속의 수증기압
Po = 동일 온도에서의 순수한 물의 수증기압
Nw = 물의 몰수(moles of water)
Ns = 용질의 몰수(moles of solutes)

표 5-1. 유제품의 수분활성도

유제품의 유형	수분활성도(A_w)
Milk	0.993
Evaporated milk	0.986
Ice cream mix	0.97
Sweetened condensed milk	0.83
Skim milk powder, 4.5% water	0.2
Skim milk powder, 3% water	0.1
Skim milk powder, 1.5% water	0.02
Cheese	0.94～0.98

대부분의 박테리아들은 수분활성도 0.9～1.0 정도에서 생육이 가능하고, 이보다 낮으면 생육할 수 없다. 곰팡이는 박테리아보다 낮은 수분활성도인 0.8 부근에서도 생육이 가능하다. 따라서 건조 및 농축공정은 용질의 몰수를 증가시키고 물의 몰수를 감소시켜 수분활성도를 감소시켜 미생물의 생육을 억제시킬 수 있는 것이다. 표 5-1은 유제품의 종류별 수분활성도를 나타낸 것이다.

5. 농축유

과거에는 농축유와 무당연유를 증발시키는 수분 양에 따라 구분하여 생산하였는데, 농축유(concentrated milk)는 우유 중의 수분을 증발시켜 1/3로 부피를 줄인 제품을 의미하였다. 반면에 무당연유는 unsweetened condensed milk 또는 evaporated milk 라고도 하며, 일반적으로 우유를 2배 정도(2.25배) 농축시켜 만든다. 그러나 과거와 같은 농축유는 거의 생산하지 않기 때문에 농축유라 하면 무당연유를 일컫는다고 하겠다.

농축유의 제조공정은 그림 5-1에서와 같은 공정으로 제조되며, 제조공정상의 특징은 농축한 후 균질화시키는 데 있다.

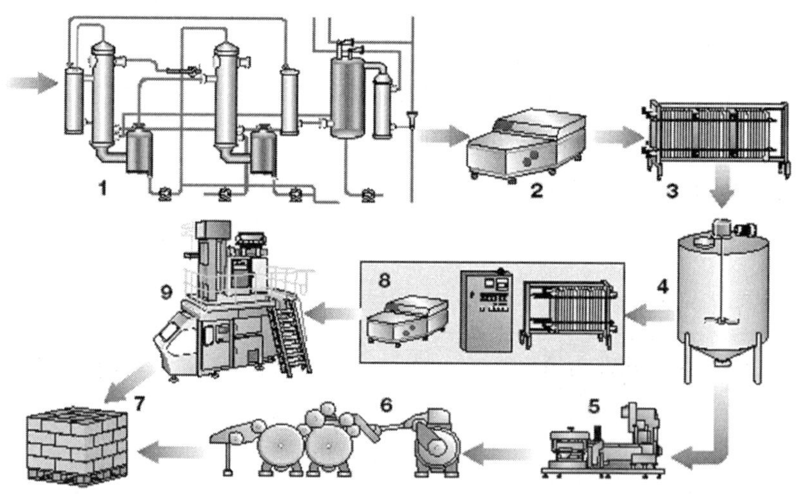

그림 5-1. 농축유(무당연유)의 제조공정

1. Evaporation
2. Homogenisation
3. Cooling
4. Intermediate tank
5. Canning
6. Sterilization
7. Storage Alternative processing to point 5 and 6
8. UHT treatment
9. Aseptic filling

5.1 원료유

농축유 제조에 사용되는 원유의 질은 직접적으로 농축유의 품질에 영향을 미치므로 양질의 원유를 사용해야 된다. 특히 원유 중에 함유되어 있는 내열성 세균이나 미생물 포자의 수는 매우 중요하다.

농축공정은 온도가 65～70℃ 이하에서 진행되기 때문에 이 온도 범위에서는 포자나 내열성 세균이 생존할 수 있다. 따라서 원료유의 미생물학적 품질은 최종 연유 제품에 있어서 중요한 요소이다.

5.2 증 발

가장 많이 사용되는 증발기로는 다중효용증발기(multiple effect evaporator)이며, 열을 회수하여 다시 사용하기 때문에 열효율이 좋다. 증발관에 우유를 이송하는 방법은 밑에서 흡입시키는 방법과 위에서 흡입시키는 falling-film(down-flow) 방법이 있다. Falling film 방법은 우유를 vacuum pan 위에서 가열 tube에 고르게 흘러내리도록 흡입시키며, 일정시간 후에 하단부에서 농축된 것을 계속해서 제거시키게 된다. 다중효용증발기에서 falling-film 형태가 보편적으로 사용된다(multistage falling-film type).

우유가 스팀으로 가열된 관을 통과함으로써 수분의 증발이 발생되며, 이 때의 온도는 65℃ 정도이다. 증발기의 압력을 대기압보다 낮은 감압상태로 만들어 주기 때문에 온도가 낮아도 증발이 일어난다. 증발공정 내에 연속적으로 밀도를 검사하는 장치가 설치되어 있어 밀도가 약 1.07에 도달할 때까지 증발공정은 계속되며, 최종적으로 고형분의 농도를 일정하게 맞출 수 있다.

이 공정에서 2.1 kg의 우유로 무지유고형분 함량이 18%, 유지방 8%인 농축유 1 kg을 만들 수 있다.

5.3 균 질

농축이 완료된 원유는 균질공정으로 들어가게 되는데, 균질은 12.5～25 MPa(125～250 bar)의 압력으로 수행되며, 제조 후에 발생하는 지방의 분리를 방지하기 위하여 실시한다. 균질공정으로 지방구는 미세하게 분쇄되어 분산된다. 균질공정은 멸균공정에서 지방의 융합을 방지할 수 있으며, 최종 제품이 이상적인 점성을 유지할 수 있게 해주기 때문에 중요한 공정이다.

균질공정은 캔에 담는 경우 그림 5-1에서 보는 바와 같이 증발공정 후에 실시하지만, 캔이 아닌 다른 포장의 경우에는 증발 후 UHT를 거친 다음에 균질을 한다.

5.4 냉 각

농축유는 균질 후 즉시 충전하기 위해서는 14℃ 정도로 냉각하고, 캔 포장을 위한 시료멸균 테스트를 위해서 5~8℃로 냉각하여 저장탱크로 이송된다. 이때 농축유를 채취하여 지방함량, 무지유고형분 함량 등을 검사하게 된다. 또한 안정제, 비타민 D 등과 같은 첨가물을 이 공정에서 첨가하기도 한다.

시료멸균 테스트에서는 멸균공정에서 미생물 안전성을 확보하기 위하여 몇 개의 캔에 농축유를 담고 멸균 조건을 설정한다. 또한 농축유의 열 안정성(heat stability) 높이기 위하여 인산염 등을 첨가하는데 이를 stabilizing salt라고 하며, sodium phosphate(di-basic 또는 tri-basic)가 가장 많이 사용된다.

5.5 캔 포장 및 멸균

전통적으로 캔으로 포장된 후 멸균하는 공정이 주로 사용되어 왔다. 검사가 끝난 농축유는 캔 충전기(can-filling machine)로 보내 캔에 충전하고, 캔 tester를 통과시켜 불량 캔을 검사한다. 충전된 캔은 110~120℃에서 15~20분간 멸균하여 잔존하는 모든 미생물을 사멸시킨다. 멸균공정에서 농축유는 점성이 증가되고 갈변현상으로 약간의 노란색을 띠게 된다. 여기서 사용되는 멸균기는 batch autoclave가 많이 사용된다.

5.6 UHT 공정

최근에는 UHT의 보급으로 UHT 처리를 많이 하며 140℃에서 3초 정도 살균한다. UHT 처리 후 냉각한 다음 균질공정을 거쳐 무균 paperboard 포장한다. Paperboard 포장은 농축유를 다른 식품의 제조에 이용하는 회사로 운반하기 위해 많이 이용하며, 용량이 캔보다 크고 수송 및 운반이 용이한 장점이 있다. 최근 소비자가 쉽게 이용할 수 있도록 조제유 제조공장 또는 커피크림 제조공장에서는 테트라팩 혹은 소형 포장을 하는 경우도 있다.

5.7 농축유의 품질저하

1) Swelling

부패성 미생물의 성장으로 가스가 발생하여 캔이 부풀어 오르는 현상을 말하며, 심한 경우 캔이 터지기도 한다. 이는 불완전한 멸균으로 내열성 미생물이 잔존하는 경우와 2차 오염에 의한 미생물의 성장에 의해 발생한다.

2) 농후화(Age thickening)

저장 중에 curd가 형성되는 현상을 말하며, 우유 단백질의 열 응고성과 직접 관련되는 것으로 우유 단백질이 응고되어 점성이 높은 curd를 형성하게 된 것이다. 농후화에 관여하는 요인으로는 산도, 유단백질의 조성, salt balance를 들 수 있다.

3) 갈색화(Brown colouration)

증발 및 멸균공정을 거치는 동안 농축유에서 maillard reaction에 의한 갈색화가 일어난다. 갈색화는 저장 중에도 계속 진행되며, 이를 방지하기 위해서는 ascorbic acid와 같은 항산화제를 첨가해야 된다.

6. 가당연유

가당연유(sweetened condensed milk)는 우유에 설탕을 가한 후 농축한 것으로 1857년 미국의 Litchfield에서 Gail Borden이 처음으로 상업적으로 생산하였다. 농축유가 반드시 멸균공정을 거치는 것에 비하여 가당연유는 설탕이 고농도로 첨가되기

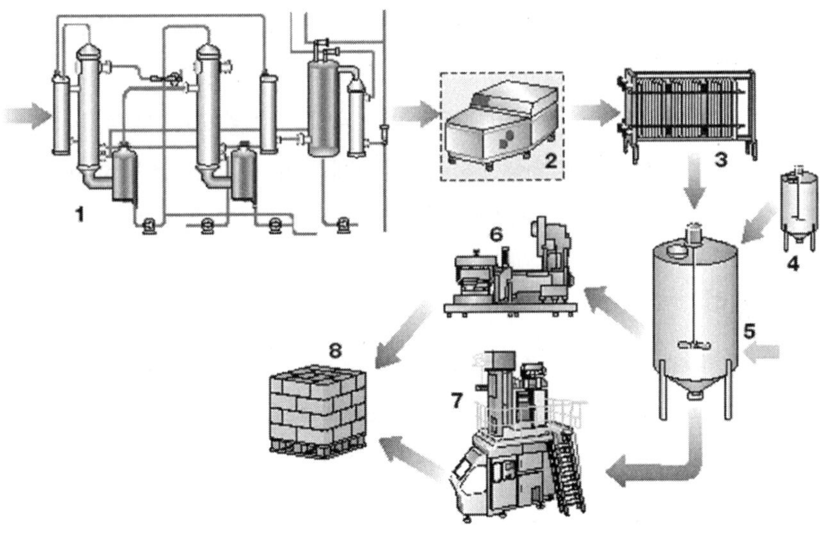

그림 5-2. 가당연유의 제조공정

1. Evaporation
2. Homogenization
3. Cooling
4. Addition of lactose slurry
5. Crystallisation tank
6. Canning
7. Paperboard packaging alternative
8. Storage

때문에 멸균공정이 없어도 미생물에 의한 변질이 거의 일어나지 않는다. 또한 가당연유에 과도한 열처리는 겔(gel)을 형성할 수 있기 때문에 멸균공정을 거치지 않는다.

멸균은 하지 않지만 최종제품의 물리적 성상을 개선시키기 위한 목적으로 다소 열처리를 수행한다. 제품에서 높은 점성을 갖도록 하기 위해서는 82℃에서 10분 정도의 열처리가 적절하고, 낮은 점성을 갖도록 하기 위해서는 116℃에서 30초 이내의 열처리가 적합하다.

가당연유에 첨가되는 설탕은 품질이 좋은 설탕(sucrose)을 사용해야 되는데, 순도가 낮으면 환원당의 함량이 많아 제품의 갈색화를 촉진한다. 포도당은 갈변을 쉽게 일으켜 제품의 외관을 나쁘게 만들기 때문에 첨가하지 않는다. 제품에서의 당도는 최소 62.5%가 되어야 미생물의 증식을 억제시킬 수 있으며, 65% 이상이 되면 설탕의 결정이 석출될 수 있다.

가당연유 제조공정은 설탕의 첨가순서에 따라 2가지 방법으로 나눌 수 있는데, 열처리 전에 설탕 분말을 첨가하는 방법과 증발공정에 당액(sugar syrup)의 형태로 첨가하는 방법이 있다. 제조공정에서 설탕의 첨가시점에 따라 최종 제품의 점성에 영향을 미치는데, 너무 일찍 설탕을 첨가하면 점도가 너무 강한 제품이 생산된다.

6.1 증 발

증발기는 농축유 제조에 사용하는 장치와 동일하다. 증발공정 후 농축유의 밀도는 가당연유의 경우 1.30이며, 가당탈지연유는 1.35 정도이다. 이 공정에서 0.44 kg의 설탕이 함유된 가당우유 2.5 kg로부터 유지방 8%, 설탕 45%, 수분 27%를 함유하는 가당연유 1 kg을 제조할 수 있다. 일부 공장에서는 최종제품의 점도를 조절하기 위하여 증발공정 이후에 7～7.5 mPa(50～75 bar)의 압력으로 균질을 수행하기도 한다.

6.2 냉각 및 결정화

가당연유는 증발공정 후에 반드시 냉각되어야 하는데 제품의 품질에 직접 영향을 주기 때문이다. 냉각조건은 제품의 농후화와 갈색화에 영향을 미치고 유당의 결정화에 영향을 준다. 유당결정은 그 크기가 10 ㎛ 이상이면 사상조직(sandy)의 제품이 만들어져 품질이 저하된다. 유당결정이 10 ㎛ 이하이면 상온에서 소비자가 관능적으로 결정상태를 느낄 수 없기 때문에 10 ㎛ 이하로 미세결정으로 만드는 조작이 필요하다.

증발이 완료된 농축유는 냉각기로 이송되어 1시간 정도 교반시키면서 급속히 30℃ 부근까지 냉각시킨다. 이때 기포가 혼입되지 않도록 하는 것이 중요하다. 균일한 미세결정을 만들기 위하여 교반과정에서 분말 유당을 0.05% 정도 첨가하는데, 이것을 seeding이라 하며, 첨가된 유당이 핵이 되어 유당 결정의 수를 늘이게 되므로 결정의 크기를 미세하고 균일하게 만드는 효과가 있다. Seeding 후 바로 15～18℃까지 급속히 냉각시킨다.

결정화가 완료된 가당연유는 충분히 냉각된 후 저장탱크로 이송된 다음 포장공정으로 이동된다.

6.3 포 장

가당연유는 약간 노란색을 띠고 있으며, 마요네즈와 외관이 아주 흡사하다. 과거에는 캔에 담아 포장을 했으나 지금은 무균 paperboard 포장을 많이 한다. 이 포장은 약 300kg 정도까지 담을 수 있으며, 가당연유를 주원료로 사용하는 식품회사에서 이용하기 편리하기 때문에 사용된다. 농축유와 다르게 포장공정 이후에 멸균공정이 없지만 캔 또는 paperboard 포장된 가당연유는 약 1년 정도 보관이 가능하다.

6.4 가당연유의 품질저하

Swelling, 농후화 및 갈색화는 농축유의 품질저하 현상과 동일하며, 가당연유에서 많이 발생하는 품질저하는 사상조직(sandy)이다. 사상조직은 직경이 큰 유당 결정체가 형성되는 경우를 말하며, 제조공정 중에서 특히 냉각공정을 관리하지 않은 경우에 발생한다. 유당의 결정이 15～20㎛의 경우에는 약간 거친 조직을 나타내며, 30㎛ 이상에서는 굵은 모래알과 같은 조직감을 보인다.

참고문헌

1. Teknotext AB., 1995. Dairy processing handbook. Tetra Pak Processing Systems AB, Lund, Sweden.
2. 김동훈, 1988. 식품화학, 탐구당.
3. Walstra, P., Geurts, T. J., Noomen, N., Jellema, A., van Boekel, S., 1999. Dairy technology: Princeples of milk properties and processes. Marcel Dekker, Inc. New York, USA.
4. 축산물의 가공기준 및 성분규격. 국립수의과학검역원고시 제2010-2호.

제 6 장

분 유

1. 서 론

우유는 매우 쉽게 부패하는 식품으로서 적절한 장기 저장법이 개발되기 전까지는 우유를 장기간 저장하는 것이 거의 불가능하였다. 우유가 영양학적으로 균형을 잘 이루고 있는 완전식품이지만 우유의 약 90%가 수분이기 때문에 장기간 저장뿐만 아니라 수송도 어렵다. 따라서 오랜기간 동안 버터·치즈·가당연유 등이 유제품의 저장기간을 연장할 수 있는 방법으로 이용되어 왔으나 저장조건이 까다롭고, 장기간 저장이 어려운 단점이 있었다.

그러나 우유에서 대부분의 수분을 제거할 수 있는 분유의 제조기술은 유제품의 저장에 있어서 획기적인 전환점이 되었고, 그 이후 우유의 건조는 가장 중요한 우유의 장기저장법으로 자리잡게 되었다. 현대화된 기술로서 건조한 우유의 장점은 영양가의 손실이 거의 없이 액체인 우유를 분유로의 전환이 가능하다는 것이다. 그러나 분유의 제조공정이 다른 유제품의 제조공정보다 에너지의 소비가 많다는 단점이 있다. 그 이유는 분무건조 하기 전에 가열·농축하여 어느 정도 수분을 제거하여야 하기 때문이다. 그러나 에너지 소비를 줄이려는 연구 결과 최근에는 에너지 소비가 적은 다단계 건조기술이 개발되어 분유제조에 광범위하게 이용되고 있다.

우유의 건조기술은 초기에는 낙농가와 소비자를 연결해 주는 중요한 역할을 하였으며, 건조기술이 점점 대형화됨으로써 우유가 부족한 국가와 우유의 생산량이 많은 낙농국가 간의 무역에 있어서 중요한 교역물품의 역할을 하였다. 더 나아가서 분유는 영양공급이 부족한 후진국이나 개발도상국에 중요한 영양 공급원의 역할을 하였다.

그리고 건조기술은 계절에 따른 생산물량을 조절하여 연중 안정된 우유의 수요와 공급을 조절할 수 있는 중요한 유가공 산업의 한 분야로 자리 잡게 되었다.

원시적으로 태양에너지를 이용하여 우유를 건조했던 기술에서 시작한 우유의 건조 기술이 최근에는 사용하는 목적에 따라서 다양한 건조공법이 이용되고 있다. 이 장에서는 분유제조 기술로서 이용되는 공법에 대해서 소개하고자 한다.

2. 축산물 가공처리 기준

2.1 정 의

분유류라 함은 원유 또는 탈지우유를 그대로 또는 이에 다른 식품이나 식품첨가물 등을 가하여 처리, 가공한 분말상의 것을 말한다.

2.2 축산물 가공품의 유형

1) 전지분유

원유에서 수분을 제거하여 분말화한 것을 말한다(원유 100%).

2) 탈지분유

탈지유에서 수분을 제거하여 분말화한 것을 말한다(탈지유 100%).

3) 가당분유

원유에 당류(설탕・과당・포도당)를 가하여 분말화한 것을 말한다(원유 100%, 가당량은 제외).

4) 혼합분유

원유, 전지분유, 탈지유 또는 탈지분유에 곡분・곡류 가공품・코코아 가공품・유청・유청분말 등의 식품 또는 식품첨가물을 가하여 가공한 분말상의 것으로 원유, 전지분유, 탈지유 또는 탈지분유(유고형분으로서) 50% 이상의 것을 말한다

2.3 성분규격

항 목 \ 유 형	전지분유	탈지분유	가당분유	혼합분유
성 상	담황색의 고운 분말로서 이미·이취가 없어야 한다.	담황색의 고운 분말로서 이미·이취가 없어야 한다.	담황색의 고운 분말로서 이미·이취가 없어야 한다.	고유의 색택과 향미를 가지고 이미·이취가 없어야 한다.
수분(%)	5.0 이하	5.0 이하	5.0 이하	5.0 이하
유고형분(%)	95.0 이상	95.0 이상	70.0 이상	50.0 이상
유지방(%)	25.0 이상	1.3 이하	18.0 이상	12.5 이상 (다만, 탈지분유를 원료로 한 제품은 제외한다)
당(%, 유당을 제외한다)	-	-	25.0 이하	
세균수	1g당 20,000 이하	1g당 20,000 이하	1g당 20,000 이하	1g당 20,000 이하
대장균군	음성이어야 한다.	음성이어야 한다.	음성이어야 한다.	음성이어야 한다.

3. 건조의 기초이론

건조공정은 안정하고, 관능적 변화를 최소화하고, 수분함량을 낮게 하며, 소비자에게 적절한 기능적 특성을 가진 제품을 생산하기 위한 일련의 농축공정이라고 할 수 있다. 열처리와 농축공정은 분유생산에 있어서 필수적인 공정이며, 분유의 특성과 기능성을 결정하는 중요한 공정이다.

분유 생산의 가장 기초적인 원리는 대기보다 더 높은 온도로 우유를 가열하여 수분을 제거하는 방법이다. 농축유의 수분은 매우 느슨하게 결합되어 있으며, 건조의 개념에서 농축유 중의 수분은 유리수분(free water)라고 할 수 있다. 유리상태의 수분을 제거하는 방법에는 증발(evaporation)과 기화(vaporization) 2가지가 있다.

증발은 수분을 제거하기 위한 표면의 포화 수증기압이 대기압과 동일한 드럼건조에서 수분을 제거하는 원리이며, 기화는 수분을 제거하기 위한 표면의 포화증기압이 대기압보다 낮은 분무건조에서 수분을 제거하는 원리이다.

기화에 의한 건조단계는 그림 6-1과 같이 3단계로 이루어져 있다. 건조 1단계에서 건조하기 위한 원료는 표면에 유리 수분을 함유하고 있으며, 건조가 시작되면 표면의 수분부터 기화가 진행되는데, 이 단계를 항율건조(constant rate drying)이라고 한다. 이 단계에는 유리수분이 건조되므로서 물질의 수축이 일어나고 고형구조가 형성될 때까지 계속해서 수축이 진행된다.

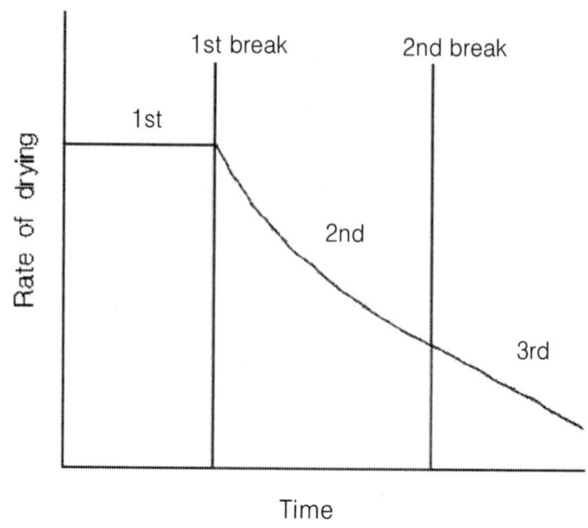

그림 6-1. 건조곡선

고형구조가 형성된 이후에는 더 이상 수축작용이 일어나지 않지만 모세관현상에 의해서 수분이 내부에서 표면으로 이동하게 된다. 항율건조는 최고 흡습 수분함량(maximum hygroscopic water content)에 도달할 때까지 계속된다.

건조 2단계에서는 건조속도가 느리다는 특징이 있다. 이 단계에서 유리수분이 아주 적거나 없는 상태에서 내부에서 표면으로 이동한 수분이 건조되는 단계이다. 표면 수분함량(surface moisture content)은 최고흡습 수분함량에서 평형 수분함량(equilibrium moisture content)으로 감소한다. 수분층의 깊이가 점점 깊어지며, 이 단계에서 열전달은 제품 표면으로의 열전달을 의미한다.

건조표면층의 전도도(conductivity)는 매우 낮고 제품 내부의 전도(conduction)가 건조속도를 결정하는 중요한 요인이 된다. 그러나 예외적으로 공동(cavity)이 차지하는 부피가 작고, 매우 작은 공극(pore)으로 이루어져 있어 용적밀도(bulk density)가 높은 분말의 경우 건조속도는 열전도도에 의존하기보다 수분의 모세관이동(capillary movement)과 수분의 확산이동(diffusion movement)에 의해서 결정된다. 건조 2단계에서는 흡습에 의해서 아주 단단하게 결합된 결합수(bound water)가 건조되는 감율건조(falling rate drying)가 시작된다. 용적밀도(Bulk density)란 단위부피 당 중량(g/mL, g/100g, g/l)로 정의된다. 인스탄트화된 분유는 용적밀도가 낮은 특징이 있다.

건조 3단계에서는 최고흡습 수분함량(maximum hygroscopic water content)이 분말의 가장 중심부분에서 나타난다. 대기압과 포화 수증기압 간의 차이는 점점 줄어들고, 건조속도가 느려지는 것이 특징이다. 분말의 중심부분 수증기압이 대기수분과 평행에 도달하면 건조속도는 0(zero)이 되며, 건조공정이 완료된다.

4. 드럼건조

4.1 드럼건조(Drum drying)의 원리

드럼건조기의 원리는 스팀으로 가열되어 연속적으로 회전하는 드럼 위에서 우유 혹은 농축유가 얇은 필름 형태로 건조되고, 그리고 건조가 완료된 필름은 반대편에 설치된 얇은 칼날(knife)을 이용해서 드럼에서 제거하는 건조방법이다. 이러한 건조 방법을 롤러건조(roller drying) 혹은 박막건조(film drying)라고도 한다.

드럼건조 기술은 아주 오래된 건조공법으로서 1902년 미국의 Just가 두 개의 드럼을 이용한 드럼건조기를 최초로 발명한 이후 영국의 Hatmaker는 Just의 모델을 개량하였고, 여러 종류의 다른 형태로 된 드럼건조기가 이 시기에 개발되었다.

드럼건조기는 사용하는 드럼의 수에 따라서 싱글드럼(single drum)과 더블드럼(double drum) 건조기가 있다. 우유를 드럼에 투입하기 전에 우유는 농축되어야 하고, 농축도는 건조기에 따라서 다를 수 있다. 싱글드럼 건조기가 더블드럼 건조기보다 고농도의 우유를 처리할 수 있다. 드럼건조된 분유 박막(film)은 작은 입자로 분쇄하기 때문에 분유의 입자는 고형성이고, 얇고, 불규칙하며, 공기를 함유하지 않은 박편모양이다.

드럼건조된 분유는 공기를 함유하지 않아 산화반응이 잘 일어나지 않기 때문에 보존성이 좋다. 드럼건조의 특징은 우유가 고온에서 처리되기 때문에 분유의 미생물학적 품질이 좋지만 과도한 열처리에 의해 단백질이 심하게 변성된다. 드럼건조된 분

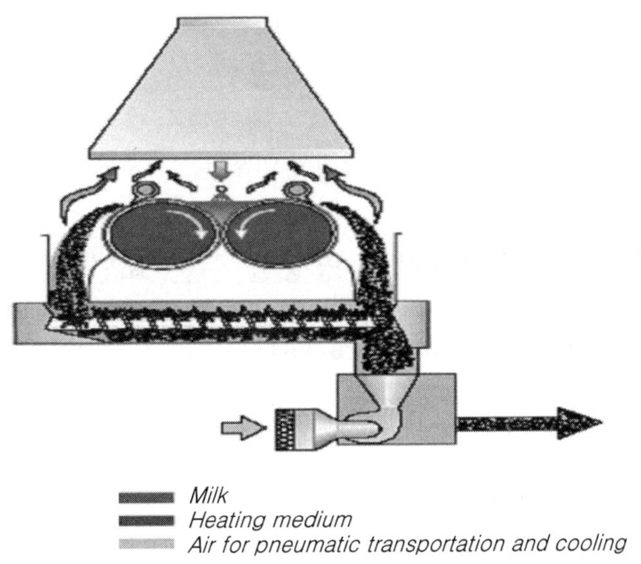

그림 6-2. 더블 드럼건조기 건조원리

유는 용해도가 좋지 않고 환원한 드럼건조 분유는 가열취가 심하기 때문에 주로 초콜릿의 원료로 사용된다.

드럼건조기는 항상 부드러운 표면을 유지하기 위해서 정기적으로 드럼의 표면을 재처리하여야 하고, 드럼에서 제품을 제거하는 칼은 자주 갈아야 하기 때문에 유지비용이 많이 소요된다. 그리고 분무건조기(spray drying chamber)에 비해서 처리용량이 적기 때문에 다량의 우유 처리가 불가능한 단점이 있다.

4.2 드럼건조 공정

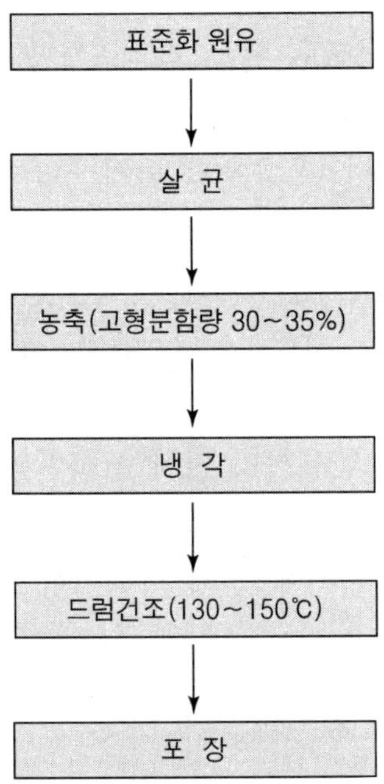

그림 6-3. 드럼건조기를 이용한 전지분유 생산공정

4.3 드럼건조기의 생산용량에 영향을 주는 요인

1) 가열 표면적(heating surface area)

보통 가열표면적은 싱글 드럼건조기는 5~14 m^2이며, 더블 드럼건조기는 10~28 m^2 정도이다.

2) 드럼의 유효 표면적

드럼의 유효 표면적은 가열 표면적의 75~90%이며 농축유의 투입방법에 따라서 다르다. 즉, 하단에서 농축유를 투입하는 더블드럼의 경우 유효 표면적은 약 75%이며, 상단에서 농축유를 분사하여 투입하는 경우 유효 표면적은 약 90%로 넓어진다. 따라서 농축유 분사시스템을 이용하는 더블 드럼건조기는 표면온도를 약 10~15℃ 더 낮게 유지할 수 있는 장점이 있다.

3) 농축유 온도

농축유의 온도는 10~90℃로 범위가 넓다. 우유의 경우 농축유 온도가 50℃에서 70℃로 높아지면 건조속도도 빨라지는데, 10℃ 높아질 때마다 4.4% 빨라진다.

4) 농축유의 점도와 고형분 함량

유제품의 경우 고형분 함량이 5~45% 범위의 농축유는 드럼건조 할 수 있다. 농축유의 고형분 함량이 낮으면 분말의 생산수율이 낮아진다. 그리고 최종 생산제품의 수분함량이 낮을수록 수율이 낮아진다.

5) 드럼의 회전속도와 드럼과 투입구 사이의 거리

드럼이 일정한 속도로 회전할 경우 일정한 두께의 제품 생산이 가능하기 때문에 건조된 박막이 칼날에 도달할 때까지 제품이 요구하는 수분함량 이상 건조하기 어려운 반면에 분말이 일정한 수분 함량을 유지하고 단백질의 파괴를 최소화 할 수 있다. 박막 두께는 드럼의 회전속도, 더블드럼의 경우 드럼 사이의 거리, 그리고 싱글드럼의 경우 농축유 투입구와 드럼 사이의 거리를 조정하면 조절할 수 있다.

6) 증기압과 증기의 온도

증기압이 높아질수록 건조온도가 상승하기 때문에 건조속도가 빨라진다. 그러나 증기압이 너무 높으면 분말의 탄화가 일어난다.

4.4 유가공산업에서 드럼건조기의 이용

분유 제품의 수요가 증가함에 따라서 단위 시간당 생산량이 많은 분무건조기를 선호하게 되었다. 그리고 용해도가 우수하고 열변성이 최소화된 분유 제품의 요구가 증가하면서 분무건조가 분유생산을 위해 주로 사용하는 건조공법으로 자리잡게 되었다. 그러나 특수한 용도의 분유를 요구하는 경우와 분무건조가 불가능한 분말 제품을 생산하기 위해서 드럼건조를 이용한다. 최종 제품은 분무건조기로 건조할 수 없고, 분진 발생이 없는 고용적밀도(high bulk density)의 분유를 생산할 수 있다.

1) 전지분유

초콜릿 제조에 사용하는 전지분유는 분무건조 제품보다 드럼건조 제품을 더 선호한다. 그 이유는 드럼건조 과정에서 일어나는 갈변화반응(maillard reaction)과 높은 표면 유리지방의 함량이 초콜릿에 더욱더 풍부한 버터향을 부여할 수 있기 때문이다.

2) 카제인(casein)

카제인 제품 중에는 산업적으로 가장 다양하게 사용하는 것은 카제인나트륨(sodium caseinate)이다. 카제인나트륨은 수산화나트륨으로서 산카제인(acid casein)을 가용화한 제품이다. 카제인나트륨 용액은 점성이 매우 높기 때문에 더블 드럼건조기로 건조할 때 농축유의 고형분의 함량을 약 17~18%로 제한한다. 그러나 드럼건조의 상부에서 카제인용액을 투입하는 싱글 드럼건조기는 더블 드럼건조기보다 더 고농도의 카제인용액의 농도를 높일 수 있다. 그리고 카제인용액의 온도는 약 80℃를 유지하며, 건조가 끝난 카제인나트륨은 햄머밀(hammer mill)을 이용해서 분쇄한다.

카제인나트륨은 분무건조기로서 건조하기 어렵기 때문에 드럼건조기로서 분진 발생이 없는 고용적 밀도의 카제인나트륨 분말을 제조할 수 있다. 그러나 카제인나트륨은 점성이 높기 때문에 농축유의 고형분 함량이 22~25%의 카제인용액을 분무 건조할 경우 분말 내부에 공기 함량이 높은 저용적 밀도의 카제인 분말이 만들어질 수 있다.

3) 유아식

우유와 유성분을 주원료로 조제분유를 제조하기 위해서 분무건조를 주로 이용하는데, 그 이유는 분무건조는 건조 과정중 갈변화반응에 의해 라이신 함량의 손실이 많은 드럼건조보다 단백질 이용효율이 더 높기 때문이다. 그러나 드럼건조는 우유와 곡류를 혼합한 유아식과 죽(paste) 분말의 제조에 이용된다. 드럼건조기를 이용하여 가당유아식(sweetened baby food)을 제조할 때 환원성이 있는 당 성분을 첨가할 때 드럼건조 중에 발생하는 갈변화반응을 예방하기 위하여 이러한 유형의 당류는 건조 후에 분말혼합(powder blending)하는 것이 바람직하다. 드럼건조한 유아식은 안전하

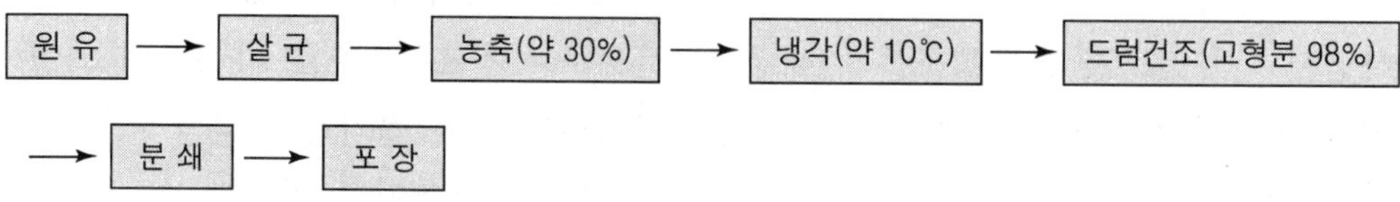

그림 6-4. 초콜릿용 전지분유의 드럼건조 공정

게 저장할 수 있는 수분함량인 4% 이하로 제조하기 어렵기 때문에 품질관리에 주의하여야 한다.

5. 동결건조

동결건조(Freeze drying)의 기초 이론은 고체에서 기체로 변화하는 현상, 즉 승화(sublimation)현상이다. 물의 상태와 승화현상과의 관계는 3중점(triple point) 이론으로 설명할 수 있다. 3중점이란 용해 곡선상에서는 얼음과 물이 공존하고, 증기압 곡선상에서는 물과 수증기가 공존하는데, 이 두 곡선이 만나는 점을 3중점이라고 한다. 3중점에서 물은 고체 · 액체 그리고 기체가 공존하게 된다. 그림 6-5에서와 같이 3중점 이하의 압력과 온도조건에서는 어떠한 물질도 액체상태로 존재할 수 없고 단지 승화곡선을 중심으로 고체에서 기체로 변화되거나 기체가 고체로만 변화될 수 있다.

승화현상의 원리는 동결한 식품 주위의 수증기압이 식품 내부 얼음의 포화증기압보다 낮을 때 발생하는 증기압(vapor pressure) 차이에 의해서 승화가 일어난다. 따라서 승화현상을 촉진하기 위해서 건조하기 위한 냉동식품이 들어 있는 건조실의 내부압력을 진공상태로 유지해 주어야 한다.

5.1 동결건조의 과정

식품의 동결건조 과정은 크게 식품의 동결, 승화현상에 의한 원료 중 수분의 제거,

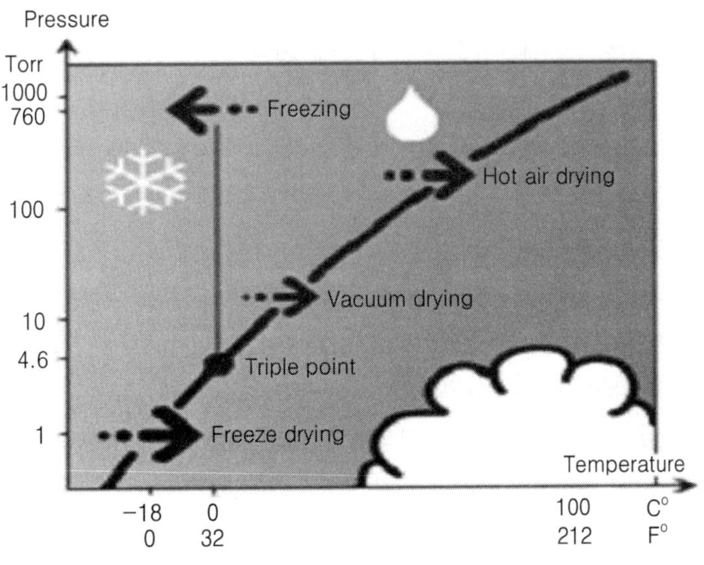

그림 6-5. 동결건조의 원리

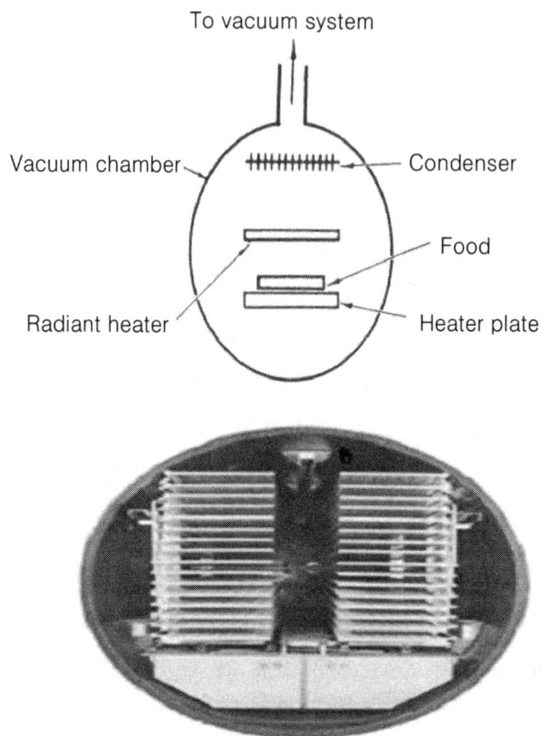

그림 6-6. 동결건조기의 내부구조

그리고 진공상태에서 동결원료의 가온의 세 가지 공정으로 이루어져 있다. 동결건조의 속도는 동결식품에서 공기로 이동되는 수증기의 이동속도와 동결된 식품의 표면에 가해지는 열의 이동속도에 비례하기 때문에 건조실의 가온 조건 설정이 대단히 중요하다.

이밖에 동결건조 속도에 영향을 주는 요인으로는 동결식품의 두께, 건조 층의 표면온도, 건조 층의 열전도도, 그리고 열 이동의 방향 등이 있다. 동결건조 장치는 동결부분(freezing section), 가열부분(heating section), 진공감압부분(vacuum section), 응축부분(condensation section)으로 구성되어 있다.

동결건조 방식은 다른 건조방법에 비해서 건조비용이 높다는 단점이 있다. 그러나 식품의 이화학적 변화를 최소화하고, 습윤성(wettability)이 뛰어나며, 향미성분이 잘 보존되는 특징이 있기 때문에 우유로부터 생리활성 물질로 이용되고 있는 락토페린과 락토페록시다제(lactoperoxidase), 초유 중의 면역글로불린의 생산에 응용되고 있으며, 유가공 산업에서도 열처리에 매우 민감한 생리활성 물질의 건조에 많이 사용될 것으로 전망된다.

6. 분무건조

분무건조(Spray drying)는 건조기 내에서 액체를 적절히 통제된 열풍과 동시에 분무하여 농축유를 분유로 전환하는 과정으로서 일련의 연속식 공정이라고 할 수 있다. 분무건조된 분유는 한 개의 입자 혹은 과립체(agglomerate)로 구성되어 있으며, 분무건조 분말의 성상은 건조기의 종류와 운전조건 그리고 농축유의 이화학적 특성에 의해서 영향을 받는다.

지난 20여 년 동안 분무건조기의 설계와 운전기술은 괄목할 만한 발전을 이루었고, 소비자의 요구에 맞게 다양한 분유를 만들 수 있게 되었다. 유가공산업에서 분무건조는 약 150년 전부터 이용하였으며, 당시에는 우유에 설탕을 첨가하는 수준이었다. 실제로 산업에 이용된 역사는 1901년 분무건조 특허가 최초로 출원되었고, 우유를 분무건조기에서 고압 분무하는 노즐을 채용한 것이 특징이었다.

처음 상업적으로 사용한 분무건조기는 1913년 미국에서 Gray Jensen이 설계한 노즐식(nozzle) 분무건조기였으며, 아직도 뉴질랜드 등에서 Gray Jensen형 분무건조기가 사용되고 있다. 회전식 분사기(rotary atomizer)를 이용한 우유 분무건조기도 1912년 Krause에 의해서 특허가 출원되었으나, 1930년 중반에 Nyrop 디자인이 개발된 이후부터 상업적으로 이용되기 시작하였다.

6.1 분무건조기의 원리

① 농축유가 고압으로 분무건조기 상단의 공기분산기(disperser)와 연결되어 있는 회전식분무기 혹은 노즐분사기로 이송된다.

② 분무건조에 사용하는 공기는 송풍기에 의해서 외부로부터 유입되어 여과된 다음 공기가 열기(air heater)를 통과하여 공기분산기로 이송된다.

③ 분무건조기 내부에서 분사된 농축유 액적(液滴)이 열풍과 접촉하자마자 분무농축(spray evaporation)이 일어나며 공기는 냉각된다.

④ 분무건조기에서 건조된 분유는 사이클론에서 공기와 분리된다.

⑤ 전통적인 분무건조기에서는 분유가 공기와 함께 공기 이송장치와 냉각장치로 들어 가는 반면에 최근에 개발된 건조기에서는 분무건조기의 하단부에 설치되어 있는 이송벨트나 stationary fluid bed에 분유를 떨어지게 하거나 아니면 분유가 분무건조기 하단과 연결되어 있는 vibrating fluid bed나 벨트 위로 직접 배출되게 설계하고 있다.

⑥ 분무건조기로부터 배출되는 공기에는 미세한 분말이 섞여 있으며, 미세분말은 사이클론(cyclone)이나 백필터(bag filter)에서 회수된다.

⑦ 분유의 수분함량은 입풍온도와 배풍온도 그리고 분사장치로 투입하는 농축유의 양에 의해서 결정된다.

6.2 분무건조 시스템

1) 분무건조기의 구성요소

① 분무건조기
② 열풍공급 및 배풍장치
③ 농축유 공급장치
④ 분사장치(회전식 분사기 혹은 노즐식분사기)
⑤ 분유 분리장치
⑥ 분유 이송 및 냉각장치

2) 1단계 분무건조(one-stage/single stage spray drying)

1단계 건조기는 분무건조기 내에서만 건조하는 가장 전통적인 분무건조 과정이다. 그림 6-7에서와 같이 분무건조기에서 나온 분유는 기류 이송장치(氣流移送裝置 ; pneumatic system)에 의해서 냉각되고 이송된다. 1단계 분무건조기로 제조한 분유는

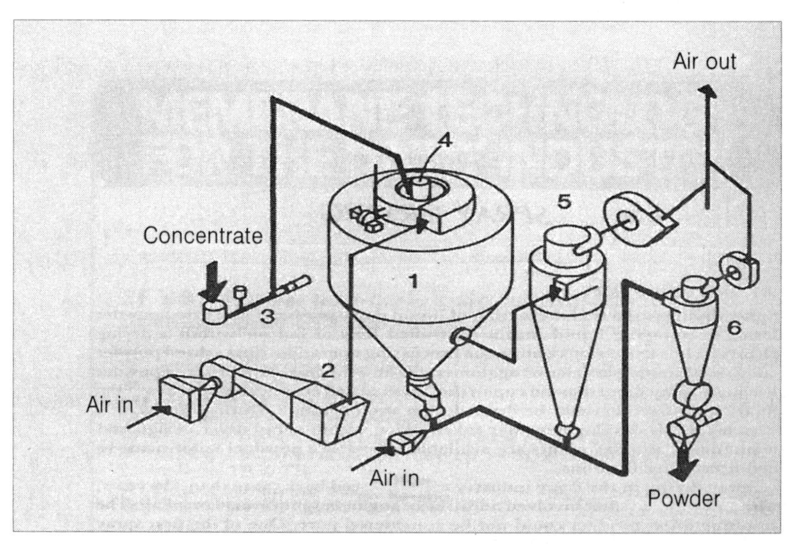

그림 6-7. 1단계 분무건조기의 구성

1. 분무건조기 3. 농축유 투입기 5. 사이클론
2. 가열기 4. 분사기 6. 기류 운송장치 사이클론

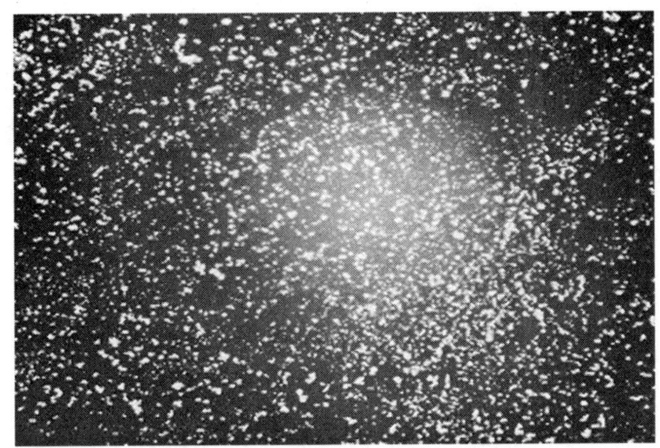

그림 6-8. 1단계 분무건조기에 의해 생산된 분유의 형태

미세한 입자가 매우 약하게 붙어 있는 과립체를 이루고 있으며, 과립은 회전식 분사기나 노즐식 분사기(nozzle atomizer)의 주위에서 형성되는 일차 과립효과에 의해서 형성된다. 따라서 분무건조 이후의 제조공정에서 가해지는 물리적 충격에 의해서 쉽게 과립이 파손된다.

1단계 분무건조기로 생산된 분유의 특징을 요약하면 다음과 같다.

① 미세한 단일 입자이며 용적밀도가 높다.
② 분진이 발생량이 많다.
③ 과립이 잘 형성되지 않는다.

3) 2단계 분무건조(two-stage spray drying)

배풍온도를 높이지 않고 분유의 수분함량을 일정 수준 이하로 제거하는 것은 매우 어렵다. 그러나 배풍온도를 높이는 것은 분말의 품질에 좋지 않은 영향을 주기 때문에 분유제품의 경우 낮은 배풍온도에서 건조하는 것이 필수적이다. 낮은 배풍온도에서 생산한 분유의 잔류 수분함량이 너무 높으면 분무건조한 다음 후건조(after-drying) 단계에서 잔여 수분을 제거하는데, 이러한 분무건조 방법을 2단계 분무건조라고 한다. 2단계 분무건조 방법은 1단계인 분무건조기와 2단계인 vibrated fluid bed 건조기를 연결한 방법이다.

2단계 분무건조 방식은 본래 straight through 공법으로 과립화한 분유(agglomerated powder)를 생산하기 위해서 개발되었다. 분무건조기에서 5～8% 수분함량을 함유하는 분유가 배출되어 vibrated fluid bed에서 2차 건조된다. 동일한 수준의 수분이 1단계 분무건조기에서 제거될 때 온도보다 2단계 분무건조기로 제조한 분유의 온도가 아주 낮기 때문에 후건조가 훨씬 좋은 조건에서 일어나고 분유의 품질을 개선할 수 있다. 그리고 vibrated fluid bed에서 잔류 수분을 제거하는데 필요한 에너지는 분무건조기에서 건조하는 에너지보다 훨씬 적게 소요된다. 따라서 2단계 분무건조기의 비열소비량(specific heat consumption)은 1단계 분무건조기보다 약 15~20% 더 적다.

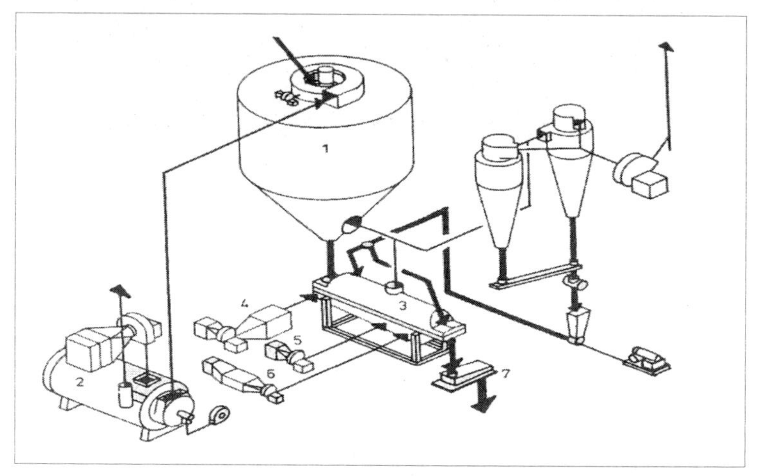

그림 6-9. 2단계 분무건조기의 구성

1. 분무건조기
2. 간접식 가열기
3. Vibrated fluid bed
4. Fluid bed용 가열기
5. Fluid bed용 냉각공기
6. Fluid용 제습 냉각공기
7. 체(Sieve)

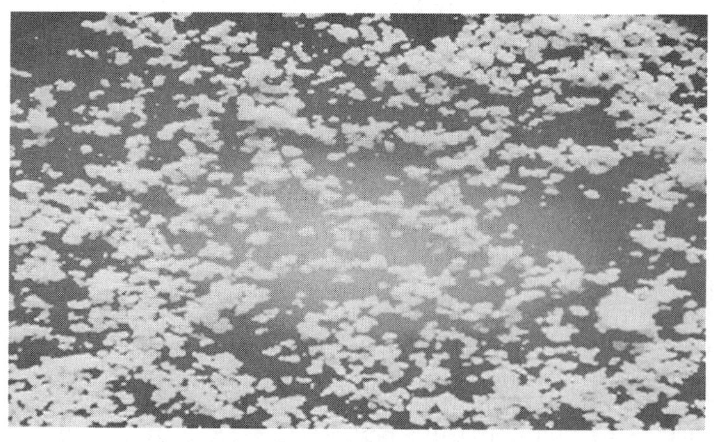

그림 6-10. 2단계 분무건조 분유의 형태

2단계 분무건조기로 생산되는 분유의 특징을 요약하면 다음과 같다.

① 건조공기 단위 kg당 증발능력이 높다.

② 열 이용효율이 높다.

③ 용해도 증진, 미세분말 감소, 1단계 분무건조기보다 용적밀도가 높고, 표면 유리지방(surface free fat) 함량이 낮고, 그리고 분유입자 내의 공기 함량이 낮기 때문에 1단계 분무건조기로 제조한 분유보다 품질이 더 우수하다.

④ 대기로 배출되는 분유의 양이 적다.

4) 3단계 분무건조(three-stage spray drying)

3단계 분무건조는 1차로 분무건조기에서 분말화된 분유입자가 분무건조기의 하단부에 설치된 stationary fluid bed에서 2차로 건조된 다음, 그리고 분무건조기와 연결되어 있는 vibrated fluid bed에서 3차로 최종 건조와 냉각이 이루어지도록 설계한 분무건조기이며, Multi-Stage Dryer(MSD)라고도 한다.

그림 6-11에서와 같이 분무건조기에서 1차 건조된 분유는 수분함량이 약 10~15%

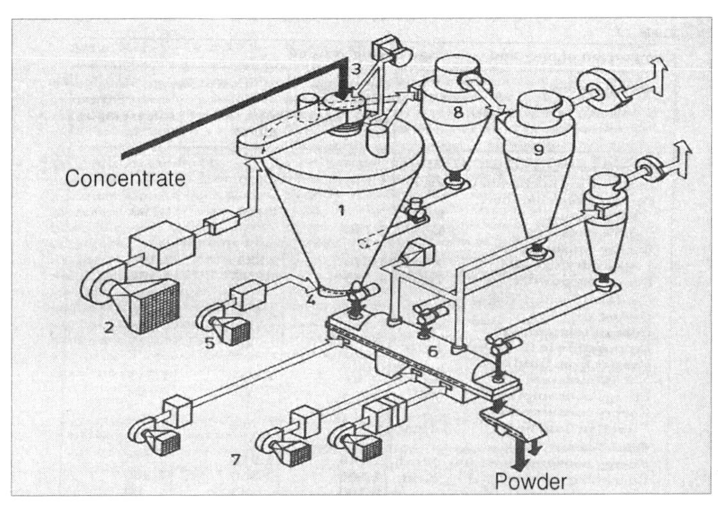

그림 6-11. 3단계 분무건조기

1. 분무건조기
2. 메인히터
3. 분사기
4. Stationary fluid bed
5. Stationary fluid bed 용 건조공기 송풍기
6. Vibrated fluid bed
7. Vibrated fluid bed용 건조공기 및 냉각공기 송풍기
8. 미립자 사이클론
9. 2차 사이클론

그림 6-12. 3단계 분무건조 분유의 형태

정도의 분말로서 분무건조기 하단에 설치된 stationary fluid bed에 도달하여 과립화가 일어난다. 포집된 분말과 함께 배출공기는 분무건조기의 상단을 통해 밖으로 배출되는데, 포집된 공기는 1차 사이클론(8)에서 분리되어 stationary fluid bed(4)로 다시 투입되어 실질적인 과립화가 일어난다.

2차 사이클론(9)은 1차 사이클론을 통과한 모든 분말을 분리하여 로타리밸브를 통해서 vibrated fluid bed로 이송된다. 그리고 분무건조기의 하단부와 연결되어 있는 vibrated fluid bed(6)에서 분유가 과립화되고, 그리고 최종적으로 건조되어 냉각된다.

3단계 분무건조기의 장점은 다음과 같다.

① 미립자가 적은 과립분말을 만들 수 있기 때문에 용해도가 높은 인스턴트화한 분유의 제조가 가능하다.
② 입자의 표면에 레시틴 처리가 가능하다.
③ 유동성(flowability)이 좋은 분말의 생산이 가능하기 때문에 고지방분유(75% 지방 함유 버터분말 혹은 35~50% 지방 함유 유청분말)의 제조에 적합하다.

6.3 분유의 제조공정

분유는 수분을 최대로 제거하여 장기간 보존하거나 수송이 용이하도록 제조된 유제품으로서 전지분유와 탈지분유의 일반적인 제조공정은 비슷하지만, 탈지분유의 경우 지방을 거의 제거하기 때문에 균질공정이 없는 차이가 있다.

분유 생산에 사용되는 원유는 무당연유와 가당연유에 적용되는 기준과 동등한 이화학적·관능적·미생물학적 품질을 유지하여야 한다. 분유 생산의 전처리 과정에서 가장 중요한 공정은 열처리이다. 보통 분유의 생산에 적용하는 살균온도는 우유 생산에 적용하는 살균온도보다 높다.

분유제조에서 열처리는 모든 병원성 세균을 사멸시키고, 효소 특히 저장 중에 지방

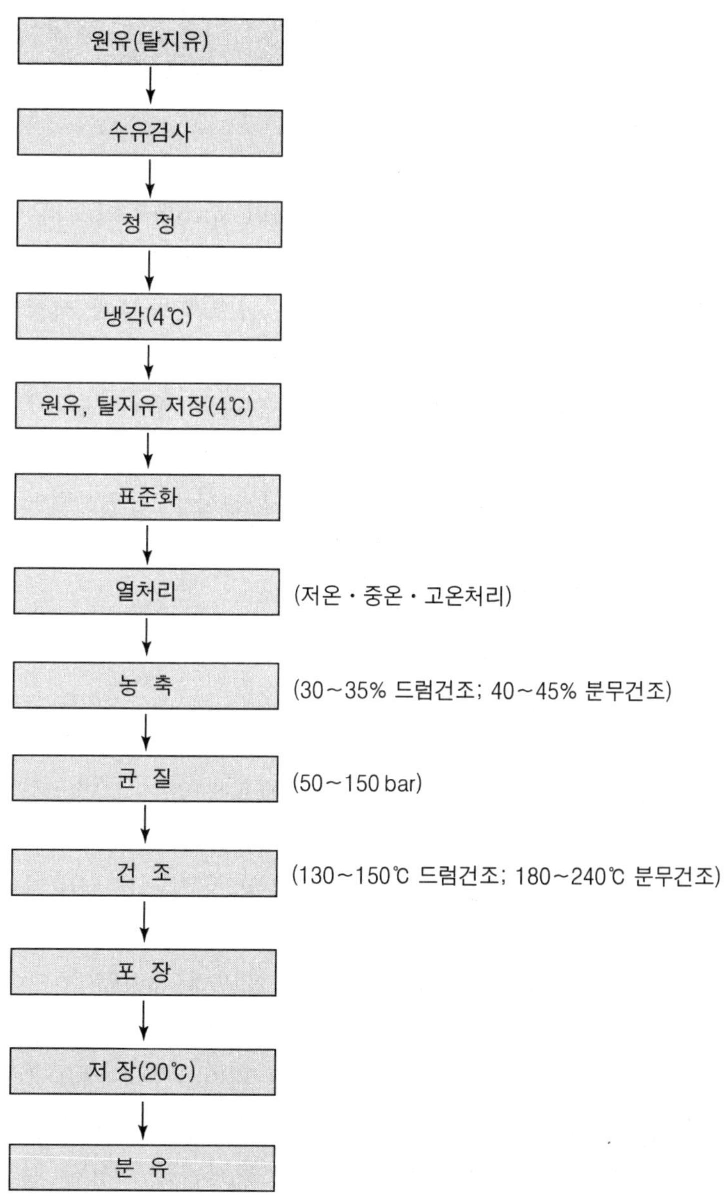

그림 6-13. 분유의 제조공정

분해를 일으키는 lipase를 불활성화하며, β-lactoglobulin의 sulfhydryl(SH)기를 활성화하여 저장 중에 발생하는 산화적 변화에 대한 분말의 저장성을 높이기 위해서 실시한다. 그리고 분유제조의 전처리 과정에서 열처리 방법은 직접 스팀분사(steam injection)에 의한 오염의 위험을 없애기 위해서 직접식 살균법을 사용하지 않고 고형분의 함량을 일정하게 유지할 수 있도록 튜불러 살균기(tubular heater) 혹은 평판열교환기(plate heat exchanger)를 이용한 간접식 살균법을 이용한다. 농축공정은 여러 가지 이유 때문에 분유제조 공정에 있어서 반드시 거쳐야 하는 공정과정이다. 농축유로서 제조한 분유는 입자 내에 공기가 적게 함유되어 있고, 입자가 큰 분말로서 보존기간이 긴 장점이 있다.

농축유는 총고형분 함량이 높고, 점성이 높기 때문에 분유의 입자가 커진다. 그러나 농축공정을 생략하고 우유를 직접 분무건조하면 수분함량이 너무 높아 건조공정에 에너지가 너무 많이 소요되기 때문에 경제적으로 매우 불리할 뿐만 아니라 농축하지 않고 우유를 직접 건조한 분유는 품질이 아주 나쁘기 때문에 식품의 원료나 소비자용으로 이용하기 어렵다.

현대화된 수증기 재압축식 다중효용 농축기를 이용할 경우 에너지 소비량은 분무건조기의 에너지 소비량의 1/10 정도로 낮출 수 있기 때문에 건조비용을 줄일 수 있고 고품질의 분유를 생산할 수 있다. 분유제조에 사용하는 건조방법에 따라서 농축유의 고형분 함량이 차이가 있다. 드럼건조기의 경우 고형분 함량을 33~35%로 농축하는 반면에 분무건조의 경우 40~50%까지 농축한다. 드럼건조의 경우 고형분 함량이 높으면 박막이 두꺼워지고, 건조속도가 느리며, 열처리에 의해 단백질·지방 그리고 유당의 불가역적 변화가 일어나게 된다.

분무건조의 경우 고형분 함량을 50% 이상으로 높이면 농축유의 점성이 너무 높아지기 때문에 분사하기 어렵게 된다. 균질은 분유제조에 있어서 반드시 필요한 공정은 아니지만 보통 전지분유의 경우 표면유리지방의 함량을 낮추기 위해서 균질공정을 거친다. 지방구가 피막으로 보호되지 않으면 분유의 용해도가 나빠지고 산화적 지방분해에 대한 감수성이 높아지게 된다.

균질과정을 거치면 단백질이 흡착되어 지방의 표면에 지방구 피막이 재생되기 때문에 유리지방이 지방구의 형태로 바뀌게 된다. 분무건조기에서 전지분유와 탈지분유를 제조하는 경우 분무건조 조건은 다르며, 보통 전지분유의 경우 180~220℃에서 건조하고 탈지분유는 180~250℃에서 건조한다. 분사장치는 회전식 분사기나 노즐식 분사기 두 가지 모두 사용 가능하지만, 노즐식 분사기를 이용할 경우 농축유의 점성을 낮추기 위해서 60~70℃로 예열하는 것이 좋다.

6.4 인스턴트 분유의 생산

인스턴트 분유는 보통의 분유보다 더 쉽게 물에 용해된다. 1955년에 Peebles에 의해서 개발된 인스턴트 공정은 분유의 생산에 있어서 품질뿐만 아니라 건조공정에서 생산비용을 절감할 수 있는 계기가 되었다. 인스턴트화(instantization)는 분유의 과립화(agglomeration)하는 공정으로서 분유입자 사이에 혼입된 공기의 양을 증가시키는 공정이다.

물에 분유를 용해하는 동안 공기는 물로 대체되며, 분말에 혼입된 공기는 분유를 용해할 때 많은 양의 물이 순간적으로 분말입자와 접촉이 이루어지게 하는 매개체의 역할을 한다. 인스턴트화하지 않은 분유는 물과 접촉하면 분유덩어리 주위에 점성의 층을 형성하여 더 이상 물이 분유로 흡수되는 것을 방해하기 때문에 인스턴트 분유보다 용해하기 어렵다. 인스턴트 분유를 제조하는 공법에는 분유제조 과정 중 분무건조기에서 제조하는 straight through 공법과 분유를 과립화하는 rewet 공법의 두 가지가 있다.

1) Straight through 공법

Straight through 공법에 의한 인스턴트화는 분무건조기 내에서 분유입자가 형성된 직후 어느 정도의 수분을 함유하고 있는 분말을 과립화하는 공법이다. 분무건조의 배풍온도를 낮추고, 건조에 영향을 주는 여러 가지 요인들을 조작하면 어느 정도 수분을 함유하는 분유를 만들 수 있다.

이러한 공정으로 제조된 분유는 연속적으로 vibrated fluid bed를 통해 이송되면서 과립이 형성된다. 그러나 2단계 분무건조기와 3단계 분무건조기에서 인스턴트 분유를 생산한다면 분유의 과립화는 거의 분무건조기 내부에서 일어난다. 배풍공기와 함께 사이클론에서 회수된 미립자는 리턴 라인(fine return line)을 통해서 분무건조기 내에서 농축유와 동시에 분사되어 농축유의 액적 표면에 많은 미립자가 붙어서 과립체를 만들게 되고, 연속적으로 stationary fluid bed와 vibrated fluid bed에서도 분무건조기 내부에서와 비슷한 원리로 과립체가 만들어진다(그림 6-11, 6-12, 6-14).

2) Rewet 공법

Rewet 공법은 분유를 인스턴트화 하는 공법으로서 유동층 건조기 하단에서 공급되는 가압공기에 의해서 약간 공중으로 부상한 분유에 적절한 양의 물을 분무하여 분유입자가 약간의 점성을 갖게 하고, 그 결과 분유입자가 서로 달라붙게 하여 과립체를 만드는 공법이다.

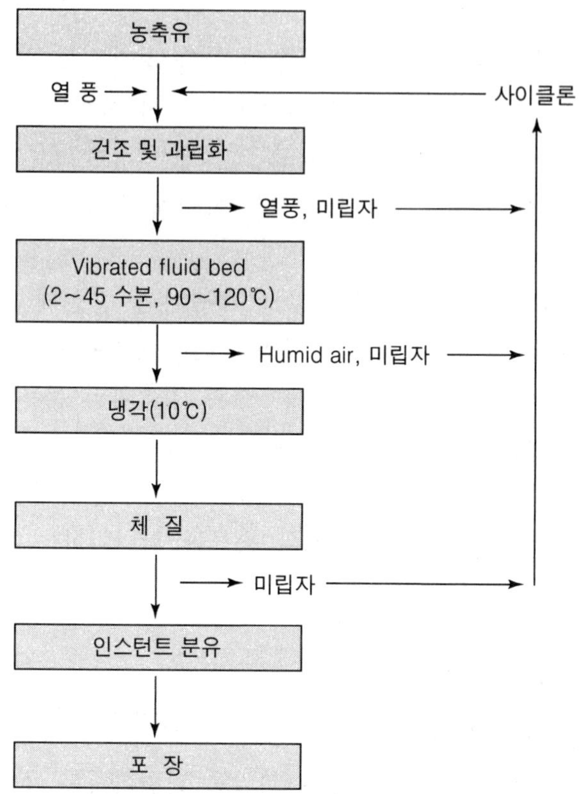

그림 6-14. Straight through 공법에 의한 인스턴트 분유의 생산공정

과립이 만들어진 분유는 유동층 건조기 내에서 열풍에 의해서 건조된다. 보통 유동층 건조기에서 과립화할 때 분유층의 두께는 약 10 cm 정도로 유지하고, 건조는 보통 10~12분 정도 실시하며, 최종 제품의 수분함량은 보통 2~4% 유지한다. 유동층 건조기 하단에서 분사되는 열풍은 분유를 유동화하고, 미세한 분말입자는 배출되는 공기와 함께 사이클론으로 이송되어 공기와 미립자를 분리한다. 열과 미립자를 회수한 다음 공기는 대기로 배출되고 미립자는 다시 유동층 건조기로 회수된다. 지방을 함유하는 전지분유와 고지방분유의 경우 Rewet 공법을 이용하여 인스턴트화하는 것은 매우 어렵다.

분유의 표면으로 유출된 표면 유리지방은 입자의 표면에 소수성(疏水性) 층을 형성하여 분유의 수분결합력(water-binding capability)을 나쁘게 하는 원인이 된다. 이러한 현상을 예방하고 개선하기 위해서 인스턴트화하는 공정에서 분유 입자에 표면활성제를 피복하는 공법이 이용되고 있다. 표면활성제는 보통 레시친이 분유의 약 0.2% 정도 사용된다.

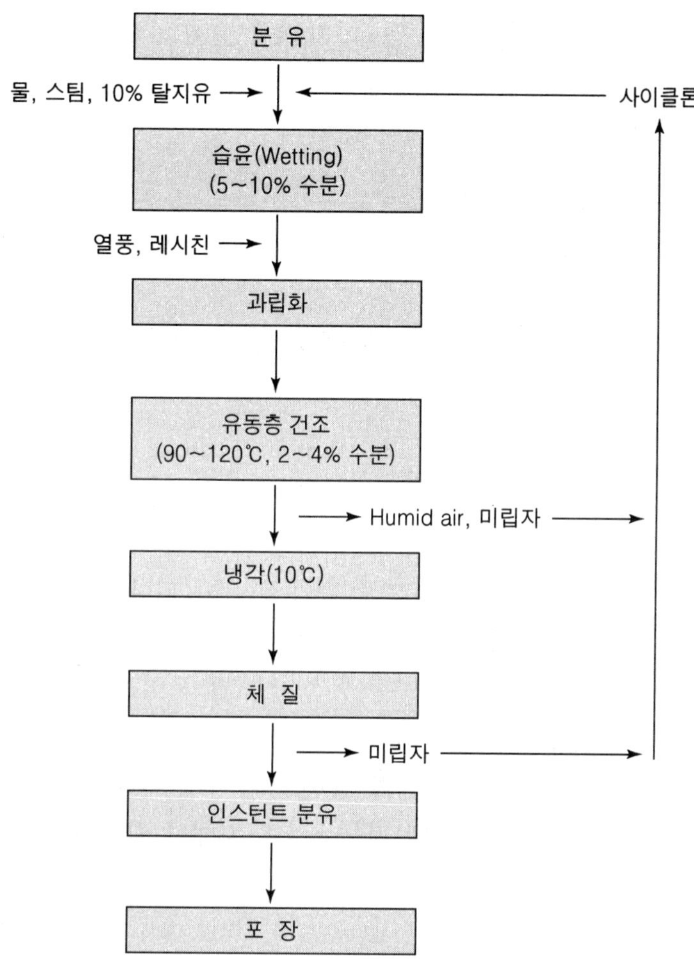

그림 6-15. Rewet 공법에 의한 인스턴트 분유의 생산공정

3) 인스턴트 분유의 특성

① 과립화된 분말

② 미립자의 분진이 없다.

③ 동일한 보통 분말보다 용적밀도가 높다.

④ 유동성이 좋다.

⑤ 습윤성(wettability)이 좋다.

⑥ 분산성이 좋다.

⑦ 비표면적(specific surface)이 넓다.

⑧ 분유의 용해도를 개선하는 효과는 있지만 용해도지수(solubility index)를 개선하

는 효과는 없다.

* 용해도지수(Solubility index) : 용해도지수란 분유를 제조하는 일련의 공정 과정 동안 만들어지는 불용성물질의 함유정도를 나타내는 지표. 보통 재조합분유의 경우 양호한 용해도지수는 0.25이하임.

⑨ 인스턴트 분유로 표시할 수 있는 분유는 IDF의 습윤성 측정법을 기준으로 탈지 분유는 15초, 그리고 전지분유의 경우 20~30초를 초과하지 않아야 한다.

6.5 분무건조 분유의 품질에 영향을 주는 요인

원유의 품질 중에서 분유의 품질에 가장 영향을 많이 주는 것은 원유의 적정산도와 세균수이며, 특히 호열성 미생물(thermophilc bacteria)과 내열성 미생물(thermoduric bacteria)은 열처리에 의해 사멸되지 않고 생존하여 분유의 세균수에 영향을 준다. 착유에서부터 분유생산까지 소요되는 시간이 길어지면 미생물의 증식에 의해서 적정산도가 높아져 심각한 분유 품질 결함의 원인이 된다.

젖산 함량이 높으면 수소이온 농도가 높아져 pH가 낮아지고, 열처리하는 동안 단백질의 안정성이 나빠진다. 적정산도는 농축율에 거의 비례하기 때문에 원료유의 산도는 분유의 품질에 영향을 주는 중요한 요인이 되며, 적정산도가 단백질의 열안정성에 영향을 줄 정도로 높아지면 분유의 용해성이 아주 나빠진다.

분유의 수분함량은 거의 건조기의 가동조건에 의해서 좌우된다. 그리고 건조기, 농축기, 혹은 다른 처리공정들도 분유의 특성에 영향을 줄 수 있다. 예를 들어 유청을 건조할 때 비흡습성 유청분말(non-hygroscopic whey powder)의 품질은 주로 농축기와 건조기 사이의 공정인 유당의 결정화 공정에 의해서 결정된다. 표면유리지방의 함량과 용적밀도는 건조기 이외의 조건에 의해서 결정되며 분유의 열처리 강도도 역시 건조기 이외의 공정조건에 의해서 결정된다.

분유의 제조공정에서 전처리 공정과 관련되는 분유의 특성 중에서 분유의 세균수가 아주 높은 것은 원유의 세균수보다 거의 전처리 공정 중의 위생상태가 불량하여 기인한다. 또 다른 분유의 특성 중에서 용해도(solubility)와 초분(scorched particle) 발생도 전처리 공정의 영향을 받는다.

분유의 용해도는 분유제조와 관련되는 문제점들 중에서 가장 해결하기 어려운 품질특성 중의 하나이며, 배풍온도가 중요한 원인 중의 하나이다. 정상적인 적정산도일 때에도 농축유의 고형분 함량이 너무 높으면 단백질의 안정성이 나빠지기 때문에 용해도를 나쁘게 하는 원인이 된다. 농축유의 점성이 너무 높으면 농축유가 분무될 때 액적(液滴)이 너무 크게 되기 때문에 분유의 수분함량을 적절히 조정하기 위해서 배풍온도를 높여야 한다.

배풍온도가 높으면 유고형분이 너무 과한 열처리를 받아 용해도가 낮아지는 원인이 된다. 이러한 문제를 해결할 수 있는 방법은 회전식 분사기의 경우 회전속도를 높이거나 노즐식 분사기의 경우 분사압력을 높이고, 그리고 농축유의 고형분 함량을 낮추거나 농축유를 가온하여 점성을 낮추면 분무할 때 액적의 크기를 작게 유지할 수 있다.

초분(scorched particle)은 전처리 공정 중 우유나 농축유가 정체하는 동안 과도하게 열처리되었거나 탄화된 고형분에서 유래한다. 초분이 가장 빈번하게 발생하는 원인은 분무건조기나 분사기 혹은 입풍분배기에 분유가 퇴적되어 발생한다. 농축공정에서 탄화되는 경우 농축유에 초분이 나타날 수 있다. 또 다른 초분은 건조공기의 여과가 불량이나 공기 여과장치의 유지 및 점검불량이 원인이 될 수 있다. 분유의 용적밀도는 주로 농축유의 총고형분 함량에 의해서 결정되며, 농축유의 고형분 함량이 높을수록 용적밀도가 높아진다.

분무건조기 내부의 온도도 용적밀도에 영향을 주며, 공기의 온도가 높아지면 용적밀도가 약간 낮아진다. 분유입자의 밀도는 분유의 고형물의 밀도와 분유입자에 혼입된 공기의 양에 의해서 결정된다. 노즐식 분사기로 생산한 분유는 회전식 분사기로 생산한 분유보다 분유입자에 혼입된 공기의 양이 적다.

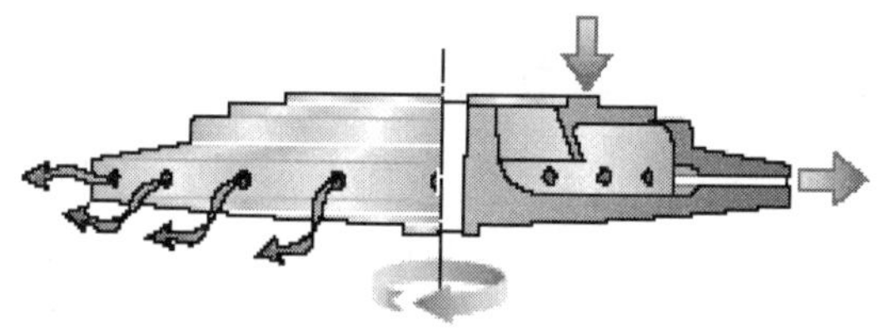

그림 6-16. 회전식 분사기

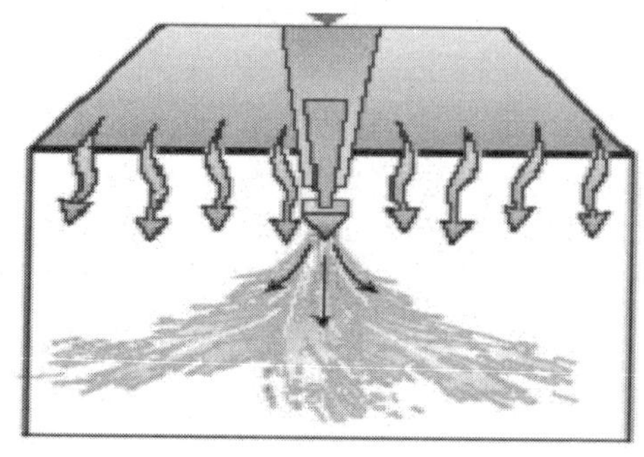

그림 6-17. 노즐식 분사기

1) 입풍온도(inlet air temperature)

배풍온도가 일정하게 유지되면 입풍온도가 높아져도 분유의 용해도는 거의 영향을 받지 않는다. 분유의 수분함량이 항상 일정하게 유지된다면 입풍온도가 높아지면 배풍온도도 역시 높아진다.

대체적으로 입풍온도가 5℃ 높아지면 배풍온도는 1℃ 높아져야 한다. 입풍온도가 높아지면 건조온도가 높아져 표면이 단단한 분유입자가 만들어지기 때문에 표면유리지방의 함량은 감소한다. 그리고 입풍온도가 높아지면 분유입자의 혼입공기의 양이 증가하기 때문에 수분함량이 높아져도 용적밀도는 낮아진다.

2) 배풍온도(outlet temperature)

입풍온도를 일정하게 유지할 때 농축유의 투입량을 서서히 줄이면 배풍온도가 높아진다. 배풍온도가 높아지면 분유의 수분함량은 감소한다. 배풍온도가 높아지면 분말의 용해도가 크게 영향을 받는다.

배풍온도가 100℃ 혹은 그 이상이면 용해도가 매우 나빠질 수 있다. 배풍온도가 높으면 분유가 너무 높은 열을 받아 분유입자의 표면에 균열이 형성되기 때문에 표면유리지방 함량이 증가할 수 있다. 그리고 배풍온도가 높으면 수분함량이 낮아지기 때문에 용적밀도가 낮아진다.

3) 분사기의 회전속도 또는 노즐압력

분사기의 회전속도를 높이거나 노즐의 압력을 높이면 수분이 더 빨리 증발하여 분유의 수분함량이 낮아지고, 건조시간이 짧아지기 때문에 용해성이 더 개선되는 효과가 있으나, 분유의 표면적이 커지기 때문에 표면 유리지방의 함량이 증가할 수 있다.

그러나 회전식 분사기의 속도를 빠르게 하면 어느 정도 균질효과를 기대할 수 있기 때문에 표면 유리지방을 어느 정도 낮출 수 있다. 분사기의 회전속도와 노즐압력이 용적밀도에 거의 영향을 주지 않지만 수분함량이 낮아지기 때문에 용적밀도가 약간 낮아질 수 있다.

4) 농축유의 온도

농축유를 가열하면 점도가 낮아지기 때문에 더 작은 액적으로 분사할 수 있다. 이러한 효과는 분사속도와 노즐압력을 높여서 얻어지는 효과와 거의 비슷하다. 농축유의 온도를 올리면 분말의 표면적이 넓어지기 때문에 표면 유리지방 함량이 증가할 수 있다.

6.6 분유의 품질

1) 탈지분유의 등급과 규격

탈지분유는 유제품과 식품의 원료로 다양하게 이용되고 있으며, 용도에 따라서 다양한 품질의 탈지분유를 제조할 수 있다. 일반적으로 탈지분유를 물에 용해하여 사용할 경우 분유가 물에 잘 용해되어야 하고 이미·이취가 없어야 하며, 충분한 영양학적 가치를 가지고 있어야 한다. 이 밖에도 탈지분유는 용도에 따라서 요구하는 탈지분유의 기능성도 다양하다.

탈지분유는 공정 중에서 탈지유의 살균온도와 시간에 따라서 분류할 수 있다. 탈지유를 열처리하면 유청단백질이 변성되며, 유청단백질의 변성 정도는 열처리 강도에 비례한다. 유청단백질의 변성 정도는 유청단백질 변성지수(whey protein nitrogen index ; WPNI)로 나타낸다. WPNI는 분유 1그램 중에 들어 있는 미변성 유청단백질(undenatured whey protein)의 mg량으로 표시한다.

표 6-2에서와 같이 ADPI에서는 탈지분유의 열처리 등급을 WPNI를 기준으로 규정하고 있다. 그러나 엄격한 의미에서 모든 탈지분유에 정해진 WPNI로서 등급을 정

표 6-1. 탈지분유의 등급과 규격(ADPI)

등 급	시험항목	분무건조	롤러건조
Extra Grade	유지방(milk fat)	1.25% 이하	1.25% 이하
	수분(moisture)	4.0% 이하	4.0 이하
	적정산도(titratable acidity)	0.15% 이하	0.15% 이하
	용해도지수(solubility index)	1.25 mL 이하*	1.25 mL 이하
	세균수(bacterial estimate)	50,000군 이하/g	50,000군 이하/g
	초분(scorched particles)	Disc B(15 mg) 이하	Disc C(22.5 mg) 이하
Standard Grade	유지방(milk fat)	1.5% 이하	1.5% 이하
	수분(moisture)	5.0% 이하	5.0 이하
	적정산도(titratable acidity)	0.17% 이하	0.17% 이하
	용해도지수(solubility index)	2.0 mL 이하**	2.0 mL 이하
	세균수(bacterial estimate)	100,000군 이하/g	100,000군 이하/g
	초분(scorched particles)	Disc C(22.5 mg) 이하	Disc D(32.5 mg) 이하

* High-heat 제품은 2.0 mL 이하, ** High-heat 제품의 경우 2.0 mL 이하

ADPI : American Dairy Products Institute

표 6-2. 분무건조 탈지분유의 열처리 분류

등급(Class)	WPN Index(mg/g powder)
Low heat	6.0 이상
Medium heat	1.5 이상, 6.0 미만
High heat	1.5 미만

하는 것은 적절하지 못하다. 왜냐하면 우유의 유청단백질 함량은 항상 동일한 수준을 유지하는 것이 아니라 여러 가지 요인들에 의해서 변동이 있을 수 있기 때문이다.

따라서 탈지유의 유청단백질 함량을 8 mg을 기준으로 정하는 것 보다는 정확한 의미에서 탈지유에 들어 있는 유청단백질의 함량을 분석하고 난 다음 그 중에서 미변성 단백질의 함량을 나타내는 것이 바람직하다.

2) 전지분유의 등급과 규격

미국유제품협회(ADPI)의 규격에 따르면 일반적으로 전지분유는 우유에서 수분을 제거한 제품으로서 유지방 함량은 26～40%, 그리고 수분함량 5% 이하로 규정하고 있다.

표 6-3. 전지분유의 등급과 규격(ADPI)

등 급	시험항목	분무건조	롤러건조
Extra grade	유지방(milk fat)	26～40%	
	수분(moisture)*	4.5% 이하	
	대장균군(coliform)	10군 이하/g	
	세균수(bacterial estimate)	50,000군 이하/g	
	초분(scorched particles)	Disc B(15 mg) 이하	Disc C 22.5 mg 이하
	용해도지수(solubility index)	1.0 mL 이하	15 mL 이하
Standard grade	유지방(milk fat)	26～40%	
	수분(moisture)*	5.0% 이하	
	대장균(coliform)	10군 이하/g	
	세균수(bacterial estimate)	100,000군 이하/g	
	초분(scorched particles)	Disc C(22.5 mg) 이하	Disc D(32.5 mg) 이하
	용해도지수(solubility index)	1.5 mL 이하	15.0 mL이하

* 무지유고형분 기준 수분의 중량으로 측정

ADPI : American Dairy Products Institute

3) 분유의 용해성에 영향을 주는 요인

(1) 습윤성(wettability)

습윤성은 입자의 부피에 따라서 좌우되고, 특히 분유입자의 모세관현상에 의해서 결정된다. 과립화된 분유는 모세관현상이 더 빠르게 일어나서 습윤성이 개선되며, 분유입자의 크기가 클수록 습윤성이 좋아진다.

(2) 침강성(sinkability)

침강성은 분유의 용적밀도와 입자의 크기에 따라서 좌우된다. 일반적으로 과립화된 분유는 침강성이 좋다.

(3) 분산성(dispersibility)

분산성은 분유를 물에 용해할 때 덩어리를 형성하지 않고 단일 분유입자로 분산되는 정도에 의해서 결정된다. 분유입자의 구조뿐만 아니라 단백질 분자의 구조적 배열도 역시 분유의 분산성에 영향을 줄 수 있다. 열 변성된 단백질의 함량이 높을수록 분유의 분산성은 떨어진다.

(4) 용해도(solubility)

용해성은 분유가 얼마나 잘 용해하는지 그리고 얼마나 안정한 현탁상태를 유지하는지를 나타내는 지표가 된다. 분유의 용해도는 분유를 물에 용해하였을 때 생성되는 불용물의 양에 의해서 결정되며, 용해도는 용해도지수(solubility index)로 나타낸다.

6.7 조제분유의 생산

조제유(infant formula)란 모유의 대체식으로 사용하기 위해서 유아의 정상적인 영양요구량에 적합하도록 조제된 액상 혹은 분말형태의 제품을 의미한다. 우리나라의 경우 농림부 수의과학검역원에서 제정한 "축산물의 가공기준 및 성분규격" 상의 조제분유의 정의는 "원유 또는 유가공품을 주원료로 하고, 이에 영유아의 성장 발육에 필요한 무기질·비타민 등 영양소를 첨가하여 모유의 성분과 유사하게 가공한 것"이라고 정하고 있다. FAO/WHO Codex Standard(코덱스 기준)에는 "유아기(幼兒期)를 생후 12개월 미만"으로 정하고 있다.

1) 축산물 가공품의 유형

① 조제분유 : 원유 또는 유가공품을 원료로 하여 모유의 성분과 유사하게 가공한

분말상의 모유 대용품으로 유성분(우유에서 유래된 수분 이외의 성분) 60.0% 이상의 것을 말한다.

② 조제우유 : 원유 또는 유가공품을 원료로 하여 모유의 성분과 유사하게 가공하여 그대로 먹을 수 있는 액상의 모유 대용품으로 유성분 9.0% 이상의 것을 말한다.

③ 성장기용 조제분유 : 생후 6개월 이상된 영・유아용으로 가공한 분말상의 것으로 유성분 60.0% 이상의 것을 말한다.

④ 성장기용 조제우유 : 생후 6개월 이상된 영・유아용으로 가공한 액상의 것으로 유성분 9.0% 이상의 것을 말한다.

⑤ 기타조제분유 : 원유 또는 유가공품을 원료로 하여 모유의 성분과 유사하게 가공한 분말상의 모유 대용품으로 유성분 60.0% 이상인 것으로 조제분유 및 성장기용 조제분유에 속하지 않는 것을 말한다.

⑥ 기타 조제우유 : 원유 또는 유가공품을 원료로 하여 모유의 성분과 유사하게 가공하여 그대로 먹을 수 있는 액상의 모유 대용품으로 유성분 9.0% 이상인 것으로 조제우유 및 성장기용 조제우유에 속하지 않는 것을 말한다.

2) 조제분유의 규격

표 6-4. 축산물의 가공기준 및 성분규격에서 조제분유의 규격

항 목 \ 유 형	조제분유・조제우유	성장기용 조제분유・성장기용 조제우유	기타 조제분유・기타 조제우유
성 상	고유의 색택과 향미를 가지고 이미・이취가 없어야 한다.	고유의 색택과 향미를 가지고 이미・이취가 없어야 한다.	고유의 색택과 향미를 가지고 이미・이취가 없어야 한다.
수분(%)	5.0 이하 (단, 액상제품 제외)	5.0 이하 (단, 액상제품 제외)	5.0 이하 (단, 액상제품 제외)
조단백질(%)	9.0～20.0	12.0～27.5	-
조지방(%)	15.0～30.0 (리놀레산은 조지방 함량의 9.0% 이상이어야 한다)	15.0～30.0 (리놀레산은 조지방 함량의 9.0% 이상이어야 한다)	-
유성분(%)	60.0 이상	60.0 이상	-
비타민 A (IU/100 g)	1,250～2,500	1,250～3,750	-

(계 속)

항 목 \ 유 형	조제분유 · 조제우유	성장기용 조제분유 · 성장기용 조제우유	기타 조제분유 · 기타 조제우유
비타민 D (IU/100 g)	200～400	200～600	-
비타민 C (mg/100 g)	40 이상	40 이상	-
비타민 B_1 (mg/100 g)	0.20 이상	0.20 이상	-
비타민 B_2 (mg/100 g)	0.30 이상	0.30 이상	-
니코틴산 (μg/100 g)	1,250 이상	1,250 이상	-
비타민 B_6 (μg/100 g)	175 이상	225 이상	-
엽 산 (μg/100 g)	20 이상	20 이상	-
판토텐산 (μg/100 g)	1,500 이상	1,500 이상	-
비타민 B_{12} (μg/100 g)	0.5 이상	0.75 이상	-
비타민 K_1 (μg/100 g)	20 이상	20 이상	-
비타민 E (IU/100 g)	3.5 이상	3.5 이상	-
나트륨 (mg/100 g)	100～300	100～425	-
칼 륨 (mg/100 g)	400～1,000	400 이상	-
염 소 (mg/100 g)	275～750	275 이상	-
칼 슘 (mg/100 g)	250 이상	450 이상	-
인 (mg/100 g)	125 이상	300 이상	-

(계 속)

유형 항목	조제분유·조제우유	성장기용 조제분유· 성장기용 조제우유	기타 조제분유· 기타 조제우유
마그네슘 (mg/100 g)	30.0 이상	30.0 이상	-
철 (mg/100 g)	1.25 이상 (철분 강화제품의 경우 5.0 이상)	5.0～10.0	-
요오드 (μg/100 g)	25 이상	25 이상	-
구 리 (μg/100 g)	300 이상	-	-
아 연 (mg/100 g)	2.5 이상	2.5 이상	-
망 간 (μg/100 g)	25 이상	25 이상	-
탄화물 (scorched particles)	7.5 mg이하/100g	7.5 mg이하/100g	7.5 mg이하/100g
인공감미료	검출되어서는 아니된다.	검출되어서는 아니된다.	검출되어서는 아니된다.
타르색소	검출되어서는 아니된다.	검출되어서는 아니된다.	검출되어서는 아니된다.
세균수	1 g당 20,000 이하 (조제우유는 음성이어야 한다)	1 g당 20,000 이하 (성장기용 조제우유는 음성이어야 한다)	1 g당 20,000 이하 (기타 조제우유는 음성이어야 한다)
대장균군	음성이어야 한다.	음성이어야 한다.	음성이어야 한다.
엔테로박터 사카자키	음성이어야 한다	-	음성이어야 한다(조제분유에 한한다)

※ 기타 조제분유·기타 조제우유의 경우 영양소는 표시량 이상이어야 한다. 다만 제한할 필요가 있는 영양소는 표시량 이하 또는 표시량 범위 이내이어야 한다.

주) 조제우유 및 성장기용 조제우유의 성분규격 적용은 조제분유 및 성장기용 조제분유의 수분규격(5.0 %)을 기준으로 하여 각각의 성분규격을 환산 적용한다.

표 6-5. FAO/WHO Codex Standard의 조제유 규격

영양성분	100 kcal당 함량		100 kj당 함량	
	최저	최고	최저	최고
Protein	1.8 g	4.0 g	0.43	0.96
Fat	3.3 g	6.0 g	0.8 g	1.5 g
Vitamin A	250 I.U. 혹은 75 μg retinol	500 I.U. 혹은 150 μg retinol	60 I.U. 혹은 18 μg retinol	120 I.U. 혹은 37 μg retinol
Vitamin D	40 I.U.	100 I.U.	10 I.U.	25 I.U.
Vitamin C	8 mg	N.S	1.9 mg	N.S
Vitamin B_1	40 μg	N.S.	10 μg	N.S.
Vitamin B_2	60 μg	N.S.	14 μg	N.S.
Nicotinamide	250 μg	N.S.	60 μg	N.S.
Vitamin B_6 [1]	35 μg	N.S.	9 μg	N.S.
Folic acid	4 μg	N.S	1 μg	N.S.
Pantothenic acid	300 μg	N.S.	70 μg	N.S.
Vitamin B_{12}	0.1 μg	N.S.	0.04 μg	N.S.
Vitamin K_1	4 μg	N.S.	1 μg	N.S.
Biotin(Vitamin H)	1.5 μg	N.S.	0.4 μg	N.S.
Vitamin E [2] (α-tocopherol compounds)	0.7 I.U./g linoleic acid, but in no case less than 0.7 I.U./100 available calories	N.S.	0.7 I.U./g linoleic acid, but in no case less than 0.7 I.U./100 available calories	N.S.
Sodium(Na)	20 mg	60 mg	5 mg	15 mg
Potassium(K)	80 mg	200 mg	20 mg	50 mg
Chloride(Cl)	55 mg	150 mg	14 mg	35 mg
Calcium(Ca) [3]	50 mg	N.S.	12 mg	N.S.
Phosphorus(P) [3]	25 mg	N.S.	6 mg	N.S.
Magnesium(Mg)	6 mg	N.S.	1.4 mg	N.S.
Iron(Fe) [4]	1 mg	N.S.	0.04 mg	N.S.
Iron(Fe)	0.15 mg	N.S.	0.04 mg	N.S.
Iodine(I)	5 μg	N.S.	1.2 μg	N.S.
Copper(Cu)	60 μg	N.S.	14 μg	N.S.
Zinc(Zn)	0.5 mg	N.S.	0.12 mg	N.S.
Manganese(Mn)	5 μg	N.S.	1.2 μg	N.S.
Choline	7 mg	N.S.	1.7 mg	N.S.

N.S. : 기준이 정해지지 않음

[1] : 단백질 함량이 1.8 g/100 kcal 이상인 경우 단백질 1 g당 비타민 B_6 함량이 최소한 15 μg를 함유하여야 함

[2] : Linoleic acid의 함량으로 표시하는 다가불포화지방산 1 g당 비타민 E의 함량

[3] : Ca/P의 비율은 1.2 이상 2.0 이하

[4] : Iron을 1 mg/100 kcal 이상 함유하는 제품은 "Infant formula with Iron"으로 표기해야 함

조제분유의 제조에 있어서 가장 이상적인 기준은 모유이지만 여러 가지 요인에 의해서 모유성분은 변화가 크기 때문에 조제분유의 일반적인 성분은 국내 규격으로는 축산물의 가공기준 및 성분규격과 식품공전의 규격의 기준에 따르고, 국제적으로는 FAO/WHO Codex Standard를 표준규격으로 주로 이용한다. 그리고 조제유의 제조에 관한 규격으로는 미국의 FDA 규격인 "Code of Federal Regulations"이 이용된다.

조제분유의 표시에 대한 FAO/WHO Codex Standard는 단백질원을 캔에 표기하여야 하고, infant formula 중 단백질의 90%가 우유나 탈지유에서 유래하면 "Infant Formula Based on Milk"로 표시할 수 있고, 유성분을 함유하지 않으면 "contains no milk or milk products"와 이와 상응하는 문구를 표시할 수 있다.

3) 조제유의 모유화

(1) 단백질

우유의 단백질 함량은 약 3.2~3.5%인 반면에 모유는 1.0~1.2%로 우유보다 낮다. 그리고 우유와 모유는 카제인과 유청단백질의 비율이 다르다(표 6-6). 따라서 우유를 주원료로 제조하는 조제분유(bovine milk based infant formula powder)는 단백질의 함량뿐만 아니라 유청단백질과 카제인의 비율을 60 : 40으로 조정한다.

표 6-6. 우유와 모유의 단백질 조성

단백질의 종류	조성(g/ℓ)	
	우 유	모 유
카제인(casein)	26	3.2
α_{s1}-casein	10.0	N.D
α_{s2}-casein	2.6	N.D
β-casein	9.3	3.2
κ-casein	3.3	Negligible
유청단백질(whey protein)	5.6	6.8
β-lactoglobulin	3.2	Negligible
α-lactalbumin	1.2	2.8
Serum albumin	0.4	0.6
Lysozyme	Negligible	0.4
Lactoferrin	~0.1	2.0
Immunoglobulin	0.7	1.0

N.D. : non-detected

카제인과 유청단백질의 비율을 모유와 같이 조정한다고 하더라도 카제인을 구성하는 단백질도 우유와 모유는 서로 다르다. 모유는 β-casein이 주요 성분인데 비해서 우유는 다수의 인산 잔기(phosphate group)를 가지고 있는 α_s-casein과 β-casein 그리고 κ-casein으로 구성되어 있기 때문에 모유보다 위 내에서 커드장력(curd-tension)이 더 높은 원인이 된다.

유청단백질의 경우 우유에는 retinol-binding protein인 β-lactoglobulin이 주요 유청단백질이지만, 모유 유청단백질에는 α-lactabumin이 주요 유청단백질인 반면에 β-lactoglobulin은 거의 존재하지 않는다. 이와 같은 우유와 모유 간의 유청단백질과 카제인의 이질성 혹은 외래성(foreigness)이 우유알레르기(milk allergy)를 유발하는 주요 원인이 되기도 하고, 그리고 단백질의 구조적 이질성도 역시 우유알레르기를 유발하는 원인이 된다.

(2) 지 방

정상 비유기간 동안 모유의 지방함량은 3.5～4.5%이다. 유지방은 유지방구 피막(milk fat globule membrane)이 둘러싸고 있으며, 지방구의 중심 부분은 triglyceride로서 총 유지방의 약 98～99%를 차지하고 있다. 그러나 지방구 피막은 주로 인지질, 콜레스테롤 그리고 단백질로 구성되어 있다.

표 6-7. 우유와 모유지방 triglyceride의 지방산 조성

지방산	지방산 조성(총 지방의 mol%)					
	우 유			모 유		
	Sn-1	Sn-2	Sn-3	Sn-1	Sn-2	Sn-3
Butyric acid	-	-	35.4			
Caproic acid	-	0.9	12.9			
Caprylic acid	1.4	0.7	3.6			
Capric acid	1.9	3.0	6.2	0.2	0.2	1.1
Lauric acid	4.9	6.2	0.6	1.3	2.1	5.6
Myristic acid	9.7	17.5	6.4	3.2	7.3	6.9
Palmitic acid	34.0	32.3	5.4	16.1	58.2	5.5
Palmitoleic acid	2.8	3.6	1.4	3.6	4.7	7.6
Stearic acid	10.3	9.5	1.2	15.0	3.3	1.8
Oleic acid	30.0	18.9	23.1	46.1	12.7	50.4
Linoleic acid	1.7	3.5	2.3	11.0	7.3	15.0
Linolenic acid				0.4	0.6	1.7

모유지방의 함량과 조성은 비유기간에 따라서 변화하며, 특히 초유기(출산 후 3일까지)와 이행기(출산 후 4일부터 7일까지), 그리고 이유기 사이에는 차이가 많다. 그러나 정상 비유기간 동안에는 거의 일정한 지방 함량을 유지한다. 모유지방의 장쇄포화지방산, 특히 palmitic acid는 triglyceride의 Sn-2 위치에 결합되어 있는 양이 우유지방의 palmitic acid 보다 많다(표 6-7). 이러한 triglyceride 구조는 지방의 흡수율이 높고 유아의 변비 발생을 억제하는데 아주 효과적이다.

따라서 조제유의 제조에 있어서 지방의 모유화는 장쇄포화지방산이 triglyceride의 Sn-2 위치에 결합된 palmitic acid의 양을 높이는 방법과 전체 지방산의 조성에서 장쇄포화지방산의 비율을 낮추는 방법이 이용되고 있다. Triglyceride의 Sn-1과 Sn-3 위치에 결합된 장쇄포화지방산은 잘 흡수되지 않고 칼슘과 마그네슘 같은 2가 양이온과 soap를 형성하여 지방의 흡수율을 낮게 하는 동시에 유아들에게 변비를 일으키는 원인이 된다.

(3) 모유의 지방산 조성

우유와 모유뿐만 아니라 동물의 유즙에서 유래 지방은 보통 비분지(unbranched), monocarboxylic acid(단일 카르복실산), 짝수 탄소수의 지방산으로 이루어져 있다. 모유에는 필수 지방산(essential fatty acid)으로서 linoleic acid와 α-linolenic acid가 우유보다 많이 함유되어 있으며, 이들 지방산은 메틸말단기(methyl terminal-

표 6-8. 모유와 우유의 지방산 조성

지방산	모 유	우 유
4 : 0	Trace	3.3
6 : 0	Trace	1.6
8 : 0	Trace	1.3
10 : 0	1.3	3.0
12 : 0	3.1	3.1
14 : 0	5.1	9.5
16 : 0	20.2	26.3
16 : 1	5.7	2.3
18 : 0	5.9	14.6
18 : 1	46.4	29.8
18 : 2	13.0	2.4
18 : 3	1.4	0.8
C_{20}-C_{22}	Trace	Trace

표 6-9. 신생아의 지방 요구량

지방함량	3.3~6.0 g/100 kcal
지방의 조성(composition of fat)	
필수지방산(essential fatty acid)	0.3 g/100 kcal
다가불포화지방산(C_{20}, C_{24})	모유에 함유된 만큼 첨가하여야 한다.
포화지방산(C_{12}, C_{14})	모유에 함유된 수준은 유지하여야 한다.
지방의 흡수	1개월령의 만삭아의 지방 흡수율은 적어도 86% 이상 유지하여야 한다.
콜레스테롤, 인지질	모유에 함유된 수준만큼 유지하여야 한다.

group)로부터 가장 가까운 곳에 위치하는 이중결합(double bond)에 따라서 ω-6 지방산(linoleic acid와 장쇄유도체, arachidonic acid)과 ω-3 지방산(α-linolenic acid와 장쇄유도체, docosahexaenoic acid)으로 구분한다. 이들 필수 지방산은 두뇌발달, 세포증식, 수초형성(myelination) 그리고 망막기능(retinal function)의 발달과 유지에 중요한 역할을 한다.

조제분유의 전처리 과정에서 지방산이 cis형에서 trans형으로 전환되는 것을 예방하는 것이 중요하다. 따라서 조제분유의 제조에는 저온살균(LTLT 혹은 HTST) 혹은 초고온순간살균처리(UHT)법이 주로 이용된다. 이밖에 조제분유에는 지방 흡수를 용이하게 하기 위해서 taurine을 첨가하고 그리고 지방의 β-oxidation에 필요한 carnitine의 첨가가 권장되고 있다. 모유 중에는 26.6 μmol/100 mL의 taurine과 59 nmol/mL의 carnitine(γ-trimethylamino-β-hydroxybutyrate)을 함유하고 있다. 그리고 모유 중의 지방과 단백질의 비율은 거의 2 : 1로 이루어져 있다.

(4) 탄수화물

유당은 포유동물의 유즙에만 함유되어 있는 탄수화물로서 유성분 중에서 가장 많이 함유되어 있다. 모유의 유당함량은 약 7%로서 우유보다 약 2% 더 많이 함유되어 있다. 모유가 포유동물의 유즙 중에서 유당 함량이 가장 높은 군에 속하며, 이러한 사실은 사람의 신생아가 다른 포유동물보다 유당 요구량이 높다는 것을 의미한다. 또한 단위 체중당 열량 요구량은 유아기 동안 가장 높다.

그리고 탄수화물은 유아영양에서 에너지원으로 아주 중요하다. 유당은 포도당과 갈락토오스로 구성되어 있는 이당류(disaccharide)이고, 이 중에서 갈락토오스는 특이한 목적으로 이용된다. 갈락토오스는 지질성분과 함께 주로 뇌 성분(brain matter)을 구성하는 주요 성분으로 이용된다. 포유동물의 종에 따라서 유즙 중 유당의 함량은 차이가 많지만 유당의 분자구조는 동일하다.

조제분유의 제조에 있어서 유당이 중요한 탄수화물원으로서 이용되지만, 유당불내증(lactose intolerance)를 유발하는 원인이 될 수 있다. 만약 유당불내증이 발생한다면 유당 함량의 1/2～2/3을 덱스트린으로 대체하면 유당불내증을 줄일 수 있다. 최근에는 유아의 장관에서 유익한 비피더스균의 증식을 촉진하기 위해서 락툴로오스(lactulose)와 올리고당을 비피더스 증식인자로서 첨가하는 조제분유가 판매되고 있다.

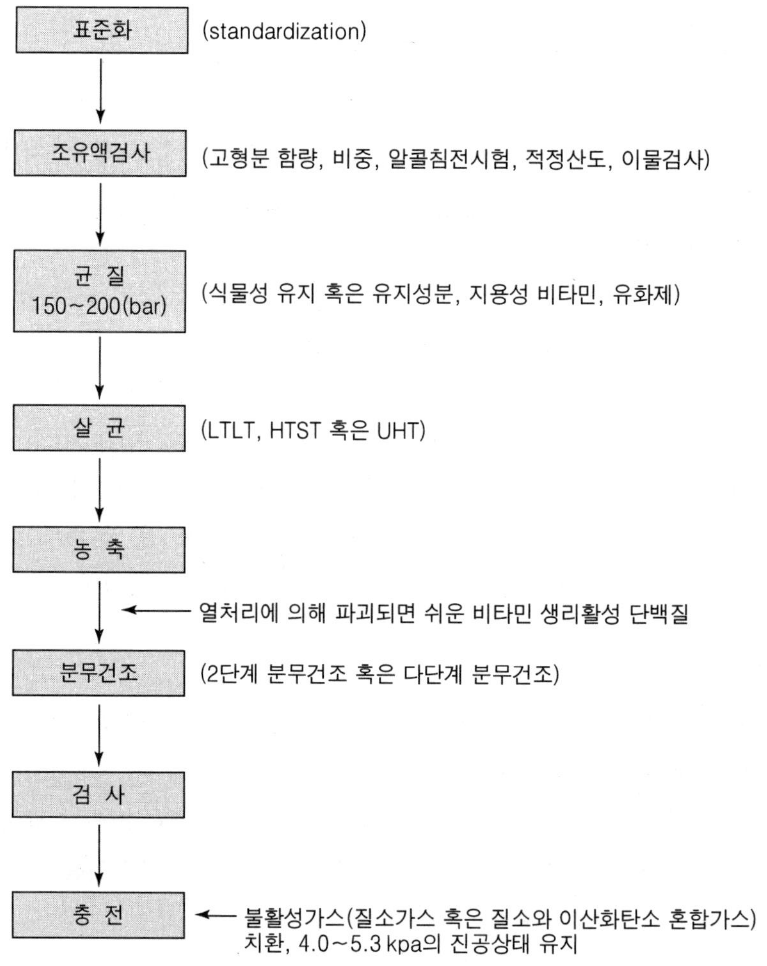

그림 6-18. 조제분유의 제조공정

4) 조제분유의 제조공정

조제분유는 미리 건조한 성분을 혼합하는 건조 혼합공법과 건조한 원료들을 용해하여 액체에서 혼합하는 습식 혼합공법으로 제조할 수 있다. 최근 조제분유의 생산에 주로 사용하는 공법은 습식 혼합공법이며, 이 공법은 크게 전처리공정・건조공정・포장공정의 세 가지 공정으로 이루어져 있다.

제조회사에 따라서 전처리 공정은 다르지만, 일반적으로 원유와 전지분유, 탈지분유, 유청단백질, 탈염유청분말, 유당, 덱스트린 그리고 수용성 미네랄과 수용성 비타민 등을 용해하여 적정한 농도로 조절하는 표준화 공정부터 농축까지를 전처리 공정이라고 한다. 분무건조기에서 분말이 포장되기 전까지의 공정을 건조공정, 그리고 건조된 분말을 적절한 포장재에 충전・계량하여 질소가스를 치환한 다음 밀봉하는 공정까지를 포장공정이라고 한다.

6.8 유청분말

유청은 치즈의 종류와 제조공정에 따라서 조성이 달라질 수 있다. 유청의 고형분 함량은 약 6%로서 보통 우유 고형분의 약 50% 정도 수준이다. 유청 중에서 가장 영양학적 가치가 높은 성분은 유청단백질이며, 우유 단백질의 약 20%를 차지한다. 그리고 유청은 우유에 함유되어 있는 거의 대부분의 비타민과 미네랄을 함유하고 있다. 유청의 약 70%는 유당이며, 유청분말(whey powder)의 특성은 건조하기 이전의 공정단계인 유당의 결정화에 의해서 좌우된다.

가장 좋은 품질의 유청분말 제품은 유청분말에 함유되어 있는 유당이 100% 결정화된 이후에 건조한 제품이다. 탈지분유에는 51%가 유당이지만, 단백질 함량이 36%로서 유청분말에 함유된 단백질의 약 2.6배 정도 많이 함유되어 있다. 탈지분유에는 단백질이 유당의 담체(擔體, carrier) 역할을 하기 때문에 분말 중의 유당이 50% 이상 차지하더라도 유당이 탈지분유의 품질에 거의 영향을 주지 않는다.

유청 중의 유당은 α-lactose와 β-lactose의 2가지 형태로 존재하는데 α-lactose와 β-lactose가 약 40 : 60의 비율로 존재한다. α-lactose는 과포화 용액으로부터 결정화되고, 결정화 속도는 유청의 온도를 낮추면 빨라진다. α-lactose는 α-lactose mono-hydrate의 형태로 결정화되며 비흡습형(non-hygroscopic form)이다. 결정성 수화물(crystalline hydrate)이 많을수록 비흡습성 혹은 non-caking 유청분말을 만들 수 있다. 반대로 유청분말 중에 무결정성 유당(amorphous lactose)이 많으면 흡습성이 강해져 단단한 덩어리가 형성되기 때문에 사용하기 불편하다.

유청을 농축한 다음 냉각하면 α-lactose가 어느 정도 결정화된다. 그러나 용액상태

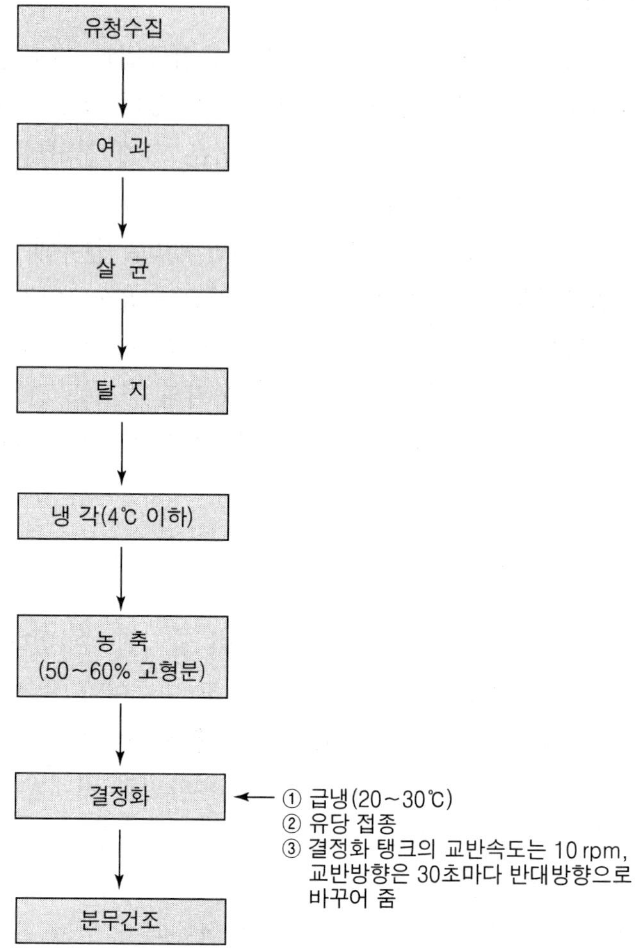

그림 6-19. 유청분말의 제조공정

에서 α-lactose과 β-lactose은 평형을 이루고 있기 때문에 일부분의 α-lactose가 결정화되면 β-lactose가 α-lactose로 전환되어 용액상태에서 α-lactose와 β-lactose 유당의 일정한 비율이 유지된다. 이와 같이 β-lactose이 α-lactose으로 전환되는 것을 가역적 이성화(mutarotation)라고 하며, 가역적 이성화 속도는 용액의 온도에 의해서 영향을 받는다.

가역적 이성화의 최적온도는 약 30℃이며, 냉장온도인 0~5℃에서는 매우 느리게 일어난다. 가역적 이성화가 일어나면 α-lactose 용액은 점점 과포화되며, 더 이상 과포화되지 않을 정도로 용액 중 유당이 적어질 때까지 결정화 과정이 계속된다. 그러나 유청은 온도가 낮아질수록 유당의 용해성이 낮아지기 때문에 다시 과포화된다. 그러나 유청의 온도가 가역적 이성화가 일어나는 최적온도보다 훨씬 낮으면 β-lactose

가 α-lactose로 전환되지 않기 때문에 결정화는 거의 일어나지 않는다. 결정화 과정에서는 결정핵이 생성되는데, 과포화 유청에 작은 유당 결정을 넣어 주면 결정핵 생성이 빠르게 일어난다.

이러한 공정을 유당접종(lactose seeding)이라고 하며, 유당접종의 목적은 결정화가 계속되는 유청의 표면에 충분한 양의 미세입자를 공급하여 결정핵의 생성을 촉진시키는 것이다. 비흡성 유청의 제조에서는 미세하게 분쇄한 유당이나 결정이 잘 형성된 유청분말이 유당접종의 원료로 사용된다. 유청의 젖산함량도 유청분말의 품질에 많은 영향을 준다. 젖산의 함량이 너무 많으면 유청분말을 분무건조하기 어렵고, 그리고 젖산은 상온에서 액체상태로 존재하기 때문에 매우 끈적끈적하거나 흡습성이 강한 유청분말이 만들어지게 된다.

6.9 분유의 미생물관리

분유의 미생물학적 품질 요건은 부분적으로 분유의 사용 목적과 사용 목적과 연관된 제조공정에 따라 다르다. 예를 들어 분유를 직접 소비하기 위한 목적이거나 환원한 다음 열처리하는 제품에 원료로 이용하느냐에 따라서 달라질 수 있다. 탈지분유의 제조에서 low heat 처리는 보통 저온살균온도(72℃에서 20초) 보다 더 강한 온도에서 처리하지 않기 때문에 많은 미생물이 제조공정에서 생존할 가능성이 있다.

보통 분유가 미생물학적으로 부적합하거나 불안전하게 되는 원인은 3가지로 설명될 수 있다.

① 원료유에 존재하는 세균이 건조하기 전 혹은 건조하는 동안 가해지는 열처리에 의해 사멸되지 않는 경우

② 제품이 건조될 때까지 적용되는 다양한 가공조건에서도 세균의 증식이 가능한 경우

③ 제조공정 동안 우연한 오염이 발생한 경우. 이와 같은 경우에는 오염의 수준은 일반적으로 낮고 오염된 세균이 증식할 수 없다면 매우 낮은 수준으로 유지된다.

1) 원료유의 세균

냉각이 잘 된 원유에서는 내냉성 그람음성 간균(예 *Pseudomonas* spp.)이 장기 저장하는 동안 증식할 수 있다. 이 세균은 가벼운 열처리에 의해서도 사멸시킬 수 있다. 그러나 이러한 미생물에 의해서 생산되는 proteinase와 lipase는 불활성화 되지 않고 분말에 혼입될 수 있다.

원료유 중에서 더욱더 중요한 것은 내열성 세균(heat-resistant bacteria)과 세균의

포자이다. 이러한 세균은 저온살균(72℃에서 15초)에서 생존할 수 있으며, 농축과 건조공정에서 사멸되지 않는다. 원료유를 농축하면 분유의 세균 수는 예열 직후 원료유에 존재하는 세균수의 약 10배 정도 증가하게 된다. 살균조건을 좀 더 강화하면 내열성 구균(예 *Enterococcus faecalis*, *S. thermophilus*)을 사멸시킬 수 있다. 그리고 고품질의 medium-heat나 high-heat 분유에는 세균의 포자와 *Microbacterium lacticum*만 원료유에서 유래할 수 있다.

호기성 포자형성균(*Bacillus cereus*)와 혐기성 포자형성세균(*Clostridium perfringens*)가 특히 분유의 품질에 중요하다. 만약 환원유를 치즈제조에 사용할 경우 가스형성(gas-forming) 혐기성 세균(*C. tyrobutyricum*과 *C. butyricum*)의 수는 반드시 매우 낮게 유지되어야 한다. *B. cereus*의 포자수는 항상 총 호기성 포자형성균(total aerobic spore forming bacteria)을 의미하는 것은 아니다. 총 호기성 포자형성균은 겨울에 더 높지만 *B. cereus*는 여름과 가을에 가장 높다. 세균성 포자를 사멸하기 위해 90~110℃에서 10~15초 동안 열처리는 충분하지 못하다. 이러한 경우 보통 UHT를 사용하여야 한다. *B. cereus*와 *C. perfringens*의 D value는 125℃에서 4초이다. 따라서 125℃에서 15~20초 동안 열처리 조건에서는 포자형성세균을 충분히 줄일 수 있다.

2) 제조공정 중의 성장

연속적인 제조공정 온도와 수분활성도(water activity)는 *Thermophilic bacteria*가 쉽게 성장할 수 있는 조건을 제공할 수 있고, 건조공정에서도 거의 사멸되지 않는다. 이러한 *Thermophilic bacteria*가 분유의 세균오염의 특징이 될 수 있다.

열교환기의 열 재생부위(heat regeneration section)나 농축기의 열 교차부위에서 *S. thermophilus*가 특히 잘 증식할 수 있다. *S. thermophilus*는 45℃에서 가장 빨리 증식하지만 50℃ 이상에서는 거의 증식할 수 없다. 그리고 농축기에서는 1차 효용관에서 온도가 너무 높기 때문에 일반적으로 증식할 수 없다. 그러나 그 이후의 공정에서는 수분활성도가 너무 낮기 때문에 *S. thermophilus*가 증식하기 어렵다.

*S. thermophilus*는 어느 정도 열 저항성이 있기 때문에 low-heat 분유나 유청분말에 비교적 높게 나타날 수 있다. Medium-heat나 high-heat 분유에서 *S. thermophilus*는 제조공정에서 사멸된다. 우유공정에서 예열 바로 직전 *S. thermophilus* 균수가 제조공정 가열부의 오염물 침착(fouling)을 의미하여 공정의 CIP시점을 알려주는 지시제의 역할을 한다.

농축기 후반부 조건은 *Enterococci*가 증식할 수 있고 *Staphylococcus aureus*도 잘 증식할 수 있는 조건을 제공할 수 있다. *S. aureus*는 일반인 살균온도에서 사멸되지

표 6-10 분유 제조공정 중 주요 미생물 및 미생물유래 효소에 영향을 미치는 공정

Process step	Raw milk	Thermali-zing	Storage	Pasteurization[a]			Evaporation		Balance Tank	Drying	Packaging	Storage
				Regene-ration.[b]	Low	High	Eff. 1–3	Eff. 4–6				
Temperature(℃)	5	65	6	6–65	72	95	70–58	58–42	40	40–100	25	Ambient
Duration(Min or days)	3 d	1/4 min	2 d	1 min	1/4 min	1/4 min	6 min	8 min	2 min	4 min	3 d	–
Dry matter content(%)	9	9	9	9	9	9	9–30	30–50	50	50–96	96	96
Psychrotrophs	G*	K	C, (G)*	(S)	K	K	–	–	–	–	–	–
Heat resistant enzymes	F	S	(A, F)	S	S	S········	········	········	········	········	········S	P
Staphylococcus spp.	C	(S)	S	(S)	K	K	(C)	(G)	C*, G	(S)	(C)*	P
Enterobacteria	C	(S)	S	(S)	K	K			C*	(S)	C*	P
Salmonella spp.	C	(S)	S	(S)	K	K			C*	(S)	C*	P
Streptococcus thermophilus	(C)	G*	S	G*	S	K	S········	········	········	········	········S	P
Enterococci	C	S········	········	········	········S	K	S	G	G*	(S, C)	S	P
Bacillus cereus	C	S, (C)	C	C*	S	(S)	(C)	(C)	(C)*	S	S	P
B. stearothermophilus	(C)	C	S	C	S	S	G	G	G*	S	S	P
Clostridium spp.	C*	S········	········	········	········S	S········	········	········	········	········	········S	P

A : active, C : contamination possible, Eff. : effects, F : formed, G : growth, K : killed,

P : can be present, S 혹은 S··· S : survive, ( ) : partly, occasionally

* attention point

[a] Two alternative pasturization intensities are given.

[b] Regeneration : heat regeneration section

Walstra, P. 등(2006)

만 생존할 경우 enterotoxin을 생산할 수 있다. *S. aureus*는 직접 혹은 간접적으로 사람에 의해서 오염된다. *S. aureus*가 mL당 10^7~10^8의 균수에서 생산되는 enterotoxin은 분유의 안전성을 일으키는 원인이 될 수 있다. *Bacillus stearothermophilus*는 고온에서 쉽게 증식할 수 있다. 이 세균의 증식범위는 45℃~70℃이며, 최적조건은 약 60℃이다.

*B. stearothermophilus*는 농축유에서도 증식할 수 있기 때문에 예열기에서 건조기까지 전 공정 동안 생존하면서 증식할 수도 있다. *B. stearothermophilus*는 포자를 형성하기 때문에 건조하는 동안 쉽게 사멸시키기 곤란하다. *B. stearothermophilus*는 제조공정 동안 항상 증식할 수 있고, 잘 세척된 공정에서도 증식이 가능하다. 그러나 대부분의 조건에서 *B. stearothermophilus*가 문제를 일으키지 않는다. 세균의 오염을 예방하기 위한 방안으로서 특히 온도, 제조설비에 제품이 정체하는 시간, 공장의 다양한 설비의 생산능력을 일치시키는 것이 중요하다.

건조기로 투입되기 바로 직전에 농축유를 살균할 수도 있다. 이러한 공정은 *E. faecalis*와 *E. faecium*의 사멸시키기 위해서 효과적일 수 있다. 72℃에서 45초는 거의 Enterobacteris를 살균효과가 없으나 78℃에서 45초는 상당한 세균수 감축효과를 나타낸다.

3) 우발적인 오염

분유제조 공정에서 건조전(wet part), 건조 중 혹은 건조 후(dry part)의 오염은 구분되어야 한다. 이러한 오염의 형태에 수반되는 세균은 일반적으로 공정 동안 증식하지 못하며, 분유의 세균수에 거의 영향을 주지도 못한다.

만약 설비가 충분히 세척되지 않았을 경우 예열 이후나 건조 전 오염이 쉽게 일어날 수 있다. 만약 오염된 세균이 건조공정에서 생존한다면 그 오염은 제품의 안전성에 매우 중요한 영향을 줄 수 있다. 건조기에서 입풍온도와 배풍온도가 고온이라고 해도 농축유 액적은 고온으로 가열되지 않는다. 세균의 열 저항성은 고형분의 함량이 증가 할수록 증가한다. 약 70%의 *E. faecalis*와 *E. faecium*이 건조공정 동안 생존할 수 있다. *S aureus*의 생존은 변화가 크다. 초기 세균수가 약 10^{-4}~10^{-5}의 *Salmonella*와 *E. coli*는 생존할 수 있다.

분유의 오염은 분무건조기, fluid bed dryer, 포장공정과 같은 많은 부분에서 일어날 수 있다. 오염균의 종류는 매우 다양하지만 보통 분무건조기에서 수분함량이 많은 잔량 분유에서 증식할 수 있는 세균이거나 제조공정에서도 증식할 수 있는 세균 등이다. 직접 혹은 간접적인 사람의 접촉을 통한 오염도 반드시 생각해야 한다(예 *S. aureus*). 세균은 분유에서도 쉽게 증식할 수 있으며, 만약 수분함량이 20% 이상만 유지되면 바람직하지 못한 세균의 증식이 시작된다. 건조기나 fluid bed로 유입되는 냉풍(cooling air)도 직접적인 오염원이 될 수 있다. 그리고 유입되는 냉풍은 완전히 건조되지 않은 잔량에서 세균의 생존과 증식을 위한 더 좋은 조건을 제공하기 때문에 간접적인 오염의 원인이 될 수도 있다. 따라서 건조기나 건조기의 부속설비를 CIP할 때 특별한 주의를 기울여야 한다. 이와 같은 우발적인 오염을 차단하기 위해 공장과 주위환경은 엄격하게 물에 젖은 분유가 남지 않도록 하여야 한다.

이와 같은 오염의 형태에서 발견되는 세균의 종류 가운데 *Enterobacteria*에 특별히 관심을 기울여야 한다. *Enterobacteria*는 일반적으로 *Coliform*에 영향을 준다. 위생의 지표세균으로서 *Coliform*을 이용하는 것은 분유의 가치를 제한할 수 있다. 비록 *Coliform*이 존재하지 않는다고 해도 *Salmonella* 혹은 다른 병원성 세균이 존재할 수도 있다.

참고문헌

1. American Dairy Products Institute, 1990. Standards for grades of dry milks including methods of analysis. Bulletin 916(Revised).
2. Caric, M., 1993. Concentrated and dried dairy products. In: Dairy technology and science handbook, Hui, Y. H.(eds), VCH Publishers Inc., NY, Vol. 2. Product manufacturing, p. 257～300.
3. Codex Alimentarius Commission, 1997. Codex Stan 72-1981, In: The Codex Standard for infant formula.
4. Fox, P. F. and McSweeney, P. L. H., 1998. Dairy Chemistry and biochemistry, Backie Academic & Professional, London, p. 67～145.
5. Knipschildt, M. E., 1986. Drying of milk and milk products. In: Modern dairy technology, Robinson, R. K.(eds), Elsevier Applied Science Publishers, NY, Vol. 1. Advances in milk processing, p. 131～234.
6. Masters, K., 1985. Spray drying. In: Evaporation, membrane filtration and spray drying in milk powder and cheese production, Hansen, R.(eds), North European Dairy Journal, Cophenhagen, p. 299～346.
7. Packard, V. S., 1982. Human milk and infant formula, Academic Press, NY, p. 140～175.
8. Pedersen, P. B., 1985. Packaging of milk powder in cans. In: Evaporation, membrane filtration and spray drying in milk powder and cheese production, Hansen, R.(eds), North European Dairy Journal, Cophenhagen,

p. 367～372.

9. Peterson, P. J., 1985. Roller drying. In: Evaporation, membrane filtration and spray drying in milk powder and cheese production, Hansen, R.(eds), North European Dairy Journal, Cophenhagen, p. 347～360.

10. Rudolph, N. and Sorensen, S., 1985. Packaging and filling of milk powder of various qualities. In: Evaporation, membrane filtration and spray drying in milk powder and cheese production, Hansen, R.(eds), North European Dairy Journal, Cophenhagen, p. 361～366.

11. Tetra Pak, 1995. Milk powder. In : Milk processing handbook, Tetra Pak processing systems AB, Lun, Sweden, p. 361～373.

12. Tsang, R. C. and Nicholas, B. L., 1988. Fat needs for term and preterm newborn infants. In: Nutrition during infancy, Hanley and Belfus, Inc., Philadelphia p. 133～159.

13. Varnam, A. H. and Sutherland, J. P., 1994. Concentrated milk and dried milk products. In: Milk and milk products, Chapman & Hall, London, p. 103～158.

14. Walstra, P., Wouters, J. T. M. and Geurts, T. J. Dairy science and technology. Second Edition. CRC Press, New York.

15. http://www.nvrqs.go.kr/Ex_Work/Scflp/

제 7 장

발효유

1. 서 론

요구르트(yogurt 또는 yoghurt)로 통칭되는 발효유는 일반적으로 유산구균과 유산간균을 스타터로 하여 우유로부터 제조되는데, 전통적으로 스트렙토코커스 서모필러스(*Streptococcus thermophilus*)와 락토바실러스 불가리쿠스(*Lactobacillus bulgaricus*)가 사용되어 왔다. 최근에는 이들 유산균 이외에도 락토바실러스 애시도필러스(*L. acidophilus*), 락토바실러스 카제이(*L. casei*) 및 비피도박테리아(Bifidobacteria) 등의 유산균을 혼합하여 사용한 제품도 많다.

요구르트의 어원은 터키어(Turkish)인 yoğurt에서 유래되었는데, 섞는다는 뜻을 가진 동사형의 yoğurtmak로부터 생겨난 말이다. 어원에서 보듯이 요구르트라는 말은 식품의 형태보다는 요구르트를 제조하는 방법에 더 의미를 부여했던 것이다.

우리나라의 기준에 따르면 요구르트는 발효유류에 해당이 된다. 발효유의 영어식 표현은 fermented milk로 우리나라 기준의 발효유와 혼동될 수 있으므로 유고형분 3% 이상인 발효유를 본 장에서는 액상발효유로 표시하였다. 물론 발효유가 전부 액상만 있는 것이 아니지만 우리나라의 대다수가 액상 형태의 발효유가 일반적이기 때문에 이해도를 높이기 위함이다. 본 장에서 발효유로 표현한 것은 액상발효유와 농후발효유 등을 모두 포함한 개념으로 사용하였으니 이 점 유의 바란다.

통상적으로 액상발효유는 우유 또는 환원유를 발효시킨 후 당류, 향신료, 안정제 및 물을 첨가하여 희석시켜 제조된 것으로 주로 탈지유 혹은 환원탈지유가 보편적으로 사용된다. 농후발효유는 우유 또는 환원유를 사용하여 배양한 다음 과일잼이나 과즙 등을 첨가시켜 제조된 보다 고급형의 발효유이다.

최근에는 첨가물에 대한 거부감과 만들어 먹는 즐거움 그리고 인터넷의 발달로 인한 제조방법의 습득으로 가정에서 손쉽게 발효유를 제조하기도 한다. 그러나 가정에서 발효유를 제조할 때 발효유의 발효정도와 식품의 위해요인을 검증할 수 있는 과학적 장비가 가정에서는 비치되어 있지 않다는 점과 2차 오염으로 인하여 이상발효 및 비위생적인 문제 등이 발생할 수 있으므로 각별한 주의가 필요하다.

본 장에서는 발효유의 법적기준과 종류, 발효유의 역사적 고찰, 그리고 유산균에 대하여 살펴보고자 한다.

2. 발효유의 정의 및 가공기준

2.1 발효유의 정의

국립수의과학검역원에서 고시한 축산물의 가공기준 및 성분규격에 따르면 요구르트에 해당되는 항목은 발효유류로 자세하게 설명되어 있다. “발효유류라 함은 원유 또는 유가공품을 유산균, 효모로 발효시킨 것”으로 정의하고 있다. 축산물가공처리규격에 기재된 발효유의 분류는 무지유고형분과 유산균수를 기준으로 하는데 무지유고형분 3% 이상의 것을 발효유라 하고, 8% 이상인 경우 농후발효유로 구분하고 있으며, 총 6개의 유형으로 구분하고 있다. 발효유 유형별 성분규격은 표 7-1과 같다.

2.2 발효유의 제조 · 가공기준

① 원료와 직접 접촉하는 기계 또는 기구류는 세척이 용이하고 내부 식성의 재질이어야 하며, 작업 전·후에 위생적으로 세척 및 살균하여야 한다.

② 배합된 원료는 멸균, 냉각공정을 거친 후 이종미생물이 오염되지 않도록 유의하여야 한다.

③ 유산균 또는 효모는 적절한 온도를 유지하여 배양 또는 발효하여야 한다.

④ 발효 및 포장은 미생물오염이나 이물 등이 혼입되지 않도록 자동공정으로 실시하여야 한다.

⑤ 발효유류는 냉동 공정을 거칠 수 있다.

2.3 발효유의 유형

① 발효유 : 원유 또는 유가공품을 발효시킨 것으로 무지유고형분 3% 이상의 것을 말한다.

표 7-1. 발효유의 성분규격

항목 \ 유형	발효유	농후발효유	크림발효유	농후 크림발효유	발효버터유	발효유분말
성 상	고유의 색택과 향미를 가진 액상으로서 이미 · 이취가 없어야 한다.	고유의 색택과 향미를 가진 액상으로서 이미 · 이취가 없어야 한다.	고유의 색택과 향미를 가진 액상으로서 이미 · 이취가 없어야 한다.	고유의 색택과 향미를 가진 액상으로서 이미 · 이취가 없어야 한다.	고유의 색택과 향미를 가진 액상으로서 이미 · 이취가 없어야 한다.	고유의 색택과 향미를 가지고 이미 · 이취가 없어야 한다.
수분(%)	-	-	-	-	-	5.0 이하
유고형분(%)	-	-	-	-	-	8.5 이상
무지유 고형분(%)	3.0 이상	8.0 이상	3.0 이상	8.0 이상	8.0 이상	-
유지방(%)	-	-	8.0 이상	8.0 이상	1.5 이하	-
유산균수 또는 효모수	1 mL당 10,000,000 이상	1 mL당 100,000,000 이상 (단, 냉동제품은 10,000,000 이상)	1 mL당 10,000,000 이상	1 mL당 100,000,000 이상 (단, 냉동제품은 10,000,000 이상)	1 mL당 10,000,000 이상	-
대장균군	n=5, c=1, m=0, M=10					
비 고	n : 검사하기 위한 시료의 수 c : 허용 기준치보다 크고 최대 허용한계치보다 적거나 같은 최대 허용 시료 수. 결과가 m보다 크고 M보다 적거나 같은(> m and <M) 경우 c에 따라 적합 또는 부적합으로 판정 m : 허용 기준치로서 시료가 "만족(satisfactory)"으로 간주되는 미생물 수치로 결과가 m 이하인 제품은 적합으로 판정 M : 최대 허용한계치(acceptability threshold)로써 시료가 "불만족(unsatisfactory)"으로 간주되는 미생물 수치로 결과가 M 초과인 제품은 부적합으로 판정					

② 농후발효유 : 원유 또는 유가공품을 발효시켜 호상 또는 액상으로 한 것으로 무지유고형분 8% 이상의 것을 말한다.

③ 크림발효유 : 원유 또는 유가공품을 발효시킨 것으로 무지유고형분 3% 이상, 유지방 8% 이상의 것을 말한다.

④ 농후크림발효유 : 원유 또는 유가공품을 발효시킨 것으로 무지유고형분 8% 이상, 유지방 8% 이상의 것을 말한다.

⑤ 발효버터유 : 버터유를 발효시킨 것으로 무지유고형분 8% 이상의 것을 말한다.
⑥ 발효유분말 : 원유 또는 유가공품을 발효시켜 분말화한 것으로 유고형분 85% 이상의 것을 말한다.

발효유 가공기준 규격은 계속해서 개정되어 왔는데, 2002년에 조지방과 유지방을 구분하여 표시하였고, 2005년에 발효유분말에 대한 제품규격을 신설하였다. 2008년에는 대장균군이 음성기준이었으나, 표 7-1에 제시한 발효유 기준에서 보듯이 n=5, c=1, m=0, M=10으로 보다 현실적인 기준으로 완화되었다.

유통기한의 경우 2002년 이전에는 발효유의 경우 제조일로부터 7일이었고, 농후발효유는 10일로 정해져 있었으나, 유통기한 설정의 자율화로 인하여 현재는 유통기한을 법적으로 정해놓고 있지 않고 있다. 통상적으로 액상발효유는 10일 정도, 농후발효유는 15일 정도 유통기한을 가지고 있는데, 원유 품질의 향상과 2차 오염을 최소화시키는 제조설비 개선, 유통구조의 개선 등으로 인하여 발효유의 품질은 계속 향상되고 있기 때문에 멀지 않은 장래에 발효유의 유통기한을 미국이나 일본의 유통기한인 21일이나 그 이상까지 충분히 가능하다고 하겠다.

제품의 저장 안전성은 원유 및 공정의 개선으로 인하여 제품의 위해요소를 잘 제어할 수 있으며, 많은 유가공 공정에서 청결한 생산 공정을 가지고 있다. 발효유는 유산균이 살아 있는 식품이기 때문에 향후 저장품질 수명을 결정하는 요인은 후산발효(post acidfication)를 어떻게 억제하는가에 달려 있을 것이다. 소비자가 관능적으로 받아들이는 pH의 범위는 4.2～4.5 정도이다. 물론 첨가된 당류의 함량이나 다른 식품첨가물에 따라 좀 더 낮아질 수 있으나, 일반적으로 pH 4 이하이면 신맛이 강하기 때문에 기호성이 저하된다. 요구르트 배양 후 냉각과정, 포장공정, 저장온도 유지에 많은 관심을 기울어야 할 것이며, 유산균 또한 산생성이 높지 않은 유산균의 선별도 중요할 것이다.

3. 발효유의 역사

인류는 오래 전부터 식품의 저장성과 기호성을 향상시키기 위하여 여러 방법을 사용해 왔는데, 그 중에서도 유산균을 이용한 젖산발효 식품은 현재까지도 전 세계적으로 다양한 형태로 섭취하고 있다.

젖산 발효 식품 중에서도 발효 유제품은 기원전 3000년경부터 이용되어온 대표적 식품으로 요구르트, 발효 버터유(Cultured butter milk), 라벤(Laben), 다히(Dahi), 쿠미스(Komiss), 케피어(Kefir) 등 여러 형태로 발전해 왔다.

기원전 약 9000년경 야생에서 낱알을 얻어 농경이 시작된 이후에 염소, 양 등을 가축화시켰고, 이들로부터 고기, 털, 가죽 및 젖을 이용하였을 것으로 추정된다. 이러한 농축산물은 다른 물품과 교환하는 형태로 더욱 발전한 것으로 생각되고 있다.

그러나 동물의 젖은 다른 농산물과 달리 변질되기 쉬웠기 때문에 신선한 상태로 바로 이용하거나 좀 더 저장성이 부여된 발효된 형태로 이용되었을 것이다. 또한 양젖, 염소젖 및 산양젖은 신선한 상태로 이용하는 것보다 발효된 상태가 기호성이 더 좋기 때문에 이들 젖은 주로 발효유, 치즈 등의 형태로 발전하였다. 정확한 시기는 알 수 없으나 소 또는 물소(인도지역)와 같은 대가축의 젖은 처음 양젖이나 염소젖을 이용한 시기보다 수세대가 지난 이후로 추정된다(Kosikowski, 1997).

발효유를 의미하는 말로 응고된 우유의 이용에 관한 내용은 성경에 자주 등장한다. "아브라함이 세 명의 천사(원전에는 traveler)를 환대했을 때 그들 앞에 응고된 우유(curdled milk)와 우유(sweet milk) 그리고 발골된 송아지고기(dressed calf)를 내놓았다(창세기 18장 8절)" 여기서 영어로 번역된 성경을 보면 curdled milk와 sweet milk로 각각 씌여져 있는데 curdled milk는 발효유를 의미하고, sweet milk는 우유를 의미하는 것으로 생각된다.

Curdled milk를 치즈로 생각할 수 있으나, 치즈의 경우 우유를 응고시킨 후 압착과 숙성의 과정을 거쳐 제조되기 때문에 우유가 응고된 상태 그대로 섭취하는 요구르트로 보는 것이 더 타당할 것이다. Sweet milk의 표현은 발효되어서 신맛을 지닌 발효유보다 우유가 더 단맛을 느끼기 때문에 발효유와 발효하지 않은 우유와 구별하여 표현하기 위해서 sweet라는 말을 사용했을 것으로 짐작된다. 또한 신명기 32장 14절에는 여호와가 그 추종자들에게 허락했던 음식물에 대하여 열거하는 부분이 있는데, 소젖으로 만든 버터, 염소젖으로 만든 응고된 우유 등의 표현이 나온다.

이집트에서는 고대부터 라벤라이브(Laben raib)라는 발효유를 음용해 왔는데 라벤(laben)은 이집트말로 우유(milk)를 의미하고, 라이브(raib)는 "발효된(fermented)"을 의미한다. 발칸 반도 지역에서는 이와 유사한 식품인 야호르츠(Yaourth)로 잘 알려져 있는 발효유제품을 이용해 왔다.

알제리에서는 이집트 사람들 것과는 형태가 다소 다르지만 발효유의 일종인 레벤(Leben)을 만들어 섭취해 왔다.

우크라이나 태생의 과학자 메치니코프(Elie Metchnikoff, 1845~1916) 박사의 1904년 논문인 "응고된 우유의 관찰(Quelques Remarques sur le Lait Aigri)"을 보면, 여러 종류의 발효유가 등장하는데 이를 잠시 인용해 보면 다음과 같다.

"러시아에서는 발효유의 소비가 많은데, 2종류가 주종을 차지한다. 하나는 프로스토콰샤(Ptostokwacha)로 자연발효(*L. acidophilus* 발효)를 시킨 것이고, 다른 하나는 바레네츠(Varenetz ; 우크라이나 지역에서는 Ryazhenka로 불림)로 우유를 끓인 후 발효 물을 접종하여 제조된 것이다. 또한 남아프리카에서는 일부 흑인부족들은 발효유를 주식으로 이용해 왔으며, 앙골라의 남부지역의 원주민들은 우유만을 주식으로 살고 있다. 그들은 시고 응고된 우유가 그들의 주식임에도 불구하고 크림을 그들의 피부에 연고로써 쓴다"고 기술하고 있다. 이미 오래 전부터 발효유를 식품 이외의 치료 목적의 약품으로 사용이 되었던 것 같다.

또한 이 논문에는 "나는 살균 우유에 유산균을 접종시켜 만든 발효유를 최근 7년간 음용하였는데 아주 만족을 하고 있다. 장 질환으로 고생하고 있는 몇몇 친구들 특히 나의 조언에 따라 음용한 환자들은 아주 만족을 하고 있다. 나는 젖산 발효물이 장내 부패를 억제시키는데 매우 유익한 작용을 할 수 있다고 믿는다. 그러나 이러한 미생물이 노화를 방지하고 수명을 결정짓는 특성을 가지고 있다는 생각에 대해서는 부인한다. 현 상황에서 논의될 수 없는 문제이기 때문이다" 로 기술되어 있다.

발효유에 대한 메치니코프의 확신은 그의 일기에 자세히 나타나 있는데 조금 인용해 보면, "의심할 여지도 없이 나의 심장은 유전적으로 나쁜 것 같은데, 심장에 대한 고통은 어렸을 때부터 느껴 왔다. 33세 때에는 몇 발자국을 걸어도 쉬어야 할 정도로 고통이 있었던 적도 있었다. 선천적 동맥경화 진단은 53세 때 받았는데 나는 식이요법을 했다. 나는 주기적으로 유산균을 넣어 발효시킨 발효유를 수년 동안 먹어왔다. 현재 내 건강 상태는 매우 만족스럽다"

그림 7-1. 메치니코프 박사(좌) 및 1904년 발표된 논문(우)

메치니코프의 아내인 올가(Olga Metchnikoff) 역시 생물학을 전공한 학자로 1921년 쓴 메치니코프의 자서전(Life of Elie Metchnikoff)에 "남편은 살균하지 않은 음식을 절대 먹지 못하게 늘 입버릇처럼 이야기 했는데, 발효유는 살균을 하지 않고 그대로 먹는 것을 보고 무척 의아하게 생각했다"고 회고하였다.

발효유와 유산균의 상업적인 홍보에 많이 이용된 메치니코르프의 발효유(또는 유산균) 불로장수설이란 말은 다소 표현이 과장된 것으로 메치니코프는 불로 장수설을 주장하지 않았다. 다만 메치니코프는 유산균과 유산균이 만들어 내는 젖산이 인체에 유익하다는 점을 강조했을 뿐이다.

이상과 같이 오랜 역사를 지닌 발효유는 19세기 말부터 발효유에 관계하는 유산균들의 규명과 인체에 대한 장내 미생물의 과학적 연구를 통하여 비로소 학문적인 체계가 잡혔으며, 당시에 불가리아 지방의 발효유에 여러 종류의 미생물과 효모가 존재함을 알고 있었다. 1905년 그리고로프(Grigoroff)는 불가리아 지역에서 사용되는 발효유 스타터에서 2종류의 미생물을 분리하였는데 그 중 하나를 바실러스 불가리쿠스로 명명하였다.

발효유 효능의 과학적 규명은 성인병과 같은 질병이 증가하기 시작하는 1950년대에 들어와서야 비로소 부활하기 시작하여 현재까지 많은 연구논문과 유산균을 이용한 신 개발품의 출현을 가져오게 하였다.

발효유의 산업화는 1919년 스페인 사업가인 카라소(Carasso)가 바르셀로나 지역에 발효유 제조공장을 설립하면서부터 발효유의 산업적 생산이 시작되었다. 이 제품은 훗날 다농(Danone)이라는 제품으로 발전한다. 그 후에 1935년 일본에서 전통적인 발효유 형태가 아닌 유산균 음료의 형태로 야쿠르트(Yakult)라는 제품이 출시되었는데, 이 제품은 훗날 국내 발효유 규격의 기초가 된다.

4. 국내 발효유시장

우리나라에서 발효유가 처음으로 소개된 것은 1971년 한국야쿠르트가 "야쿠르트"란 상표로 65 mL의 발효유를 판매하면서부터 시작되었고, 그 후 남양유업, 매일유업, 서울우유 등에서 유사한 발효유를 생산하여 소비자들에게 발효유의 음용을 확대시켰다. 농후발효유는 1980년 삼양식품에서 미국의 카네이션사와 기술 제휴로 "요거트"라는 상표로 최초로 시판하였고, 그 후에 1983년 빙그레가 프랑스에서 만든 세계적인 농후발효유 "요플레(Yoplait)"라는 상품을 국내에서 제조하여 판매하기 시작하였다. 당시에는 농후발효유의 판매 실적은 매우 저조하였는데, 1988년 한국야쿠르트에서 "슈퍼-100", 1989년 매일유업에서 "바이오거트", 1990년 남양유업의 "꼬모"와 서울우유의

“요델리”를 시판하면서 농후 발효유 시장의 급속한 확대가 이루어지기 시작하였다. 이때까지는 주로 떠먹는 형태의 농후발효유와 상대적으로 값이 저렴한 발효유가 각각 시장을 나누어서 점유하였으나, 90년대에 들어오면서 시장 경쟁이 치열해짐에 따라 기능성을 강조한 유산균이 중요한 요소로 자리를 잡았다. 서울올림픽 이전까지만 해도 발효유에 이용되는 유산균으로 락토바실러스 카제이(*L. casei*) 및 스트렙토코커스 써모필러스(*Str. thermophilus*)와 락토바실러스 불가리쿠스(*L. bulgaricus*)의 혼합스타터가 이용되었으나, 비피도박테리아(*Bifidobacterium infantis*)가 첨가된 농후 발효유를 매일유업에서 1989년 처음 시판한 이래로 현재는 많은 발효유에서 다양한 종류의 비피도박테리아(*B. longum, B. bifidum* 등)가 사용되고 있다.

통상적으로 떠먹는 타입의 농후 발효유를 호상발효유로 부르고, 마시는 타입의 농후 발효유를 드링크 발효유로 분류해서 무지유고형분 함량이 3% 이상인 액상발효유와 구별시키고 있다. 농후발효유의 법적규격을 만족시키면서 마시는 형태로 개발된 드링크 발효유는 150 mL가 주종을 이루는데, 파스퇴르유업에서 1988년 6월 처음 만들어 시판한 이래로 드링크 발효유의 표준이 되었다. 그 후에 매일유업을 포함한 주요 유가공 회사에서 드링크 타입을 판매하였다.

드링크 형태의 발효유는 농후발효유의 풍부한 영양물질을 함유하고 있을 뿐 아니라 호상발효유와 달리 떠먹는 불편함과 번거로움 없이 간편하게 마실 수 있다는 장점으로 현재 국내 발효시장의 대표적 제품으로 자리매김을 하였다.

식이섬유, 올리고당, 비타민, 칼슘, 철 등을 강화시켜 기능성 소재를 보강하였을 뿐 아니라 변비, 위, 간 기능 개선 등의 건강적인 측면을 강조하면서 드링크발효유 시장은 더욱 활기를 띠고 있다. 드링크발효유의 성공으로 상대적으로 위축되고 있는 호상발효유는 대부분 스터드 타입(stirred type)으로 생산되지만, 최근 매일유업에서 세트 타입의 부드러운 조직감을 지닌 호상발효유를 시판하여 세트요구르트 시장을 새롭게 개척하고 있어 향후 호상요구르트 시장의 확대가 기대된다.

국내 발효유의 1인당 소비는 그림 7-2에서 보는 바와 같이 1981년에 2.1 kg에 불과하였으나, 계속 증가하여 1997년도에는 14.2 kg에 이르렀다. 그러나 그 후 감소하여 2009년 현재 9 kg 정도로 집계되었다. 국제낙농연맹에서 발간된 자료를 보면 2008년 1인당 발효유 소비의 경우 미국은 5.5 kg, 캐나다는 8.2 kg로 나타나 우리나라 소비량보다 낮았다. 그러나 일본(20.8 kg), 노르웨이(25.7 kg), 스위스(32.1 kg) 보다는 턱없이 낮은 소비량이다.

2000년대에 들어와서는 발효유 시장이 성숙되면서 소비자의 기호성을 증진시키기 위한 다양한 과일이 사용되었고 기능성이 검증된 각종 식품첨가물을 경쟁적으로 사용하기 시작하였다. 발효유 제조에 사용되는 유산균도 2～3종류에서 3～5종류의 인

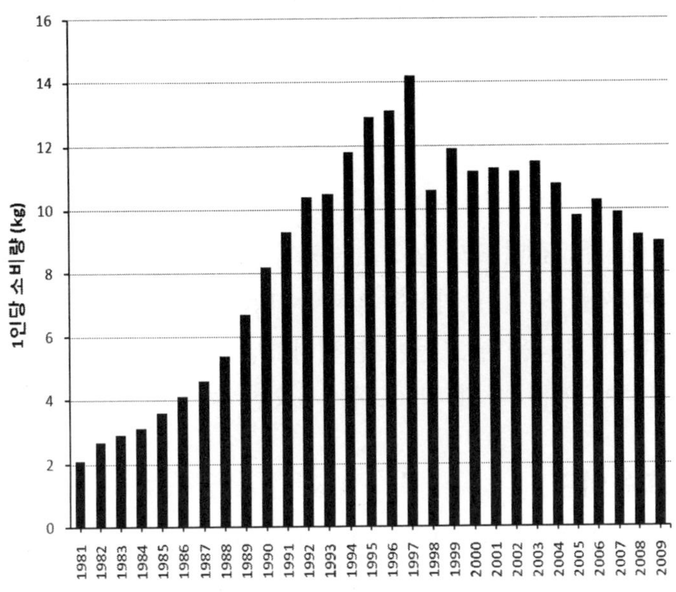

그림 7-2. 국내 발효유 1인당 소비량

체에 유용한 복합 유산균이 사용된 제품이 생산되고 있으며, 임상실험에서 입증된 각종 발효유도 시판되고 있다. 한국에서 개발된 드링크발효유는 세계적인 유가공회사인 다농(프랑스)이 단액티브라는 이름으로 유럽에 처음 출시하는데 결정적인 영향을 줄 정도로 세계적인 수준에 이르렀다. 발효유제품이 서양에서 유래된 식품이지만 오히려 유럽이나 미국보다 더 건강기능성과 유용 유산균이 함유된 다양한 형태의 발효유를 국내에서 생산하고 있는 것이다.

이러한 노력에도 불구하고 1인당 발효유 소비는 점차 하락하였는데, 발효유를 대체하는 여러 기능성 식품들 때문이지만, 자신의 발효유 제품만이 우수하다는 이전투구식 제품 개발과 광고도 소비자들이 외면하는데 한 몫을 했을 것이다. 향후에 낙농가, 산업체, 소비자가 서로 윈윈할 수 있는 새로운 제품전략을 모색한다면 발효유의 소비가 확대될 것이라고 확신한다.

5. 발효유 제품동향

발효유에 요구되고 있는 특성은 건강에 대한 효과와 높은 영양가치이다. 따라서 발효유의 소비는 유행에 좌우되는 경우가 비교적 적다고 할 수 있다. 그러나 기능성을 강화시킨 각종 음료와 기타 건강식품의 출현으로 이들과의 경계선이 점점 희미해짐으로써 발효유와 시장에서 직접적인 경쟁을 하고 있다.

현재 발효유의 제품 동향은 발효유의 건강 우수성을 더욱 부각시키고, 소비자의 기호성을 만족시키는 제품으로 생산되고 있으며 그 특성을 요약하면 다음과 같다.

1) 저감미화이다.

성인병에 대한 관심은 감미도가 높고, 설탕에 대한 기피현상으로 나타나고 있다. 따라서 많은 발효유 제품 역시 감미도를 낮추는 방향으로 설정하고 있다. 유당분해효소를 이용하여 원유의 유당을 발효전에 분해시키면 단맛이 증가되는 기술을 이용한 제품도 있으며, 열량이 없는 대체 감미료를 사용한 제품도 출시되고 있다.

2) 무지방 발효유이다.

Cholesterol과 열량에 현대 소비자는 매우 민감하다. 지방함량이 높은 식품과 열량이 높은 식품을 기피하고, 지방함량과 열량이 낮은 식품을 선호하게 되었다. 이런 경향은 발효유에도 파급되어 현재 유럽과 미국에서는 저지방, 무지방 요구르트가 주종을 이루게 되었다. 그러나 유지방은 제품의 물성학적 및 기호적인 측면에서 매우 중요한 성분이기 때문에 이를 적절하게 대체하는 제품 제조기술이 필요하다.

3) 건강기능화이다.

과거에는 비피더스균과 올리고당을 첨가함으로써 건강증진에 대한 소비자의 욕구를 충족시켜왔으나, 이제는 식이섬유, 올리고당, 비타민 철분, 칼슘은 많은 발효유제 첨가되고 있다. 여기에 생리적으로 효능이 입증된 여러 천연물들을 소량 첨가하거나 사람을 상대로 임상효능실험을 거친 발효유도 판매되고 있다.

그러나 이러한 경향은 결코 바람직하지 않다. 건강에 좀 더 유익하다는 미명아래 첨가된 첨가물들은 궁극적으로 발효유 제품가격을 인상시켜 소비자에게 부담시키는 역효과가 생기기 때문이다. 과거부터 줄곧 우리와 함께 했던 발효유는 남녀노소가 부담 없이 항시 섭취할 수 있는 국민적 식품이 되어야 하며, 이것이야 말로 메치니코프가 생각했던 진정한 의미의 발효유가 되는 길일 것이다.

6. 발효유 제조공정

일반적으로 산업적 측면에서는 유산균 종류별 분류보다는 요구르트의 발효 형태별 분류가 일반적으로 사용되고 있는데, 호상발효유 중에서 발효 순서의 차이에 따라

세트타입(set type)과 스터드타입(stirred type)으로 구분되며, 마시는 타입인 드링크 발효유 그리고 아이스크림과 유사한 냉동발효유(Frozen yoghurt), 유청을 제거하여 치즈와 유사한 농축발효유로 분류할 수 있다.

이러한 다양한 형태의 발효유가 있지만, 그 생산기술은 매우 유사하며, 단지 발효공정과 발효 후 공정에 약간 차이가 있을 뿐이다. 발효유 종류별 제조공정은 그림 7-3과 같다.

6.1 발효유 제조를 위한 원유의 처리공정

발효유 종류별 제조공정이 다소 차이가 있으나 원료유의 표준화·살균·균질은 발효유의 종류와 관계없이 동일한 공정을 거치며, 자세한 공정순서는 그림 7-4에 나타낸 바와 같다.

1) 원료유의 선별

발효유 제조에 사용되는 원료유는 주로 소·염소·양의 젖이 사용되며, 낙타나 버펄로(buffalo)의 젖으로도 가능하다. 원료유의 지방함량은 일반적으로 각 나라마다의 법적기준이나 소비자의 기호에 따라 조정되기 때문에 나라마다 다양한 편이다. 발효유 제조시 항생물질이나 세균수 및 체세포수 등을 검사하여 발효유 제조에 적합한 원유만을 선별한다.

원유에 잔존하는 항생물질은 요구르트·치즈 등과 같은 발효 유제품에 많은 문제

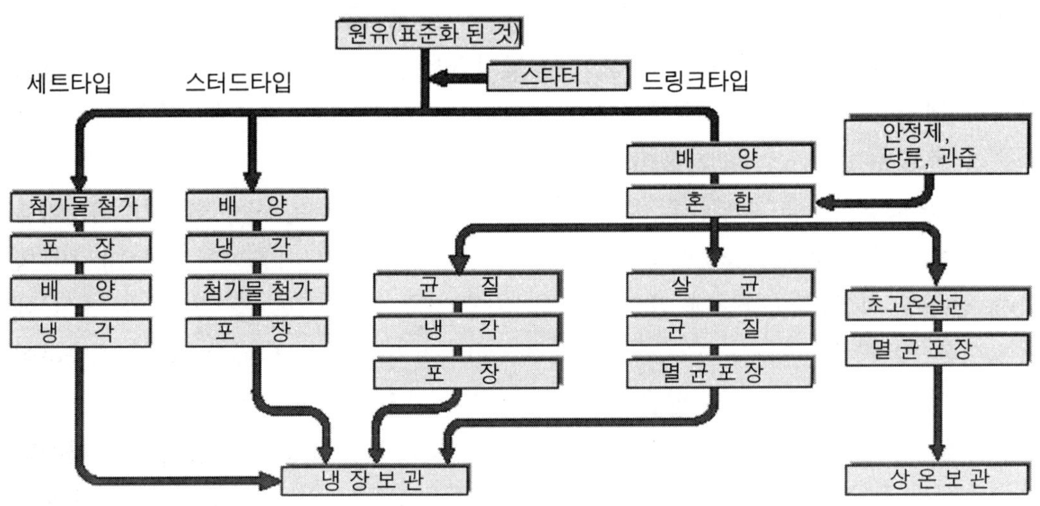

그림 7-3. 발효유 종류별 공정

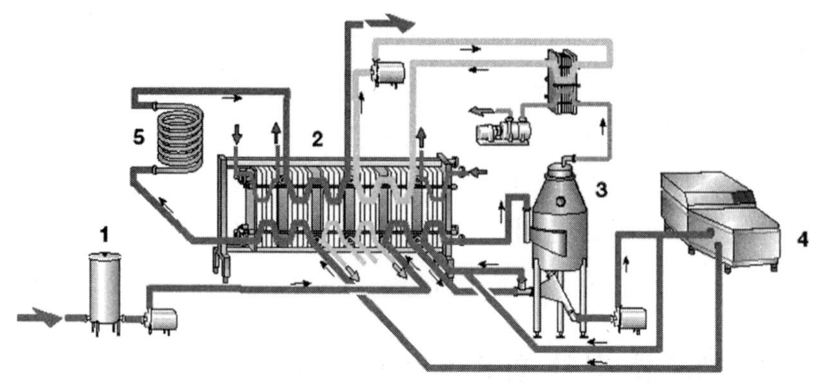

그림 7-4. 발효유 생산을 위한 원료유의 일반적인 처리공정

1. 발란스(Balance) 탱크
2. 열교환기
3. 농축기
4. 균질기
5. Holding 튜브

를 야기시키는데, 특히 유산균의 성장과 증식을 지연시키며 젖산생성의 저하 및 발효제품의 풍미와 조직감에 영향을 준다고 알려져 왔다. 유방염 치료에 투여되는 항생물질은 유선조직, 혈액으로부터 원유로 이행되기 때문에 주의를 기울어야 한다. 현재 국내에서 유방염 치료제로 사용되는 항생제는 수종의 항생제가 같이 혼합되어 있는 복합 항생제가 주로 이용되고 있는데, β-lactam, sulfa제, tetracyclines, aminoglycosides, chlorampenicol, marcrolides, quinolones 등이 치료제로 사용되고 있는 주요 항생물질이다. 대부분의 유가공 공장에서는 이러한 유방염 치료제로부터 유래되어 우유에 잔존하는 항생물질을 검출하는 시험을 실시하고 있다.

최근에는 낙농가의 사양관리 수준이 높아지면서 낙농가 스스로 항생제의 사용을 엄격히 제한하고 있으며, 다른 정상유와 혼입이 되지 않도록 주의를 기울이는 등의 원유의 품질유지에 노력을 기울이고 있다.

일반적으로 원유 중 항생물질 검사에는 특정 유산균을 이용하여 발효가 되는가를 평가하는 TTC(Triphenyltetrazolium chloride) 방법이 널리 사용되어 왔는데, 이 방법은 원유에 시험균액(항생제 감수성이 높은 *Str. thermophilus*)을 접종하여 37℃에서 2시간 배양시킨 후 4% TTC 시약을 0.3 mL 첨가하여 37℃에서 30분 배양하여 적색을 띠면 음성, 발색되지 않은 것을 양성으로 판정하는 방법이다.

최근에는 검출시간을 단축하고 검출한계를 증진시키기 위하여 상업적으로 판매되는 AIM-96, DELVO SP, DELVO X-PRESS, T 101, Charm II, LacTek, INDEXX, PENZYME III 등의 사용이 확대되고 있다. 그러나 이러한 방법들은 유가공 공장에서 손쉽게 사용할 수 있는 장점이 있으나, 수많은 계열의 항생물질을 전부 검출되는 것이 아니라 특정 계열의 항생물질에 국한 되고 있는 점이 단점이다.

2) 원료유의 표준화

표준화 작업은 목적하고자 하는 고형분의 농도를 조정하는 작업을 말한다. 원유의 고형분 함량을 높이는 이유는 발효유의 조직감이 개선되고, 유청분리 현상이 줄어들며, 발효과정 중 산생성이 약간 감소하여 부드러운 맛을 주는 장점이 있다.

또한 상업적으로 시판되는 농후발효유에는 요구르트 배양액에 과일잼 등을 10~20% 정도로 첨가하기 때문에 법적기준의 무지유고형분 함량을 충족시키기 위해서 원유의 고형분 조정은 필요하다. 일부 국가에서는 통상적으로 제품 내 고형분 함량을 15%로 강화시킨다.

표준화 방법으로는 지방을 제거하거나, 탈지분유 혹은 전지분유를 혼합하기도 하고, 농축기(evaporator)를 사용하기도 한다. 원유의 수분을 농축기로 10~20% 증발시키면 상대적으로 고형분 함량이 1.5~3% 정도 상승하게 된다. 농축기를 이용하면 원유의 신선함을 그대로 유지할 수 있다는 장점이 있으나, 국내에서는 탈지분유를 사용하여 고형분을 조정하는 것이 보편적으로 사용된다.

원유에 일정량의 탈지분유를 첨가하는데 첨가수준은 발효유의 종류에 따라 다르며, 제조공정의 효율성을 고려하여 결정한다. 액상발효유의 경우 무지유고형분을 16%로 하는 것이 보편화되어 있으며, 농후발효유의 경우 원료유의 무지유고형분 함량은 11~12%가 적절하다. 계산방법은 Pearson square 방법을 사용한다. 탱크에 탈지분유를 용해시킨 후 제품의 종류에 따라서 안정제를 첨가하기도 한다. 이는 요구르트 배양액의 유청분리 현상을 방지하고자 하는 것으로 주로 펙틴(pectin)이 많이 사용된다.

예 우유에 탈지분유를 첨가하여 무지유고형분의 함량을 12%로 조정하여 원료유 1 kg을 만들려고 한다. 혼합되는 우유와 탈지분유의 양을 구하면? 이때 우유의 무지유고형분을 8.5%, 탈지분유의 무지유고형분을 95%로 놓고 계산한다.

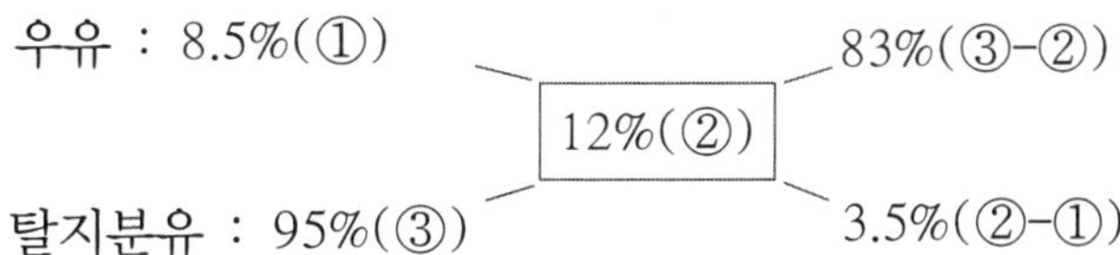

우유의 양은 83 / (83+3.5)의 비율로 첨가하고 탈지분유의 양은 3.5 / (83+3.5)의 비율로 혼합한다. 즉, 전체 1 kg에서 95.95%인 959.5 g의 우유와 탈지분유 40.5 g (4.05%)를 각각 혼합하면 12%의 무지유고형분 원료유 1.0 kg이 만들어진다. 공장에

서는 발효탱크의 용량이 3000～12000 kg 정도이므로 각 탱크의 용량에 따라 계산하면 된다.

3) 원료유의 균질 및 살균

균질은 요구르트 커드의 조직을 개선하고 유청분리 현상을 감소시키는 장점이 있다. 또한 원료유의 조제 시 탱크 내에서 첨가된 탈지분유·설탕·펙틴 등의 여러 첨가물을 용해시키지만, 균질공정을 실시함으로써 여러 첨가물의 용해 및 분산을 도와주기도 한다.

원료유의 제조가 완료되면 고온살균(HTST) 또는 초고온순간살균(UHT)으로 원료유의 미생물을 사멸시킨다. 우유 내에 존재하는 병원성 균은 열처리에 의하여 완전히 사멸된다. 가정에서 소규모로 제조하거나, 실험실적으로 수행할 경우에는 탈지분유를 첨가한 우유를 100°C 끓는 물에 20～30분 중탕시켜 미생물학적 안전성을 확보할 수 있다.

그림 7-4에서 보는 바와 같이 열처리 후 holding 튜브(5)를 거치는 공정이 있는데, 일반적으로 80～85℃에서 30분간 처리한다. 이는 우유 중에 존재하는 유청단백질의 변성을 인위적으로 유도시키고자 수행하는데, 호상발효유의 점성을 증가시키는 효과가 있으며, 액상발효유나 드링크발효유에서는 최종제품에서 단백질의 침전을 방지하고자 수행한다.

균질은 조직을 개선하고 유청분리 현상을 감소시키며, 혹시 발생할 수 있는 덩어리 형성을 줄이기 위하여 사용된다. 열처리는 일반적으로 80～85℃에서 30분간 처리하며, 요구르트의 점도를 증가시키고 조직을 개선하는데 중요하다.

4) 스타터 접종

스타터는 발효를 시작하기 위하여 첨가되는 유산균을 말하는데 배양탱크에 접종 전에 유산균 활력을 유지시켜 놓아야 한다. 일반적으로 멸균된 환원탈지유배지(10%)에 유산균(*Str. thermophilus*와 *L. bulgaricus*)을 각각 접종하여 *Str. thermophilus*은 43℃에서, *L. bulgaricus*는 37℃에서 15～18시간 배양시켜 얻어진 균액을 스타터로 사용한다.

살균이 끝나고 40℃로 냉각된 원료유에 미리 제조된 스타터를 1%씩 접종한다. 최근에는 동결 건조된 종균을 사용하는데 상업적으로 판매되는 동결건조 스타터를 DVS(Direct Vatch Set)라 하며 g당 10^{11}～10^{12} CFU(colony forming unit)의 아주 높은 생균수를 지니기 때문에 0.01～0.02% 수준으로 접종한다.

5) 배양 및 냉각

유산균이 접종된 우유는 통상적으로 배양온도 40~42℃에서 6시간 이내에 배양이 완료되는 단기배양 방법이 이용된다. 통상적으로 유산균을 접종하고, 배양온도 40~42℃에서 6시간 이내에 배양이 완료되는 단기배양 방법이 이용되지만, 요구르트의 풍미를 개선하고 기능성 유산균의 생육을 위하여 32~37℃에서 10~24시간 정도 배양하기도 한다.

세트 요구르트(set yogurt)의 경우 완제품 용기에 요구르트 믹스가 담겨서 배양이 이루어지며, 배양은 항온수조나 온도가 조절되는 배양실, 또는 가온 터널을 통과하면서 이루어진다. 스터드 요구르트(stirred yogurt)는 배양조에서 배양이 이루어진다. 배양액의 pH가 4.5 부근에 다다르면 배양을 종료하고 바로 냉각을 하여야 한다. 이는 후산발효를 억제시켜 배양액의 pH 저하를 막기 위함이다.

6) 후산발효

발효유의 품질에 영향을 주는 요소는 외부요인과 내부요인으로 구분할 수 있는데, 외부요인으로는 온도·산소·빛·포장재 및 저장기간 등을 들 수 있으며, 내부요인으로는 후산발효(post-acidification, after-acidification 또는 over-ripening), 배양액의 조직과 점도, 향미 및 색상 등을 들 수 있다. 이 중에서도 후산발효는 정상적으로 배양이 완료된 경우에도 진행되기 때문에 최종제품의 관능적 품질에 영향을 직접적으로 미치며, 5℃ 이하의 저장 중에도 후산발효는 진행된다. 일반적으로 *Str. thermophilus* 의 산 생성은 pH 3.9~4.3에서, *L. bulgaricus* 는 pH 3.5~3.8에서 멈추므로 pH 4.0 이하에서의 산 생성에는 *L. bulgaricus* 가 주로 작용한다.

후산발효는 다음과 같이 3단계로 나눌 수 있다. 배양온도에서 상온(약 20℃ 내외)까지 냉각시키는 과정 중에 유산이 생성되는 첫 단계에는 산 생성력이 강력한 균주일수록 발효완료 후에도 충분한 냉각상태에 이르기까지 다량의 산을 생성한다. 이 단계에서는 세균증식과 효소활성 두 가지 작용에 의해 산이 생성된다.

다음으로 상온에서 10℃ 내외의 온도까지 냉각하는 단계에서 산이 생성되는데, 이는 균주의 효소활성(lactate dehydrogenase)에 의한 것이다. 이 효소활성은 냉각온도가 더욱 낮아지면서 서서히 불활성화 된다. 마지막으로 냉장저장(0~7℃) 중에도 산이 생성되는데, 이 단계에서의 산 생성은 서서히 진행되며, 완료 배양액의 pH에 따라 달라진다. 즉, pH 또는 기타 요인에 대한 효소의 감수성 차이에 따라 산 생성량에 큰 영향을 미친다.

일반적으로 배양완료액의 pH가 높은 경우 pH가 낮은 경우보다 후산 생성이 강하게 일어난다. 산 생성이 약한 균주를 사용한다는 것은 요구르트의 유통과정 중 품질 안정 측면에서 매우 중요하다.

6.2 호상발효유 공정설비

숟가락을 사용해서 밥을 먹는 것과 같이 점성이 높아 떠먹는 형태의 발효유를 호상발효유라 부르고 있다. 스터드타입과 세트타입이 있으며, 국내에서는 스터드타입이 절대적으로 많이 생산되고 있으므로 호상발효유는 스터드타입을 의미한다고 해도 과언이 아니다. 드링크요구르트와 더불어 국내 농후발효유의 대표적인 타입이다.

1) 스터드 요구르트(Stirred yogurt)

스터드 요구르트는 배양조에서 배양이 이루어지며, 원하는 조직이나 물성을 얻을 수 있다. 그리고 소비자의 기호에 따라 딸기나 복숭아와 같은 과일 및 견과류 또는 곡류를 첨가하여 제조한다. 상업적으로 판매되는 요플레, 슈퍼-100, 바이오거트 등이 여기에 속한다. 스터드 요구르트 제조공정은 그림 7-5에 나타낸 바와 같다.

2) 세트 요구르트(Set yogurt)

부드럽고 매끈한 조직을 가진 것이 특징으로 용기에 유산균이 접종된 우유를 담고 배양을 하는 공정을 통하여 생산이 된다. 즉, 완제품 용기에 담겨서 배양이 이루어지며, 배양은 항온수조나 온도가 조절되는 배양실, 또는 가온 터널을 통과하면서 이루어진다. 국내에서는 매일유업에서 2009년 퓨어라는 제품으로 처음 생산하였는데 소비자의 반응이 좋아 다른 유업체에서도 생산을 준비하고 있다.

3) 호상발효유의 조직감 평가

호상발효유는 액상과 드링크 발효유와는 달리 조직감이 중요한 요소이다. 조직감을 평가하기 위해서는 관능적 평가와 기계적 평가로 구분되며, 많은 유가공공장에서는 기계적 측정방법에 의하여 점성을 평가한다.

Szczesniak(1962)은 식품의 조직감이란 물체를 구성하는 각 요소들의 성질이 종합되어 생리적 감각에 작용하는 것이라고 정의하였으며, 이런 특성들을 기계적인 요소와 기하학적인 요소로 구분하였다. 기계적인 요소로는 경도(hardness), 응집성(cohesiveness), 점도(viscosity), 탄성(elasticity), 부착성(adhesiveness)의 5가지 기본 요소 외에 2차적 요소인 깨짐성(brittleness), 씹힘성(chewiness), 껌성(gumminess)으로 분류할 수 있다고 하였다. 결국 이러한 관능적 요소의 정량적 표현은 여기에 관여하는

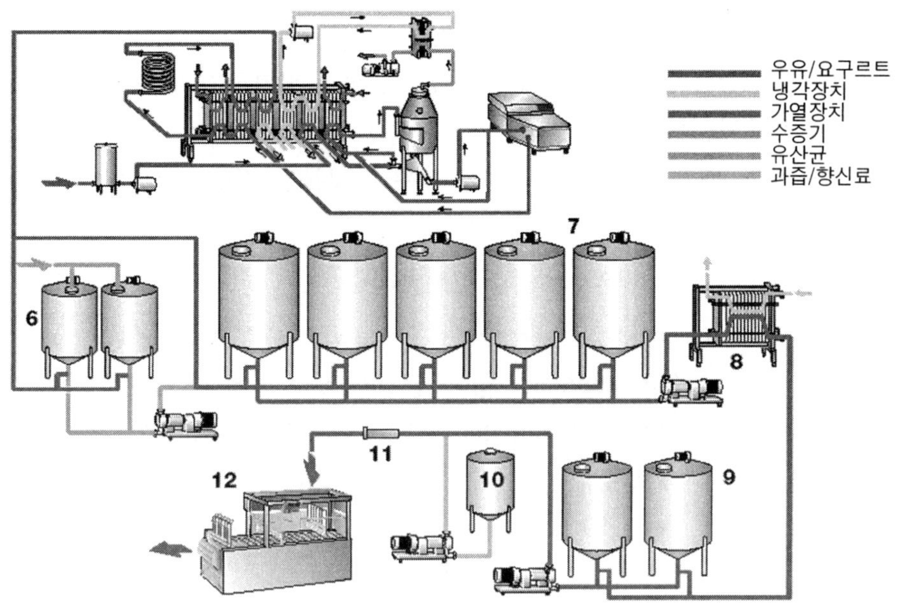

그림 7-5. 스터드 요구르트 제조설비

6. 벌크스타터 탱크   9. 버퍼탱크   12. 포장기
7. 배양탱크   10. 과즙/향신료 탱크
8. 냉각기   11. 혼합기

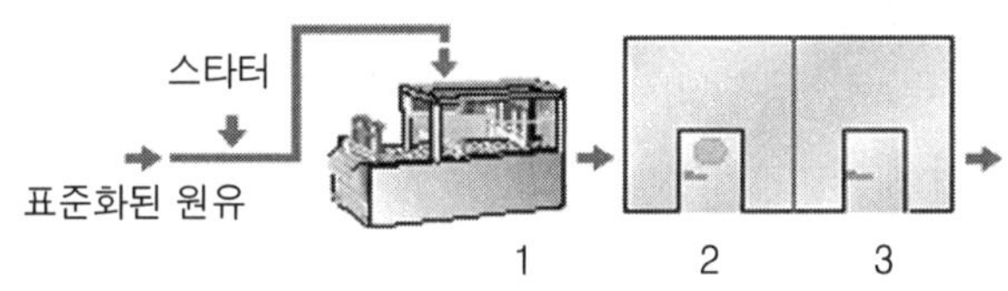

그림 7-6. 세트 요구르트 제조설비

1. 컵충진기, 2. 배양실, 3. 냉각실

요소가 너무 복잡하게 연관되어 있어 식품의 종류에 따라 몇몇 중요한 특성의 수치를 관능적 혹은 기계적인 측정에 의하여 얻어진 결과로서 총체적으로 묘사하고 있다.

호상발효유에 주로 사용되는 방법은 다음과 같다.

① **점도(viscosity)** : 회전형 점도계(Rotational viscometer; Brookefield LVT-DVII, U.S.A)로 스핀들 No. 4를 사용하여 변형력(shear rate) 14.68 sec^{-1}(20℃)

의 조건에서 1분 후의 측정값을 cps로 표시한다.

② **점조도**(consistency) : 토마토 캐첩의 흐름성을 평가하기 위하여 고안된 것이지만 발효유에도 적용이 가능하다. 점조도측정기(Consistometer; Bostwick, U.S.A)를 사용하여 20℃의 시료를 일정량 담은 후 2분간 진행된 시료의 거리(mm)를 측정한다.

③ **기계적 요소** : 압착 반복실험에서 얻어진 힘-거리 곡선(force-distance curve)으로부터 경도(hardness), 부착성(adhesiveness), 응집성(cohesiveness), 탄력성(springiness), 껌성(gumminess) 등을 산출한다. 여기에 사용되는 장치로는 인스트론(Instron), 레오미터(Rheometer) 등을 들 수 있다. 측정조건은 사용된 기계에 따라 다르며, 레오미터의 경우 조작조건은 최대 하중 200 g, table speed 100 mm/min., chart speed 50 mm/min.로 하여 단면적 490.87 mm^2의 원통형 탐침을 이용하여 시료를 15 mm 깊이까지 압착시킨다.

4) 드링크 요구르트(Drinking yogurt)

호상발효유와 생산공정이 유사하지만, 배양액에 대한 균질공정이 발효 이후에 있다는 점이 다르다. 즉 원유를 살균하고 유산균을 접종시켜 배양탱크에서 배양한 다음 냉각공정까지는 동일한 과정을 거친다. 여기에 균질기를 이용하여 요구르트 커드를 액화시킨 후 포장용기에 담는 작업이 다를 뿐이다(그림 7-7). 국내에서는 매출규모로 가장 큰 시장을 형성하고 있는 형태이다.

얼마 전까지만 해도 150 mL 용량의 농후발효유가 드링크발효유의 표준으로 주로 고가의 발효유제품이 여기에 속하였지만, 발효유 규격으로 판매되는 제품도 있다. 상업적으로 판매되는 제품으로는 불가리스, 칸, 메치니코프, 구트 등이 여기에 속한다.

최근에는 과즙이나 물로 요구르트 배양액을 희석하여 발효유 규격으로 허가를 받았으나, 150 mL 용량에 포장과 제품명도 농후발효유와 유사하게 만들어 소비자들이 농후발효유로 오인하는 경우도 있다. 이런 제품들은 제조단가가 저렴해서 주로 대형 소매점에서 농후발효유 판매 시 무료로 제공되는 경우가 많다. 농후발효유 규격이 아닌 발효유 규격으로 제조된 유사드링크 제품들은 궁극적으로 드링크발효유의 품질 저하를 야기시켜 소비자의 신뢰와 제품의 수명을 단축시키는 부정적 효과를 가져 올 수 있기 때문에 산업체에서는 유의를 해야 할 것이다.

5) 냉동 요구르트(Frozen yogurt)

요구르트 배양액을 냉동시켜 아이스크림 형태로 만든 것으로 아이스크림의 부드러

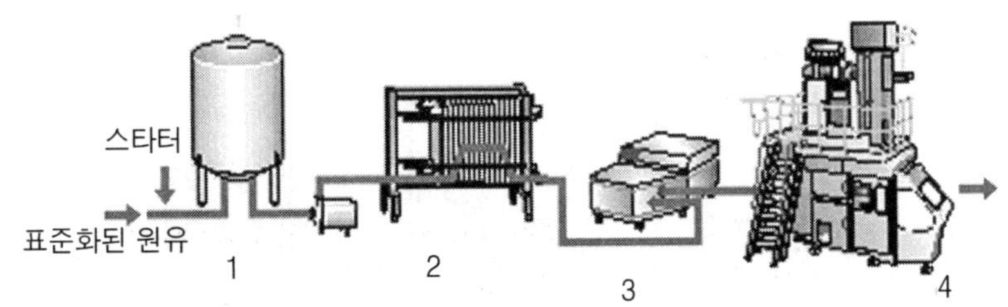

그림 7-7. 드링크 요구르트 제조설비
1. 배양탱크, 2. 냉각기, 3. 균질기, 4. 충전기

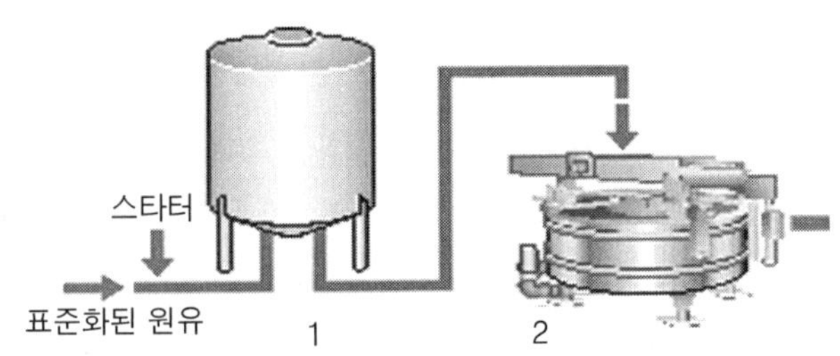

그림 7-8. 냉동 요구르트 제조설비
1. 배양탱크, 2. 아이스크림 냉동기

운 조직감에 유산균의 건강효과를 혼합시킨 것이다. 국내에서는 아이스크림과 같이 일정용기에 담아 유통되는 형태는 아주 미미한 반면, 소프트 아이스크림처럼 즉석에서 판매하는 형태는 점차 자리를 잡아가고 있다.

냉동요구르트 역시 스터드 요구르트 제조공정과 유사하며, 배양이 완료된 균액을 냉동기에서 얼린 후 포장하는 공정이 다르다(그림 7-8).

6) 농축 요구르트(Concentrated yogurt)

아직 국내에서는 생산되고 있지 않은 제품군으로 요구르트 배양액을 크림분리기를 이용하여 유청을 제거하여 만든 발효유이다. 그러나 유가공공장에서 일반적으로 사용되는 크림분리기를 이용하기 때문에 기존의 장치를 사용할 수 있다는 점에서 손쉽게 생산할 수 있어 조만간 제품으로 출시될 것으로 보인다.

7) 액상 발효유

우리나라에서는 발효유 규격에 해당되며 발효유의 대부분을 차지하는 종류이지만 해외에서는 발효유 음료(yogurt beverage)로 더 잘 알려져 있다. 무지유고형분 3%

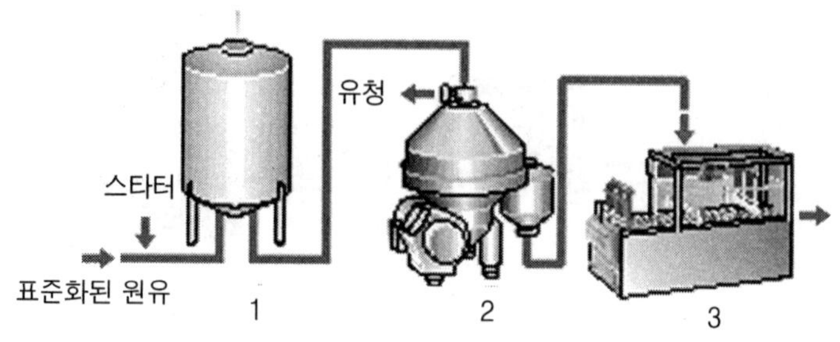

그림 7-9. 농축 요구르트 제조설비
1. 배양탱크, 2. 크림분리기, 3. 컵충진기

이상의 기준은 우유의 무지유고형분 8% 보다 낮기 때문에 물을 타서 희석시켜 유고형분을 조정한다. 일반적으로 14~16% 정도로 무지유고형분을 높인 후에 초고온살균(UHT)이나 100℃에서 90분간 살균을 한다. 100℃ 90분 살균은 야쿠르트(일본)에서 오래 전부터 사용하는 방법으로 우유 단백질을 완전히 변성 혹은 분해시켜 낮은 pH에서의 침전을 방지하고 배양액의 색을 갈색으로 만들어 식감을 얻기 위해 사용되어 왔는데, 국내에서도 이를 도입하여 사용하고 있는 것이다.

그 후에 유산균을 접종하여 발효를 시킨 다음 고과당이나 설탕 시럽을 1:1로 섞어준 다음 물과 다시 1:1 로 혼합하여 처음 배양액 무지유고형분의 1/4이 되도록 조정된다. 일반적으로 65 mL의 용량으로 판매되어 우리나라 발효유의 주류이지만 당분이 많이 들어가 있어 어린이 계층에서 선호한다. 65 mL 이외에도 비타민 이나 무기질을 보강한 80 mL 용량으로 판매가 되기도 한다. 야쿠르트, 서울우유요구르트, 남양요구르트, 매일요구르트 등과 같이 회사이름이 들어가 있는 간판 제품으로 국내 발효유 산업을 주도하고 있는 제품군이다. 생산수량으로는 가장 많이 차지하고 있지만 제품가격이 낮아 회사의 이익창출에 기여가 적어 직접 생산보다 위탁 가공생산이 증가하고 있다.

최근에는 우유를 갈변시키지 않고 고온살균이나 초고온살균을 해서 농후발효유 규격의 드링크 타입제품과 외관상 구별이 안 되는 액발효유 제품도 판매되기 때문에 소비자들은 농후발효유 규격의 제품인지 발효유 규격의 제품인지 꼼꼼하게 살펴볼 필요가 있다.

7. 발효유에 사용되는 유산균

발효유에서 유산균이 차지하는 역할은 매우 중요하다. 우수한 유산균의 사용은 고품질의 발효유를 생산하는데 필수적이기 때문이다. 유산균(Lactic acid bacteria; LAB)은 분류학적으로 그람 양성(Gram-positive), 카탈라제 음성, 포자를 형성하지 않고 전자전달체로 시토크롬을 사용하지 않는 특성을 지닌 미생물이다. 유산균의 모양은 구형 또는 간상형태로 산소에 대한 내성과 낮은 pH에 대한 내성이 있고, 탄수화물을 발효시켜 최종 대사산물로 젖산을 생산하는데 유산균의 젖산 생성과정은 호모발효 또는 헤테로 발효경로를 통해서 이루어지는 것을 특징으로 한다.

유산균이라 함은 *Aerococus, Alloicoccus, Carnobacterium, Enterococcus, Lactobacillus, Lactococcus, Leuconostoc, Oenococcus, Pediococcus, Streptococcus, Tetragenococcus, Vagococus* 속(genus) 미생물이 해당되며, 이 중 유제품에 사용되는 종류는 것으로는 *Enterococcus, Lactobacillus, Lactococcus, Leuconostoc, Streptococcus* 속의 5종류뿐이다. 그러나 *Entrococcus*는 장내에 존재하는 유산균이지만 일부 종류는 병원성을 지니는 것들도 있어 논란의 여지가 있다. 이들 5종류는 풍미를 생성시켜 제품에 좋은 효과를 주는 것으로 알려져 있어 산업적으로 현재까지 유가공 산업에 중요한 유산균이다.

유산균은 G+C의 몰%가 50 이하로 정의된다. 비피도박테리아로 알려진 *Bifidobacterium* 속의 경우 G+C 몰%가 50 이상이기 때문에 유산균의 범주에 포함시키지 않는다. 그러나 비피더스균은 현재 발효유에 적용되는 중요한 미생물이며 인체에 유익한 효과가 많은 점 때문에 유산균과 같이 다루기로 한다.

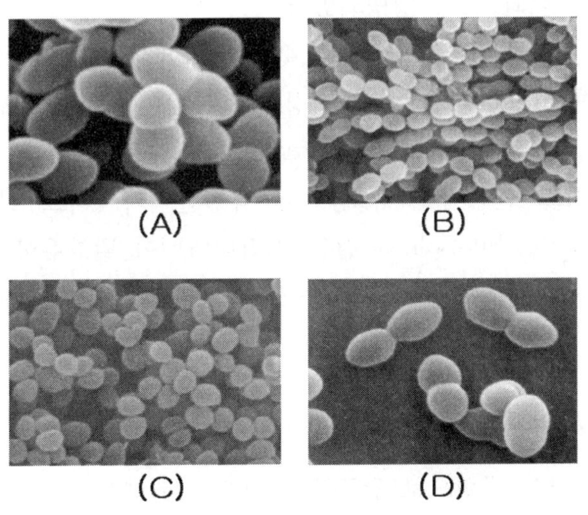

그림 7-10. 대표적인 유산구균의 모습

A : *Lactococcus,* B : *Streptococcus,* C : *Enterococcus,* D : *Leuconotoc*

1) *Lactococcus* 속

주로 구형의 모습을 지니며 단독 혹은 쌍을 이루어 존재 하거나 체인의 형태로 연쇄상 모습을 나타낸다. 연쇄상으로 길게 늘어져 있으면 간균으로 오인되기도 하는데, *Lactococcus* 속으로 새로이 분류되기 이전에 *Lactobacillus xylosus* 와 *Lactobacillus hordniae* 가 좋은 예이다. 이들은 각각 *Lactococcus* ssp. *lactis* 와 *Lactococus lactis* ssp. *hordniae* 로 새로이 명명되었다.

Lactococcus 속 유산균들은 호모형 발효를 하고 L-형의 젖산을 생산하며, 10℃에서 성장이 가능하지만 45℃에는 성장할 수 없다. 5개의 종이 여기에 속하는데 *Lc. lactis*, *Lc. garvia*, *Lc. piscium*, *Lc. raffinolactis* 이 대표적인 *Lactoccocus* 유산균들이다. Arginine 이용성, 세포벽에 존재하는 peptidoglycan의 종류, lipoteichoic acid의 종류, 최대 성장 온도, 당발효 패턴 등은 각 종마다 다르기 때문에 *Lacotoccus* 을 동정하는 데 유용하게 사용된다.

가장 산업적으로 유용한 종류는 *Lc. lactis* 인데, 이는 다시 *Lc. lactis* ssp. *lactis* 와 *Lc. lactis* ssp. *cremoris* 의 아종으로 구분된다. *lactis* 는 라틴어로 우유(milk)를 뜻하며, *cremoris*는 라틴어로 크림(cream)을 의미한다. *Lc. lactis* ssp. *lactis* 는 1878년 Lister에 의해 발효유에서 처음 분리되어 *Bacterium lactis* 로 명명되었다가 이후 *Streptococcus lactis*, *Streptococcus lactis* ssp. *lactis*로 분류되었다가 최근에 다시 명명되었다. *Lc. lactis* ssp. *cremoris* 는 1919년 유산균 연구의 선구자인 Orla Jensen에 의하여 발효크림에서 처음 분리되어 *Streptococcus cremoris*, *Str. lactis* ssp. *cremoris* 로 되었다가 최근에 이와 같이 명명되었다.

Lc. lactis ssp. *lactis* 는 40℃, pH 9.2, 4% NaCl에서 성장이 가능하며, maltose를 분해시킬 수 있으며, arginine deiminase 경로를 통하여 arginine으로부터 암모니아를 생산할 수 있다는 점이 *Lc. lactis* ssp. *cremoris* 와 다르다.

이들 균주들은 치즈 산업에 아주 중요한 유산균이다. 치즈 이외에도 Taetemilk, Langmjolk, Viili, Latte, Filmjolk와 같은 스칸디나비아 발효유에 이용된다. 또한 세포외 다당(Exopolysaccharide)으로 불리는 점질성 다당류를 생산하기 때문에 특유의 끈적거리는 특성을 지니도록 만들어 준다.

2) *Leuconostoc* 속

Leuconostoc 유산균은 구형으로 쌍구균의 형태나 연쇄상의 모양을 지니며 종종 타원형의 형태를 보여 *Lactococcus* 와 매우 유사하다.

정지기 이후의 *Leuconostoc*은 구형과 막대형 모습이 나타나 오염된 것으로 오인되는 경우도 있다. 헤테로발효를 하고 L-형의 젖산보다 D형의 젖산을 생산한다. 단백질 분해력이 낮고, 우유배지에서 성장이 느리며, 성장하기 위하여 수종의 아미노산을 필요로 한다. 현재까지 *Leuc. paramesenteroides, Leu. citrum, Leuc. ameli-biosum, Leuc. gelidum, Leuc carnosum, Leuc. mesenteroides* 등이 *Leuconostoc*에 속하는 것으로 알려져 왔으며, *Leuc. oenos* 는 최근에 *Oenococcus* 속으로 재분류되었다.

실제로 많은 유산균의 연구에서 보는 바와 같이 유산균의 분류학상 연구보다는 우유나 식품에서의 발효에 많은 관심을 기울였기 때문에 *Leuconostoc* 에 대한 연구가 1919년 혼합 스타터에 존재하는 것을 확인한 이래로 현재까지도 연구되어야 할 부분이 많이 있다. *Leuconostoc* 유산균은 헤테로 발효를 하는 *Lactobacillus* 속 유산균과 그 특성이 아주 유사한 것이 특징이다.

3) *Streptococcus* 속

Streptococcus 속은 총 27종이 밝혀졌는데, 유제품에 이용되는 것은 *Str. thermophilus* 뿐이다. *Lactococcus* 와 *Leuconostoc* 속 유산균처럼 구형이며 연쇄상으로 존재하고 매우 긴 연쇄상을 보이는 경우도 있다. DNA 상동성에서 구강에 존재하는 *Str. salivarius* 와 유사하기 때문에 *Str. salivarius* ssp. *thermophilus* 로 분류되었다가 최근에 *Str. thermophilus* 로 다시 분류되었다. *Lactococcus* 유산균과 같이 L-형의 젖산을 생산하며, 다른 유산균 속들과는 다르게 이용할 수 있는 당이 제한적이다.

이 유산균은 45℃에서 성장할 수 있기 때문에 *Lactococcus* 나 *Leuconostoc* 유산균들과 쉽게 구별된다. *Lactococcus* 와 *Leuconostoc* 들은 40℃ 이상에서 성장을 하지 못한다. 그러나 *Enterococcus* 속 유산균들은 45℃에서 성장이 가능해서 배양온도로는 구별할 수 없으나, *Str. thermophilus* 는 6.5% NaCl, pH 9.6에서 성장하지 못하기 때문에 *Enterococcus* 와 구별이 가능하다(표 7-2). *Streptococcus* 속은 용혈성을 일으

표 7-2. 유산구균의 생육특성

종류	젖산 형태	성장 특징		
		10℃	45℃	6.5% NaCl
Lactococcus sp.	L-형	+	-	-
Leuconotoc sp.	D-형	+	-	-
Str. thermophilus	L-형	-	+	-
Enterococcus sp.	L-형	+	+	+

키는 것이 있기 때문에 blood agar상에서 α-반응(불완전 용혈, green hemolysis), β-반응(완전용혈), γ-반응(비용혈)로 구분하는데, *Str. thermophilus*는 α-반응 또는 γ-반응을 보인다.

4) *Enterococus* 속

Enterococcus 속은 사람, 동물의 장내에 존재하며, 유제품과 사료 첨가제에 사용되는 종류로는 *Ent. faecalis*와 *Ent. faecium* 뿐이다. 이들 균주들은 과거에 *Streptococcus faecalis*와 *Str. faecium*으로 불려졌었다. 표 7-2에서 보는 바와 같이 6.5% NaCl 농도에서 생육이 가능하며, pH 9.6, 0.04% tellurite에서 생육이 가능한 것이 특징이다. 몇몇 종은 유방염과 같은 질병을 일으키는 것으로 알려져 있다. *Enterococcus*는 Lancefield 그룹 D에 속한다.

여성 미생물학자인 Robecca Lancefield에 의해 개발된 분류법인 Lancefield 분류는 탄수화물 항원에 따라 A~O 항원으로 구별한다.

Group A: 인체병원성

Group B: 기회주의적 병원성

Group C: 동물 병원성

Group D: 장내 존재(enteric) 또는 장내 존재하지 않음(non-enteric)

일부 *Enterococcus faecium*은 강력한 항생제로 알려진 반코마이신에 내성을 가지고 있는데 이를 반코마이신내성장구균(Vancomycin resistant *Enterocccus faecium*)이라 부르며 사용에 주의를 기울여야 한다.

5) *Lactobacillus* 속

*Lactobacillus*는 막대형의 유산균으로 현재 64 species가 있는 것으로 알려져 있다. 탄수화물 발효의 차이에 따라 3가지 그룹으로 구분된다(표 7-3).

Lactibacillus 속은 산생성력이 가장 우수하며, 유산균의 대표 속으로 많은 발효제품에 사용된다. *L. acidophilus*는 분자생물학 기술의 적용으로 현재 6종으로 재분류되었고, 과거의 논문에서 *L. acidophilus*로 나타나 있으나, 현재에는 *L. acidophilsus*가 아니고 *L. johnsonii*로 새롭게 표시된 것이 있으므로 주의를 해야 한다. *L. acidophilus*는 *L. acidophilus, L. amylovorus, L. crispatus, L gallinarum, L. gasseri, L. johnsonii*로 새로이 명명되었다.

상업적으로 현재 이용되는 유산균의 특성에 대하여 표 7-4에 요약해 놓았으며, 그림 7-11은 대표적 유산간균의 모습을 나타낸 것이다.

표 7-3. *Lactobacillus* 속 유산균의 종류 및 특성

구 분	특 성	종 류
Group I Obligate homofermenter	• 6탄당을 발효시켜 젖산생산 • 5탄당은 발효시키지 못함 • 15℃에서 생육 못함, 포도당으로부터 CO_2 생산 못함	*L. delbrueckii* ssp. *bulgaricus* *L. delbrueckii* ssp. *lactis* *L. helveticus* *L. acidophilus*
Group II Facultative heterofermenter	• 6탄당을 해당작용을 통하여 젖산, 초산, 에탄올, formate 생산 • 5탄당은 phosphoketolase 경로를 통하여 젖산과 초산을 생산 • 15℃에서 생육가능	*L. casei*(4종류의 아종 포함) *L. plantarum* *L. curvatus* *L. sakei*
Group III Obligate heterofermenter	• 5탄당을 발효시키지 못함 • 15℃ 생육가능, gluconate와 포도당으로부터 CO_2 생산	*L. fermentum* *L. brevis* *L reuteri*

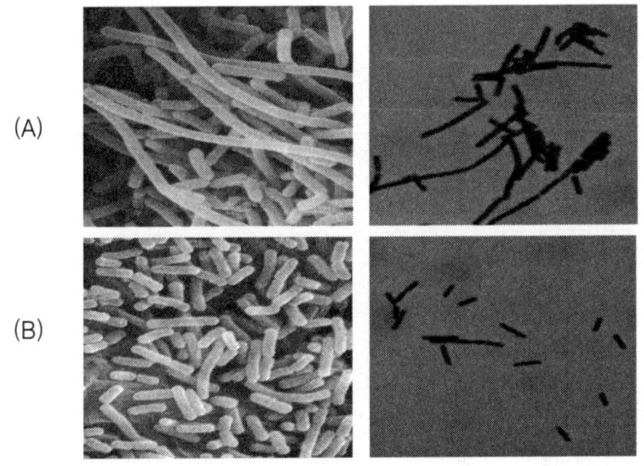

그림 7-11. 발효유에 사용되는 유산간균의 모습
(좌측은 전자현미경에서 촬영한 모습이고, 우측은 광학현미경에서 촬영한 모습)
A : *Lactobacillus casei*, B : *Lactobacillus acidophilus*

6) *Bifidobacterium* 속

Bifidobacterium 속 세균은 우리에게 비피도박테리아(Bifidobacteria) 또는 비피더스균으로 잘 알려져 있다. 비피더스균은 비피도박테리아의 일본식 표현이며 본장에서

표 7-4. 상업적으로 많이 사용되는 유산균의 종류 및 생육특성

균 주 명	과 거 명	형 태	리트머스 환원	젖산 생산량(%)	시트르산 대사	아르기닌으로 부터 NH_3 의 생성	성장 온도 (℃)			발효형태	젖산 형태	Lactate Dehydrogenaseb	당 발효능						
							10	40	45				Glu	Gal	Lac	Rhm	Man	Raf	Mtl
Streptococcus thermophilus	*Streptococcus salivarius* ssp. *thermophilus*	구형	-	0.6	-	-	-	+	+	Homo	L		+	-	+	-	+	-	-
Lactobacillus helveticus		막대형	-	2	-	-	-	+	+	Homo	DL	-	+	+	+	-	d	-	-
Lactobacillus delbrueckii ssp. *Bulgaricus*	*Lactobacillus bulgaricus*	막대형	-	1.8	-	-	-	+	+	Homo	D	-	+		+	-	+	-	-
Lactobacillus delbrueckii ssp. *lactis*	*Lactobacillus lactis*	막대형	-	1.8	-	±	-	+	+	Homo	D	-	+	-	+	-	+	-	-
Lactobacillus acidophilus		막대형	-	1.8	-	-	-	+	+	Homo	DL	-	+	d	+	-	+	d	-
Lactobacillus casei ssp. *casei*		막대형				±	-		-	Homo	L	+	+	+	d	-	+	-	+
Lactobacillus casei ssp. *pseudoplantarum*		막대형				±	-		-	Homo	DL	+	+	+	+	-	+	-	+
Lactobacillus casei ssp. *rhamnosus*		막대형				±	-	+	+	Homo	L	+	+	+	+	+	+	-	+
Lactobacillus casei ssp. *toleransc*		막대형				±	-		-	Homo	L	+	+	+	+	-	-	-	-
Lactobacillus plantarum		막대형				±	-		-	Homo	DL	-	+	+	+	-	+	+	d
Lactobacillus curvatus		막대형				±	-		-	Homo	DL	+	+	+	d	-	-	-	-
Lactobacillus fermentum		막대형				+	+	+	+	Homo	DL	-	+	+	+	-	-	+	-

는 비피도박테리아로 통일시켜 표현하였다. 비피도박테리아는 다양한 형태의 그람양성 간균으로 Y, V, 곤봉 등의 다양한 형을 나타내며, 포자를 형성하지 않고 비운동성이다.

비피도박테리아를 분리하기 위해서는 절대혐기성의 조건이 필요하고, 산화환원 전위를 낮추기 위하여 시스테인(cysteine) 등의 물질이 필요하다. 최적 배양온도는 36~38℃ 정도이나, 생육온도범위는 최저 배양온도의 경우 20℃이고, 최고 배양온도의 경우 46℃이다. 최적 생육 pH는 6.0~6.7이고, pH 5.0 이하나 pH 8.0 이상에서는 생육하지 않는다(Scardovi, 1986). 또한 비피도박테리아는 질산염을 환원하지 않고 인돌(indole), 젤라틴 액화, benzidine 반응, arginine의 분해능, catalase 반응에 음성이다.

비피도박테리아는 2분자의 포도당을 발효하여 3 몰의 초산과 2 몰의 젖산을 생산하며 ATP는 5 몰을 생산한다. 따라서 ATP 생산 효율이 다른 유산균보다 높기 때문에 장내에서 우점적 종이 되는데 유리했을 것이다.

1900년에 발표된 Tissier의 학위논문에는 설사를 하는 유아로부터 얻은 분변에 매우 적은 숫자로 존재하는 Y 형태의 특이한 모양의 박테리아를 관찰하였다고 나타나 있으며, 이러한 "갈라진 형태(bifurcated forms)"의 미생물을 *Bacillus bifidus*로 명명하였다. 계속되는 장내미생물의 연구에서 Tissier(1908)는 태어난 지 3일이 지나면 이 미생물이 관찰되었으며, 모유를 먹은 유아에서 주로 존재하는 장내 미생물이라고 하였다. 건강한 유아에는 많이 존재하였기 때문에 그는 설사를 하는 환자에게 투여해 건강한 장내균총을 만들 수 있다고 주장하였다.

비피도박테리아는 *Bacillus bifidus communis* 라고 명명되어졌으나, 한참 후에 비피도박테리아는 *Lactobacillus* 속에서 독립되어 11균종이 포함되는 *Bifidobacterium* 속

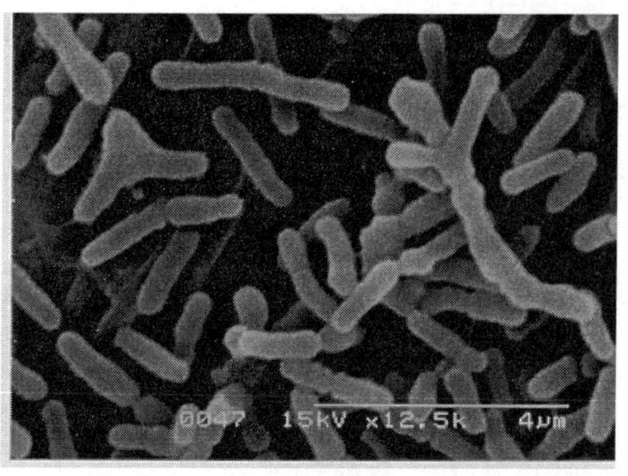

그림 7-12. *Bifidobacterium longum*의 주사전자 현미경(SEM)으로 본 모습

으로 분류되었다(Holt 등, 1977). 또한 오늘날에는 *Bifidobacterium* 속의 생태학적 근원에 따라 동물에서 분리한 15균종과 사람의 장기에서 분리한 9균종을 포함하는 *Actinomycetaceae* 과로 분류되게 되었으며(Scardovi, 1986), 최근까지 31종이 보고되었다.

인체 장내 균총의 대부분을 점유하는 비피도박테리아는 연령층에 따라서 차이를 나타낸다. 즉, 출생 후 2~5일경에 출현하여 건조 분변당 10^{10} CFU/g 이상의 균수를 유지하고, 성인의 경우에는 비피도박테리아의 출연 정도와 균수가 현저하게 감소한다. 한편 연령층에 따라 우점종인 비피도박테리아도 커다란 차이를 나타내는데, 유아에게 가장 일반적인 균종은 *B. bifidum, B. breve, B. infantis* 등이며, 유아가 성장함에 따라서 *B. breve, B. infantis*는 *B. longum, B. adolescentis*로 대체된다(Sneath 등, 1986). 비피도박테리아의 경우 발효유 회사나 유산균 회사에서 상업적으로 많이 이용되어 왔고, 이미 각국에서 건강기능 미생물로 허가를 받은 대표적 프로바이오틱스(Probiotics)이다.

야쿠르트(Yakult, 일본)는 1978년 미르미르(Mil Mil)라는 제품으로 처음으로 비피도박테리아가 함유된 발효유를 시장에 선보인 이래로 1999년 *Bifidobacterium breve*로 발효시켜 제조한 비피엘(Bifiel)이 1999년에는 일본 특정 보건용식품으로 인가를 받았다. 다농(Danone, 프랑스)이 건강기능 활성이 있다고 보고한 비피도박테리아 DN-173010 균주(*Bifidobacterium animalis* subsp. *animalis*)는 영국에서는 Bifidus Digestivum로, 미국에서는 Bifidus Regularis로 소비자에게 알려져 있다. 유산균 회사인 크리스챤 한센(Chr Hansen, 덴마크)이 건강기능활성이 있다고 보고한 BB-12 (*Bifidobacterium animalis* subsp. *lactis*)도 발효유에 많이 사용되고 있다.

이들 활성 비피도박테리아들은 공교롭게도 전부 *Bifidobacterium animalis* 로 재분류되었는데, 건강 발효유에 animal이라는 명칭의 사용이 거북하다고 판단했는지 위에 열거한 이름으로 대신 광고하고 있다.

7) 유산균과 안전성

미생물을 식품에 적용하기 위해서는 숙주에 대한 위험성이 없어야 한다. 모든 미생물은 체내에서 성장할 수 있는 능력을 가지고 있어 극한 상황이 생기거나 특정 조건이 충족되면 감염을 일으킨다. 유산균에 속하는 미생물도 이에 대한 의문이 많이 제기되어 왔다.

주로 *Streptococcus* 속과 *Enterocccus* 속 그리고 극히 일부분의 *Lactobacilus* 속과 *Bifidobacterium* 속 미생물이 여기에 포함된다.

박테리아 중에서 *Lactobacillus* 와 *Bifidobacterium*은 모든 인체 위험성이 가장 낮

은 미생물로 이들 미생물과 관련된 균혈증(*bacteraemias*)의 발생확률은 0.1~0.24% 정도이다. 충치균으로 알려진 *Streptococcus mutans* 이외의 다른 유산균과 관련된 충치 문제는 *B. dentium, B. denticolens* 및 *B. inopinatum* 정도만이 보고되었다 (Crociani, Biavati, Alessandrini, Chiarini, & Scardovi, 1996).

Enterococcus 속은 장내에 정상적으로 존재하는 유산균으로 몇몇 종은 프로바이오틱스로 사용되는 반면 일부 종류는 유해한 것으로 확인되어 사용에 신중을 기할 필요가 있다(Giraffa, 2002). 특히 *Enterococcus faecalis* 는 심장내막염과 균혈증 그리고 비뇨기관 염증, 중앙신경계에 염증을 유발 시킬 수 있다(Franz, Holzapfel, & Stiles, 1999). *Enterococcus* 가 지니는 항생제 저항성을 다른 종과 다른 속 미생물에 까지 전파가 가능하기 때문에 특히, 반코마이신에 저항성이 있는 *Enterococcus* 미생물들은 특별한 주의를 필요로 한다.

과거부터 우리가 섭취해 왔던 식품에서 유래된 유산균은 안전성에 대한 연구 자료가 없어도 식품사용에 큰 문제가 되지 않았으나, 조만간 유산균을 식품에 적용시 안전성 자료가 필요한 시기가 도래할 것이다. 유럽의 경우 유산균의 관리 기준을 설정할 때에는 다음의 3가지로 구분할 것을 권고하고 있다.

그룹 1 : 발효식품 식품 스타터
그룹 2 : 프로바이오틱스(생균 또는 사균)
그룹 3 : 유산균 생산물질(젖산 이외의 물질로 향미성분, 다당류, 박테리오신 등)

유럽연합은 특정 목적을 위한 미생물 균주는 승인 및 공고 절차를 필요로 하는 것을 권장하는데, 예를 들어 유아, 장년층, 중장년층 면역력이 약화되었거나 임산부 등과 같이 특정 소비자 계층에는 프로바이오틱 미생물이 식품에 함유되어 있다는 점을 표시해야 한다. 그러나 여기에 사용되는 문구에 있어서 모든 제품에서 획일적으로 동일하게 하는 것보다는 각 제품이 특성에 맞추어 적절하게 조정되어야 할 것이다.

8. 유산균의 생산

유산균은 다른 미생물처럼 그 주위로부터 무기 혹은 유기의 영양물질을 섭취해서 분해계 대사의 과정에서 그것들을 이용해서 에너지의 획득 혹은 세포 구성성분의 합성을 행하고 있다. 이들 용존물질을 영양원이라고 부르며, 에너지원, 탄소원, 질소원, 미량 영양소 혹은 생육인자(비타민 등)로 나누어진다.

유산균은 다른 미생물과는 다르게 여러 영양소가 고르게 함유되어 있는 배지에서

만 선별적으로 성장한다. 질소원은 단백질 합성 재료로서의 아미노산의 합성에 필수적인 영양원이다. 질소 고정균은 질소가스를 이용할 수가 있지만, 그 외의 미생물은 암모늄염, 질산염, 아질산염 등의 무기질소원이라든지 요소, 아미노산류, 단백질 등의 유기질소원을 이용한다. 공업용 배양기의 질소원으로서는 황산암모늄, 요소, 케이신, 대두박, 면실박, 효모추출물, 펩톤, CSL(corn steep liquor, 옥수수 침출액) 등이 미생물 배양에 사용되며, 케이신이 가장 좋은 것으로 여겨지고 있다.

미생물의 생육에 필요한 무기원소 중 인, 황, 마그네슘, 칼륨이 비교적 다량으로 필요하며, 칼슘, 망간, 철, 코발트, 구리, 아연 등이 미량금속 원소로서 생육 필수성분으로 요구된다. 그 외의 금속도 간혹 필요하게 될 때가 있지만 수돗물 중에 포함되어 있는 양으로서 충분하다. 천연의 유기물질로서 되어 있는 천연배지(natural medium) 중에는 통상 충분량의 무기원소가 포함되어 있지만, 성분이 알려진 탄소원 및 질소원으로서 되어 있는 합성배지(synthetic medium)에는 제1인산칼륨(KH_2PO_4), 제2인산칼륨(K_2HPO_4), 황산마그네슘($MgSO_4$) 황산철($FeSO_4$) 등의 무기염 및 미량금속의 염을 첨가할 필요가 있다.

탄소원, 질소원, 무기염류 외에 생육인자(growth factor)라고 불리는 비타민류, 핵산염기 등 미량인자를 필요로 하는 경우가 있다. 이들 생육인자는 단순히 증식촉진효과가 있을 뿐만 아니라 대사 조절인자로서 목적하는 생산물의 수량에 영향을 미치는 경우가 있어 최적인 농도를 조사해서 그 농도를 조절할 필요가 있다.

유산균은 사용목적에 따라 생산설비와 배양조건이 각기 다른데, 유산균 자체를 이용하여 식품이나 사료에 첨가하는 경우와 발효제품의 스타터로 사용하는 경우로 구분할 수 있다. 본 장에서는 일반적인 유산균의 생육조건을 살펴본 후 유산균 스타터로 사용할 목적으로 유산균을 제조하는 경우의 생산 공정에 대하여 소개하고자 한다.

8.1 유산균의 생육과 환경조건

1) 수분

미생물의 생육에는 수분이 중요한 요소이며, 어느 정도 이상의 수분이 존재하지 않으면 생육할 수가 없다. 미생물의 생존에 실제로 영향을 주는 수분량은 전체 수분함량이 아니고 실제로 미생물이 이용할 수 있는 수분량이 중요하다.

대부분의 박테리아들은 수분활성도 1.0～0.9 정도에서 생육이 가능하고, 이보다 낮으면 생육할 수 없다. 효모의 경우는 0.88～0.94, 곰팡의 수분활성도는 0.90 부근으로 박테리아는 효모와 곰팡이에 비해서 수분 요구성이 크다. 그러나 내삼투압성의 효모(a_w=0.6)라든지 호염성균(a_w=0.75) 등은 예외로서, 낮은 수분활성도에서 생육이 가능하다.

유산균의 수분활성도는 0.96~0.99 범위이며, 유산균 중에서 *Enterococcus* 속 미생물들이 다른 속보다는 내삼투압 성질을 지니는 것으로 알려져 있다.

2) 온도

유산균의 생육 한계는 15~45℃로 정도이지만, 사람의 체온에서 가장 잘 성장한다. *L. acidophilus* 와 *S. thermophilus* 는 45℃에서 성장이 가능하고, *L. plantarum* 은 15℃에서 성장이 가능하다. 배양 온도는 균체의 증식 및 대사 반응의 속도에 영향을 주며, 최적 증식온도 범위를 초과하면 증식속도는 급격하게 저하된다. 즉 미생물은 그 종류에 따라서 발육할 수 있는 일정한 최저온도(minimum temperature)와 최고온도(maximum temperature)가 있으며, 그것들 사이에 증식속도가 최고로 되는 최적온도가 존재한다. 증식속도가 고온에서 급격하게 저하하는 것은 단백질 그리고 세포구조가 열변성하기 때문일 것이다.

3) pH

미생물의 증식 및 대사반응에 대한 pH의 영향은 매우 크며, 생산되는 대사산물의 종류라든지 양에도 중요한 영향을 미친다. 미생물이 증할 수 있는 pH 범위는 비교적 넓고, 일반적으로 박테리아와 pH 5~9(최적 6.5~7.5), 효모와 곰팡이는 pH 1.5~9(최적 4~6)에서 생육한다. 유산균 종류에 따라 다소 차이가 있으나 pH 5.5~6.5 부근에서 가장 잘 생육을 하지만 *L. acidophilus* 와 같은 유산균은 pH 3에서도 사멸하지 않는다.

4) 산소

유산균은 위에서 설명한 것과 같이 영양요구성이 복잡하고 대부분 통성 혐기성 미생물이어서 산소 존재 하에서 생육이 가능하지만, 혐기적 상태에서 더 잘 자라는 경우가 많다. 유산균은 catalse와 같은 효소를 생산하지 못하기 때문에 과산화수소(H_2O_2)와 같은 과산화물을 분해할 수 없어 산소의 농도가 유산균의 생육에 많은 영향을 미친다.

유산균의 배양에 많이 사용되는 정치 배양의 경우 물에 용해된 상태의 산소, 용존산소(dissolved oxygen, DO)에 따라 증식에 영향을 받는다. 따라서 배지 중의 용존산소를 제거하기 위해 여러 가지의 방법이 사용되며, sodium thioglycolate, 아스코르브산(ascorbic acid) 혹은 시스테인 등의 환원제를 첨가해서 산화환원전위를 낮게 하는 경우도 좋은 방법이다.

5) 삼투압

미생물의 삼투압에 대한 거동은 매우 다양하며, 고순도의 물에서 생육할 수 있는 것이 있는 반면에 어떤 종의 균은 높은 삼투압 하에서 제일 잘 생육한다. 식염이라든지 설탕을 첨가한 고삼투압에서 증식하는 미생물은 각각 호염성 미생물 및 호삼투압성 미생물이라고 한다.

유산균은 그람 양성 세균으로 그람 음성 세균보다는 비교적 내염성이 강하다. 유산균 중에서도 *Entercoccus faecium* 은 6.5%의 소금이 함유된 배지에서 생육이 가능한 점으로 구균보다 간균의 형태를 지닌 것이 내염성이 있으며, 일부 보고에 의하면 김치 발효에 사용되는 유산균이 내염성이 있다고 하였다.

위에서 설명한 바와 같이 여러 가지 환경인자가 유산균의 증식과 대사에 영향을 미친다. 유산균은 최종 대사산물로 젖산을 생상하기 때문에 축적된 젖산으로 인하여 유산균 자체가 생육억제가 된다. 따라서 유산균의 증식에 적합한 조건과는 별도로 젖산과 같은 물질 생산에 관해서도 환경조건의 영향을 검토해야 한다. 일반적으로 젖산에 의하여 낮아진 pH를 중화시키고자 할 때 암모니아 가스나 NaOH를 이용한다. 최근에는 유산균의 최적 생산조건을 정립하기 위하여 여러 통계적 방법을 이용하는 경우도 많이 보고되어 왔다.

유산균은 종류에 따라 다양한 생육특성을 가지며, 유산균체 생산이 주목적인지, 아니면 유산균이 생산하는 대사산물(젖산, 박테리오신)이 주목적인지를 명확하게 한 후에 배양조건을 설정해야 한다. 배양 초기에는 증식에 적합한 조건에서 배양을 수행하고, 그 후는 생산물 생성에 적합한 조건을 선택하는 것도 좋은 방법이다. 그러나 증식에 최적인 조건하에서 생육된 세포가 높은 생산 활성을 가진다고는 단정할 수 없기 때문에 증식을 억제한 조건을 채용할 필요가 있다는 것도 생각하지 않으면 안 된다.

8.2 유산균의 보관

발효제품에 사용되는 종균은 상업적으로 이용하기 위해 선택된 유산균으로 제품의 맛·향·색깔 등 발효유의 상품적 가치 증진에 중요한 역할을 수행한다. 따라서 많은 발효유 업체에서는 보다 우수한 종균을 확보하고, 유산균의 활력을 유지시키기 위하여 심혈을 기울이고 있다.

유산균의 확보 못지않게 활력을 유지하기 위한 방법이 매우 중요한데, 이는 보관방법에 따라 유산균의 활력에 차이가 생기기 때문이다. 일반적으로 종균보관법은 액체

보관, 동결건조보관, 냉동보관, 액체질소냉동보관법 등을 사용하는데, 액체보관법은 과거부터 사용하던 방법으로, 멸균된 탈지유에 종균을 주기적으로 배양하여 유산균의 활력을 유지하는 방법이다. 이 방법은 편리하지만 보관시간이 지속될수록 유산균의 활력이 저하되기 때문에 지속적으로 관리를 해야 된다는 단점이 있다. 그러나 항상 사용할 준비가 되어 있는 신선한 상태의 종균이라는 점 때문에 유산균 스타터로 현재까지 사용되고 있다.

동결건조보관법은 배지에 분산시킨 유산균을 냉동 건조시켜 종균을 보존하는 방법으로, 유산균의 장기보관에 많이 사용하고 있다. 실제로 많은 종균회사와 미생물 분양 단체에서 이 방법을 사용하고 있다. 냉동보관법은 종균을 농축시키지 않고 -20℃로 급속 냉동시켜 보존하는 방법으로 대학 연구실에서 많이 사용하는데, 최근에는 회수된 균체에 보호제를 첨가한 후 -80℃에서 보관하는 것이 많이 사용된다.

액체질소냉동보관법은 유산균을 액체질소 내에서 -196℃로 급속 냉동시킨 뒤 그대로 장기간 보존하면서 사용 시에 급속 해동시켜 사용하는 방법으로 유산균의 활력이나 생존율을 유지할 수 있다. 동결건조보관, 냉동보관, 액체질소냉동보관은 유산균의 농도, 성장조건, 배지 환경 등에 따라 균 생존에 영향을 받고, 동결이라는 스트레스를 주기 때문에 동결로 인한 세포벽, 세포막 및 DNA 손상 등을 최소화시켜야 한다.

일반적으로 *Lactobacillus* 보다 *Enterococcus* 와 같은 구형이 동결 및 건조에 잘 견딜 수 있다. 균의 표면적이 클수록 냉동 중에 세포 바깥의 얼음결정에 의한 세포막 손상이 더 커지고, 동결 건조된 후 저장기간 동안 균 활력에 영향을 미친다.

동결 및 동결건조 시 배지에 첨가되는 보호제로는 글루탐산나트륨(monosodium glutamate)이 많이 사용되는데, 글루탐산나트륨의 아미노기와 미생물 단백질의 카르복실기와의 반응으로 단백질의 구조가 안정화되고, 잔류 수분 보유력을 증가시키는 역할을 한다. 세포막 지질의 산화 보호작용을 하는 글리세롤, 트윈 80 등도 사용된다. 동결을 하기 위한 성장용 배지에 만노오스(mannose)와 유당(lactose)이 포도당을 사용한 경우보다 동결건조시 균의 활력이 더 좋다.

8.3 유산균 스타터의 생산

각종 발효 유제품을 제조하기 위하여 종균으로 보관하고 있던 유산균을 배양하여 증식시킨 후 사용하게 되는데, 이를 스타터(starter)라고 한다.

유산균 스타터의 제조는 유제품 생산 공정보다 더 까다롭고 특별한 주의를 요한다. 스타터 생산이 잘못되면 제품 생산에 투여된 많은 원재료의 손실을 포함해서 막대한 경제적 손실을 가져오기 때문이다. 따라서 보다 엄격한 위생설비 기준을 적용해야 하

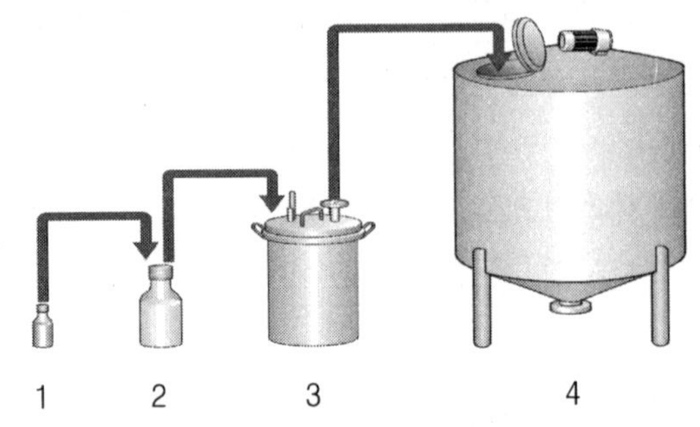

그림 7-13. 유산균 스타터 제조 단계.
1. 종균 2. 모배양 3. 중간배양 4. 벌크배양

는데, 공기로부터의 오염원인 효모, 곰팡이, 박테리오파아지의 오염으로부터 최소화시켜야 한다. 중간배양과 대량배양은 인접한 위치에서 하거나 동일 지역 내에서 하는 것이 좋다. 각 배양단계별 이송은 무균환경 하에서 이루어진다.

유산균 종균을 이용할 때는 모배양(mother culture), 중간배양(intermediate culture), 대량 또는 벌크배양(bulk culture)을 거쳐 사용되는데(그림 7-13), 모배양은 동결되어 보관중인 유산균에서부터 500∼100 mL 정도의 배지에서 배양하는 것으로 중간배양을 만드는 전단계로 활력이 좋은 종균을 계속 유지, 사용하기 위하여 거치는 단계이다. 모배양에서는 매일 새로운 모배양 배지에 종균을 이식시켜서 항상 활력이 넘치는 유산균을 유지하는 것이 중요하다. 사용배지로는 배지는 환원탈지유나 엠알에스 배지 등을 사용한다.

중간배양은 충분한 양의 종균을 마련하여 본 배양에서 사용하기 위한 것으로 배지는 모배양의 배지와 같게 사용하며 보통 10리터 정도 배양한다. 벌크배양은 제품생산용 배양탱크에 직접 접종시키기 위해서 만들어지는데 100∼1000리터 정도 만든다.

벌크배양은 대개 환원탈지유를 배지로 가장 많이 사용하며, 박테리오파아지를 완전히 파괴시키기 위하여 최소한 80∼85℃에서 30∼45분 또는 이와 동등한 효력을 나타내는 온도에서 열처리를 한다. 벌크배양 시 배양배지를 열처리하고 냉각시키는 모든 과정이 파이프라인을 통하여 이송되기 때문에 운송 중 공기와의 접촉을 최소화하여야 하고, 모든 공기는 헤파필터(HEPA, high efficiency particle air)로 여과된 공기를 사용해야 한다.

기본적으로 모배양, 중간배양, 벌크배양 방법은 다음과 같은 공통된 공정을 거친다(그림 7-14).

배지살균은 스타터 생산의 첫 단계로 90∼95℃의 온도에서 30∼40분 정도 열처리

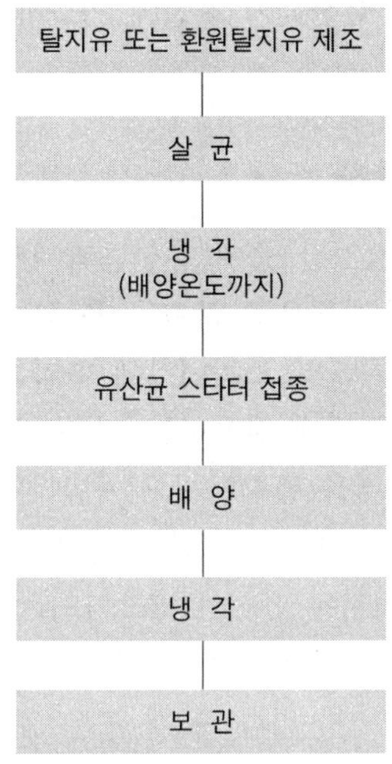

그림 7-14. 유산균 스타터의 제조공정

한다. 이러한 열처리 과정에서 박테리오파아지의 파괴, 생육억제물질의 제거, 단백질의 일부 분해, 용존산소의 감소 및 배지에 존재해 있던 미생물의 파괴 등이 일어나게 된다.

살균된 배지는 배양온도까지 냉각되어 배양탱크로 이송되어지는데, 이때 최종 배양온도는 유산균의 종류에 따라 조금씩 차이가 있다. 중온성의 유산균의 경우에는 20~30℃, 고온성 유산균은 42~45℃까지 냉각시키며, 중온성일지라도 즉, *L. acidophilus*와 같이 장내에 존재하는 유산균의 경우 체온과 유사한 온도인 35~37℃ 정도까지 냉각을 시키는 것이 일반적이다.

유산균 접종은 살균된 배지가 탱크로 이송된 후 배양온도까지 내려가면 유산균을 접종하게 되는데, 접종량은 산 생성능력, 배양시간 등을 고려해서 결정한다. 일반적으로 0.5에서 2.5%(w/w) 정도를 접종한다.

스타터 제조시 소요되는 배양시간은 유산균 접종량, 배양온도에 따라 다소 차이가 있는데, 보통 3시간에서 20시간 내외이다. 배양 중에는 유산균이 기하급수적으로 증가하며, 유당을 분해하여 젖산을 생산한다. 요구르트 컬쳐의 경우 유산구균과 간균의 비율이 1:1 또는 2:1 정도가 적절하다.

유산균 스타터가 아닌 다른 미생물의 배양과는 다르게 유산균은 보통 10^9~10^{10} CFU/mL 정도에 도달하면 배양을 종료한다. 배양 종료와 동시에 유산균 배양액은 바로 10℃ 이하로 냉각을 한다. 유산균이 젖산에 과도하게 노출되면 유산균의 활력에 영향을 받기 때문이다.

8.4 유산균 스타터의 저장

유산균 스타터의 저장은 저장기간 중에 유산균의 활력을 유지시키기 위하여 최적의 방법을 선택하여야 한다. 일반적으로 많이 사용되는 방법은 냉장, 동결, 동결건조 방법이다. 이는 스타터의 보관온도와 보관기간에 따라 선택된다. 냉장은 4℃ 이하로 보관하는 것으로 제조 후 수일 내에 사용하는 경우 많이 사용한다.

동결방법은 액체질소에서 동결을 급속하게 시키면 유산균의 활력이 거의 유지되기 때문에 사용되며 -20℃ 이하에서 1년 정도까지 보관이 가능하다. 동결건조법은 동결법보다 유산균의 유도기가 길어지는 단점이 있으나, 무게가 가볍고 장거리 수송이 가능하다는 장점이 있어 많이 사용된다. 특히 동결건조된 스타터를 진공 포장한 경우 냉장온도에서 1년 이상 보관이 가능하다. 동결 또는 동결건조 스타터를 제조하기 전에 배양이 종료된 유산균 배양액을 농축시켜 수분을 제거하면 10배~100배 정도 유산균수가 증가되기 때문에 이를 동결 또는 동결건조시킨 스타터를 제조하기도 한다. 이를 농축종균(concentrated culture)라고 부른다.

최근에는 그림 7-16에서 보는 바와 같이 농축종균을 이용한 벌크배양을 많이 하고 있으나, 국내의 경우에는 농축종균을 바로 제품 생산용 탱크에 접종시켜 제품을 제조하거나 특정 종균만을 배양시켜 모배양이나 중간배양 상태로 사용하는 것이 일반적이다. 이는 벌크배양시설 비용과 관리비용을 절감할 수 있는 장점이 있으나, 농축종균이 상대적으로 많이 소요되는 단점이 있다.

8.5 무균조건에서의 컬쳐 제조공정

유산균을 생산하는 시설은 무균적 환경에서 작업이 이루어져야 한다. 최근에는 농축종균의 형태 혹은 동결농축종균의 형태로 많이 공급이 되기 때문에 미생물오염에 더욱더 신경을 써야한다. 현재까지도 모배양, 중간배양, 벌크배양의 전통적인 제조단계를 사용하지만 그림 7-15에서 보는 바와 같이 전체 공정이 무균화 되어 있다는 점이 과거와 다르다. 우선 모배양은 100 mL 정도의 실험실에서 사용되는 플라스크에서 배양을 하는데 적절한 배지를 넣고 멸균을 한다. 유산균의 경우에는 탈지유를 많이 사용한다.

멸균이 끝난 후 배양온도까지 냉각이 되면 멸균 니들(needle)을 통하여 배양액을 접종한다. 모배양이 완료되면 그림 7-16에서 보는 바와 같이 미리 준비된 중간배양용

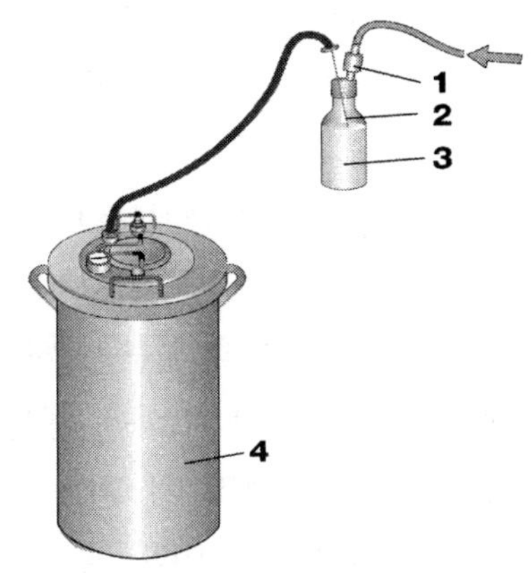

그림 7-15. 무균상태에서 모배양 컬쳐의 중간배양기로의 이송

1. 멸균필터 2. 멸균 니들 3. 모배양 용기 4. 중간배양용기

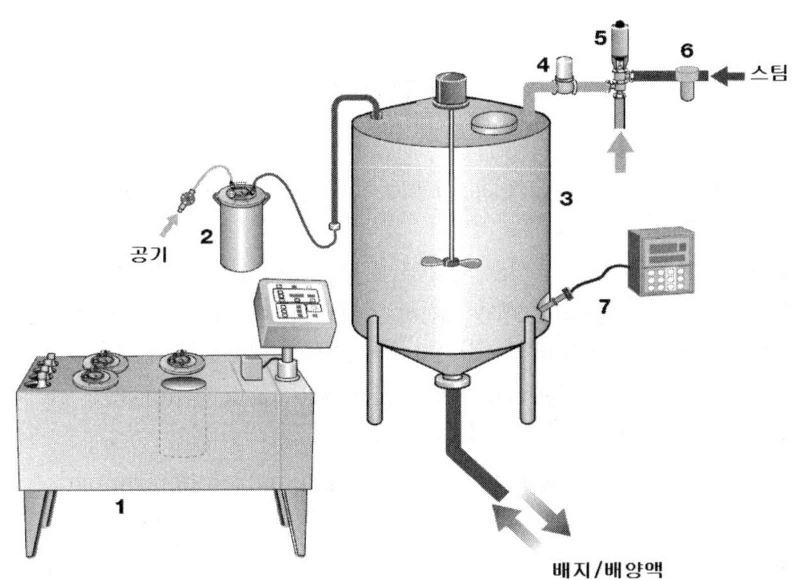

그림 7-16. 종균의 벌크배양 무균공정

1. 중간배양용 배양기
2. 중간배양 jar
3. 벌크탱크
4. 헤파필터
5. 공기조절밸브
6. 스팀필터
7. pH 측정장치

기(jar)에 멸균필터가 장착된 부분에 공기를 주입시키면 니들을 통해서 중간 배양용기에 모배양액이 이송되게 된다. 모배양 컬쳐의 이송이 완료되면 중간배양용기를 배양기에 넣고 배양한다(그림 7-15).

중간배양이 완료되면 벌크배양탱크에 중간배양컬쳐를 접종해야 하는데 그림 7-16에 잘 나타나 있다. 벌크배양용 탱크는 압력을 견딜 수 있도록 견고하게 만들어진 것을 사용해야 된다. 벌크뱅양용 배지는 미리 멸균을 하고, 배양온도까지 냉각이 되면 중간배양용기를 연결하여 배양액을 이송할 준비를 해야 한다. 공기를 멸균필터를 통하여 중간배양용기에 넣어주면 음압이 걸려 벌크배양탱크에 연결된 관을 따라 배양이 완료된 유산균 컬쳐가 탱크로 이송된다. 이때 탱크 내부에 골고루 퍼질 수 있도록 천천히 교반시켜 준다. 배양이 완료되면 탱크 하단부의 이송관을 이용해서 다음 공정으로 이송시켜 배양을 완료한다. 이송 시에도 공기를 넣어주거나 펌프를 사용한다. 공기를 사용하는 경우에는 필터를 통과해야 되는데, 이때 필터는 헤파필터를 사용하는 것이 좋다.

참고문헌

1. Cogan, T. and J-P. Accolas. 1996. Dairy starter culture. VCH Publishers, Inc. New York, USA
2. Dahlquist, N. R., J. Perrault, C. W. Callaway, and J. D. Jones. 1984. D-lactic acidosis and encephalopathy after jejunoileostomy:response to overfeeding and to fasting in humans. Mayo Cli. Proc., 59:141～145.
3. Fuller, R. 1992. Probiotics, The scientific basis. Published by Chapman & Hall, 2～6 boundary Row, London.
4. Holt, J. G. 1977. The shorter Bergey's manual of determinative bacteriology 8th ed., Baltimore : williams & wilkins. pp 253～254.
5. Kim, S. K., Lee, S. J., Baek, Y. J. and Park. Y. H. 1994. Isolation of bacteriocin-producing *Lactococcus* sp. HY449 and its antimicrobial characteristics. Kor. J. Appl. Microbiol. Biotechnol., 22: 259～265.
6. Kosikowski, F. V. and Mistry, V. V., 1997. Cheese and Fermented milk Foods. 3rd Ed. F. V. Kosikowski L. L. C, Virginia.
7. Metchinikoff. E. 1904. Quelques remarques sur le lait aigri. Revue Scientifique vol 11. Paster Institute. Paris.
8. Metchinikoff, E. 1907. Prolongation of Life: Optimistic Studies. William Heinemann, London.

9. Oh, S., S. Rheem, S. H. Sim, S. K. Kim, and Y. J. Baek. 1995. Optimizing conditions for the growth of *Lactobacillus casei* YIT 9018 in Tryptone-Yeast Extract-Glucose medium by using response surface methodology. Applied and Environmental Microbiology 61:3809～3814.

10. Rasíc, J. Lj. and Kurmann, J. A., 1978. Yoghurt. Copenhagen: Technical Dairy Publishing House.

11. Scardovi, V. 1981. The genus Bifidobacterium. In The Prokaryotes ; Starr, M. P., Stolp, H., Truper, H. G., Balow, A., Schlegel, H. G., Eds.; 1951-1961.

12. Sneath, P. H. A., Mair, M., Sharp, E., and Holt, J. G. 1986. Bergey's Manual of systematic bacteriology. vol 2. Williams & Wilkins : Baltimore.

13. Szczesniak, A. S., 1963. Classification of textural characteristics. J. Food Sci., 28:385～389.

14. Tamime A. Y., 2002. Fermented milks: a historical food with modern applications, a review. European J. Clinical Nutrition 56: Suppl. 4, S2～S15.

15. Tissier, H. 1900. Rechèrches sur la flore du intestinale normale et pathologique du nourrison. Thése. Paris, 85～96.

16. Tissier, H. 1908. Rechèrches sur la flore du intestinale normale des enfants ages d'un an a cin. Ans. Ann. de l'Inst. Pasteur. 22:189～207.

17. 오세종. 2008. 유산균 Probiotics와 생명의 연장에 대한 고찰. 2008. 한국유가공기술과학회지 26(2):31～37.

제 8 장

치 즈

1. 서 론

치즈는 수천 년 전부터 인류에게 알려진 발효식품이다. 치즈는 인간이 발명한 것이 아니었다. 치즈라는 것은 자연계에서 일어난 현상을 인류가 우연히 발견한 것이었다. 그것이 동시 다발적인 발견인지 한 곳에서 발견되어 여러 지역으로 퍼져 나갔는지는 분명하지는 않으나 적어도 포유동물의 젖을 이용하는 곳에는 어디에서나 치즈가 제조, 이용되어 온 것을 보면 한 곳에서 만의 발견은 아닌 듯하다. 결국 치즈는 원유를 이용하는 유목민 거주 지역들에서 발견되어 그 지역풍토와 사람들의 기호에 맞추어 발전시켜 온 자연과 인간의 조화가 빚어낸 산물인 것이다.

2010년 현재 치즈의 종류는 1,500여 종 이상으로 알려져 있다(CDR, 2010). 치즈는 수많은 역사의 굴곡을 거치면서 과학과 산업발달이 미흡했던 19세기 중반까지만 해도 주로 농가나 수도원에서 제조되어 왔다. 루이 파스퇴르가 포도주의 저온살균법을 개발하고 이것이 원유살균에 이용되기 시작한 이후에야 비로소 치즈제조는 근대화의 길을 걷게 되었다.

즉, 1850년 이전까지는 살균하지 않은 원유로 치즈를 만들어 오다가 파스퇴르 이후 원유 살균을 거치게 되면서부터 오늘날과 같이 안정적인 치즈제조가 가능해졌고, 지역마다 유명치즈들이 제품화되어 정착하기에 이른 것이다. 치즈가 1,500여 종류가 있다고 하지만 치즈의 세계를 자세히 들여다보면 서로 간에 비슷한 것들도 있고, 아주 다른 것들도 있는데 사실 이는 제조방법에서의 차이보다는 치즈의 형태, 크기, 숙성기간, 사용하는 원유, 첨가물, 포장법 그리고 제조지역 사람들의 기호성에 따라 약간씩 달라진 결과이다. 이러한 치즈들은 지금도 계속 분화 중이며, 종을 달리하며 상품화 되고 있다.

최신 치즈 분류 목록은 미국의 Dairy Management Inc.가 운영하는 홈페이지

(www.ilovecheese.com)의 Type of cheese 항이나 미국 위스콘신 주립대 낙농연구센터(CDR, Center for Dairy Research)의 홈페이지(www.cdr.wisc.edu)의 Technical resource 편의 자료검색을 통해 새로이 탑재되는 치즈정보들을 파악할 수 있다.

1.1 치즈의 기원과 역사

치즈의 역사에는 그 시원(始原)을 밝히거나 어림잡을 수 있는 기록이 도무지 없다. 그냥 인류가 포유동물을 언제쯤 가축화(domesticate)했는지에 근거를 두고 그 무렵부터 발효 유제품류가 발견되어 이용되었을 것이라 추측하는 선에서 만족해야 한다. 결국 포유류(소, 양, 낙타류)의 가축화는 기원전 수십 세기 무렵으로 아마도 비옥한 초승달 지역으로 알려진 메소포타미아 지역이 포함된 중근동(中近東) 지역을 비롯한 지중해 연안의 따뜻한 지역으로부터였을 것이다.

최초의 치즈제품은 응고상태가 매우 연약한 죽 같은 모양으로 우연히 얻어진 것이지만, 어느 지역에서 한번 제조 원리가 확립되면 보다 쉽게 비슷한 제품으로의 응용제조가 가능해서 그것이 인근 지역으로 전파되면서 다양한 종류의 치즈들로 분화되었을 것이 틀림없다.

인류는 자연으로부터 참으로 놀라운 선물을 받았는데 그것은 발효식품이다. 발효식품 중에서도 치즈는 특이한 경로를 거쳐 인류에게 다가왔다. 그러니까 치즈는 누군가에 의해 발명된 것이 아니라 우연히 발견된 것이다.

그러면 치즈는 어떻게 인류에게 발견되었을까? 일본의 NPO법인이 펴낸 치즈 전문교본에 따르면 놀랍게도 치즈의 기원에는 와인, 맥주, 빵 등의 다른 발효식품들과 기원이 맞닿아 있다고 했다. 즉 이것들은 자연발생적으로 형성되는 것임을 우연히 발견한데서 인류와 만나게 되었다는 공통점이 있음으로 해서 다음과 같이 설명하고 있다.

『이를테면 와인의 경우, 적절한 시기에 취한 포도를 용기에 담아두면 자연스럽게 용기의 바닥에 포도즙이 고이고, 이 과즙을 오래 두면 그 안에 있던 야생효모에 의해 발효가 일어나는데, 그것이 와인이 되어 발견이 된 것이다. 이러한 맥락을 치즈에 적용하면 거의 같은 현상으로 발견되었을 것이다.

그러니까 포유류의 젖을 착유한 용기에 담아(혹은 남은 것을 방치시켜) 서늘한 곳에 오랫동안 방치하면 젖은 자연스럽게 응고가 일어나는데, 이는 오늘날 우리가 쉽게 대하는 요구르트에 해당하는 것으로 이것의 유청을 제거하다 보니 치즈가 되었고, 이를 누군가가 발견한데서 치즈가 인류에게 이용되기 시작했다고 볼 수 있는 것이다. 따라서 치즈도 인류의 발명품이 아니라 발견된 셈이다. 빵과 맥주의 역사도 이런 상상을 해보면 서로 비슷한 시기에 비슷한 경로를 거쳐 인류에게 다가왔다고 볼 수 있다. 즉, 신석기 시대 이후 인류가 수렵과 농경을 하게 되는 정착 농업시대로 접어들면서 빵과 맥주가 탄생하게 되는 것이다. 사람들이 곡물을 가루로 만들어 거기에 물을 붓고 이를 뭉쳐 두면 발효되어 불에 구워 먹다보니 그것이 빵이 되었고, 이를 얇게 구우면 전병(煎餠)이 되었으며, 반대로 곡물가루를 반죽하기 전에 물을 부어서 오래 두면 발효가 일어나 그것을 마시게 된 것이 맥주의 기원이 되었을 것이다. 빵과 맥주는 그래서 탄생 배경으로 보면 형제간인 셈이다.

실제로 이집트에서는 빵으로부터 맥주를 만들었다고 한다. 그러므로 '맥주빵'이 존재했던 것이다. 젖이 유산 발효되면 응고되었고, 사람들은 삶의 지혜를 발휘하여 그것을 치즈로 진화시킨 것이다. 따라서 요구르트와 치즈는 형제간이라고 볼 수 있다. 더러는 요구르트를 건초 더미에 뿌려 말린 후 수분이 증발되고 남은 덩어리들을 모아 손으로 뭉쳐서 얻은 것이 인류 최초의 치즈가 아니었을까 싶다.』

고대로부터 치즈의 기원이나 인류 이용 역사에 대한 기록은 그리스의 대 서사시인 호머의 '일리야드'나 '오디세이'의 몇몇 부분에서 언급이 되고, 구약성경의 일부에서 언급이 된 것 외에는 찾아볼 수가 없다. 치즈는 서양인들이 즐겨 먹은 발효식품임이 틀림없다. 얼마간의 세월이 흐른 뒤 치즈제조 기술은 제법 정형화되고 체제를 갖추어 지역과 나라, 민족과 대륙을 향해 확산되고 이동이 되었다.

간단한 치즈의 이동경로를 보면 먼저 고대에 페르시아와 접촉이 많았던 그리스에서 로마로 이동되고, 로마인들은 그리스를 문명 선진국으로 알고 선진국 음식인 치즈를 유행처럼 소비가 확산되면서 로마제국의 영토 확장과 더불어 점령지마다 로마식 문화 보급을 통해 동화를 이끌어 내려는 수단의 하나로 치즈를 보급시켜 나갔다. 로마는 유럽 남부 점령지로부터 서북부 유럽으로 이동시켜 마침내 영국, 스코틀랜드, 덴마크와 북유럽 지역에 이르도록 전파시켜 나갔던 것이다.

이렇게 유럽을 뒤덮은 치즈기술은 각 지역마다에서 기후 풍토의 특성과 주민의 기호도를 따라 다양한 종류와 형태로 발전하기에 이른다. 어찌 보면 치즈제조 역사는 콜럼버스의 아메리카 발견과 18세기 후반 영국에서 시작된 산업혁명이 농업기술의 혁신에도 자극받아 가족단위, 마을과 지역단위 치즈생산 구조도 공장 규모의 대량 생산 체제로 이어졌다. 중세 암흑기를 거쳐 산업혁명 시대 이전까지 대부분의 치즈제조 기술은 유럽지역에 갇혀 있던 기술로 남북 아메리카, 동아시아 지역에는 여전히 생소한 식품이었다. 세계 치즈과학 분야의 교과서적 저술서인 「치즈와 발효유제품학(Cheese and Fermented Milk Foods), 1997」의 저자 코스코브스키는 그의 책에서 치즈 역사에 얽힌 일화를 다음과 같이 소개하고 있다.

『AD 5세기경, 아틸라 왕이 이끄는 훈족의 아시아 대군의 침략은 이탈리아 롬바르

디(Lombardy) 평원지역에 있는 로마 지역에서 이루어져 전투가 일어났다. 당시로서는 뛰어난 식품 두 가지가 있었는데 치즈와 신 우유(Sour Milk)였다. 상식적으로 이것들은 거의 부패 상태로 보였으나, 이를 섭취한 병사들에게는 원기를 회복하게 만들었고, 맛도 좋았었다. AD 878년경에 영국의 알프레드 왕은 데인 족(덴마크)의 침략으로 고국을 떠나는 쓰라린 피신을 해야만 했다. 그때 왕이 머물던 오두막(Cottage)에서의 유일한 생존수단은 그들이 치즈를 만들어 먹는 것이었다. 아마도 카티지(오막살이) 치즈(Cottage Cheese)라는 이름이 여기에서 유래되었을 것으로 본다.』

이러한 고대와 중세시대를 거쳐 온 치즈의 제조기술은 19세기 프랑스가 낳은 세기적 미생물학자 루이 파스퇴르(Louis Pasteur, 1822. 12.~1895. 9.)의 저온살균법(Pasteurization) 창안으로 새로운 전기를 맞이한다. 1886년경 원유에 저온살균법이 적용되었지만 치즈 분야에는 그보다 훨씬 후인 1930년대에 와서야 보편화가 된다.

적어도 치즈 원유에 대한 저온살균법이 보급되기 이전까지만 해도 대부분의 원유는 살균처리 되지 않은 채로 제조되었기 때문에 그만큼 실패율도 높았고, 품질 균형 또한 기대할 수 없었던 것이다. 원유의 저온살균법이 도입된 이후 치즈생산에는 혁명과 같은 일이 벌어졌고, 이를 기반으로 치즈 생산의 대량화, 산업적 생산이 가능해진 것이다. 그리고 이러한 변화 기류 속에 치즈제조 기술 분야에도 치즈과학(Cheese-Science and Technology)이라는 과학의 기준들이 적용되고 많은 연구들이 이어져 비로소 치즈제조 분야가 과학 연구 대상이 되어 과학 속으로 들어가면서 보다 정교한 기술로 제조되는 고품질 치즈들이 상품화 되어 오늘에 이르게 되었다.

치즈제조에서 보다 더 과학적 중요성을 갖는 일련의 부문들이 속속 관련되어 도입되었는데 이는 치즈 대량 생산, 숙성과 관련된 원유의 성분의 화학, 생화학적 규명, 치즈 구성분의 화학적 특성과 분리, 미생물학, 효소학, 분자유전학, 향미화학, 영양학,

표 8-1. 주요 치즈의 문헌상 기록 출현 연대

치즈의 종류	연 도	치즈의 종류	연 도
고르곤졸라(Gorgonzola)	897	체다(Cheddar)	1500
샤브찌게르(Schabzieger)	1000	파르메산(Parmesan)	1579
로퀴포르(Roquefort)	1070	가우다(Gouda)	1697
마로일레스(Maroilles)	1174	글로체스터(Gloucester)	1783
쉬방엔캐제(Schwangenkase)	1178	스틸톤(Stilton)	1785
그라나(Grana)	1200	카망베르(Camembert)	1791
탈레지오(Tallegio)	1282	쌩 폴린(St.Paulin)	1816

(자료 Scott, 1986)

독성학, 유동학(流動學), 그리고 화공학 등의 연구보고들이 그것이다.

결국 치즈제조나 숙성 분야에 많은 과학자들이 연관을 맺게 된 것이 그리 놀랄만한 일은 아니다. 왜냐하면 치즈가 그만큼 변화가 많고 다양성을 갖고 있다는 의미가 되기 때문이다. 1948년 이후 치즈 분야에 저술된 책과 문헌들이 많은 것도 치즈가 과학의 반열에서 훌륭한 연구대상이 되었음을 의미한다. Fox 등이 제시한 여러 치즈 관련 도서류, 백과사전과 간단한 치즈 소개문이 있는 화보류 등이 주로 1948년 이후에 수없이 쏟아졌다.

이러한 과학과 기술의 진보적인 혜택을 통해 오늘의 우리는 손으로 만드는 장인형 치즈인 목장형 치즈로부터 대형 유업체의 자동화된 대량 생산체제를 갖춘 산업적 치즈부문에 이르기까지 거의 균일한 품질의 양질치즈 생산이 가능해진 것이다.

1.2 치즈의 정의와 성분규격

치즈는 크게 자연치즈와 가공치즈로 나누어진다. 사실은 1900년대 초 이전까지 세계적으로 치즈는 자연치즈가 전부였다. 그러다가 1885년~1900년대 초에 독일과 스위스 일부 치즈 공장에서 자연치즈 상품화 과정에서 나온 손량(損量) 치즈의 재활용 차원에서 개발되었다가 1917년 미국의 크래프트(J. K. Kraft)의 특허 등록에 의해 제품화가 이루어져 '가공치즈'라는 말이 비로소 치즈산업계에 출현한 것이다.

1) 정 의

(1) 자연치즈

자연치즈라 함은 원유 또는 유가공품에 유산균, 단백질 응유효소, 유기산 등을 가하여 응고시킨 후 유청을 제거하여 제조한 것을 말한다.

(2) 가공치즈

가공치즈라 함은 자연치즈를 원료로 하여 이에 다른 식품 또는 식품첨가물들을 가한 후 유화시켜 가공한 것이거나 자연치즈에 속하지 아니하는 치즈로 총 유고형분 중 자연치즈에서 유래한 유고형분이 50% 이상인 것을 말한다.

《국립수의과학검역원 2009. 축산물의 가공기준 및 성분규격 p. 30》

2) 치즈의 성분규격

한국의 국립수의과학검역원이 정한 치즈의 성분규격을 요약하면 다음과 같다.

(1) 자연치즈

① 성 상: 고유의 색택과 향미를 가지고 이미 · 이취가 없어야 한다.

② 대장균(*E. coli*): n=5, c=1, m=10, M=100

(2) 가공치즈

① 성 상: 고유의 색택과 향미를 가지고 이미 · 이취가 없어야 한다.

② 대장균군: n=5, c=2, m=0, M=10

③ 유고형분 및 유지방

주) 1) n : 검사하기 위한 시료 수, 2) c : 허용 기준치보다는 크고 최대 허용치보다 적거나 같은 최대 허용 시료수. 결과가 m보다 크고 M보다 적거나 같은(>m과 ≤) 경우 c에 따라 적합 또는 부적합으로 판정, 3) m : 허용 기준치로서 시료가 "만족(satisfactory)"로 간주되는 미생물 기준 수치로 결과가 m 이하인 제품은 적합으로 판정, 4) M : 최대허용 한계치(acceptability threshold)로서 시료가 "불만족(unsatisfactory)으로 간주되는 미생물기준 수치로 결과가 M 초과인 제품은 부적합으로 판정.

표 8-2. 가공치즈의 종류별 주요 성분함량

종 류	유고형분(%)	유지방(%)
경성 가공치즈	50.0 이상	25.0 이상
반경성 가공치즈	46.0 이상	18.4 이상
혼합 가공치즈	38.0 이상	7.6 이상
연성 가공치즈	34.0 이상	6.8 이상

(3) 보존료(g/kg)

다음에서 정하는 이외의 보존료가 검출되어서는 안 된다.

표 8-3. 치즈로부터 검출 제한되는 보존료

데히드로초산 데히드로초산나트륨	0.5 이하(데히드로초산으로서)
소르빈산 소르빈산칼륨	3.0 이하(소르빈산으로서 기준하며, 프로피온산칼슘 또는 프로피온산나트륨을 병용할 때에는 소르빈산 및 프로피온산의 사용량의 합계가 3.0 이하)
프로피온산칼슘 프로피온산나트륨	3.0 이하(프로피온산으로서 기준하며, 소르빈산 또는 소르빈산칼륨을 병용할 때에는 프로피온산 및 소르빈산의 사용량의 합계가 3.0 이하)

1.3 자연치즈 제조기술의 특징

치즈제조는 원유로부터 단백질과 지방의 응축물을 얻기 위하여 유산균과 렌넷을 사용, 수분, 유당, 일부 무기물을 제거하는 작업이라 할 수 있다. 1,500여 종에 달하는 각종 치즈가 기본적으로 이런 공정의 틀 안에서 이루어진다고 볼 수 있다. 자연치즈의 기본적인 제조 기술상의 특징들을 살펴봄으로써 치즈제조 기술의 큰 틀을 이해하기 바란다.

1) 기술적인 공통점

① 모든 치즈는 포유동물(소・면양・산양・물소・낙타 등)의 젖을 주원료로 사용한다.
② 미생물(주로 유산균)을 사용하여 유산발효를 시킨다.
③ 렌넷 또는 대용 응유효소(곰팡이 생성, 동물성 단백질 분해효소, 유전공학 기법을 활용하여 생산한 효소 등)를 사용하여 원유를 응고시킨다.
④ 응고물을 절단 또는 파쇄 하여 유청을 배제(drain)한다.
⑤ 남겨진 커드(curd, 응고물)를 직접 사용하도록 제품화(신선형)하거나 커드를 성형(moulding)하여 일정기간 숙성 후 제품화(숙성형)한다.

2) 제조법과 성분 구성에 따른 치즈 구분

치즈의 제조법과 대략적인 성분 규격에 따라 다음과 같이 구분할 수 있다.

① 경질치즈, 반경질치즈 : 콜비, 체다, 가우다, 파르메산, 그뤼에르, 보포르, 틸지터, 아펜젤러, 에멘탈, 로마노 등(높은 산 생성, 수세(wash)에 의한 유당 조정, 고온처리)
② 연질치즈: 로퀴포르, 블루, 카망베르, 브리, 고르곤졸라, 스틸톤, 등(산 생성이 느림, 열처리의 최소화)
③ 신선치즈: 카티지(오막살이) 크림, 크박(유산균에 의한 높은 산 생성), 마스카르포네, 페타, 모차렐라, 스트링 등

3) 일반적인 제조공정

① 원료유를 표준화하고 병원균과 유해 미생물에 대한 최소한의 살균을 실시한다. 좋은 원료유가 좋은 치즈의 근원이다.
② 각 치즈의 스타터 생육에 맞는 온도로 냉각한 뒤 스타터를 첨가한다. 스타터 균주, 배양온도, 첨가량, 첨가 후의 온도는 치즈의 종류에 따라 다르다. 이때 천연

색소(안나토, annatto 색소)를 첨가하기도 한다.

③ 적당한 산도변화가 일어나면(스타터 첨가 후 30분 후) 응유효소인 렌넷을 첨가한다. 렌넷 첨가 전에 염화칼슘을 원유의 0.01～0.02% 정도(원유 100 kg에 10～20 g을 물에 녹여) 첨가한다.

④ 적당한 굳기로 원유가 응고되면(렌넷 첨가 40분～1시간 후) 응고물을 적당한 크기로 절단(커드 크기에 따라 치즈의 경도가 달라진다. 연질치즈는 호두알 크기, 경질 치즈일수록 콩알 크기, 녹두 크기로 절단)한다.

⑤ 절단 후 3～4분간 정치한 후 곧바로 서서히 교반하면서 가온한다. 가온 정도는 사용한 스타터 미생물의 생육온도에 따라 달리한다. 교반 시 커드끼리 엉기지 않게 주의하고 커드가 부서지지 않도록 서서히 교반한다. 교반 중에 어떤 치즈는 유청의 10～30%량에 해당하는 열수(56～70℃)를 넣어 주면서 신속히 교반해 주는데, 이렇게 하면 유당함량을 감량시킴으로써 스타터 미생물의 산 생성력을 억제시켜 치즈 특유의 온화한 향미를 얻을 수 있다. 이 과정을 수세(水洗, wash)라고 한다.

⑥ 교반 중에 단계별로 유청을 제거하고 커드를 모으거나 교반이 끝난 후 천을 치즈배트에 넣어 커드를 모아 건져내서 유청으로부터 커드를 분리한다(그림 8-1). 교반은 커드가 쪼글쪼글하면서 탄력이 있고 손으로 쥐었을 때 서로 결착될 때 정지한다.

⑦ 대개 교반 종료 후 유청제거가 이루어지는데, 커드를 미생물 오염으로부터 보호하던 유청이 제거되는 것이므로 이 유청 제거는 치즈 제조상 매우 중요한 공정이라 할 수 있다.

⑧ 유청배제(whey drainage) 후 커드를 적당한 상태로 모으고 치즈 성형틀(mould)에 넣은 뒤 예비압착, 본 압착을 거쳐 성형한다.

표 8-4. 각종 치즈의 염분 함량

치즈 종류	염 농도(%)
Cottage cheese	0.25～1.0
Emmenthal	0.4～1.2
Gouda	1.5～2.2
Cheddar	1.75～1.95
Limburger	2.5～3.5
Feta	3.5～7.0
Gorgonzola	3.5～5.5
Other blue cheeses	3.5～7.0

⑨ 가염은 치즈마다 다른데 가압 전후에 실시하고, 이렇게 얻어진 치즈는 건조 후 파라핀 액에 담가 도포하거나 수지로 전체를 피복한다. 껍질을 형성하는 치즈(rinded cheese)와 껍질을 형성하지 않는 치즈(rindless cheese)로 나누는데, 최근에는 비닐로 진공 포장하는 rindless 치즈가 산업적으로 생산되고 있다. 그러나 전통적인 치즈들은 숙성 전에 표피를 형성시켜 숙성과정에 껍질을 만든다.

⑩ 가염이 끝난 치즈는 숙성을 실시한다. 치즈마다 숙성실의 온도・습도・기간 및 뒤집어주는 방식과 표면을 닦는 액이 각각 다르다. 특히 온도는 숙성에 미치는 영향이 크므로 온도 변화가 없도록 유의해야 한다.

1.4 치즈의 구분

1) 치즈 분류의 기준

(1) 숙성방식에 따라

① 신선치즈(비숙성치즈): 크림, 카티지(오막살이), 모차렐라, 스트링
② 숙성치즈
③ a: 황색치즈: 체다, 그라나, 콜비
④ b: 곰팡이 숙성치즈: 카망베르, 브리, 로퀴포르
⑤ 소금물 치즈: 페타(8.0% 소금물에 보존)

(2) 응고방식, 조직성에 따라

① 산 응고 신선치즈: 카티지(오막살이), 크박, 크림(pH 4.6~4.8)
② 열-산 응고 치즈: 인도 파니어, 리코타, 캐나다 궬프대학 식 퀘소 블랑코 (pH 5.0~5.8)
③ 렌넷 응고-비숙성 치즈: 남미, 중동, 유럽치즈
④ 연질숙성, 고 산성치즈: 페타, 카망베르, 블루, 브리
⑤ 반경질, 수세 치즈: 가우다, 에담, 콜비, 하바티, 브릭, 아펜젤러, 틸지터
⑥ 경질: 중온성 치즈: 체다, 프로볼롱, 파스타 필라타
⑦ 초경질: 고온성 치즈: 스위스형 치즈, 이태리형 치즈, 에멘탈, 파마산, 로마노

2. 치즈 원유의 처리

2.1 표준화

치즈 원유의 표준화(Standardization)는 원유의 지방이나 단백질 또는 두 성분 모두를 조정하는데 크게 두 가지 목적을 두고 실시한다. 첫째, 사용 원유로부터 최대한의 경제적 생산 수율을 높이기 위함과 둘째, 제품의 품질 항상성·균일성을 유지시키기 위함이다. 치즈의 생산수율은 주로 치즈에 원유의 유지방과 단백질의 전환율에 의해 결정되며, 수분과 다른 성분이 기여한다.

우리나라에서는 치즈별 표준 단백질/지방(Protein / Fat, P/F)비율이 정해져 있지 않으나 치즈제조가 보편화된 나라들은 정부가 이를 규정으로 제시해 두고 있다. 표준화는 치즈 원유에 탈지유나 치즈전용 탈지분유를 첨가하여 P/F를 맞추어 주거나 크림을 제거함으로써 P/F를 높이는 방식을 취하는데 그 계산과정이 복잡한 면이 있다. 원유의 P/F는 전체 치즈의 고형분 함량을 결정한다고 볼 수 있기 때문에 수율(收率, yield)과 직접 관련이 있다. 여기서는 캐나다 방식을 간략히 소개해 둔다.

1) 건물기준으로 본 치즈의 지방률(Fat in dry matter, FDM)

치즈 건조물 중에서 본 지방함량은 치즈지방 %/치즈의 전고형분%에 해당된다(치즈 전고형분% = 100 - 치즈 수분). 여기서 FDM이 50%이면 full fat(포화지방)치즈로 간주하는데, 원유의 P/F가 0.91～0.96이면 FDM 50% 치즈가 생산된다. 원칙적으로 치즈 내에서 지방분이 전혀 없는 성분은 케이신인데, 목표 FDM이 어느 정도인가가 매우 중요하다. 즉, 치즈원유 내 요구되는 지방과 단백질 함량을 추정하게 해주기 때문이다. 치즈 제조 중 수세(水洗,wash)를 통해 치즈에서 무지고형분의 함량이 줄어들면서 치즈의 FDM도 줄어드는 효과를 얻을 수 있다.

2) 단백질/지방비(Protein/Fat, P/F)

원유의 지방에 대한 단백질 함량 비는 원유내의 원유 단백질 함량 %/ 원유지방 함량%를 뜻한다. 이것은 단위가 없고 그냥 소수 없이 나타낸다. 전 유단백질에 대한 케이신(casein)의 비율은 케이신 %/전 단백질 %로 나타낸다.

3) P/F를 목표로 한 표준화

① 보통 P/F를 증가시키기 위해서는 탈지유나 탈지분유를 첨가하되 크림량을 제거해서 유지방량을 낮춘다.

② 두 성분을 보정하여 적정 P/F를 구함으로써 치즈 수율을 높이고, 품질 균일성을 유지한다.

③ 치즈 수율을 높이기 위해 많은 유청 고형분(유당·유청단백질)이 치즈 쪽으로

잔류하게 하려면 원유가 좀 더 낮은 P/F가 되어야 한다.

④ 치즈 쪽으로의 많은 유청고형분 이동은
  ㉠ 수분함량이 높으면 증가한다.
  ㉡ 가수, 세척으로는 감소하며
  ㉢ 다소 높은 저온살균은 증대를 가져온다.

4) 케이신/지방비의 표준화

① 케이신은 치즈 수율에 직접 관련된 단백질인데, 원유마다 케이신 함량이 달라서 케이신/지방비가 P/F보다 더 정확한 편이다.

② 원유 케이신의 함량은 단백질 함량 계산에 의해 다음과 같이 추정할 수 있다.
케이신 함량 = (0.833 × 단백질 함량) - 0.208

5) 유단백질과 유지방의 보충원

P/F비에 의한 표준화시 부족 된 단백질과 유지방은 다음과 같이 보충될 수 있다.

(1) 유단백질 보충원

① 탈지분유: 저온처리, 무항생제, 최대 첨가량은 원유의 2.0% 이내, 총 무지고형분 함량이 11%를 초과하지 않을 것.

② 연유, 스타터 배양액, UF(ultrafiltration)에 의한 탈지유

(2) 유지방 보충원

① 유지방: 원유와 크림은 저온살균법과 크림층 및 원심분리기에 의해 얻은 크림

② 환원크림

③ 비 유지방: 달라진 맛, 균질 필요, 녹는점이 유지방과 유사할 것.

6) 수동 표준화와 자동 표준화

① 제조하려는 치즈의 P/F비를 권장 값을 확인한다(표 8-5 참조).

② 자동 표준화 시스템은 자동 농도분석 장치의 모니터링 된 분석치와 자체 검사실의 유성분 분석장비 분석치를 조합하여 실시한다.

7) 원유 표준화의 요점

① 제조하고자 하는 치즈의 구성분, 목표성분을 결정한다.

② 가능한 한 총 단백질 함량보다 케이신에 대한 표준화를 한다. 원유의 지방과 단

백질 함량은 치즈제조 당일 자체검사와 공공 검사기관 간에 교차점검(cross checking)으로 파악한다. 목장형 유가공장의 경우에는 최근 납유 전표 상에 나타난 단백질, 지방함량 분석치를 활용한다.

③ 원유의 중량을 정확히 측정하고 정확한 기록을 유지한다.

④ 단백질 보충용 탈지분유는 단백질 함량이 표기되어 있고, 저온제조, 고품질의 무항생제 제품만을 사용한다.

⑤ 첨가하는 탈지유, 탈지분유 혹은 크림의 양은 중량을 정확히 칭량하여 넣는다.

⑥ 표준화하여 제조한 치즈의 구성분 함량을 파악해 둔다.

⑦ 액상 스타터에 함유된 단백질의 양을 감안하여 첨가하는 단백질의 양을 감해야 한다.

⑧ 표준화에 사용하는 탈지분유의 최대 허용 첨가량은 원유의 2.0% 이내이다.

⑨ 원유를 벳트에 넣고 나서 표준화에 필요한 만큼의 탈지유, 탈지분유 또는 크림을 첨가하여 P/F율을 조정한다.

8) 치즈 원유 표준화의 실제

여기서는 표 8-5에 제시된 각 치즈별 권장 P/F를 중심으로 치즈 원유 표준화의 실제를 예시해 둔다.

표 8-5. 치즈 종류에 따른 주요 특성, 성분조성 및 원유 표준화 시의 Protein/Fat(P/F)
(치즈의 목표성분 값은 캐나다 농무성 규정에 따름)

종 류	조 직	수 세	가 염	껍 질	치즈의 목표 성분치					수율
					지방	수분	FDM	MNFS	P/F	%w/w
Stella Alpina	Semi-soft	온수	B or DS	Smear	27	46	50.0	63.0	0.90	11.5
Asiago	Firm to hard	-	B	Dry	30.0	40.0	50.0	57.1	0.93	10.5
Baby Edam	Firm	온수	B	-	21.0	47.0	39.6	59.5	1.56	8.7
Baby Gouda	Firm	온수	B	-	26.0	45.0	47.3	60.8	1.15	9.7
Blue	Soft to semi-soft	-	DC&DS	Smear or none	27.0	47.0	50.9	64.4	0.87	11.9
Bra	Firm to hard	-	B or DS	Dry	26.0	36.0	40.6	48.6	1.40	7.6

(계 속)

종 류	조 직	수 세	가 염	껍 질	치즈의 목표 성분치					수율
					지방	수분	FDM	MNFS	P/F	%w/w
Brick	Semi-soft to firm	온수	DC or DS	Smear or none	29.0	42.0	50.0	59.2	1.04	9.7
Brie	Soft	–	DS	곰팡이	23.0	54.0	50.0	70.1	0.86	14.0
Butterkase (Butter)	Semi-soft	온수	B	Smear	27.0	46.0	50.0	63.0	0.90	11.5
Caciocavallo	Firm to hard	열수 스트렛칭	B	Dry	24.0	45.0	43.6	59.2	1.17	9.8
Camembert	Soft	–	DS	곰팡이	22.0	56.0	50.0	71.8	0.86	14.7
Canadian Muenster	Semi-soft	온수	B or DS	Smear	27.0	46.0	50.0	63.0	0.90	11.5
Cheddar	Firm	–	DC	–	31.0	39.0	50.8	56.5	0.91	10.0
Cheshire	Firm	–	DC	–	30.0	44.0	53.6	62.9	0.79	11.9
Colby	Firm	냉수	DC	–	29.0	42.0	50.0	59.2	1.03	9.7
Coulommiers	Soft	–	DS	곰팡이	22.0	56.0	50.0	71.8	0.85	14.8
Danbo	Firm, small eyes	–	B, DS or DC	Smear or none	25.0	46.0	46.3	61.3	1.04	10.6
Edam	Firm	온수	B	Dry or none	22.0	46.0	40.7	59.0	1.50	8.7
Elbo	Firm	–	DS or B	Dry or none	25.0	46.0	46.3	61.3	1.04	10.6
Emmentaler	Firm with eyes	–	B	Dry or none	27.0	40.0	45.0	54.8	1.13	9.1
Esrom	Semi-soft	온수	DS or B	Smear	23.0	50.0	46.0	64.9	1.04	11.5
Farmers	Firm	냉수	DC	–	27.0	44.0	48.2	60.3	1.11	9.7
Feta	Soft	–	DS	–	22.0	55.0	48.9	70.5	0.90	14.0
Fontina	Semi-soft to firm	온수	DS or B	Light smear	27.0	46.0	50.0	63.0	0.90	11.5

(계 속)

종 류	조 직	수 세	가 염	껍 질	치즈의 목표 성분치					수율
					지방	수분	FDM	MNFS	P/F	%w/w
Fynbo	Firm, small eyes	?	B or DC	Dry	25.0	46.0	46.3	61.3	1.05	10.5
Gouda	Firm, small eyes	Yes	B	–	28.0	43.0	49.1	59.7	1.07	9.7
Guyere	Firm, eyes	No	B&DS	Light smear	28.0	38.0	45.2	52.8	1.14	8.7
Havarti	Semi-soft	온수	B or DS	Smear or none	23.0	50.0	46.0	64.9	1.19	10.5
Jack	Semi-soft	냉수	DC	–	25.0	50.0	50.0	66.7	1.02	11.4
Kasseri	Firm to hard	열수 스트렛칭	B	Dry	25.0	44.0	44.6	58.7	1.13	9.8
Limburger	Soft to semi-soft	온수	DS or B	Heavy smear	25.0	50.0	50.0	66.7	0.88	12.6
Maribo	Firm, small eyes	–	B or DS	Dry or none	26.0	43.0	45.6	58.1	1.09	9.8
Montasio	Firm	온수	DS or B	Dry	28.0	40.0	46.7	55.6	1.19	8.7
Monterey	Firm	냉수	DC	–	28.0	44.0	50.0	61.1	1.04	10.0
Mozzarella (Italian)	Semi-soft to firm	열수 스트렛칭	B	–	20.0	52.0	41.7	65.0	1.22	11.1
Mozzarella (Canadian)	Firm	냉수	DC	–	20.0	52.0	41.7	65.0	1.22	11.1
Muenster	Semi-soft	온수	B or DS	Light smear	25.0	50.0	50.0	66.7	0.88	12.6
Parmesan	Hard, grating	–	B&DS	Dry	22.0	32.0	32.4	41.0	2.02	6.1
Part Skim Mozz	Semi-soft to firm	열수 스트렛칭	B	–	15.0	52.0	31.3	61.2	1.90	9.1
Part Skim Pizza	Semi-soft to firm	열수 스트렛칭	B	–	15.0	48.0	28.8	56.5	2.20	7.9

(계 속)

종 류	조 직	수 세	가 염	껍 질	치즈의 목표 성분치					수율
					지방	수분	FDM	MNFS	P/F	%w/w
Pizza	Semi-soft to firm	열수 스트렛칭	B	-	20.0	48.0	38.5	60.0	1.42	9.5
Provolone	Firm	열수 스트렛칭	B	-	24.0	45.0	43.6	59.2	1.17	9.8
Romano	Hard	-	B&DS	Dry or none	25.0	34.0	37.9	45.3	1.58	7.0
Samsoe	Firm, few eyes	-	B&DS	Dry or none	26.0	44.0	46.4	59.5	1.05	10.1
Tilsilter (Tilsit)	Firm	온수	B or DS	Smear or none	25.0	45.0	45.5	60.0	1.08	10.2
Tybo	Firm, few eyes	-	B	Dry or none	25.0	46.0	46.3	61.3	1.04	10.6

자료 : 배인휴. 안종건 공역. 2007(Arthur R. Hill 저) 치즈과학과 제조기술. 유한문화사, p. 98~100)

주) : 1. 모든 치즈의 성분, 생산수량은 치즈와 표준화 원유 모두를 포함한 중량에 따른 % 단위이다

2. 추정 생산수량과 단백질/지방(P/F)비율은 Emmons, D. B., C. A. Emstrom, C. Lacrois and P. Verret. 1990. J. of Dairy Sci. 73 : 1365 에 의해 제시된 원칙과 수량 예측 방정식에 근거한 것임.
3. 환산상수 : 원유 지방이 치즈지방으로 이행되는 비율은 0.93, 원유케이신 + 무기질이 치즈 쪽으로 이행되는 양은 케이신 양 × 1,018 케이신 계수(casein number/ C N), 76.5임
4. 수세(washing) : 온수는 정상적인 치즈 cooking 온도에 가까운 온도로 수세함(32~40℃)을 의미함. 냉수는 수세에 사용하는 물의 온도가 20℃ 이하로서 커드를 세척하고 커드를 차게 만든다는 뜻임. 열수 스트레칭은 Pasta Filata형 치즈처럼 치즈가 열수(70~80℃)에서 가온되고 연압, 스트레칭되는 것을 뜻함.
5. 가염 : B : 염액(brine)에 침지, D S : Dry salted on cheese surface 치즈 표면에 건염법처리, DC : curd dry salted before hooping, 커드를 몰드에 넣기 전에 커드에 소금을 뿌려 혼합하는 방식으로 가염함.
6. FDM = Fat in the Dry Matter(F/D M) ; 치즈 고형분 중량 대비 지방%
7. MNFS = Moisture as percentage of Non-Fat Substance ; 치즈 내의 무지고형분 중의 수분%
8. Prot / Fat = Protein-fat ratio ; 표준화된 원유의 지방에 대한 단백질 비율
9. 껍질 ; smear = 점질성 표피, Dry = 건조된 표피, '--' = 무표피, 곰팡이 = 곰팡이 표피

(1) 체다치즈의 경우 P/F가 0.90일 때의 표준화 법

① 먼저 당일 사용하려는 원유의 지방률과 단백질 함량 비를 알아야 한다(검사기관 분석치와 공장 분석결과의 교차점검과 조정이 필요함).

② 당일 원유의 유지방률 3.88%, 유단백질 2.95%를 부피단위(v/v)에서 중량단위(w/w)로 전환한다. 이때 원유의 지방, 단백질 함량을 원유의 비중으로 나누어 주면 중량 단위로 환산된다.

㉠ 유지방 3.88 ÷ 1.032 = 3.76 w/w

㉡ 유단백질 2.95 ÷ 1.032 = 2.86 w/w

③ 표준화 목표 P/F = 0.90

치즈 원유량 = 100 kg

탈지분유의 단백질 함량 = 58.3%

P = F × 0.90

= 3.76 × 0.90 = 3.38

⊿P = 3.38 − 2.86 = 0.52 kg

(주 : P = 단백질 함량, F = 유지방 함량, ⊿P = 가감해야 할 단백질 함량)

④ 첨가할 탈지분유의 양 =

58.3/100× X = 0.52 , X =0.52 × 100/58.3 = 0.52 × 1.72 = 0.894

⑤ 탈지분유 0.894 kg(894 g)을 온수 5.0 kg에 녹여서 원유에 첨가한다.

(2) 가우다 치즈의 표준화(P/F = 1.07) 사례

① 당일 원유의 P = 4.3%, F = 3.25%

② P = 4.3 ÷ 1.032 = 4.17%

F = 3.25 ÷ 1.032 = 3.15%

③ 당일 사용 치즈 원유량 = 100 kg

표준화 목표 P/F = 1.07

목표 P = 1.07 × 4.17 = 4.46

⊿P = 4.46 − 3.15 = 1.31 kg

④ 첨가할 탈지분유의 양 = 58.3/100× X =1.31,

X =1.31 × 100/58.3 =1.31 × 1.72 = 2.25 kg

⑤ 탈지분유 2.25 kg을 온수 10 kg에 녹여서 원유에 첨가하면 된다.

(3) 가우다 치즈의 경우 저장했던 저녁 원유로부터 아침에 상층부 생크림(35%)을 걷어 내어 표준화하는 방식 사례-피어슨 사각법(Pearson square)에 의해 계산한다.

① 당일 원유의 P = 3.15%(w/w), F = 4.17%(w/w)

② 표준화 목표 P/F = 1.07

③ P/1.07 = F

F = 3.15/1.07 = 2.94%(w/w)

④

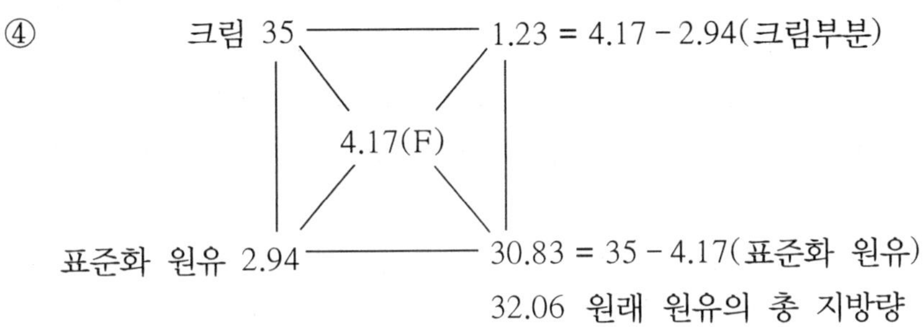

⑤ 1.23/32.06 × 100 = 3.8% 크림

⑥ 30.83/32.06 × 100 = 96.2% 표준화 원유

⑦ 제거되어야 할 상층부 생크림의 양 = 3.8%

저녁 원유로부터 3.8%에 해당하는 크림이 반드시 제거되어야 한다.

2.2 열처리

대규모 치즈공장에서는 대형 사일로 탱크에 원유를 5일 이상 보관해 가며 작업을 해야 하는 경우가 있다. 저온에서(4℃) 장시간 저장하는 동안 원유의 무기염류의 성격이 바뀐다. 원유를 5℃에서 24시간 저장해 두면 25% 정도의 칼슘이 인산 칼슘형태로 침전된다. 이 현상은 일시적 현상으로 살균처리를 거치면서 재 현탁되어 원상으로 회복되고, 원유 응고 기작도 거의 완벽하게 회복된다.

원유의 저온 저장 시 중요한 현상은 재 오염에 의해 원유에 유입된 미생물(특히, 저온균인 *Pseudomonas* spp.)이 저온에 적응하여 단백질 분해효소와 지방분해효소를 생성하므로 원유의 단백질·지방을 분해한다는 점이다. 이 작용의 결과는 저온저장 기간 동안 casein micelle로부터 떨어져 나온 β-casein이 분해됨에 따라 쓴맛 취(苦味臭, Bitter taste)가 제품 내에 방출되는 것이다.

여기서 열처리(heat treatment)란 준 살균(sub-pasteurization)에 해당하는 것으로 원유를 63~65℃에서 15초간 실시하고 즉시 4℃로 냉각 후 저장하는 과정을 말한다. 열처리된 원유는 phosphatase 검사 시 양성 상태여야 하고 살균처리에 적합해야만 한다. 이는 장기간 원유저장이 필요 없는 소규모 목장 유가공장에서는 요구되지 않는 과정이다(그러나 착유 후 4℃에서 48~72시간 범위에서 저장해야 하는 원유는 열처리가 필요하다).

2.3 살 균

치즈 원유의 살균(pasteurization) 목적은 건강과 치즈의 감칠맛에 영향을 줄 수 있는 원유 내 유해 미생물을 파괴하고 효소들을 불활화시키는 데 있다. 그렇지만 살균처리한 원유로 만든 치즈에서는 무살균 원유로 만든 치즈처럼 '완벽한' 향미 발달은 기대할 수 없다. 그래서 에멘탈, 파마산 그리고 그라나(Grana)치즈 및 몇몇 초경질 치즈의 원유는 최종제품의 향미 그리고 유청 배출에 영향을 주는 것을 피하기 위하여 40℃ 이상의 열처리를 하지 않는다.

한편, 살균은 치즈의 초기팽화(blowing)와 바람직하지 않은 맛의 원인이 되는 대장균을 충분히 사멸시킬 수 있도록 실시해야 한다. 살균온도와 시간은 phosphatase가 파괴될 수 있는 조건 이상으로 조합을 이루어야 한다(63℃, 30분 또는 72℃ 16초). 예를 들어 살균 유지시간이나 온도가 74℃ 혹은 20초로 증가시키면 결국 연약한 커드가 얻어질 것이기 때문이다.

어떤 유가공장에서는 치즈원유 살균 설비를 살균시유(마시는 우유, 산양유)의 마지막 부분, 즉 냉각부 대신 가열 유지부 끝 쪽에 위치시켜 방금 살균되어 나오는 뜨거운 시유와 살균하고자 하는 찬 원유 간의 열 교환을 거쳐서 본 살균에 들어가게 하고 있다. 이렇게 하면 적절한 가열의 경제성을 얻을 수 있는데, 치즈 원유는 대략 55℃라는 매우 적절한 예열과정을 거칠 수 있기 때문이다.

3. 치즈 원유 첨가제

3.1 염화칼슘($CaCl_2$)

렌넷에 의해 분해된 케이신(para-casein)이 침전할 수 있고 렌넷 활력을 강화하며, 응고물이 보다 단단해지도록 하며 나아가 응유 속도 단축을 위해(렌넷 사용량 절약) 치즈 원유에 일정 수준 이상의 칼슘 이온(Ca^{++})을 보충해 줄 필요가 있다. 그러나 칼슘 양은 Na나 K와의 균형이 반드시 맞아야 한다.

치즈 원유에 Ca^{++}량이 너무 많으면 응고물은 너무 단단해지고, 너무 부족하면 느슨하고 연약해져서 치즈 수율 손실이 많다. 원래 원유 속에 천연의 Ca^{++}이 함유되어 있으나 그 양이 너무 소량인데다 전처리 과정에서 살균 시 인산과 결합하여 불용성으로

표 8-6. 염화칼슘 첨가량과 원유 pH 그리고 응고시간과의 관계

염화칼슘 g/원유 100 kg	원유 pH	응고 소요시간 개략(분)
0	6.68	8
14	6.63	7
28	6.57	5
42	6.54	4.5
56	6.53	4
69	6.50	3.5

자료 : Bush Kristensen J.M. 1999 Cheese Technology Int`l Dairy Book. p. 49

침전되고(tri-calcium phosphate) 냉각이나 균질과정에 렌넷 활력을 촉진하는 힘이 약화되므로 외부에서 염화칼슘($CaCl_2$)으로 Ca^{++}을 공급해 주어야 한다. 이때 Ca^{++}은 원유 내 산성화를 도와주어 렌넷의 활성이 촉진된다(표 8-6).

Ca^{++} 첨가량은 대략 원유의 0.02%(20 g/100 kg)인데, 덴마크의 크리스찬 한센(http://www.chr-hansen.com/products)사나 몇몇 유가공용품 제조회사들이 포화 $CaCl_2$액(CALSO; Chr. Hansen 사, CALCIOL; Danisco 사)을 시판하고 있어 지시된 사용량을 첨가한다(대개 18 mL/100 kg). 만약 첨가 염화칼슘이 분말상이면 뜨거운 열수에 녹여 $CaCl_2$에 혹시 오염되었을 수도 있는 유해세균을 사멸시켜 첨가한다. $CaCl_2$는 반드시 렌넷 첨가 이전에 넣어야 한다.

저지방 치즈를 만들 때 법적인 허가를 받아 인산나트륨(Na_2PO_4)을 10~20 g/kg 정도 첨가하기도 하는데, 보통 염화칼슘 첨가 전에 넣는다. 그러면 콜로이드성 인산칼슘($Ca_3(PO_4)_2$)이 형성되어 커드의 탄력성이 좋아지고, 이는 마치 커드에 지방 구성분이 함유되는 것과 똑같은 효과를 나타낸다.

3.2 질산염이나 라이소자임

몇몇 숙성치즈들(에담, 가우다, 에멘탈 등) 제조과정에서 치즈의 후기 팽화를 일으키는 *Clostridium butyricum*이나 *Cl. tyrobutyricum*과 같은 낙산균(CO_2 가스 생성균)을 억제하기 위해 특별한 조치를 취해 왔다. 이를테면 육가공장에서 오래 전부터 훌륭한 보존제(특히 쇠고기, 돼지고기)로 사용하는 질산염[nitrates, 일명 초석(硝石, saltpeter 질산나트륨이나 질산칼륨, $NaNO_3$나 KNO_3]을 첨가하거나 세균의 세포벽 용해성이 있는 라이소자임(lysozyme)을 사용하는 것이다.

이들 낙산균은 치즈에 후기 팽화를 가져오고 지나친 발효로 이취·이미(off flavour)를 발생시키는 원인균이다. 질산염은 치즈의 약산성 상태에서 질산(NO_3)이

아질산(NO_2)으로 전환되어 아민, 아미노산 그리고 단백질들과 반응하면 니트로소아민(nitrosoamine)을 생성하게 된다. 그 양은 매우 낮은 농도(ppb)이고, 거의 함량 측정이 안 되는 미량이지만 1978년 WHO(World Health Organization)에서는 치즈에의 사용을 주의시킨 바 있어 일부 국가에서는 사용을 금지하고 있다(Art Hill. 1985).

만약 $NaNO_3$나 KNO_3의 사용 시 그 첨가량은 최대 30 g/100 kg까지 허용하나 대개 5～10 g/100 kg 정도(최대 허용치는 30 g/100 kg) 사용한다. 그 사용량이 너무 많으면 치즈 내 유산균 증식이 억제되면서 숙성지연이나 정지 그리고 치즈가 탈색이 되고 붉게 금이 가면서 불순한 맛이 난다. 만약 치즈공장에 박토휴지(Bactofuge)나 미세 여과장치(microfiltration)가 사용되고 있는 곳에서는 질산염을 아예 사용치 않고 지나갈 수가 있다.

최근 이러한 낙산균류(*Clostridium* spp.)를 억제하기 위한 수단으로 질산염 대신 라이소자임(lysozyme) 효소가 첨가되기도 한다. 라이소자임은 원유 100 kg에 2.5 g을 첨가하되 효소역가(enzyme unit)가 원유 1.0 mL당 500단위가 되는 농도(250～300 mg/치즈 1.0 kg)가 되게 첨가한다. 이 효소는 NaCl 농도가 5.0% 이상인 상태에서는 활성이 저해된다(Walstra 등, 1999). 최근 덴마크의 유가공용품 전문회사인 크리스찬 한센(http://www.chr-hansen.com/products)사에서는 라이소자임 효소를 상품화하여 AFILACT®(powder와 liquid 제제)라는 상표로 판매하고 있고, 독일의 Bunte Kuh,(http://www.kaesereibedarf.de/index-shop.html)사에서는 「Lysozym」으로 판매하고 있으며, 자세한 사용법은 각 회사가 제시하는 사용요령에 따르도록 한다.

3.3 색 소

염소나 면양의 젖에는 색소(colour)가 없다. 젖에 카로틴이 함유되어 있지 않기 때문이다. 그래서 그 젖으로 만든 치즈들은 하얀색이다. 우유에는 카로틴이 함유되어 있고, Guernsey나 Jersey 품종의 젖에는 특히 카로틴이 진하게 함유되어 있다. 그리고 청초기이면 카로틴 함량 증가로 노란 색이 더 진해지기 때문에 원유의 색소 함량은 계절변이가 심하다. 소비자들은 노란 색인 치즈를 선호하기 때문에 제조자들은 치즈의 색을 표준화하고자 색소를 첨가한다.

주로 첨가하는 색소는 일종의 관목인 *Bixa orellana*로부터 얻은 황적색의 아나토(annatto)와 파프리카(paprika), 오르리나(orleana), 당근 또는 합성적으로 대량 생산되는 황적색의 β-carotene이다. 사용량은 계절적 변이가 심하고 색소 첨가가 허용된 나라에서 보통 원유 100 kg당 8.8 g 정도 비율로 첨가해 준다. 색소는 농축액이어서 살균된 냉수 10배량에 희석하여 첨가해야 한다. 녹색의 엽록소(대비 착색료로서)가

블루치즈에서 블루 곰팡이와 대비시켜 엷은 green 색깔을 얻고자 사용되기도 한다. 때로는 원유의 색소를 제거하여 면양이나 산양유 치즈의 흰빛을 강조하기 위해 사용하기도 한다.

3.4 Lipase(지방분해효소)

원유에는 천연적인 lipase가 존재하는데, 주로 케이신과 복합물로 결합되어 있다. 지방분해효소는 지방을 분해하여 지방산을 유리시키므로 페타, 로마노, 파르메산 치즈 같은 류의 향미 증진에 중요한 소스를 공급한다. 라이페이스는 살균온도에서 불활화 되지만 원유 중의 미생물 균체외 분비 라이페이스는 살균온도에 불활성화 되지 않아 최종 치즈 품질에 부정적인 영향을 미치기도 한다. 라이페이스는 우유를 사용하여 양젖 치즈를 제조해야 하는 경우 고유의 향미 증진을 위해 사용된다. 사용법과 첨가량은 치즈와 효소 공급회사의 지침에 따르도록 한다.

4. 치즈 스타터

치즈제조에서 가장 필수적인 두 가지 첨가물이 있는데, 그것은 스타터(Starter)와 렌넷이다. 어떤 치즈의 경우 염화칼슘($CaCl_2$)이나 라이소자임도 반드시 첨가해야 한다. 치즈 제조공정에서의 유산(乳酸, lactic acid)은 커드로부터 수분을 유리시켜서(syneresis) 유청 배제가 일어나게 하는데 필수적인 물질이다. 이 유산은 유산균의 발효과정 중 유당분해를 통해 생성된 것이다. 치즈 스타터의 사용 목적은 유산 생성에 있는데 스타터는 치즈 향미, 조직개선 그리고 치즈 품질 보전에 기여한다. 스타터가 생성하는 부산물들은 다른 미생물의 성장 인자로서 필수적이면서 숙성 치즈에서의 성분 분해를 이끌어서 바람직한 향미와 조직이 형성되도록 한다.

치즈제조에서 스타터의 기능은 매우 중요한데 산 생성, 원유 응유 촉진, 커드 형성 보조, 휘발성 성분 생성, 단백질과 지방분해효소 생성, 그리고 치즈 품질과 숙성을 유지하기에 바람직한 수준의 낮은 pH 범위 조성 등을 해준다. 또한 커드로부터 칼슘과 인산염을 유리시켜 치즈의 조직형성을 돕고 단단한 치즈가 되게 해 준다. 또 다른 유산균 스타터의 중요한 기능은 산 생성을 주도하여 살균과정에 살아남은 잔존 세균과 2차 오염에 의한 세균들의 생육을 억제시킨다는 점이다. 유산발효의 종료는 치즈 내 유당이 발효에 의해 소진되었을 때이다. 유산발효는 정상적으로 매우 빠른 속도로 진행되는데, 체다치즈 같은 경우 압착과정에서 마무리가 되고, 다른 치즈들은 1주일 이내에 끝난다.

치즈제조에서는 거의 원칙처럼 두 형태의 스타터 배양물이 사용되고 있다.

① 20～40℃의 온도범위를 최적 생육온도로 하는 중온균 스타터이고,

② 45℃ 이상 온도를 최적 생육온도로 하는 고온균 스타터이다.

오늘날 상업적인 균주들은 혼합균주 형태로 보급되는데, 여기에는 2～3종의 중온균과 고온균이 혼합되어 있어서 균주 간의 상호공생을 하도록 고안되어 있다. 이 균주들은 유산을 생산할 뿐만 아니라 향미성분과 CO_2를 생성한다. 유산생성과 단백질 분해를 촉진할 목적으로 단일 균주 스타터를 사용하는 치즈도 있는데, 이는 체다치즈와 그 계열의 치즈에서 그렇다.

4.1 중온균 스타터

1) *Lactococcus* 속

Lactococcus 속에 속하는 균들, 예를 들면 *Lc. lactis* ssp. *lactis, Lc. lactis* ssp. *cremoris, Lc. lactis* ssp. *diacetylactis* 균과 같은 것들은 각종 치즈, 즉 체다, 브릭, 블루, 가우다, 카티지(오막살이), 페타 등의 치즈제조에 가장 흔하게 사용되는 균들이다. *Lactococcus* 속에 속하는 균들은 대부분 정상 발효균들이며, 크기가 작은 편에 속하여 ∅0.5～1.0 ㎛ 정도이다. 이들 균들은 적절한 영양만 갖추어지면 5～40℃ 범위에서 유산을 생성하는데, 최적 증식온도는 30℃ 내외이다.

Lc. diacetylactis 는 치즈에서 독특한 향미 물질을 생성할 수 있으므로 스타터로 두루 쓰인다. *Lc. lactis* ssp. *diacetylactis* 균과 유사한 조건에서 증식하는데, 구연산염(citrate)을 구연산(citric acid)으로 신속히 발효하고 많은 양의 diacetyl과 CO_2를 생성한다. 이 성질이 가우다 치즈에서 조직의 특성과 특유의 치즈 눈(cheese eye) 형성에 기여한다.

2) *Leuconostoc* 속

이 속에 속하는 *Leu. cremoris* (구명, *Leu. citrovorus*)와 *Leu. dextranicum*은 구연산을 발효하고 유산, CO_2 그리고 향미물질을 생성한다. 이 속의 균들은 주로 발효유에서 사용되고 치즈에서는 보편화되어 있지 않았는데, 이는 치즈에서 CO_2가 생성되면 바람직한 조직이 안 되고 많은 치즈 눈을 만들기 때문이다.

4.2 고온성균 스타터

1) *Lactobacillus* 속

Lactobacillus 속에 속하는 균들 중에 *L. delbrueckii* ssp. *bulgaricus, L. acidophilus* 균들은 간균이고 최적 증식 온도가 37℃인 고온균들이다. 이들의 증식 범위는 22~49℃이나 55℃에서도 생존이 가능하다. 그러나 42℃를 벗어나면 정상적인 속도의 유산생성은 거의 제한된다. 이 균들은 주로 스위스 치즈나 이탈리안계 치즈(Emmentaler, Romano, Provolone, Parmesan) 그리고 요구르트 제조에 주로 사용된다. *L. delbrueckii* ssp. *bulgaricus* 균은 단간균으로 39~47℃ 범위에서 8~16시간 동안 배양하면 2~4%의 유산을 생성할 수 있다.

이 균은 증식 시에 유당 외에도 많은 peptide류를 필요로 하므로 *Str. salivarius* ssp. *thermophilus* 균과 같은 구균류와의 공생이 도움을 준다. 이 균은 UHT 처리에 가까운 고온처리 원유에서 잘 자란다. *L. helveticus, L. jugurti, L. lactis*는 주로 유럽치즈류 제조에 쓰인다. *L. acidophilus*는 Romano, Swiss 치즈 제조에 쓰인다.

2) *Streptococcus* 속

이 속에 속하는 균은 *Str. salivarius* ssp. *thermophilus* 균이 대표적인데, 고온에 잘 견디면서 발효 초기에 성장 속도가 빠르나 내산성은 높지 않다(T. A 0.8%). 이 균은 초기에 빠르게 성장하여 다른 균의 성장 촉진물질을 공급한다(펩티드류). 이 균은 내열성 균으로 정구상체나 난형을 나타내고, ∅0.7~0.9 ㎛ 크기로 쌍을 이루거나 긴 연쇄상을 이루기도 한다. 이 균은 20℃ 이하에서 증식을 제한 받지만 45℃에서는 매우 신속하게 증식한다. 또한 이 균은 염농도 2.0% 이상에서 증식이 억제된다. 이 균은 fructose, glucose, lactose, sucrose를 발효할 수 있다.

4.3 기타 스타터균들

치즈제조에 쓰이는 다른 스타터 균들이 어떤 치즈들에서는 매우 독특한 특성들은 형성한다. *Brevibacterium linens* 는 하바르티, 틸지터 그리고 브릭치즈의 표면 숙성을 주도하고, *Propionibacterium shermanii* 는 유산을 발효하여 프로피온산, 초산 그리고 CO_2를 생성하므로 에멘탈 치즈에서 특유의 커다란 치즈 눈을 형성시킨다. 곰팡이 스타터로서 *Penicillium camembertii* 는 카망베르, 브리 치즈에서, *Pen. roqueforti* 는 블루치즈와 로퀴포르 치즈에서 각각 표면과 내부 숙성에 관여한다.

4.4 상업용 동결균주 스타터 사용

오늘날에는 전문 상업적 균주 제조업체들에 의한 동결건조 유산균을 비롯한 스타터 미생물이 다양하게 공급되고 있다. 스위스나 프랑스 같은 나라들에서는 국가 기관에서 액상 스타터를 공신력을 갖고 공급하고 있다. 우리나라 유업체나 소규모 목장형 유가공장들은 외국의 전문균주 공급업체(Danisco, Christian Hansen)들로부터 동결건조한 균 분말을 직접 발효조에 첨가하는(Direct vat set, DVS) 스타터 균주들을 구입하여 사용한다.

1) DVS 사용 요령

균주회사들이 공급하는 DVS는 균주와 가스를 함께 충전해 공급하는데 회사가 지시한 용량에 맞추어 직접 Vat에 접종할 수 있다.

(1) 포장의 단위(u)가 뜻하는 것

DVS 봉지(pouch)나 캔(can)에는 내용물 균의 활력(원유량 당 사용역가 단위, Unit, u 혹은 Danisco사의 경우 DCU로 표지)을 나타내는 수치가 표지되어 있다. 예를 들면 5 u, 10 u, 20 u, 50 u, 100 u, 200 u 그리고 500 u 등인데, 이는 포장된 균의 중량과 사용 가능한 원유 단위와 관계가 있다. 즉, 발효시키고자 하는 한 벳트의 원유 총량대비 직접접종 발효 가능한 균주의 역가를 나타낸다.

덴마크의 Christian Hansen사의 경우 DVS에 50 u라고 표지된 한 봉지의 균을 직접 접종하면 원유 250 kg을 발효시킬 수 있다는 뜻이다(200 u = 1000 kg, 500 u = 2,500 kg). 이 단위가 의미하는 역가는 회사마다 다르기 때문에 회사의 지시하는 바에 따라야 하는데, Danisco 사에서는 사용역가를 DCU(Danisco Culture Unit)로 표기하는데 25 DCU는 250리터의 원유를 발효시킬 수 있다는 뜻이다. Danisco 계열의 프랑스 롱 프랑 사의 경우 2.0 u는 100 kg 발효가능 활력을 나타내기도 하여 공급회사마다의 활력 표시가 다르다는 점에 유의해야 한다.

(2) DVS 동결건조 스타터 사용량 계산법

소규모 유가공장에서 치즈를 소량제조를 하는 경우 한 봉지의 DVS를 몇 차례 나누어 사용하게 된다. 이 때 간단한 계산을 거쳐 그 사용량을 얻을 수 있다. 10 u짜리 균 봉지를 사용하여 원유 100 kg으로 치즈를 제조한다 할 때 1.0 u나 2.0 u 정도만을 사용하려고 한다면 Danisco사의 CHOOZIT-MA시리즈(중온성 스타터)를 대상으로 한 사용량 계산 요령을 다음과 같이 제시해 둔다.

■ **계산 요령(원유 100 kg에 2.0 u를 사용하고자 할 때)**

① 먼저 10 u라고 표시된 CHOOZIT-MA시리즈 균 한 봉지를 가늘게 바늘구멍을 낸 뒤 작은 시험관(⌀2 cm × 길이 15 cm 이상)으로 밀어서 동결균주 입자를

분말화 하고, 이것의 총 무게를 정확히 측정한다.

② 측정한 봉지 내용물(균 분말) 중 무게를 χ로 하고 다음 공식을 적용한다.

2.0 u = 2.0 u/10 u × χ(봉지의 총 무게) = q

여기서 q는 10 u 중에서 2.0 u만큼의 실제 스타터 분말의 무게를 뜻한다.

③ 10u짜리 봉지의 내용 양의 무게는 10.508 g이었다.

2.0 u = 2.0 u/10 u × 10.508 = q

q = 2.1016 g이 된다. 즉, 실제 사용할 CHOOZIT-MA시리즈의 2.0u 사용량은 q값으로서 2.1016 g/원유 100 Kg이다. 즉 원유 100 kg에 CHOOZIT- MA 시리즈 10 u짜리를 나누어서 2.1016 g을 접종하면 된다는 뜻이다.

④ 위의 계산이 끝나면 한 봉지를 2.0 u단위로 측정한 무게를 달아서 각각 멸균 앰플병(약국 구입)에 분주하여 냉동 보관하며 매 100 kg 치즈 원유에 접종한다.

⑤ **원유** 100 kg**에** 1.0 u만을 접종하는 경우 등식을 써서 계산하면

10 u : 10.508 = 1.0 u : X

10.508 = 10 × X

X = 1.0508 g = q 즉, 1.0508 g/원유 100 Kg이다.

⑥ CHOOZIT-MM시리즈의 경우 10 u로 표지된 한 봉지의 무게가 7.930 g 이었을 때 2.0 u의 양은

10 u : 7.930 = 2 u : X

15.860 = 10 u × X

X = 1.5860 g

q = 1.5860 g/100 Kg이 된다.

- 사용상 주의점 : DVS는 보통 4℃ 이하에 보관하여 사용하며, 0℃ 이하에 보존했던 것은 사용하기 30～60분 전에 실온에 방치하였다가 사용하도록 한다. 그러나 DVS를 실온에 너무 오래 방치해 둔 경우 활력이 감소됨을 유의해야 한다. 그리고 저장 중 입자상으로 되어 있는 제품이 고체화되었거나 덩어리가 되었을 때는 사용하지 말아야 한다.

- DVS 상표명의 LYO란 표시는 '동결'을 의미하는 lyophilization의 어두를 사용한 것이다. 즉 lyophilization에서 앞의 lyo를 LYO로 사용한 것이다.

5. 원유의 응고

5.1 열에 의한 응고

원유의 유청단백질은 원유의 0.4%, 원유 총 질소량의 18%를 차지하며, 46%가 β-lactoglobulin이고, 21%는 lactalbumin 이며, 19%가 Proteose-peptone이다. 일부 casein 그리고 globulin과 효소가 나머지 부분이다. 단백질에 대한 열처리 효과는 2차 구조와 3차 구조로 바뀌게 하는 변성 요인과 이어서 일어나는 단백질 응집에 의한 응고를 가져오는 2단계 과정이 일어나게 한다.

약 80%의 유청단백질은 고온에서 변성되고 열처리 침전된 proteose-peptone 분획은 원상 복구가 되지 않는다. 70℃ 이상의 열처리에서 유청단백질은 casein과 복합체를 형성하는데, 이른바 이를 동반침전(Co-precipitation)이라 부른다. 이런 현상은 열처리하는 신선치즈 제조에서 치즈 수율 증대를 가져오는 효과가 있다.

5.2 산에 의한 응고

케이신은 pH 5.3~5.2나 적정산도(T.A) 0.52% 이상의 산성조건에서는 덩어리짐(응집) 현상을 일으킨다. 이런 응집현상은 케이신의 등전점(isoelectric point)인 pH 4.6에서 극대화 된다. 이런 응집현상은 온도, 염류 균형, 이른바 인산칼슘의 불용성-가용성 비에 따라 달라진다. 유방염유 같은 경우 이 염류 균형이 깨져 있어 비정상 원유임을 알 수 있게 해준다. 카티지(오막살이), 베이커스 치즈, 크박 같은 것은 pH 4.8~4.5 이하에서 형성된 응고물로부터 얻어낸 신선 치즈류이다.

5.3 효소에 의한 응고

자연계에 존재하는 많은 단백질 분해효소류가 원유를 응고시킬 수 있다. 이런 기능을 갖는 종류의 효소는 산성 단백질 분해효소로서 주로 asparatate 잔기가 있는 부위에 작용한다. κ-casein은 케이신 마이셀(구상체)의 응고를 억제하는 마이셀 안정화 상태를 유지하는 성질을 갖추고 있다.

그러나 κ-casein의 phenylalanine-methionine(105~106) 펩티드 결합부분은 일부 단백질 분해효소에 민감하여 이 부분이 끊어지거나 가수분해 되면 케이신 마이셀의 안정성이 상실되고 만다. 전통적으로 chymosin(rennet)은 케이신 펩티드 결합의 다른 부위 절단은 하지 않고 κ-casein의 아미노산 배열의 105~106번 펩티드만 절단하여 높은 응유활성을 나타내는 성질 때문에 널리 사용되어온 효소이다.

과도한 단백질 분해성을 나타내는 효소들은 치즈 내에 쓴맛 펩티드(Bitter peptide)

방출과 조직적 결합을 가져오므로 치즈제조에 불리한데, 그러한 면에서 렌넷은 오직 105～106번 펩티드 결합만을 절단하므로 매우 유리한 효소이다. 렌넷의 효소활성은 pH가 신선원유 pH인 6.7～6.8보다 낮은 상태에서 더욱 높게 나타난다. 이 효소의 적정 응유 활성온도는 40℃인데, 29℃ 이하가 되면 연약한 커드가 얻어지고, 30℃에서는 단단하고 탄력이 있는 커드가 얻어진다. 또한 원유온도가 20℃ 이하이거나 50℃ 이상이 되면 응유활성은 매우 약화된다.

1) 응고를 위한 원유의 처리

원유의 사전 살균처리는 인산칼슘의 균형과 콜로이드성 인산칼슘-케이신 염 복합체의 균형에 심각한 영향을 미친다. 콜로이드성 칼슘 대비 가용성 칼슘 비는 렌넷의 응유시간 증가와 반비례 관계를 만들고, 원유의 총 칼슘함량 비와의 관계도 반비례 관계가 된다. 즉, 가용성 칼슘 양이 많으면 응유시간은 짧아지고, 적으면 지연된다는 것이다. 그래서 외부로부터 가용성 칼슘을 공급해 주게 되면 가열처리에 의해 손실된 칼슘 이온 량이 보충되어 정상적인 응유시간이 회복될 수 있게 된다.

또한 케이신은 낮은 pH에 의해 응유가 촉진되나 유청단백질은 낮은 pH에도 아무런 영향을 받지 않는다. 원유를 70℃ 이하 온도에서 가열해도 κ-casein의 렌넷 활성에 대한 민감성은 현저히 감소된다. 이는 β-lactoglobulin과 κ-casein과의 복합체 형성 결과로 효소활성이 방해를 받기 때문이다.

치즈 수율 감소는 치즈 원유에 유산균을 사전 접종한다든지 염화칼슘을 보충하고 pH를 조정함으로써 막을 수가 있다. 치즈커드의 연약한 형성을 방지하고 렌넷효소의 가수분해 활성에 영향을 주는 유청단백질과 κ-casein의 복합체 형성을 막기 위해서는 원유의 살균조건을 반드시 63℃, 30분이나 73℃, 15초를 초과하지 않는 살균처리가 필요하다.

2) 효 소

렌넷(rennet, rennin/chymosin)은 젖먹이 송아지의 주류 소화단백질 분해효소이었다가(88～94%) 큰 송아지가 되면 pepsin으로 대체된다. 치즈 생산량 증가와 함께 세계 렌넷 가격은 계속 상승하여 가격이 저렴한 대용 렌넷 사용이 부상되었다. 시판 중인 대용 렌넷이 보통 50/50 혼합 렌넷으로 일컬어지는 것은 pepsin 50%와 chymosin 50%를 혼합한 것을 의미한다.

미생물 유래 대용 렌넷도 출시되어 있는데 *Mucor pusillus, Endothia parasiricus, Mucor meihei* 곰팡이 단백질 분해효소, 그리고 일부 세균유래 효소가 그것이다.

일부 이스라엘 인들과 인도사람들 그리고 채식주의자들이 동물성 rennet으로 만든 치즈구매를 거부하므로 식물성 렌넷을 찾는다.

최근에는 DNA 조작기술에 의해 생산된 DNA-rennet이 출시되는데, 이것은 송아지 렌넷과 거의 똑같은 성질을 갖고 있다. 렌넷은 송아지 추출물을 농축시켜 출시한 것으로 보통 1:10,000~1:15,000의 응유 활성을 갖도록 표준화시킨 것인데, 이러한 비율은 1.0 g의 렌넷이 10,000 또는 15.000 mL의 원유를 35℃ 온도에서 40분 이내에 응고시킬 수 있다는 뜻이다. 렌넷은 분말과 액상으로 출시되고 있는데, 분말 렌넷은 액상보다 10배 이상 강한 활력을 지니고 있다.

6. 치즈의 숙성

치즈 숙성이란 제품으로써 향미와 조직, 그리고 치즈 고유의 완성된 형체(body)가 얻어지기까지 조정된 온도와 습도 그리고 일정 기간 동안 저장해 두는 것을 말한다. 치즈 숙성은 생치즈(Green cheese)가 바람직스런 특성의 향미와 조직성이 형성되도록 물리·화학적 변화를 일으키는 상품 완성 기간이다.

생 커드의 치즈가 처음에는 거칠고 고무조직 같았다가도 숙성을 거치면 부드러운 플라스틱처럼 치밀하면서도 연한 조직으로 변하기 때문이다. 숙성기간 중에 숙성 인자들은 치즈 내 유당, 단백질 그리고 유지방분을 분해시켜 치즈에 바람직스런 조직과 향미를 가져다 준다.

치즈 내 숙성인자들로는 원유 내 세균과 효소(plasmin)가 있고 유산균, 렌넷, 라이페이스, 첨가된 곰팡이와 효모 그리고 환경을 통해 감염된 것들이다. 치즈 제조자는 주도면밀한 조정기술을 사용하여 온도, 습도, pH, 염 농도, 그리고 숙성기간을 잘 조절해야 한다.

6.1 온 도

치즈 숙성은 일정한 온도조건 유지가 필수적이다. 대부분의 치즈는 4~15℃ 범위에서 몇 주간에서 수년 동안 숙성된다. 이 범위를 벗어난 온도 대에서 치즈를 숙성하면 보다 빠른 향미 형성이 진행되겠지만, 높은 온도도 항상 치즈에 향미나 조직에 결합을 가져다 준다. 양질 원유로 만든 치즈는 10℃ 숙성도 좋았다는 보고가 있다.

6.2 커드에 대한 습도

치즈 제조자는 일단 치즈제조 과정에서 치즈커드의 pH와 온도를 조정하므로 커드

내 수분함량을 조절한다. 커드의 수분이란 케이신과 단백질-지방 매트릭스와 결합된 것으로 충분한 산성화가 이루어지면 안정적으로 함유될 수가 있게 된다. 이 수분이 가용성 염류 분획이나 효소, 미생물류 등을 포집하고 있는 셈이어서 수분의 양이 사실상 치즈 숙성률을 주도한다고 볼 수 있는 것이다.

이를 테면 치즈 커드 내 수분함량이 높으면(50% 이상) 숙성은 수주일 이내에 끝나는 반면, 낮은 경우인 Parmesan 치즈(32% 이하)는 바람직한 향미가 얻어지기까지 2년 이상 숙성을 요한다. 수분활성도(water activity, *Aw*)는 식품에 있어서 증기 압력률인데, 동일 온도 하에서의 순수(pure water)의 함량이다.

신선치즈의 경우 *Aw*는 0.98이고, 가공치즈나 반 연질치즈는 0.98~0.93 *Aw*인데 반해 체다치즈는 0.93 *Aw*이며, 좀 더 오랜 기간 동안 단단하게 숙성하는 치즈는 0.85 *Aw* 이하가 된다. 소금 첨가는 보통 치즈의 1.7% 농도가 되게 하는데 치즈에 불리한 세균류의 성장을 억제한다. 체다치즈에서(수분 36%) 1.7% 농도의 염도는 치즈 수분 내에서의 염도가 4.7%(1.7/36 = 4.7%)에 해당한다. 치즈 표면 숙성에서 염도가 높으면 치즈에 불리한 곰팡이류 숙성이 억제된다.

치즈의 pH 조정은 치즈의 미생물 증식 조절과 치즈 조직의 치밀성 그리고 제품화된 치즈에서 적절한 유연성을 갖게 해준다. 예를 들면 낮은 pH(5.1)의 커드는 대개 신맛과 함께 조악한 조직, 푸석거리는 조직, 부서지기 쉬운 조직 형태를 갖기 쉽다.

6.3 유당 분해

치즈 내 유당은 숙성 초기에 거의 분해가 끝난다. 치즈 pH가 최적 상태이면 치즈 유당은 제조 후 3일경이면 모두 사라지고 만다. 유당발효 산물인 유산(乳酸)은 *Coli-aerogenes* 와 같은 불리한 세균증식을 억제하면서 제품의 품질을 보전한다. 대사경로에 따른 숙성 중 치즈 내 유당의 운명은 다음과 같다.

유당 → 파이루빅산-유산-다이아세칠-아세트 알데하이드-아세트 알데하이드 + CO_2

이다. 유산균도 약간의 단백질 분해기능을 가짐으로써 이 분해경로가 치즈에서의 쓴맛을 유발하기도 한다.

6.4 단백질 분해

치즈 숙성도 검사는 치즈의 수용성 질소 화합물 농도 측정으로 가늠해 볼 수 있다. 케이신과 유청단백질의 분해는 펩톤류와 펩티드류를 형성하고, 여기서 더 분해가 진행되면 아미노산 단계에 이른다. 유리아미노산의 형성은 치즈제조 과정에서부터 개시되어 숙성기간 내내 지속된다. 치즈 숙성 중 단백질 분해 진행경로는 다음과 같다.

단백질 → 펩톤류 → 펩티드류 → 소형 펩티드류 → 아미노산

숙성 중 치즈의 단백질 분해에 관여하는 효소 시스템은 ① rennet, ② 미생물, ③ plasmin으로 구성되어 있다.

6.5 지질 분해

치즈의 지질성분(lipids)은 어떤 성분보다도 향미 형성에 기여한다. 왜냐하면 지질은 다양한 향미물질을 포집하고 있는 향미창고와 같은 기능을 갖고 있기 때문이다. 원유에서 유래한 지방분해효소(lipase), 지방구 lipase 그리고 미생물 유래 lipase 등 모두가 지질분해에 관여하여 유리지방산을 생성하게 된다. 사일리지나 저등급 원유 유래 lipase는 치즈의 부패취를 형성한다. 블루(blue vein)계열 치즈에 있어서 지질분해와 단백질 분해는 *P. roqueforti*에 의해 주도된다. Lipase들이 단쇄 지방산들-butyric, caproic, caprylic 그리고 capric산을 방출하는데, 이것들은 heptanone과 같은 메칠 케톤으로 분해된다. 이 메카니즘은 decarboxylation에 의한 지방산류의 산화에 따른 β-keto acid화이다.

6.6 치즈의 향미 증진

치즈의 향미(Aromatic flavor)란 분별하기도 어렵고 측정하는 것도 매우 어려운 분야이다. 최근 분석화학 기술의 발전과 기기의 발달로 복잡한 향미성분의 추출, 분리 그리고 특성 측정이 가능해졌다. 치즈향미 성분은 주로 지방, 단백질 그리고 유당이 숙성기간 중 효소의 작용을 받아 서서히 분해되어 방출된 것이다. 여기에는 단일 효소나 단일 미생물이 작용되어 이루어진 것이 아니라 일단의 효소들과 미생물이 작용한 결과물인 셈이다. 결국 치즈 향미물질은 항상 적절한 숙성이 이루어진 치즈 내에 알맞은 분량의 향미성분이 생성된 치즈 주성분의 최종 분해산물의 복합체로 구성된다.

6.7 치즈의 저장과 숙성

(사례 : 정상적인 반경질 치즈의 숙성/저장 중 처리법을 중심으로)

신선치즈를 제외한 모든 치즈들은 숙성/저장기간을 갖는다. 이는 치즈에 적절한 조직성과 향미 부여를 위한 치즈 숙성중의 효소작용을 위해 필요한 과정이다.

1) 예비 숙성실(Curing room)

숙성실의 온도는 그 치즈의 품질, 채용한 제조기법, 그리고 치즈의 숙성기간에 따라 다양하다. 만일 치즈숙성을 촉진시키려면 숙성실의 온도를 높여 준다. 반대로 치즈 숙성을 지연시키려면 숙성실의 온도를 낮추어 준다. 이처럼 숙성실의 온도는 그 치즈의 품질, 제조 중 산성화 방식, 치즈의 수분함량, 채용한 가온온도의 최종점 등에 따라 다양하다. 공기 중의 습도도 잘 고려되어야 한다. 더욱이 *Brevibacterium linens* 처리 점질성 표면 숙성치즈의 경우 그렇다.

만약 치즈의 수분함량이 많게 제조된 것이라면 숙성실의 습도를 약간 낮추어 주어야 하는데 그러면 치즈의 수분함량이 약간 낮아질 것이다. 숙성실에 들어가는 대부분의 치즈는 실내 습도가 86~90%이면 되고, 좀 건조한 치즈라면 숙성실내 습도를 90~92% 정도로 유지해 줄 필요가 있다.

2) 예비 숙성실과 숙성실의 환경조건

껍질(표피, rind)이 있는 치즈(rinded cheese)의 경우 치즈 제조 후 적절한 건조실에서 건조시키면 케이신이 공기와 접촉하면서 고화(固化)가 일어나 단단한 표피가 형성된다. 이러한 표피 형성은 대부분 염지를 끝낸 치즈를 건조시키는 예비 숙성실에서 이루어진다. 충분한 표피형성을 위해서 치즈 자체도 좋아야 하고, 예비 숙성실의 환경조건도 좋아야 한다.

치즈 건조를 위한 예비 숙성실에는 오히려 제습기가 필요하다. 이 제습기가 여과장치를 통해 공기를 흡입하는 하나의 시스템이 될 수 있다. 여기서는 수분을 흡수하고 뜨거운 공기를 흘러 보내서 계속 건조시킨다. 이 시스템에서 공기는 냉각되지 않고 제습된다. 냉각을 통해 제습되는 것보다는 덜 영향을 받는다는 장점도 있다. 치즈 자체가 갖고 있는 수분을 표면부로부터 제거해야 하므로 가습보다 제습에 중점을 두어야 한다. 이는 대량의 화훼류 수출업체의 화훼 저장창고 운영시스템과 비슷한데 그곳에는 가습기가 아닌 제습장치가 가동된다. 왜냐하면 화훼류가 호흡하면서 내어 놓는 자체 수분이 오히려 넘치고 있기 때문이다.

치즈 숙성실은 치즈의 제품화의 최종 단계이자 완성 단계이므로 최고의 안정성을 갖는 설비들로 설비가 가동되어야 한다. 즉 좋은 숙성실의 환경은 정해진 습도와 온도가 잘 유지되는 장비로 구성되고 유지관리가 쉽게 되어야 한다. 공기의 순환은 매 시간마다 1~2분간 가동되는 것이어야만 한다. 천정 밑이 차가운 것이 좋은 방법이지만 매우 큰 단점이 있다. 이를 테면 항상 숙성실이 눅눅하므로 천정에서 물방울이 떨어질 것이며, 천정 가까이의 맨 위 선반에는 치즈를 보관할 수 없게 된다. 냉각기는 응축수가 생기는 것을 최소화하기 위해서 외장 벽을 따라 설치되어야 한다. 가온 방법은 일반적인 난방기를 벽 쪽에 두어 이용할 수 있고, 천장 벽면에 전기 라디에터(난방기)를 이용하는 것도 좋은 방법이다.

너무 큰 라디에터 설치 또한 결점이 있는데 이는 많은 잉여의 열을 발생하기 때문이다. 따라서 자동 온도조절장치를 라디에터에 연결시켜 온도차가 조금만 나도 안전하게 작동되게 하여 거의 추가적인 후기 열을 발생하지 않게 하는 것이 좋을 것이다. 항상 많은 치즈로 가득 차 있는 큰 숙성실은 보관 치즈 그 자체에서 나오는 수분 증발량만으로도 습도유지가 충분할 것이다.

만약 이런 경우가 아니라면 가습기를 사용하여 적당한 수준으로 습도를 유지할 수 있다. 숙성실 안에 열탕수가 스팀으로 발생되는 구리 파이프를 연결해서 일정 수준으로 조절된 스팀이 공급되게 하는 파이프시스템도 설치할 수 있다. 높은 습도의 숙성실에서 공기순환은 적당해야 하며, 큰 수평형의 팬(fan)이면 충분하다. 그것도 매우 느린 속도로 가동되고 타이머와 연결되어 있어야 한다. 그래서 일정한 시간마다 한 번씩 가동되도록 장치되어야 한다.

이러한 일련의 숙성실 자동제어 장치는 치즈의 호흡과 가스 발생량을 감지하고 온도와 습도 변화를 읽어 내는 바이오센서와 각종 감지장치를 연계시킨 무선센서 네트워크 이용 숙성실 모니터링 시스템에 의한 자동 컨트롤 체제 또는 USN/ RFID를 이용한 u-IT 융합 치즈 숙성실 운영설비 개발이 전망되고 있다.

현재는 버섯 재배실(경기 안성의 '머쉬하트'), 고추재배, 유통, 판매과정의 이력 전반 관리(충북 괴산 고추 브랜드 '고추잠자리') 그리고 전통 식품 고추장 가공 및 숙성 단계에 RFID/USN을 활용하여 품질 표준화와 고급화 추구(전북 순창의 식품클러스터)하는 사례가 있어 금명간에 이를 응용한 u-IT 융합 치즈 숙성실 설비가 보급될 수 있을 것이다.

주 : RFID(Radio frequency identification, 무선인식),
USN(Ubiquitous Sensor Network, 유비쿼터스센서 네트워크)

3) 치즈 표면처리

치즈 표면처리 할 때 점질성 표면 형성은 가능한 빨리 형성시켜야 한다. 따라서 치즈는 매우 습도가 높은 곳에서 8～14일 동안 보관되게 해야 한다. 이동 가능한 선반형 랙(rack)이 있으면 치즈를 점질형 표면이 잘 형성 되자마자 너무 끈적거림이 생기기 전에 약간 건조한 곳으로 빨리 옮길 수 있는 이점이 있다.

습도와 표면처리는 맛뿐만 아니라 점도에도 영향을 미친다. 비록 표면처리가 많은 노동력을 필요로 하지만 우리는 표면처리가 덜 된 치즈보다 맛이나 점도가 더 좋은 제품을 얻을 수 있기 때문이다. 새로운 표면형성이 개시되면 적황색을 나타내는 점질균을 접종해 주는 것이 좋다. 그러나 초기에는 곰팡이 성장을 최소화하기 위해서 한 가지 또는 다른 표면처리 균을 계속 사용해야 한다.

치즈를 너무나 습한 숙성 창고에 저장하고 치즈가 연한 조직이라면 몇 주후에 치즈 표면은 주름이 형성될 수 있다. 치즈는 연한 부분과 모서리 부분이 약해지기 때문에 표면이 잘 형성되면 바로 건조실로 옮겨야 한다. 그러나 너무나 표면이 건조하면 아마 거기에는 곰팡이가 핀 치즈가 될 것이다.

4) 치즈의 뒤집어 주기(cheese turning)

저장하는 동안 치즈를 뒤집어 주는 목적은 치즈 조직 내에 적당한 수분 분포 조절을 통한 수분균형을 위해서이다. 만약 치즈를 너무나 오랫동안 같은 면으로 놓아두면 치즈 내부의 수분은 대부분 치즈의 아래쪽으로 이동할 것이다. 그래서 선반 접촉부분은 수분 증발이 전혀 안 되어 껍질이 녹아내려 버릴 것이다. 또한 치즈 내 유청이 계속 아래쪽으로 이동해서 치즈의 수분이 많은 면은 산의 함량이 많아 더욱 산성화 할 것이다. 반대로 치즈의 윗면은 나무나 적은 양의 산이 함유될 것이며, 표면이 너무나 건조하고 불룩 튀어나올 것이다.

여기서 한 가지 의문은 그런다고 매일 치즈를 뒤집어 주어야 하는 것이냐 라는 것이다. 치즈 예비 숙성실이 너무 습도가 높은 곳에서는 마치 치즈가 높은 수분 위에 '떠 있는 것과 같은 상태'이므로 매일 뒤집어 줄 필요가 있을 뿐이다. 치즈의 품질과 표면은 결국 노동(치즈를 뒤집어 주는)의 댓가로 인식되어야 한다. 매우 연약한 치즈에 있어서는 처음 2주 동안은 한 주에 3번 뒤집을 수 있다. 그 후에는 한 주에 2번을 뒤집어 준다.

치즈가 7～8주 된 후에는 저장온도를 10～12℃로 낮추고, 일주일에 한 번씩 뒤집어 준다. 이탈리아 아시아고나 로마노 치즈 숙성고에는 무게 20 kg의 치즈를 뒤집어 주고, 전 표면을 닦아 주는 치즈 관리용 로봇이 사람을 대신하여 이 지루한 작업을 해주고 있다. 왜냐하면 높이 13～15 m 높이의 숙성고 하나에는 이러한 치즈가 20만 개～40만 개가 숙성되고 있기 때문이다.

5) 숙성실(ripening room)

대부분의 치즈가 2～3주 지났을 때 치즈는 일반적으로 숙성이 개시되는데, 이때부터는 조금 더 낮은 온도에 보관하는 것이 적당하다. 가장 간편한 방법은 같은 공간에서 치즈를 더 온도가 낮고 습도가 낮은 곳으로 옮기는 것이다. 예비 숙성실 공간이 여유가 없을 때도 치즈는 숙성실로 이동해야 한다. 얼마나 오랫동안 치즈를 보관할 수 있는가는 숙성실의 온도와 습도 그리고 환기상태에 따라 달라진다.

만약 치즈를 1~2주간만 저장한다면 습도가 85%, 12℃를 넘지 않는 건조한 공간을 이용한다. 만약 치즈를 더 낮은 온도 습도에서 오랫동안 보관하기를 원한다면 치즈 중량의 손실이나 표면형성을 고려해야 한다. 치즈를 숙성실로 옮긴 뒤 1~2주만에 판매해야 할 때는 표면의 점질형 처리는 필요하지 않다. 숙성실에 오랫동안 저장하려면 표면의 점질형 처리는 매 2주일간에 걸쳐 한 번만 해야 한다.

6) 냉장실

비용을 고려한다면 치즈는 가능하면 냉장실에 오래 저장하는 것이 적당할 것이다. 치즈는 가능한 한 후기발효 위험이 없이 숙성을 마쳐야 한다. 치즈를 아직 8주가 안 된 상태에서 냉장실로 옮기지 말아야 한다. 가우다 치즈는 치즈를 닦고 파리핀 왁스로 코팅처리 한 후에 바로 냉장실로 옮긴다.

처음 24시간 동안에는 치즈는 한 층으로 선반에 놓고 24시간 후에 3~4겹으로 쌓을 수 있는 곳에 넣어 별 관리 없이 냉장실에서 반출하기까지 보관한다. 이 때 냉장실의 온도는 2~4℃를 유지하고 건조해야 한다. 냉장실은 얼음과 물이 바닥에 떨어지지 않도록 제상기(除霜機)가 장치된 냉각기를 설치한다.

7. 치즈제조 기술의 실제

세계 각국에서 제조되는 각종 치즈는 치즈가 만들어 지는 그 지역 주민들의 오랜 식문화 전통에 조화를 이루어 가면서 매우 정교한 제조원칙에 따라 제조되어 왔다. 원유는 유산 발효와 응유과정을 거쳐 커드가 생성되었고, 치즈단계에서는 각종 처리방식의 다양한 기술적 처리에 따라 1,500여 종의 치즈가 제조되고 있다. 따라서 각 치즈마다의 고유한 제조공정이 있고, 같은 치즈라도 제조 지방에 따라 다른 기술로 제조되므로 제품의 다양성은 더욱 넓어진다. 여기서는 세계 치즈의 기본을 이루는 치즈들의 기초적인 제조공정을 제시하고 다양한 제조기술의 조정이나 그 응용은 제조자들의 몫으로 남겨 둔다.

7.1 경질 · 반경질 치즈

1) 체다치즈(Cheddar cheese)

이 치즈는 영국을 비롯한 미국, 호주, 캐나다, 뉴질랜드 그리고 남아공 등 과거 영연방국가(Commonwealth of Nations)에 속한 나라들에서 가장 보편적으로 많이 제조되고 있는 치즈이다. 체다치즈는 원래 1500년대에 영국남부 서머셋 주의 작은 마을인 '체다(Cheddar)'에서 유래되었다.

체다치즈의 원래 제조법은 몇 가지 복잡한 과정들이 있고 시간을 많이 소모하게 되도록 구성되어 있는데, 그처럼 많은 시간과 노력이 투입된 만큼 가치 있는 치즈라는 뜻도 된다. 체다치즈 제조법은 두 가지가 있는데, 하나는 원래의 방법으로 체다링(cheddaring : 커드를 절단한 뒤 유청을 제거하고 남은 커드를 몇 조각으로 만들고, 그것들을 포개고 쌓아 두 시간 가량 높은 온도(40℃)에서 뒤집어주는 작업을 반복하는 것)이 포함된 것이고, 다른 하나는 커드 절단 후 교반만 해주고 체다링 과정을 생략한 제조법이다. 이 방법을 쓰면 치즈 제조자에게 2시간 반 정도를 절약하게 해 준다.

체다치즈 계열(cheddar family)의 다른 치즈는 더비(Derby)치즈와 레스터(Leicester)치즈라는 영국계 치즈가 있는데, 맛이나 조직 질감이 체다치즈와 매우 비슷하다. 일본인들은 체다치즈의 역한 향미를 완화시키려고 제조 중에 물이나 와인을 첨가(가수)하기도 한다. 한국인은 전통적으로 대두 단백질 제품의 온화한 맛과 향에 익숙한 식문화에서는 체다치즈의 예리하고 중후한 맛(sharp and deep taste)에 적응하기란 쉽지 않을 것이다. 따라서 한국에서도 체다치즈 제조공정에 가수 기법이나 전통 약용주를 첨가해 주는 방법이 우리 식성에 유리한 향미, 즉 온화한 치즈제품을 얻는 데 도움이 될 것이다.

(1) 성분 표준

수분 39%, 지방 30%

(2) 제조공정

① 치즈 품질 균일화와 수율 향상을 위해 원유는 P/F = 0.91로 표준화한다. 63℃에서 30분간 저온살균을 하고 32℃로 냉각한다.

② 스타터는 10% 환원 탈지유에 *Lc. lactis* ssp. lactis 와 *Lc. lactis* ssp. *cremoris* 균주를 증균한 것으로 원유의 1.0%를 첨가한다(1.0L/ 100 kg). 이 두 균주를 혼합 배양하여 1.0%를 접종하거나 균주회사들이 공급하는 중온균 스타터로서 이 두 균주가 혼합된 DVS를 사용해도 된다(예, Danisco 사의 COOZIT-MA시리즈). 스타터 접종 후 1시간을 배양하면 원유의 산도가 스타터 넣기 전보다

0.03% 증가 또는 pH가 0.05 units 감소한다.

③ 체다치즈는 전통적으로 황색을 띠도록 사계절 내내 치즈 색소를 첨가한다. 스타터 접종 후에 곧 바로 원유 100 kg당 7.0 mL의 치즈 색소(안나토, Annatto)를 넣는다. 치즈 색소는 20배의 물에 희석하여 원유에 혼합한다.

④ 렌넷을 첨가하기 전에 반드시 두 가지를 확인해야 한다. 하나는 원유의 온도가 30℃ 이상인지(살균이 끝난 원유를 냉각한 후 1시간 이상이 지나 온도가 저하되었을 것이다), 둘째는 원유의 산도가 ②항에서의 조건에 달하였는지를 확실히 확인하고 원유 100 kg에 19 mL의 액상 렌넷을 넣는다. 역시 물에 10배 희석하고 원유와 혼합한다.

렌넷이 분말상이면 원유의 0.0023% 정도인 2.3 g(100 ×0.0023/100 = 2.3 g)을 정확히 칭량하여 염소가 함유되지 않은 청정수 100 mL에 녹인 뒤 원유를 저어가며 주입한다. 렌넷의 첨가량은 30～40분 만에 원유를 응고시킬 수 있는 양을 고려해서 넣어야 한다. 만일 렌넷이 너무 많이 들어가 빠르게 응고되면 쓴맛 치즈와 고무조직을 만들며 유청 내에 미세가루(fine)가 많아져 수율이 낮아진다. 또한 너무 적게 들어가 커드응고가 지연되면 단백질이 미세화되어 수율이 낮아지고 커드가 연약하여 조직이 나쁜 치즈를 얻게 되어 실패한다.

첨가 후 3분 정도 교반해 준 뒤 가만히 정치한다. 렌넷 첨가 25분경에 curd 굳기를 검사한다. 검사 요령은 너비가 2.0 cm 정도 되는 얇은 판이나 넓적한 칼을 커드 굳기 검사용구로 사용한다. 먼저 벽면에서 5.0 cm 정도 되게 자신의 앞쪽으로 잘라준 뒤 자른 금의 중앙선에 칼의 넓은 면을 대고 벽면을 향해 45° 각도로 찔러 벽면에 닿게 한 뒤 칼의 앞쪽 끝부분을 살짝 그대로 들어올린다. 이때 원유의 응고한 커드가 양쪽으로 깨끗하게 갈라지면서 양쪽 선이 약간의 곡을 이루며 갈라지면 커드 절단의 적당한 시기로 판단한다. 이때 인지 손가락을 넓은 칼날을 사용하는 것처럼 직접 사용하기도 한다. 이때 치즈뱃 내부의 유지 온도는 30～32℃ 범위를 반드시 유지시켜야 한다(30℃에서 30～40분 소요).

⑤ 렌넷 첨가 후 적절한 상태로 커드가 굳었을 때 간격 95 mm의 커드 나이프를 사용하여 자른다.

㉮ 커드 절단의 목적

- 커드의 표면적 증가
- 유청(whey) 배출 용이
- 가온 시 벳트(Vat) 내 온도의 일정한 유지

㉯ 방 법

사각 벳트인 경우 먼저 수평나이프(가로)로 절단하고 이어서 수직나이프(세로)로 번갈아 같은 방향으로 절단한다. 원형 벳트인 경우에는 하프형 커드나이프로 절단해 준다.

- 커드의 치유(Healing) : 커드 절단 후 3분여 동안 정치한다. 이때 커드의 절단면이 자연히 코팅이 되는데 이를 healing(치유)라 한다. 만약 커드 절단 후 곧 바로 교반을 해주면 커드가 부서져 많은 미세입자가 발생해 유청 쪽으로 이동하므로 치즈의 수율이 낮아질 것이다.
- 교반 : 30℃~32℃를 유지하면서 온도 변화를 주지 않고 매우 서서히 교반을 시작한다. 이때의 교반속도는 커드가 부서지지 않으면서 가라앉지 않는 정도의 속도로 교반한다. 처음에는 3 rpm 속도로 교반을 시작하여 서서히 속도를 올려준다(13 rpm).

⑥ 커드 절단 후 치유과정을 거쳐 교반을 해준 다음 15분 경과 시부터 가온한다. 이 과정을 가온(cooking)이라 한다. 30분에 걸쳐 30℃에서 39℃까지 온도를 올린다. 이 과정은 교반과 함께 하되 교반 속도를 점차 높여 나가고, 처음에는 서서히 가온해서 5분에 2℃ 이상 올라가지 않게 한다. 이때 유산균 증식이 일어나고 산도가 증가하며 커드는 수축된다.

⑦ 커드의 pH 6.1이 되기까지 온도를 39℃로 유지하면서 계속 교반한다(이 시점이 되려면 39℃ 도달 이후 약 75분이 걸리며, 커드 절단으로부터는 2시간 정도 소요). 이때 만약 산도 증가가 급변한다면 온도를 40℃ 정도로 가온하여 유산균의 활성을 억제할 필요가 있다.
이 과정은 커드입자를 수축시켜 커드 내의 유청을 커드 입자 밖으로 빠져 나가도록 하기 위함이다. 치즈 제조 중 유청의 색조가 투박한 백색에 가까우면 커드 응고와 절단이 잘못된 것임을 추정할 수 있고, 맑고 노란색에 가까우면 응고와 절단이 잘 된 것으로 예측할 수 있다.

⑧ 커드 pH가 6.0~6.1(유청 pH 6.2~6.3)일 때 유청을 제거한다. 유청을 대부분 제거하고 나서 효과적으로 유청을 최대한 배제하기 위해서 커드를 두세 번 수분 배출을 해준다. 즉 커드를 벳트의 양쪽 벽 쪽으로 커드 두께 2~3 cm(원유 100 kg기준), 높이 13~15 cm로 쌓아 두고 3분간을 그대로 두어 유청이 배출되게 한다. 3분이 지나면 다시 커드를 비벼서 3분간 방치 하는 식으로 두세 번 반복해 준다. 이 과정은 제품화 된 완성치즈의 수분함량과 관련이 깊다.

이 작업을 한 번 해주면 최종 제품의 치즈 수분함량이 39% 정도, 두 번은 37%, 세 번 해주면 36% 이하가 되는데, 이 작업을 한 번 해주는 치즈는 6개월 이내로 숙성을 끝내는 경우이고, 세 번 정도 이 과정을 반복해 주는 치즈는 1년 이상 숙성하는 경우이다[10년 이상 숙성하는 경우도 있는데, 이런 치즈를 올드 체다(old-cheddar) 치즈라고 칭하고, 가격도 차별적으로 비싸진다]. 한국의 원유 성분 구성상 이렇게 3분간 3회 반복하면 좋은 치즈가 얻어진다.

⑨ 체다링(cheddaring) : 위의 작업 10분 후에 매트 앞자락 부분을 다듬어서 부서지지 않게 하고 매트를 적절한 크기(너비 15 cm 크기, 원유 100 kg 기준)로 자른다. 커드의 pH가 5.4～5.3이 될 때까지 매 15분마다 뒤집는다. 두 번째로 뒤집어 줄 때 두 겹으로 쌓고, 세 번째는 뒤집은 두 겹을 세 겹으로 쌓는다. 그리고 마침내 한 덩어리로 만들어 체다링을 종료한다. 자세한 체다링 과정은 그림 8-2를 참조한다.

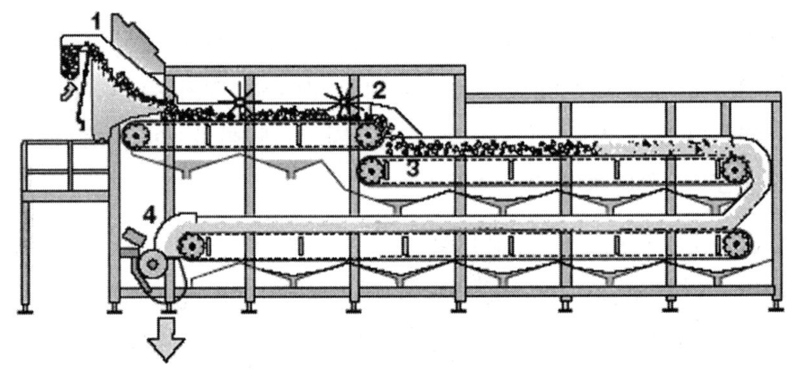

그림 8-1. 모짜렐라 치즈제조에 알맞은 3단 컨베어식 연속 체다링 장비

1. Whey screen, 2. Stirrer, 3. Conveyor, 4. Chip mill

※ 체다링(Cheddaring)이란?

과정은 체다치즈에만 있는 독특한 처리법으로 미국의 1857년에 요셉 하딩(Joseph Harding)이 오늘날의 방법으로 표준화시켰다. 그는 이 방법을 통해 부패성 세균이나 가스 생성균을 억제하고자 하였다. 약 두 시간에 걸쳐 치즈밸 내에서(가온하면서) 커드를 블록으로 하여 겹쳐 쌓고 그 위에 또 쌓는 것이다. 이때 유산의 급속한 증가가 일어나 유리 수소이온(free hydrogen ions)에 의해 대장균군(coliform-bacteria)이 죽는다. 겹쳐 쌓는 동안 커드가 더욱 평평히 펴져 조직의 신장성이 좋아지고 수분이 조절된다. 1867년 로버트 맥담(Robert McCadam)이 뉴욕 주에 이 개념을 대대적으로 도입시켜 그 후부터 대부분의 미국 체다치즈 공장에 도입되었다.

⑩ 커드매트를 폭 10～13 cm 끈 모양으로 길게 잘라서 칼로 1.5 cm^3 크기의 사각형 모양으로 잘라 주거나 커드 분쇄기(milling machine)를 통해서 커드를 잘게 만든다. 이 때 커드분쇄 규격이 일정크기가 되도록 해야 하는데, 이는 커드 가염 시 소금의 효과적인 침투와 관련이 있고 좋은 조직형성에도 좋다. 커드를 잘 분쇄한 후 약 30분 동안 벳트 내에 커드를 넓게 펴 놓은 채로 커드를 10분마다 휘젓고 뒤섞어서 커드 끝이 둥글고 부드러워질 때까지 뒤섞어서 교반해 준다.

⑪ 커드에 커드 무게의 2.3% 정도의 소금을 첨가하고 잘 섞는다. 최종 소금의 양은 커드 무게의 1.7%가 되어야 한다. 다음과 같이 필요한 소금 양을 계산한다.

㉠ 체다치즈 예상 생산량 산출＝(원유의 지방% ＋ 원유의 단백질%) × k
k는 치즈수분에 따라 달라지는 상수, k는 수분함량이 35, 36, 37, 38, 39%이면 1.40, 1.42, 1.44, 1.46 그리고 1.48이다.

㉡ 소금의 양은 추정된 치즈 생산량의 2.3%를 넣는다. 이 함량 비는 최종 염도 1.7%보다 높은데, 가염 후에 많은 유청이 추가적으로 배제된다는 점을 감안한

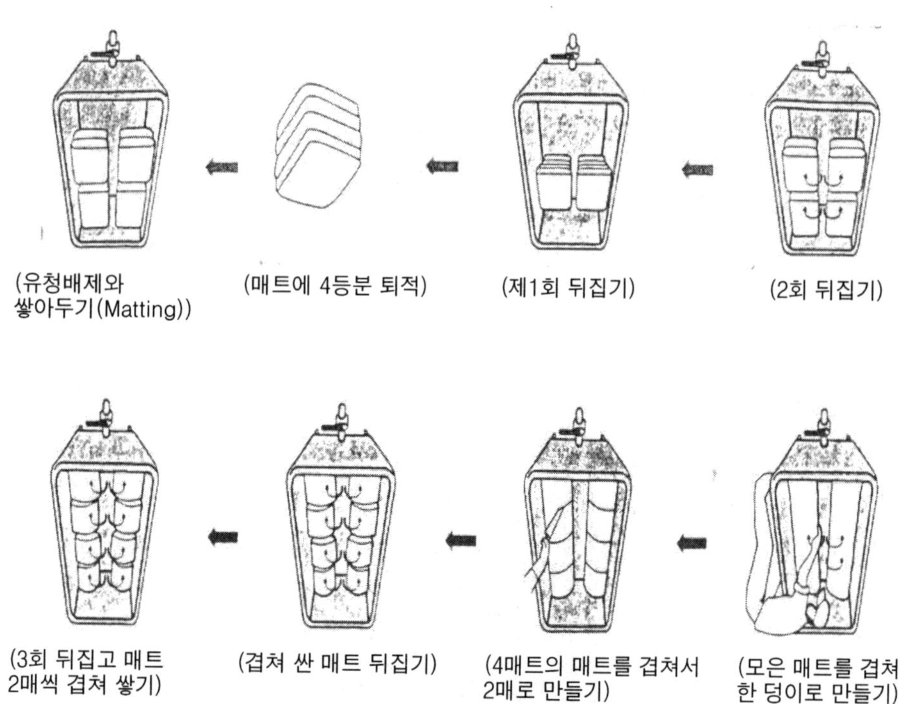

그림 8-2 상세한 체다링 과정

자료출처: 財團法人 藏王酪農センタ 2000 國産ナチユラルチーズ製造技術 マニユアル 作成事業 教材(第10集)

것이다. 소금을 가하고 뒤섞어 준 뒤 소금 흡수를 위한 커드 조직의 개구(Opening) 과정으로써 15분간 그대로 방치했다가 다시 뒤섞어 주는데 15분 방치하여 뒤섞어 준 뒤 성형틀에 담는다. 이는 커드 내 염분의 균일하고 충분한 흡수를 위함이다.

《커드 가염의 목적》

- 양념(seasoning) 효과
- 추가적인 유청 배출
- 유산균 발육 억제로 치즈 중의 지나친 산도 증가 억제
- 숙성과정에 품질 균일화
- 숙성기간 중 잡균 증식 억제

⑫ 가염 이후 소금이 잘 흡수되면 유청의 추가적인 배출이 끝나고, 커드가 성형하기 좋은 상태가 된다. 9kg 용량의 사각 성형틀(Mould)에 약 10.0 kg 정도의 커드를 담는다. 몰드들은 플라스틱판과 함께 나란히 배치한 뒤 압착용 망사형 치즈 천을 낱개로 각각 몰드마다 덮는다. 이때 제조일자 스탬프를 처리한다.

⑬ 최종 압력이 7 kPa(0.76 kgf/cm^2)이 되게 하여 하룻밤을 가압하는데 처음 시작은 낮은 압력으로 개시하여 점차 올려 7 kPa까지 유지시킨다. 이렇게 정교한 치즈 가압기(cheese press)가 없을 경우 적절한 가압도구를 사용하여 처음에는 치즈무게 1배부터 시작하여 1시간 간격으로 뒤집어 주면서 1배씩 무게를 서서히 늘려서 5배 무게가 되게 하여 하룻밤을 보낸다. 이때의 가압실 온도가 26℃ 이하가 유지되는 것이 중요하다. 이보다 온도가 높아지면 가압 중 치즈 내 유산

그림 8-3. 체다치즈의 상하식 커드 압착기

발효가 진행되어 신맛 치즈로 변할 수 있으므로 주의한다.

⑭ 건조(drying the cheese) : 치즈 가압장치의 압력을 풀고 치즈 몰드로부터 생치즈를 꺼낸다. 치즈 표면을 건조하는데 건조조건은 12.7℃, 습도 70% 정도 유지되는 예비 숙성실이나 건조실에서 2～3일간 소독된 선반에 올려 표면을 건조시킨다. 소규모 공장이나 목장에서는 냉장고에서 매일 뒤집어 주면서 2～5일 정도 건조시켜 단단한 표면이 형성되게 한다. 체다치즈는 진공 포장하여 숙성을 시키지만 더러는 표면을 닦아가며 껍질을 형성하는 숙성을 하기도 한다.

⑮ 숙성(ripening, curing) : 숙성이란 생치즈(Green cheese)를 저온다습 환경에 보관하면서 미생물 및 각종 효소작용에 의해 향미생성, 조직 개선 및 치즈 성분의 분해를 유도하는 공정이다.

㉠ 표면이 건조된 치즈를 진공포장하고 숙성시킨다.

㉡ 10℃ 정도로 조정한 냉장고에서 90일 또는 12개월간 숙성시킨다.

㉢ 체다치즈의 일반적인 숙성실 조건은 대개 15℃, 상대습도 90% 정도가 좋다. 생치즈를 진공포장 하게 되면 이때의 습도는 거의 100%이므로 숙성조건 중의 습도문제는 해결된다. 치즈를 진공포장 하여 0～16℃하에 숙성시킨다. 적당한 치즈고유의 향미는 보통 숙성 6～9개월경에 얻어진다. 저온숙성(5～8℃)은 최고의 치즈생산을 가져올 수 있으나 숙성속도가 매우 느린 단점이 있다. 온화한 숙성(0～16℃)에서 향미 생성은 매우 빨리 이루어지나 좋은 품질관리가 매우 어렵다.

2) 스위스 치즈(Swiss cheese, Emmental cheese)

(1) 개 요

"스위스에는 스위스 치즈가 없다"는 말이 있다. 사실 우리가 흔히 일컫는 스위스 치즈는 스위스 외의 전 세계 국가들에서 만드는 에멘탈 치즈형식의 치즈들을 의미한다. 그러니까 정확히 말하자면 이들은 스위스형 치즈(Swiss style cheese)라고 할 수 있다. 스위스형 치즈들은 큰 치즈 눈, 옅은 주황색, 그리고 호도향과 흙냄새, 그러면서도 은은하게 달콤한 향으로 특징지어진다. 스위스 형식의 치즈는 다양한 나라들과 지역에서 제조되고, 그 지역의 명칭으로 알려져 왔다.

아르젠틴, 오스트리아, 덴마크, 핀란드, 프랑스, 독일, 이탈리아, 러시아, 미국 등지에서 제각각 이름을 갖고 제조되어 왔다. 이를테면 그뤼에르(스위스, Gruyere), 알파우어룬드 캐제(바바리아, Allfauerrund käse), 바틀레맛(스위스, Battlematt), 폰티나

(이태리, Fontina), 트라농(스위스, Traanon), 그리고 삼소(덴마크, Samso) 등이다.

스위스 치즈는 전통적으로 작게는 70 kg, 크게는 120 kg짜리 무게로 차바퀴 형(車輪形)으로 만들어진다. 그러나 다른 나라들에서는 10～50 kg의 작은 치즈들이 만들어진다. 이 치즈는 3일간의 염지, 그리고 숙성기간에 형성되는 큰 치즈 눈으로 특징지워지는데, 보통 30일 간의 따뜻한 숙성실(23℃)에서 눈이 형성된다. 즉 숙성 전기에 치즈 내의 가스 형성균인 *Propionibacterium shermanii* 이 발효과정에 내놓는 CO_2 가스 기포에 의해 큰 치즈 눈(호도 알 또는 양앵두 크기)이 형성되는 것이다. 그러니까 이 치즈의 제조과정은 *P. shermanii* 의 성장에 알맞은 화학적 구성과 기포에 의한 좋은 조직(충분한 탄력감)이 형성되도록 고안되어 있다.

치즈 눈 형성이 되기까지 다양한 코스를 겪지만 건조(15℃, 2주), 치즈 눈 형성(21～23℃, 30～42일), 제품 숙성의 단계(6개월 이상)를 거친다. 최종 제품의 숙성은 상대 습도 85%, 13℃의 낮은 온도 숙성실로 옮겨져 제조자의 취향에 따라 2～12개월간 진행된다.

치즈 제조에 중요한 변수는 ① 치즈 내 무기물 함량을 증강시키는 높은 가온 시의 pH(약 6.3), ② 치즈 내 무기질 함량을 증대시키고 수분 유출(syneresis)에 의한 커드 내 수분과 유당 감소를 촉진하는 높은 가온(cooking) 온도(52℃), ③ 최종 치즈의 높은 pH(5.3～5.4)와 다량의 무기물 함량에 의한 조직 탄성치 증대, 여러 가지 스위스형 치즈들이 거의 똑같은 방법으로 만들어지지만 생산하는 지역의 원유, 기후와 대기, 약간의 기교들이 달라지므로 치즈들이 색다른 맛과 향미를 낸다.

(2) 성분 기준

수분 40%, 지방 27%

(3) 제조공정

① 저녁 원유를 밤새 저장하였다가 상층부 크림을 걷어 내고 아침 우유와 혼합하는 방식의 표준화나 원유에 탈지유를 추가하여 P/F = 1.1로 표준화하고 살균한다. 표준화 시에는 탈지유 대신 환원탈지유(탈지분유를 물에 10% 용해한 것)를 추가해서는 안 된다. 강한 분유취가 치즈 본래 향미를 떨어트리기 때문이다.

② 동결건조 스타터를 분말화 한 뒤 정량을 첨가한다. 만약 탈지유로 만들어진 스타터를 사용한다면 0.1%의 *S. thermophilus,* 0.1%의 *L. helveticus*, 0.005%의 *Propionibacterium shermananii*(Propionibakt. PXTM, DANISCO)를 첨가한다. 이때 스타터는 37℃에서 15분간만 짧게 발효시킨다.

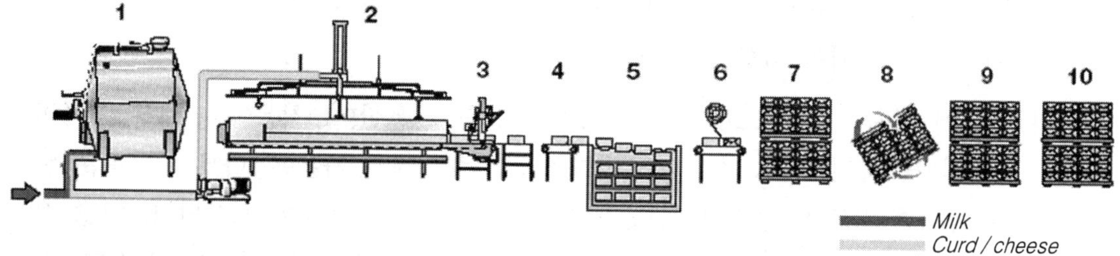

그림 8-4. 스위스 치즈의 연속제조 시스템

1. Cheese vat
2. Press vat for total pressing of the curd
3. Unloading and cutting device
4. Conveyor
5. Brining
6. Wrapping in film and cartoning
7. Palletised cheeses in green cheese store
8. Tuming the cheese
9. Fermenting store
10. Ripening store

③ 100 kg의 원유에 렌넷 19 mL을 첨가한다. 렌넷은 물에 10배 희석하여 원유에 혼합한다.

④ 6.4 mm의 커드 나이프를 이용하여 curd를 자른다. 일단 한 번 잘라 준 다음 세로 나이프를 사용하여 커드가 쌀알 크기가 될 때까지 계속 자른다. 이때는 마치 검도 하듯이 커드를 순식간에 잡아 당겨 자르되 쌀알 크기가 되면 바로 신속히 교반을 시작한다. 커드가 부서지지 않을 만큼 절단 속도를 증가시킨다. 커드 절단 초기에 너무 많은 커드 절단은 커드를 가루로 만들 것이기에 주의한다. 절단 과정은 5분 안에 끝내야 한다. 잠시라도 교반을 늦추어 커드가 덩어리가 되는 것을 방지해야 한다.

⑤ 커드를 손에 넣고 가만히 압력을 가했을 때 단단하면서 탱글탱글해질 때까지

표 8-7. 15℃ 하에서의 소금물 농도에 따른 치즈 내부의 염도

Density		Common salt brine	
kg/l	°B□	kg salt in 100 l water	% salt in solution
1.10	13.2	15.7	13.6
1.12	15.6	19.3	16.2
1.14	17.8	23.1	18.8
1.16	20.0	26.9	21.2
1.17	21.1	29.0	22.4
1.18	22.1	31.1	23.7

활발히 교반한다(30～60분간). 이때는 거의 산이 형성되지 않아서 pH 6.55～6.50 정도가 되어 있을 것이다.

⑥ 30분에 걸쳐서 37℃로부터 52℃까지 커드를 가온한다. 처음에는 매우 서서히 가온한다(5분에 1～1.5℃ 정도 변하도록). 너무 빠른 가온은 '다루기 어려운 덩어리짐' 즉 커드 입자 안에 수분과 산이 함께 엉키는 현상이 일어난다. 이런 경우 숙성 중에 수분이 커드 내에 갇힌 상태가 되어 치즈 품질을 저하시킨다. 가온을 너무 서서히 하면 역시 커드의 산도가 너무 높아진다. pH 6.3～6.4가 될 때까지 계속 빠른 속도로 교반해 줌으로써 커드의 덩어리짐을 막는다.
숙련된 치즈 제조가는 유청을 제거하기 전에 적당한 '커드 조직이 적절한지'를 식별할 수 있다. 열이 높아서 보통 고무장갑 낀 손으로 커드를 여러 차례 모아 한 손으로 쥐었다가 압력을 풀었을 때 커드가 제각각 부서져 흩어지는 상태일 때 유청을 제거한다. 유청 제거 시 커드의 pH가 6.3보다 낮아져서는 안 된다.

⑦ 교반을 멈추어 커드를 정치시키고 큰 천을 철사에 감아 바닥부터 그물로 쓸어 올리듯이 커드를 모아 담아 올려 성형틀에 넣거나 벳트의 배출구에 치즈 천을 안쪽부터 덮은 성형틀을 위치시켜 출구를 열고 신속히 유청과 커드를 함께 부어 넣는다.

⑧ 망사형 치즈천이나 거친 천으로 치즈의 표면을 덮고 가압에 들어간다. 처음에는 낮은 압력을 가하고 15～30분간 유지시켜 준다. 치즈를 뒤집어 주고 다시 1시간 동안 방치한다. 치즈를 뒤집어 주고 이때 가압용 천을 제거한 뒤 치즈 명, 제조일자와 기타 표지를 표면에 대고 가압한다. 1시간 후에 다시 뒤집어 주면서 치즈 천을 교체하고 거친 치즈용 마직포로 덮어 표면 건조를 돕는다. 이렇게 뒤집어 줄 때마다 압착용 판을 늘려서 가압하는 무게를 더해 준다. 1시간 간격으로 3～4회 뒤집어 준 다음 치즈 무게의 5배 정도의 중량을 가하여 최소 22℃에서 12～18시간 동안 가압한다.

⑨ 다음 날 몰드로부터 치즈를 꺼내어 압착판과 천을 제거한다. 이때 치즈의 pH는 5.2～5.4가 되어야 한다.

⑩ 치즈의 pH와 동일하게 조정한 소금물(23% 소금)에 커드를 넣는다. 이때 소금물의 온도는 10℃를 유지해야 한다. 소금물에 잠기지 않은 치즈의 표면에 소금을 골고루 뿌려 둔 채 가염하고, 가염은 48～60시간을 한다. 가염 중 고른 염 농도를 위해 일정시간마다 소금물을 저어 준다.

⑪ 가염이 끝나 가면 치즈를 소금물에 눌러 잠기게 하여 표면의 소금을 제거하고

표면 건조를 위해 10℃에 저장한다. 치즈 눈을 형성하는 동안 치즈의 팽창(15~20%)을 고려하여 치즈덩어리를 넉넉한 진공포장 봉투로 진공 포장한다.

⑫ 예비 숙성을 위해 상대습도 90%, 10℃인 예비 숙성실에서 8~10일 동안 저장한다. 그러고 나서 치즈 눈 형성과 숙성을 위해 상대습도 85%, 23℃인 숙성실로 이동한다.

⑬ 경험에 의해 치즈 눈 형성이 완벽하게 되었을 무렵(4~8주) 치즈 눈 형성 정지와 적절한 조직성을 위해서 7~11℃ 숙성실에 치즈를 넣는다. 6개월부터 12개월간의 숙성을 거치면서 특유의 조직과 향미형성이 이루어진다.

(4) 치즈 수율

표준화된 원유 100 kg에서 7.5~9.5 kg의 치즈가 생산된다.

3) 가우다 치즈(Gouda cheese)

(1) 개 요

네덜란드 서부, 남 폴란드 지역의 로테르담(Rotterdam)과 유트랙츠(Utrecht) 사이에 있는 소도시에서 출발한 가우다 치즈는 6세기 이전부터 만들어지기 시작하여 1200년대에 이미 영국으로 수출된 바 있는 치즈이다. 중년에 치즈의 저장기한을 늘리려고 붉은 색의 왁스 코팅을 하여 빨강 치즈로 유명하다. 그러나 왁스의 색이 다양해지면서 이제는 치즈를 구분하는 주요 표지가 되고 있다. 이를테면 녹색 왁스 코팅 치즈는 허브가 들어갔다는 뜻이고, 오렌지색은 박하향이, 검은색은 12개월 이상 장기숙성한 것인데 가끔은 5~6년간 숙성했다는 뜻이 포함된다. 그래서 2년 이상 숙성된 치즈에는 진한 황색을 띠는 코팅을 하는데, 이 치즈는 이미 아미노산 결정화가 진행된 것이다.

몇 가지 유명한 장기 숙성치즈로는 빔스터(Beemster), 렘브란트(Rembrandt), 그리고 생칸터(Saenkanter)가 있다. 보랭카스(Boerenkaas, 네덜란드어로 파머스 치즈라는 뜻)라는 뛰어난 가우다도 있는데, 이는 목장에서 만들어지며 약 40 kg 정도 나가는 차륜형 치즈로 무살균 원유로 제조하여 4~6개월 숙성한다. 때로는 6~7년간 숙성하기도 하는데 이런 경우는 향미가 농후하며, 매우 복합적인 맛과 향을 연출하는 치즈로 완성된다.

가우다 치즈는 전 세계 치즈 제조국들이 제조하고 있지만 유일하게 북부 홀랜드 지역에서 제조되는 가우다는 "노드-홀랜드 가우다(Noord-Holland Gouda)"라는 명칭으로 원산지 명칭 보호(PDO, Protected Designation of Origin)를 받는데 다른 가우다들보다 염도가 낮은 것이 특징이다. 독일의 한 목장형 유가공장에서는 우유로 27종의 가우다 치즈를 제조하고 있었다. 모두 자신의 목장에서 유기농법으로 재배한 27종의 허브류를 첨가하여 만드는 것이다.

일본에서도 가우다 치즈 생산량이 높다. 가우다 치즈를 네덜란드와 중북부 독일 사람들은 "흐가우다(HOW-dah)"라고 발음한다. 그런데 미국, 캐나다 사람들은 구다(Goo-Dah)치즈라고 발음을 하기도 한다. 일본이 그 영향을 받아 고-다 치즈라고 한 모양이다. 가우다 치즈는 네덜란드가 원산지이고 에담 치즈와 유사하다. 네덜란드의 가우다 지방은 중북부 독일 Nordrhein-Westfallen 주의 네덜란드 접경지역인 Kleve에서 100 km쯤 거리에 있다.

정상적인 가우다 치즈는 에담치즈보다는 높은 지방함량을 갖지만 건물함량 기준으로 보면 30～50%까지 다양한 면이 있다. 캐나다의 경우 가우다 치즈는 지방함량이 최소한 28%(건물기준 49%)를 함유해야 하고, 수분은 최대 43%까지 함유하도록 하고 있다. 가우다 치즈는 대개는 원형이고, 치즈 무게는 최소 250 g에서 500 g, 1.0 kg 그리고 5.0 kg에서 20 kg 까지 다양한 중량을 가진다. 원래는 치즈 눈이 없도록 제조되었다가 최근에는 치즈에서 가스를 형성하는 스타터를 사용하여 치즈 눈을 형성하고 있다.

(2) 제조공정

① 원유처리 : 원유의 단백질/지방(P/F) 비율을 1.07로 표준화하고 살균한다. 독일이나 스위스, 네덜란드에서는 에멘탈, 가우다 치즈는 무살균 원유로 치즈를 제조해도 법적으로 제재를 받지 아니한다. 스위스의 경우 5월쯤이면 산에 눈이 녹아 소를 몰고 알프스로 올라가 당일 짜낸 원유로 살균하지 않고 장작불을 때서 경질 치즈들을 만든다. 그 전통이 오늘날까지 인정받고 있다.
우리는 63℃, 30분간 저온 살균한다. 시대가 바뀌어 우리도 목장에서 무살균방식을 허가한다면 자기가 사용하는 원유에 자신이 있어야 한다. 그러나 자기 원유에 타 목장에서 구입한 원유를 혼합할 경우에는 반드시 살균해야 한다. 그 원유를 믿을 수가 없기 때문이다. 그래서 치즈 원유는 여기저기서 가져오지 말고 자기 우유로 제조해야 안전하다. 꼭 믿을 수 있는 사람에게서만 갖다 써도 된다.

② 냉각과 첨가제 넣기 : 냉각은 34℃로 하고 원유의 저장기간이 길었거나 남의 집 원유들을 가져 왔고 자신의 원유에 자신이 없으면 살균과정을 거쳐 열처리가 되었으므로 이때 반드시 염화칼슘을 첨가한다(100 Kg에 20 g, 50 Kg에 10 g

의 비율로 취하여 미지근한 물에 녹여 첨가한다). 겨울철에는 원유 100 kg당 0.1~0.2 mL의 아나토 색소를 첨가해 준다.

③ 스타터 접종 : 가우다 치즈용 스타터를 원유의 0.75% 정도 첨가한다. Danisco 사의 Choozit MA 시리즈를 사용한다면 그 균주에는 *Lactococcus lactis*, *Leuconostic cremoris*, *Streptococcus diacetylactis* 등이 포함된 복합균주이기 때문에 권장할 만하다. 원유 산도가 원래보다 0.03%가 증가할 때까지 발효시킨다.

④ 렌넷 첨가, 커드 굳기 검사 그리고 커드 절단 : 원유 100 kg에 렌넷을 19 mL 넣는다. 렌넷을 물에 10배 희석하여 원유에 첨가한다. 첨가하고 나서 45분간 기다린다. 중간 25분경에 커드 굳기 검사를 실시한다. 커드에 손가락을 찔러서 손가락을 볼 때 우유가 하나도 안 남았으면 절단할 시간이다.
과도 같은 것을 사용하여 벽면을 향하여 커드를 칼끝으로 10.0 cm 정도 수직으로 자른 뒤 칼날을 옆으로 하여 5.0 cm 지점에서 찔러서 들어 올리면 단숨에 한 방향으로 죽~갈라지면 커드 절단의 시점으로 본다. 그런데 이때 1.0 cm도 못가서 커드가 무너지면 5~6분 더 기다린다. 그리고 커드를 자른 자리가 봉합된 후에 그 자리에서 유청이 배어나오면 절단해도 된다. 커드 절단은 수평 나이프부터 잘라주고 이어서 수직나이프로 자른다. 절단하는 커드의 크기는 1.0 cm^2가 적당하다. 자를 때 감을 느껴야 한다.
갓난 아이 다루듯 천천히 자른다. 아주 천천히 자른다. 왜냐하면 치즈 벳트의 벽면에는 열이 전해져서 잘 굳었을지 모르나 중심부로 갈수록 온도 전달이 늦어져서 응고가 매우 연약하게 되어 있는 셈이다. 그런데도 강하고 빠른 속도로 절단하다 보면 중심부 커드에서 네트워크가 부서지고 가루(fine)형 미세커드가 많이 발생되어 수율이 떨어지고 연약한 커드가 얻어져 제조 중에 유청 배출이 어려워진다.

⑤ 교반 : 커드를 자른 뒤 3~4분간 정치하고 나서 손으로 20번 정도 서서히 저어준다. 커드입자 크기가 크면 수분이 많은 치즈, 커드가 작을수록 치즈는 단단해진다. 교반방식은 천천히 저으면서 벳트에 손을 넣어보면 커드가 미끌미끌 하여 커드가 미꾸라지처럼 빠져 나간다. 커드가 표면에 보이도록 추가적으로 20~30분 동안 교반을 해준다. 이때 유청의 pH는 6.4~6.45가 되어야 한다.

⑥ 유청 배출과 가온 교반 : 유청을 3분의 1 배출하고 나면 이때 온도 27~29℃가 된다. 다시 여기에 38℃ 물을 원유의 20%만 넣어준다. 그러면 온도가 34℃

이상 상승할 것이다. 더 넣지 말고 반드시 원유의 20%만 넣는다. 이는 물로서 유청을 희석하여 유당 농도조절을 위해 물을 넣는 것이며, 커드의 수분이 잘 빠져 나오게 함인데 그렇다고 더 많은 물을 넣어 주면 안 된다.

다시 여기서 20분 정도 교반해 준다. 20분 후에 유청을 30% 제거하고 73℃ 이상의 물 20%를 가한다. 이때 온도는 37℃가 되게 한다. 여기서 매우 조심할 것은 물을 첨가할 때 한꺼번에 다 넣지 말 일이다. 왜냐하면 열탕수가 커드 표면에 직접 닿게 되면 표면이 열에 의해 코팅이 되어 굳어지고 그 내부에는 유청이 갇힌 셈이 되어 더 이상 유청 배출이 안 되기 때문이다. 그래서 소정의 교반시간 내에 걸쳐 벽면을 향하여 조금씩 매우 서서히 가해 주어야 한다. 그러므로 2분에 1℃가 상승하게 하는데 계속 교반을 해주면서 15~20분간에 걸쳐 매우 서서히 첨가해야 한다. 손을 넣어 커드를 손가락 사이로 지나가게 하면 쌀자루에 손 넣었을 때 쌀 걸리듯 걸린다.

⑦ 예비가압 : 이때 손에 커드 쥐었다 뒤집어 떨어트려 보면 5~6개 남으면 교반을 더 해준다. 1~2개가 남으면 예비가압 작업이 가까 왔음을 알 수 있다. 이때 커드를 정치하고 추가 유청을 제거하는데 유청은 커드 높이만큼 남기도록 한다. 그 이유는 치즈 속에 있는 공기가 빠져 나오게 하여 치밀한 조직의 커드가 되게 함에 있다.

유청 아래 무게가 치즈의 2배 정도 되는 스테인리스 강판을 덮어서 60분간 예비가압을 시킨다(최대 4배 무게). 적당한 판이 없으면 벳트 내 커드를 모두 한 쪽으로 모아 두고 유청 속에 몰드를 놓고 유청과 커드를 함께 몰드에 퍼 붓는다. 그 때 유청이 다 빠져 나간다. 커드를 유청과 퍼 넣지 않으면 안 된다. 이는 커드 내 공기를 없애서 유청이 최대한 배제되어 신맛이 덜나게 하기 위함이다. 만약 그러지 않으면 커드에 산소가 결합되어 유청이 갇히면 떡이 되어 버린다. 반드시 유청 속에서 예비 압착하든지 유청 속에서 커드 성형하여 기포(산소) 제거가 필수적이다.

⑧ 성형과 본 가압 : 강판 아래에서 커드가 굳어졌을 때 나머지 유청을 모두 빼고 치즈 천이 있는 몰드의 크기에 적당하게 잘라 넣어 준다. 이들 몰드를 본 압착기(press)로 옮긴다. 본 가압은 10~12시간 이상 실시해야 한다. 처음 1시간 동안에는 치즈 무게의 4배, 3시간 후 치즈 무게의 3배, 다시 3시간 후 2배, 3시간 후에는 가압을 끝내고 커드를 몰드에서 꺼낸 뒤 커드를 뒤집어서 도로 몰드에 넣어 둔다. 이때 온도가 매우 중요하다. 23~25℃ 준수가 필요하다. 그러면 자연적인 자체 무게만으로 매끄러운 표면 형성이 이루어진다.

치즈 프레스에 치즈 네 개를 올려쌓고 가압하여 하룻밤 지나고 난 다음 날 꺼내어 뒤집어서 몰드에 넣어두어도 된다. 가압하면서 가끔씩 뒤집어 준다. 가압 후의 pH는 5.3～5.5가 되어야 한다(목장 유가공장에서 제조 시 압력을 높이는 방법은 치즈를 판위에 한꺼번에 옆으로 여러 개를 펴놓듯이 올려놓고 그 위에 치즈 무게의 2배 정도 되는 넓은 판을 덮은 다음 치즈를 뒤집어 줄 때마다 판을 하나씩 몰드 위에 더해 가는 방식으로 커드가 단단히 압착되게 한다. 단단한 압착이 안 되면 진공포장 후 숙성 시 침출액이 흘러나온다).

※ Tip : 일본 북해도에서는 성형시간을 짧게 하고 저온실에서 냉각수에 담근 채로 하룻밤 경야(經夜, overnight)한 뒤 치즈 몸체를 다듬고 손질한 뒤 가염하는 방식을 채용하는데 우리도 이 방식을 활용해 볼 필요가 있다. 즉 성형 가압 20～30분간은 치즈 중량의 2～3배로 가압하고 치즈를 뒤집어서 1시간 간격으로 치즈 중량의 12배까지 무게를 가한 가압을 3시간 정도 한다. 이때 온도는 20℃ 내외를 유지한다. 3시간 가압 후 가압을 풀어서 몰드채로 10℃ 냉수에 담가 같은 온도의 저온실에서 overnight 하는 방식이다.

⑨ 가 염 : 20%의 소금물로 다음에 지시한 대로 가염 시킨다. 소금물의 pH는 치즈의 pH와 같아야 하고, 조정은 유산(乳酸, lactic acid)으로 한다. pH 범위는 5.15～5.25가 되어야 한다. 가염시의 온도도 15℃ 이하가 좋다.

◈ 가염용 소금액 제조요령

- 유청을 끓여서 걸러 응고 단백질을 제거한다.
- 10 ℓ 유청에 2.5 Kg 소금 넣어주면 18～20 Be가 된다(pH 5.1～5.3).
- 그냥 물을 사용하는 경우 소금물의 pH조절은 유산을 사용한다.
- 대개 100 Kg에 4 mL 정도이다.
- 치즈 표면의 건조가 잘 안 되는 경우 이 소금물에 문제가 있다.
- 소금물의 pH가 높으면 치즈 표면이 잘 안 마른다.
- 이런 때는 소금물을 끓여 걸러내고 냉각한 후 pH를 조정한다.

◈ 치즈 중량별 가염시간

- 500 g 치즈를 18～20Be* 소금물에 4시간～5시간
- 1 Kg 치즈를 18～20Be 소금물에 8시간～10시간
- 2 Kg 치즈를 18～20Be 소금물에 16시간～18시간
- 3 Kg 치즈를 18～20Be 소금물에 32시간～34시간

- 32 Kg 치즈를 18～20Be 소금물에 3½ 일간 염지한다.
  (*Be≒염도, 18～20 ≒ 18～20% 액)

◈ 소금물에 넣어 둔 동안 치즈에 딱딱한 표면이 만들어진다.

치즈가 뜨면 적당한 송판으로 눌러준다(이때 잘못하여 치즈에 생긴 줄이나 흔적이 결코 바로 잡을 수 없으므로 흠결이 없는 매끄러운 것 사용).

《가염용 소금물 처리》

1개월 마다 걸러서 살균한 뒤 소금 농도를 잰 뒤 부족분만 넣어서 보충하여 계속 사용한다. 독일이나 네덜란드 가우다 지역은 20년 동안 계속 쓰고 있다.

⑩ 건 조 : 가염이 끝난 치즈를 염지 통 위 벽면에 2° 가량의 경사진 선반을 질러 두고 치즈를 소금물에서 건져 올려서 2일 정도(3일도 좋다) 두는데, 이 때 선반이 없으면 도마를 2° 정도 매우 약간 경사지게 해서 소금 물기를 빠지게 한 뒤에 12～14℃, 습도 85% 정도의 방으로 옮긴다.
검지로 치즈의 표면을 만져서 물기가 없으면 표면 처리할 시기임을 알 수 있다. 너무 빨리 건조를 끝내면 수분이 너무 많고 3～4일 건조가 딱 좋다. 만약 일주일을 두었다가 표면 처리 하면 어렵다. 너무 건조되었기 때문이다.

⑪ 표면처리 : 시중에서 플라스틱 코팅제를 구입하여 표면에 발라 준다. 독일이나 네덜란드에서는 플라스틱 제품이 시판되고 있어 이를 사용하면 편리하다[독일의 Bunte Kuh,(http://www.kaesereibedarf.de/index-shop.html) 사에서는 「Plastik Coating」을 판매하고 있다]. 첫날은 참기름 솔 같은 것으로 한 면에 칠해 준다. 다음 날 반대 면을 칠 하는데 보통 4～5시간이면 굳는다. 그래서 오전, 오후 두 번 할 수도 있다. 이때 플라스틱 작업장의 습도가 중요한데 상대습도가 75～85%, 온도 14～16℃ 정도가 좋다.
플라스틱 코팅제는 밖에서 들어오는 잡균오염을 막고 곰팡이 오염을 억제한다. 어떤 것은 0.08%의 항균 성분(0.08% Nathamycin)이 함유되어 잡균 오염을 억제하기도 한다. 그 대신 보통 것보다 배 이상 값이 비싸다. 소규모 공장의 경우 보통 플라스틱 코팅제를 사용해도 된다. 플라스틱 코팅은 각 면에 3 반복 해주는데 건조 후 첫 날 오전, 오후에 걸쳐 두 번하고 다음 날 두 번 더해 준 다음 코팅 마무리는 3일째에 두 번하여 끝낸다. 이 때 치즈는 2일 마다 뒤집어 준다. 플라스틱이 모두 마른 후에 그 위에 치즈 생산일자, 개체번호를 스탬프로 찍는다. 그리고 3주 후에 출하하며 출하가 잘 안 되고 있으면 5～6주 두었다가 파라핀(왁스) 코팅한다. 너무 일찍 하면 왁스 안에 수분이 갇히게 되어서 쓴맛 치

즈가 나오기 쉽다. 파라핀(왁스) 코팅을 한 치즈는 6개월 이상 숙성용이다.

⑫ 숙 성 : 지금까지 경험으로는 한국인들은 가우다를 4~5주 숙성한 것을 선호하지만 제대로 치즈 미각을 갖춘 이들은 1년 이상 숙성한 것을 좋아한다. 대체로 5~6주 숙성시킨 것은 아직 어린 숙성치즈에 속하므로 제대로 된 가우다 치즈 맛은 기대할 수 없다.

최소한 숙성 6개월이 지나면 어느 정도 가우다 치즈 맛이 난다. 목장에 플라스틱 코팅제가 없으면 플라스틱 팩으로 진공포장하고 15℃에서 4~6주 동안 숙성한다. 그리고 이어서 10℃에서 6~12개월 동안 보관한다. 가우다 치즈의 pH는 숙성기간 동안 증가하는 경향을 띤다. 숙성 초기에 치즈 pH가 5.2 정도에서 8주째의 치즈 pH는 5.3~5.5가 되어야 정상 숙성된 것으로 본다.

7.2 신선 치즈(Fresh cheese)

신선(新鮮, fresh) 치즈란 가온(cooking)이나 숙성을 거치지 않고(간혹 수일간 하는 경우가 있음) 제조하여 바로 이용하는 치즈로써 비숙성 치즈(unripening cheese) 또는 후렛쉬 치즈(fresh cheese)라고 일컫는다. 신선 치즈류는 수분함량이 높고 온화하며 때로는 약간 떫은맛을 내는데, 대표적인 치즈는 카티지(오막살이) 신선치즈는 프랑스에서 "프로마주 브랑(흰 치즈)", 독일에서 "크박", 이탈리아에서 "마스카르포-네"가 대표적인데, 유럽에서는 매우 많은 외식산업 소재와 일상 식자재로 사용된다.

신선 치즈류에는 산으로 응고시킨 그룹과 열과 산을 사용하여 응고시킨 그룹으로 나뉘는데 전자에는 네 가지의 형태, 후자에는 두 가지의 대표적인 형태가 있다. 카티지(오막살이) 치즈(Cottage cheese, 북미), 베이커스(Baker's) 치즈(유럽)라고도 하는 크박(Quark) 타입 크림치즈(Cream cheese)가 전자에 속하고, 파니르(Paneer, 인도)를 포함한 여러 가지 형태 치즈, 그리고 전통적인 퀘소 블랑코(Queso blanco, 남미) 치즈가 후자에 속한다. 가장 부드러운 타입의 신선치즈는 대부분 치즈 제조공정의 최초 단계에 만들어지는 치즈이기도 하다.

이들 치즈들은 제조방식 면에서 보면 렌넷에 의한 응고커드를 사용하기보다는 산으로 케이신을 응고시켜 제조하는 경향을 갖는다. 품질 면에서도 다른 점들이 있는데, 예를 들어 카티지(오막살이) 치즈의 조직을 더 개선시키기 위해 렌넷(rennet)을 소량 사용한다든지 퀘소 블랑코와 파니르 제조 시 열에 의한 응고 침전법을 제조 원칙으로 채용하여 유청단백질을 케이신과 함께 응고되게 함으로써 치즈의 생산량을 증대시킨다.

인도의 파니르와 남미 지역의 전통적인 퀘소 블랑코(일명 화이트 치즈, White

cheese)는 85℃ 이상으로 뜨겁게 가열한 원유에 유기산을 첨가함으로써 산성화시키는 반면에 카티지(오막살이), 크박 그리고 크림치즈는 통상적인 유산균에 의한 유산발효(乳酸醱酵)를 통해 원유를 산성화시켜 제조한다. 최근의 상업적 제조업자들에 의해 생산되는 대부분의 남미지역의 화이트 치즈들은 렌넷으로 응고시킨 커드를 제조하여 신선치즈로 판매하고 있다.

IDF(International Dairy Federation, 국제낙농연맹)는 이러한 신선 치즈류가 과거에도 소비 증가가 있었고, 향후 10년 이내에 가장 소비 증대가 높을 치즈로 보았다. 신선 치즈류는 굳기나 유지방분 함유량의 차이에 따라 여러 종류가 있지만, 어느 것이라도 시원한 향미와 신맛이 특징이다. 어떤 미각에도 잘 어울리기 때문에 한국에서는 숙성치즈로 가는 교량 역할을 잘 해 주고 있는 편이다. 특히 신선 치즈류는 숙성치즈에 비해 유통기한이 짧고 위생요건이 까다롭다는 점(미국 연방규격은 국내 주와 주 사이에 유통하려는 신선치즈는 반드시 63℃, 30분간 저온 살균원유로 제조하도록 규제한다)에서 향후 세계 4대 낙농 선진국간의 FTA 체제하에서 경쟁력이 높은 치즈에 속한다. 이런 점에서 기술력을 갖춘 한국의 대규모, 중·소규모 유업체들의 본격적인 신선치즈 제조 판매를 서둘러야 할 것으로 보인다.

1) 카티지(오막살이*) 치즈(Cottage cheese)

여기서 제조공정은 Emmons와 Tuckey, 1967의 단기 정치법을 개조한 것이다(배와 안, 2007 참조).

* 오막살이 치즈라는 우리말 명칭은 본 장의 저자가 1998년 9월 14일에 순천대학교 농업과학연구소와 동물자원과학과가 공동 주관하여 진행되었던 '제3차 농가형 유가공기술 강습회'에서 처음 작명하여 사용했던 한국식 명칭이다.

(1) 개 요

카티지(오막살이) 치즈는 원래 AD 878년경에 영국의 알프레드 왕이 외국의 침략으로 고국을 떠나는 쓰라린 피신을 하던 시절 왕이 기거했던 오두막(Cottage)에서의 유일한 생존수단은 그들이 이 치즈를 만들어 먹는 것이었는데 아마도 치즈에 카티지(오막살이, Cottage)라는 명칭이 붙은 것으로부터 유래되었다고 한다(Kosikowski와 Mistry, 1997). 이 치즈는 세계 각국에서 제조되고 인기리에 판매되고 있다.

이 치즈는 어떤 원유를 사용해도 품질 좋은 치즈제조가 가능하고 탈지유, 전유, 무지방 원유로도 가능하다. 치즈마다 제조과정이 상이한 점이 있지만 아직까지는 신선치즈류 중에서는 최고 품질을 자랑한다. 이 방식은 주로 첨가하는 스타터와 rennet의 양 그리고 정치온도의 채용 면에서 다르다. 그 과정은 또한 절단하는 커드의 크기, 크림 드레싱의 비율, 사용하는 크림의 종류, '카티지(오막살이) 치즈향'의 사용 정도, 첨가하는 향미료의 종류와 양에 따라 다르다.

치즈의 지방함량이 다양한데 무지방, 저지방(1~2%), 크림 드레싱 치즈(4~8%)로 나뉜다. 치즈의 제조방식이 까다롭고 위생조건이 까다로워서 낙농 선진국들에서는 이 치즈를 생산하던 소규모 업체들은 점차 사라져 가고 주로 대규모 유업체들의 규격화된 자동 제조시설에서 생산된다. 이 치즈 제조법으로는 제조시간이 긴 '장기 정치법'과 제조시간을 단축시킨 '단기 정치법'이 있는데 후자가 널리 사용된다. 이는 제조시간이 하루를 넘기지 않으면서 하나의 치즈 벳트 만으로 최소량을 단시간에 제조할 수 있기 때문이다.

(2) 제조공정

① 탈지유를 저온 살균한 뒤, 32℃로 냉각하여 중온균 스타터를 원유의 5% 정도 접종하고 10~15분 동안 잘 교반해 둔다.

② 다소 견고한 응고 커드를 얻기 위해 스타터 접종 시 혹은 접종 후 1시간이나 1시간 30분경에 렌넷을 원유 100kg당 3.0 mL 정도를 첨가한다. 만약 A-C 검사에 의해 커드 절단시간을 결정할 것이라면 렌넷을 첨가하기 전에 미리 A-C 검사용 시료를 채취해 둔다(A-C 검사법은 본 치즈 제조공정의 (3)항을 참조).

③ 이 치즈 제조에서 매우 중요한 단계인 커드 절단 시점 결정은 다음과 같이 잡을 수 있다. ㉠ 커드 pH를 측정, ㉡ A-C 검사 실시, ㉢ 유청의 산도(T.A)검사 결과로 판정한다. 간편한 절단 시점이 되는 최적 pH값은 열처리와 탈지유의 성분(총 고형분량)에 따라 영향을 받는다. 다시 말하면 정상 탈지유(당일 원유에서 크림을 제거한 신선 탈지유)에 렌넷이 첨가되었을 경우 커드의 pH가 4.80 도달 시 커드를 절단한다. 이때는 원유 깊이 보다 약간 높은 긴 칼을 사용하거나 철사 간격이 1.2 cm인 커드 나이프를 사용한다.

④ 커드 절단 후에 15~20분 동안 커드를 정치한다. 이때 가열 준비로 재킷(이중솥 형태의 벳트에서 스팀과 물이 담기는 공간)을 가온한다.

⑤ 가온은 벳트의 온도 조절장치를 사용하여 처음 30분 동안은 5분마다 0.5℃씩 올라가도록 조정해 둔다. 최근에는 치즈 뱃에 장착된 온도 자동조절 장치가 정교하게 발달되어 치즈 제조공정에서의 일정 속도 가온이 매우 수월하게 수행될 수 있다.

약 2시간 후 최종 목표 온도인 54~57℃에 도달하도록 가온속도를 두 배 심지

어는 세 배가 되도록 조정해 둔다. 가온이 이루어지는 동안 교반기는 커드가 부서지지 않는 부드러운 속도로 느리게 회전시킨다. 가온 중에 커드 엉킴이나 부서짐이 발생할 수 있는데, 이는 가온속도가 너무 빠르다는 것을 알고 커드끼리 엉키지 않도록 적절히 교반속도를 유지하는 일이 중요하다.

⑥ 제품화에 적합한 커드의 견고성은 54~57℃에서 15~20분을 유지한 후에 얻어진다. 따라서 가온과 교반작업 중에 커드가 너무 단단해지지 않도록 자주 확인해야 한다. 커드 절단시의 커드의 pH 값이나 유청의 산도는 최종 가온과정에서 커드의 견고성에 영향을 주는 중요한 요소가 된다.

만약 커드가 54~57℃에서 여전히 너무 단단하였다면 커드 절단시의 유청의 산도를 적절히 높이거나 커드 절단 시의 커드 pH를 약간 낮추고, 너무 연약한 커드가 얻어졌다면 반대로 커드 절단 시의 유청산도를 낮추고 커드 pH를 약간 높여야 한다. 이러한 중요 포인트는 제조시험을 거쳐 공장 고유의 제조공법 표준화를 해두는 것이 좋다. 커드의 조직 견고성은 15~20℃의 물에서 냉각시킨 후에 검사하도록 한다.

⑦ 치즈의 가온교반(cooking) 작업이 끝난 후 커드의 표면 아래에서 유청이 보이지 않을 때까지 유청을 제거한다. 그 후 첫 번째 커드 수세(水洗, wash) 작업으로 냉수를 가수(加水)하여 커드를 씻어낸다. 만약 3단계에 걸친 수세를 한다면 첫 번째는 20~25℃, 두 번째는 10℃, 그리고 세 번째는 1.5~5℃의 물을 가수한다.

만약 두 번 수세를 한다면 첫 번째는 15℃, 두 번째는 1.5~5℃의 냉각수를 가수한다. 한 번 수세할 때마다 15~20분 동안 커드가 물에 잠겨지는 높이로 가수해야 하는데, 이때는 교반기를 커드가 깨지지 않는 속도로 조절하여 교반되도록 주의해야 한다.

⑧ 수세 마지막 단계 처리 후 커드의 중앙에 벳트 크기에 맞추어 적절한 넓이의 고랑(trench)을 손으로 조심스럽게 파준다. 가수한 수세 액이 완전히 배제될 때까지 벳트의 출구를 열어 놓아 수세 수분이 방울지게 떨어지기 까지 온전히 제거시킨다(이런 과정은 30~60분 동안 정도 소요됨).

⑨ 소금치기는 커드에 직접 가염하거나(커드 중량의 1.0%) 드렛싱용 크림에 직접 혼합하여 가염한다.

⑩ 드레싱은 커드의 지방율이 4.0% 정도 되도록 균질한 크림드레싱(18%)을 커드에 첨가한다. 만약 저지방 크림이 사용되어 커드 속에 과도한 유리 크림 발생이

우려된다면 안정제를 사용, 커드의 점도를 증가시키는 것이 필수적이다.

(3) A-C 검사법(The A-C test)의 순서

① 치즈 벳의 탈지유에 스타터 소요량을 넣고 잘 섞어 준다.

② 스타터와 탈지유를 잘 섞어 A-C 실험용 비커 속에 넣고 뚜껑을 잘 덮어 냉각이 되지 않게 한다.

③ A-C 실험 시료를 취한 후에 즉시 벳트 안의 탈지유에 렌넷을 소요량만큼 넣고 잘 저어준다.

④ 즉시 A-C실험 비커 속의 탈지유의 표면이 치즈 벳트 안의 탈지유 표면보다 약간 아래에 위치하도록 벳트 안에 A-C 실험 비커를 매달아 둔다. 그리고 벳트 뚜껑을 덮는다.

⑤ 주기적으로 커드 응고여부를 점검한다. 커드 응고가 시작된 후 얇은 판이나 칼을 사용하여 A-C 비커 안의 탈지유 응고여부를 검사하되 응고 중인 벳트 내 탈지유는 건드리지 않도록 유의한다.

⑥ 처음으로 A-C 비커 속의 탈지유 응고가 발견되자마자 얇은 판으로 굳어진 탈지유를 2～3회 잘라 본다. 그리고 5분 간격으로 반복해서 계속해 본다.

⑦ 얇은 판으로 앞서 절단했던 부위에 깨끗한 선처럼 유청 라인이 나타나는지 A-C 시료의 표면을 관찰한다. A-C 검사의 결정적인 최종 시점(end-point)은 커드 응고가 처음으로 발견되고 나서 10～20분 사이이거나 커드 표면에 유청 라인이 선명하게 나타난 때이다.

2) 크박(Quark, [kwark/kvark])

(1) 개 요

크박(Quark, 때때로 유럽의 대륙식 Cottage 치즈나 Quarg로 칭함)은 다양한 수분함량과 지방함유로 연질 신선치즈 그룹을 대표한다. 아래에 설명된 제조과정은 상당히 견고한 과립형 커드치즈를 생산하는 공정이다. 만약 부드러운 조직의 제품(baker's cheese와 같은)을 원한다면 커드를 자를 때의 pH는 4.5～4.4가 되어야 하며, 가온(cooking)은 필요 없다. 연하고 부드러운 커드는 커드자루나 원심분리기에 의해 분리되어야 한다. 유럽에서는 대부분의 크박과 크림 타입치즈는 유산발효 이전 또는 발효 후의 탈지유를 역삼투법(ultrafiltration)에 의해 농축한 것으로 제조되고 있다.

(2) 제조과정

① 탈지유를 62℃에서 30분 동안 저온 살균한다.

② 탈지유를 32℃로 냉각한다.

③ 중온성 치즈 스타터(*Lactococcus lactis* ssp. *lactis*나 *Lactococcus lactis* ssp. *cremoris*) 배양액을 원료 탈지유의 5.0% 정도 접종한다. 탈지유가 부드러운 젤 형태가 되기까지 4~6시간 동안 정치 배양한다. 커드의 pH는 약 4.8이 되어야 하고, 얇은 판으로 커드를 절단했을 때 깨끗한 유청(whey)이 스며나야 한다. 다른 방법으로는 스타터를 원료 탈지유의 1.0%를 첨가하여 12~18시간 동안 장시간 배양하는 방법이 채용될 수도 있다.

④ 커드 파쇄를 위해 매우 천천히 교반하고 서서히 52℃까지 가온한다. 처음 가온 속도는 5분에 0.5℃가 초과되어서는 안된다. 커드가 견고해질 때까지는 52℃를 그대로 유지한다(커드를 파쇄한 후 약 1시간 30분 정도).

⑤ 벳트내 대부분의 유청을 제거하고 커드로부터 신맛 냄새를 제거하기 위해 10℃의 물을 커드 표면이 살짝 보이기까지 채운다. 만약 시큼한 치즈 생산을 원한다면 이러한 가수, 세척작업은 생략해도 된다. 경우에 따라 천주머니에 커드를 담아 매달아 두는 식으로 커드의 유청을 제거하는 것이 편리하다. 이런 경우에는 15분 동안 차가운 물에 천주머니 전체를 담가서 세척하여 사용한다.

⑥ 맛의 기호에 따라 커드에 크림이나 드레싱을 첨가한다.

(3) 크림 드레싱

지방률 18%의 균질한 크림을 커드의 4.0~8.0%를 첨가한다.

3) 스트링(String)과 모차렐라 치즈(Mozzarella cheese)

(1) 개 요

이 두 치즈 제조법은 스트렛칭을 통한 성형방법을 구사하기 전까지는 체다치즈 제조공정과 비슷하지만 성형 이후부터 달라진다. 그러니까 한 치즈 뱃으로부터 두 가지 치즈를 얻을 수 있는 것이다. 즉 스트링과 모차렐라 치즈는 같은 벳트에서 제조가 될 수 있는 파스타 필라타(Pasta Filata)형 치즈다. 그래서 여기서는 그 제조법을 함께 묶어서 소개한다.

① 스트링 치즈의 개요

세계에는 여러 가지의 다른 타입의 스트링 치즈들이 알려져 있다. 치즈를 만들 때 가래떡 모양으로 길게 늘여서 만드는 것을 스트링 혹은 스트리퍼라고 하였다. 동유럽의 슬로바키아 지역에서는 전통적으로 스트링 치즈는 방금 착유한 양젖으로 제조하면서 훈연으로 해 먹거나 훈연하지 않은 채로 이용할 수 있게 제조하였다. 발칸 지역 인근의 아르메니아 지역에서는 전통적으로 하얀 색의 스트링치즈를 만든다. 원유도 나이 든 산양유나 면양유로 만들며 지역마다 다르다. 스트링 치즈란 말은 제조하는 과정에서 치즈를 마치 긴 끈(string)처럼 커드를 길게 뽑아내는 제조방식 때문에 얻어진 이름이다.

서아시아 지역의 시리아 사람들도 양젖 치즈를 만들 때 그렇게 늘어뜨리는 방식으로 제조한다. 시리아 사람들은 다른 치즈들을 만들 때는 단지 커드를 절단하고 가압만하지만 스트링처럼 그렇게 뽑아내지는 않는다. 미국에서의 스트링 치즈란 일반적으로 수분함량이 낮은 모차렐라 치즈를 손에 들고 먹을 수 있는 스낵 사이즈로 제공할 때 그것을 “스트링” 치즈라고 구분한다. 이러한 형태의 스트링 치즈는 대체로 원통형이고 직경 2.5 cm에 대략 15 cm 길이로 절단한 것이다. 치즈는 하나씩 낱개로 포장되었거나 여러 가지 길이에 맞는 것들을 모아 포장되기도 한다.

이 치즈는 모차렐라를 이용하는 방식처럼 사용된다. 때로는 모차렐라와 체다치즈를 결합시킨 형태로 이용되기도 한다. 일본에서는 치즈의 결을 따라서 찢겨지는 치즈라 해서 사게 루(さける, 裂ける) 치즈라고 부른다. 스트링 치즈는 잘 제조된 모차렐라 치즈를 긴 관을 통과시켜 빼거나 기계적 사출기를 통과시켜 막대모양으로 뽑아내서 10～13 cm 정도의 길이가 되게 잘라 염지액에 50분 정도 침지한 순수 커드 혹은 향을 첨가한 치즈이다. 10～13 cm 정도 막대치즈를 낱개로 포장하여 냉장보관하거나 바로 유통시켜 가정이나 식당에 배달하여 소비한다.

일본 사람들은 이와 유사한 이태리식 치즈인 Adducotor 치즈를 만들 때 가이바시[가리비 혹은 키조개의 살 꼭지(관자)를 삶아 말린 것에 대한 일본어]처럼 갈라져 찢어지게 하고, 호다 데라는 생선의 맛과 향을 가미해서 만들어 이를 가이바시라(かいばしら) 치즈라고 부르기도 하며 매우 좋은 술안주로 쓰이고 있다.

② 모차렐라 치즈의 개요

모차렐라라는 말은 뜨거운 물에 커드를 절단하여 넣고 늘어트리고 합치는 일을 반복하여 만드는 몇 가지 전통 이탈리아 치즈류에 사용하는 일반적인 치즈 관련 용어였다. 모차렐라 치즈는 전통적으로 순화시킨 물소의 젖으로부터 생산되어 왔다. 젖이 응유되면 일정한 pH까지 커드 채로 발효시켜 커드 내 유청 제거와 배출을 반복해서 커드를 한데 모은 후 제품이 얻어냈다. 일정한 pH에 도달한 커드는 뜨거운 물속에서 스트레칭과 반죽을 통해 단단한 굳기를 얻어 제조된다. 이러한 과정은 파스타 필라타(Pasta Filata)형이라고 알려져 있다.

신선한 모차렐라 치즈는 일반적으로 흰색이지만 계절별로 다양하게 급여하는 사료에 따라 연한 노란색을 띠기도 한다. 모차렐라 치즈는 반연질 치즈인데 치즈 자체가 높은 수분함량을 갖고 있어서 전통적으로는 제조 당일 소비되도록 제공되어 왔다. 그러다가 소금물에 보존을 하면 일주일 동안 이용할 수 있고, 진공포장 함으로써 더 오랫동안 유통할 수 있게 되었다.

수분함량이 낮은 모차렐라 치즈는 냉장 하에서 한 달 동안 유통이 가능하고, 피자용으로 잘고 가늘게 썰어 포장한 것은 수분함량이 낮은 경우 유통기한이 6개월까지 가능한 것도 있다. 여러 가지 형태의 모차렐라 치즈는 주로 피자요리에 사용되지만 대부분의 라자냐 요리 타입에 사용되거나 인살라다 캐프레지 요리의 바질과 얇게 자른 토마토와 함께 제공되기도 한다.

모차렐라 디 버펄로 캄파냐(Mozzarella di bufala campana)는 매우 독특한 타입의 모차렐라이며, 이탈리아의 라지오와 캄파니아 지역에서 사육한 물소의 젖으로 제조되었다는 것을 나타내는데 어떤 사람들은 이 지방의 모차렐라야말로 최고의 향미와 품질을 가진 것이라고 평가한다. 모차렐라는 신선한 채로 이용되는데 직경 6 cm의 80～100 g의 공 모양으로 성형되며, 때때로 직경 12 cm, 1.0 kg짜리 구형으로 성형되어 판매 시까지는 묽은 소금물이나 유청에 구연산을 첨가하여 담가 둔다.

(2) 스트링 치즈와 모차렐라 치즈의 제조공정

가. 준비사항

① 양질의 원유 100 kg

② 스타터

여기서는 고온균을 사용한다. 원유의 1.0%(1.0L/100 kg)에 해당하는 배양액(덴마크의 Danisco 사 YO300이나 크리스찬 한센(Chr. Hansen) 사의 ABT5를 사용). 당장 스타터 구하기가 곤란할 경우 시중 발효유(목장형 요구르트이면 더욱 권장할 만하다)를 1.0% 사용해도 무방하다.

③ 염화칼슘 첨가 : 염화칼슘($CaCl_2$)을 원유의 0.02% 정도 준비(20 g/100 kg)한다. 덴마크 크리스챤 한센(Chr. Hansen) 사의(CALSO)도 무방함.

④ 렌넷 : 분말 렌넷으로 원유의 0.004% 정도(4.0 g/100 kg) 혹은 마일드 치즈를 위하여 0.0032%(3.2 g/100 kg)를 사용하기도 한다. 액상 렌넷의 경우 19ML/100 kg 준비 .

⑤ 열 탕수 : 60℃와 90℃ 이상의 온수

⑥ 스테인리스 대야 2개 : 직경 90 cm 이상, 깊이 18 cm 이상

⑦ 식 염 : 함초소금, 죽염과 같은 기능성 소금도 활용을 시도해 볼 것

⑧ 칼, 도마

⑨ 진공 포장기와 포장용 봉투

⑩ 온도계(반드시 알코올 온도계)

⑪ 2～3매의 연압용 무명천(50 cm^2)

⑫ 물 빠짐이 좋은 대 소쿠리 2～3개

⑬ 식품제조용 고무장갑, 면장갑

⑭ 스테인리스 큰 대야와 작은 대야 각 1～2개(큰 곳에 물을 약간 채우고 작은 대야에서 스트레칭 작업함)

⑮ 플라스틱 과일상자나 스테인리스 망바구니(유청 제거용)

나. 치즈 제조공정

① 원 유 : 산도 0.12～0.14% 범위의 신선 원유 사용(P/F = 1.22)

② 살균냉각 : 63℃, 30분 또는 72℃, 15초 살균 후 32℃로 냉각

③ 벳트 내 정치 : 31℃ ± 1℃로 냉각한 원유를 치즈 벳트에 넣기

④ 스타터 접종(31℃ ± 1℃) : 고온균으로 준비된 스타터는 원유의 1.0%를 첨가하고 60분간 배양(교반)/가정에서는 그냥 요구르트 스타터만으로도 제조 가능

⑤ 염화칼슘 첨가 : 염화칼슘(국내 식품용 $CaCl_2$ 또는 Chr. Hansen사의 $CaCl_2$ 포화용 제품(CALSO)을 지시된 사용량을 첨가한다(대개 18 mL/100 kg). 일반 식품 첨가용 염화칼슘($CaCl_2$)은 원유의 0.01% 정도를 살균된 정제수에 10배액에 녹여 넣는다(10 g/100 kg).

⑥ 렌넷 첨가 : 온도(31℃ ± 1℃)와 적정산도(스타터 접종 직후의 산도보다 0.03% 정도 변화((증가)가 보이면<0.13% → 0.16%>)를 확인하고, 액상 렌넷으로 19 ML/100 kg를 미지근한 정제수에 20배 희석하여 첨가한 다음 30분간 정치함. 분말 렌넷은 원유의 0.004%를 정제수(염소제가 없는 것) 10배액에 녹여서 넣는다(4 g/100 kg). 혹은 마일드 치즈를 위하여 0.0032%(3.2 g/100 kg)를 사용하기도 한다.

⑦ 커드 절단(31℃ ± 1℃) : 커드 나이프로 절단. 커드 크기는 1.0 cm^3 정도(빨강색 완두콩 크기) 3~4분 정치 - healing(커드의 표면 코팅, 이때 유청의 pH는 6.3~6.4 정도일 것)

⑧ 제 1차 가온(15분) : 4분간 정치 후에 교반을 서서히 시작하면서 32℃에서 시작하여 34℃까지 느리게 가온 한다. 즉, 5분에 1.0℃ 정도 올리는 속도로 실시한다. 가온하여 34℃까지 올린다.

⑨ 제 1차 유청제거 : 전체 원유량의 1/3 정도를 제거한다(33 kg/100 kg).

⑩ 제 2차 가온: 1차와 같은 방법으로 34℃로부터 42℃까지(30분) 가온(2분에 1.0℃ 상승속도). 이때부터는 교반속도를 높여 준다.

⑪ 제 2차 유청 배제: 남은 유청을 모두 제거하고 체다치즈에서 처럼 커드 가운데에 트렌치를 파주고 커드는 벳트 양쪽 벽면을 향해 쌓아올려 맷트를 만든다. 이때의 pH는 6.2가 되어야 한다.

⑫ 맷팅(matting)작업과 발효: 체다치즈에서 체다링 하듯이(체다치즈 제조공정 참조) 맷트 형성(matting) 작업(15분 단위로 뒤집어 주고 합치는 방식)을 하여 마침내 한 덩이가 되게 한 다음 그대로 2~3시간 동안 그대로 발효시킨다. 이때 벳트의 내부 온도는 38℃ 이상을 반드시 유지해야 한다. 또한 커드의 온도는 38℃로 유지하는 것이 매우 중요하다. 커드의 pH가 5.2~5.3에 도달하기 까지 계속 발효시킨다.

⑬ 스트레칭(stretching) : 이 과정은 잘게 절단한 커드 조각을 뜨거운 물과 함께 섞고 반죽하듯이 눌러 늘이고 다시 합치는 반복 작업이다. 이탈리아나 선진국 유가공장에서는 열수에서 스트렛칭 해야 하는 작업의 번잡함과 제품의 균일성을 기하기 위해 스트렛칭 전용 설비가 그림 8-5에서와 같이 운용되고 있다.

㉠ 커드의 pH 측정 시 pH가 5.3 정도가 되면 벳트의 출구를 열어 두고 자연스럽게 나머지 유청이 배제되게 한다. 이 때 커드 일부를 떼어내어 열탕수에 넣고 45초가량 두었다가 손가락으로 가만히 늘어뜨려 스트렛칭 시험을 해본다. 이때 흰 물이 배어나지 않고 끊어짐이 없이 늘어나면 본 스트렛칭에 들어간다.

㉡ 매트 절단 : 매트를 2.0 cm×3.0 cm 정도 크기의 커드가 되게 잘라 준다. 이렇게 절단한 커드 1.0~2.0 kg 가량을 스테인리스 대야에 담고 그 위에 85~90℃의 열탕수를 커드 위 표면이 살짝 보일 정도가 되기까지 부어준다(이때 충분한 열탕수가 준비되어 있을 것).

㉢ 먼저 튼튼한 면장갑을 낀 후 다시 열에 안전한 식품제조용 고무장갑을 끼고

두 손으로 커드 밑 부분을 위로 건져 올려 뒤엎는 반복과정을 하면서 커드가 열탕수와 혼합되게 하면서 계속 늘였다가 합해주고 다시 늘어나게 연압한 뒤 커드 덩이를 늘였다가 합해주는 작업을 커드의 늘어나는 느낌이 부드러워질 때까지 반복한다.

㉣ 연압작업은 단시간(2～3분 이내)에 끝내고 작업이 끝난 후 물은 전량을 제거하고, 다시 약 85～90℃ 물을 ㉢번과 같이 반복하여 붓고 연압한다(2～3분간 정도 반복).

㉤ 위 과정을 세 번째로 실시해 준 뒤 커드를 공중으로 뽑아 올리는 작업을 계속하면서 스트레칭을 반복해 준다. 이때 스트레칭이 끝난 커드 덩이를 작은 공 모양으로 성형하거나 용량 100 cc 정도인 밀폐형 플라스틱 반찬통 몰드에 넣어 냉각수(4℃ 이하)에 넣어두면 모차렐라 치즈가 되는 것이다. 모차렐라 치즈는 형태가 고정된 뒤에 약 20% 소금물에 20～30분 정도 침지 가염한다.

㉥ 스트링 치즈는 다음 단계를 더 진행하는데 스트레칭 작업 마지막 단계에서 온수를 제거한 뒤 재빨리 스트레칭 한다. 커드 조직이 유연해지고 완벽한 스트렛칭 상태가 확인되면 스트링 치즈의 형태(∅ 2～2.5 cm의 굵기, 길이 60～70 cm)로 뽑아서 10℃ 냉각수에서 스트링치즈의 가래떡 모양의 고유 형태로 굳힌다.

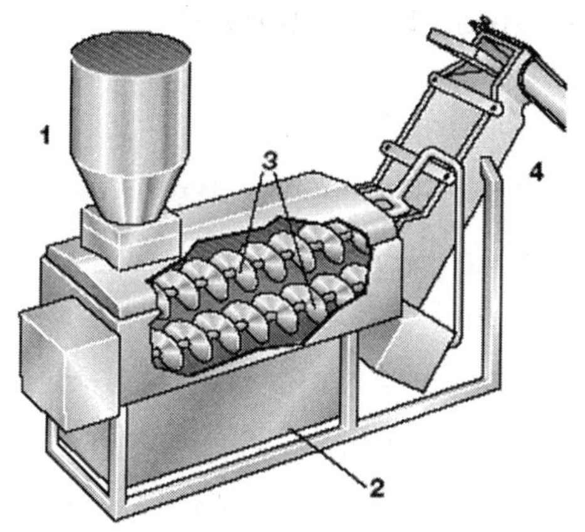

그림 8-5. 파스타 필라타형 치즈의 제조기기 구성

1. Feed hopper
2. Container for temperature-controlled hot water
3. Two counterrotating augers
4. Screw conveyor

⑭ 절 단 : 냉각 성형된 스트링 치즈를 약 10 cm 길이로 잘라 준다(하나의 무게가 40 g 정도 되게 함).

⑮ 물기 제거 : 절단한 치즈의 변형방지를 위해 제품의 온도가 25℃ 이하가 되게 신속히 냉각해 준 뒤 건져 내어 남은 물기를 제거한다. 이 때 냉각실로 옮기는 것이 무난하다.

⑯ 가 염 : 가염은 건염법과 액염법이 있는데, 건염법은 스트레칭 맨 끝부분에 커드에 적당량의 소금을 쳐서(물의 짠맛을 보면서 염도 조정) 마무리하고, 액염법인 경우 두 가지 소금물을 쓴다.

㉠ 단맛용 소금물 : 물 7.5 kg + 소금 2.0 kg + 흑설탕 0.5 kg = 10 kg

㉡ 훈연 맛 소금물 : 물 7.2 kg + 소금 2.0 kg + 흑설탕 0.5 kg + 훈연향 0.3 kg = 10 kg

가염은 위 소금물 중 하나에 넣고 5℃ 하에서 15분간 침지한다.

⑰ 건 조 : 물기를 뺀 치즈는 망이 설치된 선반이나 소쿠리에 정돈하여 담고 그 위에 위생적인 천을 덮어 온도 10℃, 습도 70% 이하의 건조실에서 하룻밤 또는 16시간 정도 건조 숙성시킨다.

⑱ 포장과 저장 : 하나씩 낱개로 진공 포장한 다음 5℃ 냉장고에 저장한다.

7.3 카망베르 치즈(Camembert cheese)

1) 카망베르 치즈의 제조 역사와 배경

프랑스 노르망디 지역의 Camembert 마을 거주민의 한 사람이었던 Marie Harel이 그 마을 이름을 사용하는 치즈를 발명한 데는 어떤 전설이 전해지고 있다. 전하는 바에 따르면 그녀는 한 신부에 의해 치즈제조 비법을 전수받았다고 한다. 프랑스 대혁명기(1789년 시작) 동안 프랑스에서의 로마 카톨릭 신부들은 새로운 공화국에 대하여 충성을 맹세하도록 요구받았다. 이것을 거부하는 고위 성직자들은 처형을 당하거나 강제추방을 당하였다. 그런 와중에도 몇몇 신부들은 시골구석에 몸을 숨겨 세월이 좋아지기만을 기다리며 살길을 택하기로 하였다.

1790년, 11월에 Abb ChaHes-Jean Bonvoust라는 신부 역시 피난처를 찾다가 Marie Harel 여사의 Beaumoncel에 있는 농장에 숨어들어 거기서 함께 지냈던 것으로 보인다. 그 신부는 파리 근교 지역에 있는 치즈로 유명한 마을인 Brie로부터 왔던 것이다. Marie 여사는 그에게 피난하고 쉴 수 있는 쉼터(Shelter)를 제공해 주었고, 그 신부는 그녀에게 Camembert 치즈제조 비법을 가르쳐 주었던 것이다.

이렇게 아름답고 그럴듯한 전설에도 불구하고 사실 그 지역은 Marie Harel이 태어났던 1761년 4월보다 훨씬 전부터 치즈제조로 유명한 마을이었다. 1569년에 Brugerin de Champrer가 그의 책 『De Te Ciberia』에 ChHes Estienne가 만들었다고 하는 "augeron cheese"를 언급하고 있고, 다른 저술가도 1554년에 그 지방의 치즈를 기록하고 있기도 하다.

Thomas Corneille, 그러니까 Pierre Corneille 동생(Le Cid의 저자)은 1708년에 그의 지리학 논문에서 "Camembert에서 생산되는 치즈로서는…" 이라고 언급하고 있다. 19세기가 되자 고맙게도 1850년 무렵에는 이 마을에도 철도가 연결되어 Camembert 치즈가 파리나 프랑스 전역의 시장을 장악하기에 이르렀다. 1890년에 지금 우리에게 친숙하게 된 조그맣고 둥근 나무용기가 개발되어 드디어 Camembert 치즈는 전 세계로 수출이 되는 계기가 되었다. 1991년에 Camembert 치즈 발명(?) 200주년 행사가 성대히 치러졌다.

2) 제조공정

여기서는 저자가 연구실에서 사용 중인 캐나다와 독일 방식을 조정하여 제시하였는데 각자가 편리한 방식을 활용하거나 두 가지를 조합해서 사용하기 바란다.

가. 캐나다 방식*

성분 표준 : 수분 - 56%, 지방 - 22%

① 원유를 표준화하고 저온 살균한다.

② 치즈 원유의 중온균인 Probat505/B10(Danisco), 혹은 Flora Danica(Chr. Hansen) 〈이들의 주력 균 : *Lactococcus lactis* ssp. *lactis* 와 또는 *Lactococcus lactis* ssp. *cremoris*〉 배양액 3.0%와 *Penicillium. camemberti* 이나 *Penicillium candidium* 균을 적당량 접종한다(다른 방법은 유청을 배제한 후 성형하고 염지시킨 치즈 표면에 곰팡이 포자를 뿌린다). 32℃에서 한 시간 동안 발효시킨다. 또는 원유 산도가 발효 전 산도보다 0.03% 증가되기까지 32℃에 발효시킨다(원유 ; 0.130% → 발효 중 원유 산도 0.160%로 증가).

③ 우유 100 Kg에 렌넷을 25 mL 칭량하고 우유에 넣기 전에 온수에 10배액으로 희석하여 넣고 3분간 교반한다. 렌넷 넣은 지 25분경부터 커드 굳기 검사를 하여 커드 절단 양면이 매끈하고 직선형으로 갈라지면 커드를 절단한다. 이때가 렌넷을 넣은 후 45분경일 것이다. 이때의 커드 pH는 6.2∼6.3범위여야 한다.

④ 커드 나이프(12.8 mm)를 사용하여 절단하고 그대로 1시간가량 두어 커드를 가

라앉힌다.

⑤ 이어서 유청을 커드의 표면이 보이기까지 제거한다. 남은 유청과 커드를 함께 퍼서 원통형 카망베르 몰드에 담는다. 편리하게 사용되는 몰드의 규격은 직경 11.5 cm와 높이 11.5 cm 정도의 것이다. 커드는 몰드의 윗부분의 1～2 cm 정도 높이로 신속히 채운다. 위와 같이 몰드에 커드를 한번 채운 후에는 커드를 다시 담지 말아야 한다.

⑥ 처음에는 30분 간격으로 2회째부터는 1시간 간격으로 몰드를 뒤집어 4～5시간 이내에 4～6회 정도 뒤집어 준다. 그리고 커드의 pH가 4.6～4.9가 되기까지 둔다(이때가 원유에 스타터 첨가 후 8～12시간 경과 한 시점이다).

⑦ 몰드에서 꺼낸 치즈는 긴 원통형인데, 이를 가로로 놓고 칼로 치즈 개당 두께가 2.5 cm가 되게 자른다. 치즈 개당 8.0 g 정도의 소금을 충분하게 달아서 준비한다. 천일염을 치즈의 모든 표면에 문질러 준다. 치즈는 12～14℃ 그리고 RH (상대습도) 85%인 방에 24시간 동안 저장하거나 큰 플라스틱 통 안에 플라스틱 매트를 깔아두고 그 위에 치즈를 얹은 다음 뚜껑을 약간 열어 두어 치즈표면이 건조되게 한다. 그리고 24시간 동안 12～13℃의 방에 저장한다.

⑧ 만약 *Penicillium candidum* 곰팡이 포자를 치즈에 뿌린다면 생리적 식염수를 담은 투명한 유리병에 곰팡이 분말을 넣어 현탁시키고, 이를 소독이 된 스프레이에 담아 치즈 표면에 분무해 준다. 하얀 몰드는 화려하게 자라나 있을 때까지 12～14℃에 RH 95%인 곳에 치즈를 6～12일간 저장시킨다. 다른 방법으로 곰팡이가 자라도록 하기 위한 산소 유입이 가능하도록 뚜껑을 살짝 연 큰 플라스틱 통 안에 판을 두고 그 위에 치즈를 놓고 숙성하면 된다.

⑨ 곰팡이가 치즈 표면을 완전히 덮은 것이 확인되면 치즈를 식품 포장용 기름종이로 포장하여 4～8℃에 저장한다. 카망베르 치즈는 전체 치즈 단면이 부드러운 아이보리색으로 나타날 때 숙성이 끝나는데 이렇게 되기까지 2～3주가 소요된다. 이때의 치즈 pH는 거의 7.0이나 그 이상으로 증가할 것이다. 특히 표면부위가 그럴 것이다. 이때부터 카망베르 치즈는 식중독균이나 병원성 균에 매우 취약하므로 신속히 유통 소비시키고 유통이나 저장중의 위생관리에 각별히 주의해야 한다.

《제조공정과 품질관리 유의사항》

- 카망베르는 특히 몇 가지 안전사항과 관련이 있다. 왜냐하면 하얀 곰팡이에

의한 효소의 생산으로 인하여 단백질의 분해 작용에 따라 드라마틱하게 산도가 낮아진다(pH가 높아진다는 뜻). 이 조건은 내산성 병원균인 *E. coli* 0157 : H7과 *Listeria monocytogenes*의 증식과도 관련이 있다는 점에서 매우 중요하다. 그런데 이들 균들은 웬만한 산에 잘 견디기 때문에 숙성기간 중에 치즈의 pH가 높아졌을 때는 곧 증식을 일으킨다. 그러므로 무살균 원유 카망베르는 경질 숙성치즈에 가깝게 위생 안전관리 면에서 매우 특수하게 관리되어야 한다.

• 병원균의 오염과 증식을 예방하기 위하여 카망베르 치즈 숙성실은 정기적으로 청결작업과 소독을 해야만 한다. 또한 카망베르 치즈는 똑같은 숙성실에서 연속적으로 숙성하는 cycle은 더 이상 채용하지 말아야 한다.

(*배인휴, 안종건. 2007의 방식을 조정함)

나. 독일 방식*

《카망베르용 곰팡이 배양액(현탁액)의 준비 요령》

카망베르치즈 제조 시에는 아래와 같이 사용 10시간 전에 미리 곰팡이 현탁액(suspension)을 만들어 둔다.

• 생리적 식염수나 95℃에서 5분 이상 끓인 일반 정제수 1.0리터 준비.
• 끓인 물은 25℃로 냉각하여 중탕 소독 후 건조해 둔 유리병에 채우고 냉동실에 보관했던 곰팡이균 분말(*P. candidum*이나 *P. camemberti*, FDPCA3, Chr. Hansen Co.)을 멸균 시약 스푼으로 2~3회 취해 넣어 몇 번 흔들어 준 후 현탁(suspension)이 되었으면 냉장고에 보관, 18~24시간 후에 사용한다.

(1) 제조공정

① 살 균 : 당일에 착유한 신선 원유(T. A: 0.14, pH; 6.7)를 63℃에서 30분간 저온 살균

② 냉 각 : 36~38℃ 범위

③ 스타터 첨가 : 중온균 배양액 1.0~1.5% 첨가, 60분간 발효 실시 후 산도 측정, 원유보다 0.02~0.03% 증가 시 종료. 이때 *P. candidium* 현탁액 1/3(300 mL)을 첨가한다.

④ 염화칼슘($CaCl_2$)의 첨가 : 원유를 여러 목장에서 가져온 경우나 단일 목장 원유라도 저온원유 저장탱크에 수일 동안 보관했던 원유라면 염화칼슘($CaCl_2$)을 원

유 100 kg에 0.02%(20 g/100 kg)를 10배의 물에 녹여 스타터 접종 직후 첨가한다.

⑤ 렌넷 첨가 : 100 kg 기준, 20 mL 첨가(17.5 mL/70 kg). 물에 10배 희석사용, 응고 후 30분 정치(검사 시작은 25분 후, 40분 정도에 커팅) 〈렌넷 첨가 후 총 60분 소요〉

⑥ 커드 절단 : 칼이나 적절한 커드 나이프로 절단(1.5～2.0 cm^2, 강남콩 크기)

⑦ 정치 및 교반 그리고 유청제거 : 커드 절단 후 5분간 정치, 10분간 아주 천천히 손으로 교반하고 20%(14 kg/70 kg) 정도의 유청을 제거한다. 그리고 다시 주걱이나 삽으로 20분간 교반해 준 후 총량의 30%(21 kg/70 kg)의 유청을 제거해 준다. 그러면 커드 높이만큼 유청이 제거되었을 것이다.

⑧ 성형 : 바가지를 사용하여 유청과 커드를 함께 카망베르 몰드에 퍼 담는다(커드 절단으로부터 30분이 지났을 때 성형작업에 들어가면 좋다). 몰드에 다 채웠으면 바로 뒤집어 준다. 15분 후에 다시 뒤집어 준다. 1시간 30분이 되면 세 번째 뒤집는다. 또 3시간 후 다시 뒤집어 준다. 이렇게 3시간 간격으로 2회 이상 더 뒤집어 준다. 이렇게 자체 가압 성형을 하는 과정을 거치면 치즈의 pH가 4.9～4.85가 된다.

※ Tip : 만약 이렇게 하는 것이 번잡하면 오후에 한시 경부터 치즈 전(前) 단계(살균, 냉각, 스타터 발효, 렌넷팅)를 작업하여 응고시킨 뒤 네 시쯤에 절단하고 성형에 들어가 저녁 먹고 한번 뒤집어 주고, 중간에 뒤집어 준 뒤 잠들기 전에 한 번 더 뒤집어 주고, 아침 일찍 한 번 뒤집은 다음 반나절을 보낸 후 다음 단계로 넘어가기도 한다.

⑨ 가염 및 곰팡이 접종 : 두께 2～3 cm 되게 절단 후 20% 소금물에 침지한다. 간편한 가염과 곰팡이균 접종 방식을 소개하면 다음과 같다.

㉠ 원유 100 kg에 맨 처음에 만들었던 곰팡이 현탁액 1리터를 스타터 접종 시 직접 접종한다.

㉡ 카망베르 치즈 전용 소금물 100 kg에 곰팡이 현탁액 500 mL를 접종하고 나머지 500 mL는 가염이 끝나고 건조된 치즈 표면에 고루 분무해 준다.

㉢ 가염이 끝나고 건조된 치즈 표면에 그냥 분무해 준다. 이런 경우는 치즈 가염 후 30시간 이상 건조된 것이어야 한다. 분무 방식도 4일에 걸쳐서 하루는 한쪽 면만 분무하고, 다음 날 반대편 면을 분무하는 식으로 4회 분무한다.

위의 방식 중 소규모 목장 유가공장에서는 ㉡번 방식을 채용하는 것이 좋다.

그러나 카망베르 치즈 전문의 큰 공장(단일품목 치즈 생산)에서는 ㉠번 방식을 사용하고 있다.

※ Tip : 치즈의 가염, 건조, 곰팡이 접종 방식 포인트!!!

16~20℃의 조건에서 소금물(18~20%)에 20~40분(치즈가 125 g이면 20분, 250 g이면 40분간) 가염한다. 한국 천일염은 짜기 때문에 소금을 미리 사다가 1년 정도 창고에 두어 간수가 빠져 나간 뒤의 소금을 사용한다. 소금물에서 건져 낸 치즈는 12℃의 조건에서 하룻밤 건조한다. 표면이 건조된 것이 확인되면 스테인리스 선반 위에 올려 두고 매일 아침과 저녁에 표면에 곰팡이 현탁액을 분무해 준다. 이렇게 하면 이틀만 해도 된다. 그리고 선반 위 치즈는 얇은 기름종이로 덮어서 가만히 놔둔다. 그러고 나서 곰팡이 접종으로부터 6일~10일 사이에 표면이 완전히 덮여 있어야 한다. 곰팡이 분무가 된 치즈는 겨울에 6~18℃, 여름 14~16℃, 습도 85~95%의 방에 둔다. 숙성중인 치즈는 매일 일률적으로 모두 뒤집어 주고, 6일이 경과한 뒤로는 2~3일마다 뒤집어 준다.

⑩ 포장과 숙성 : 치즈 표면이 곰팡이로 완전히 덮인 것이 확인되면 상품으로 포장을 하고 나서 포장이 된 채로 10~16℃의 조건에서 진행하는 단계가 본격적인 숙성과정이다. 더러는 치즈 표면에 곰팡이가 완전히 덮였다고 숙성이 다 된 줄로 알고 판매하거나 이용하는데 그것은 잘못 알고 하는 일이다. 사실은 곰팡이 배양실에서 치즈 표면에 곰팡이가 덮인 것을 확인하고 나서 상품 포장을 하고 6~10℃ 조건에서 2~3주간을 숙성해야 제대로 숙성된 카망베르 치즈 본래의 맛이 얻어지기 때문이다.

즉, 곰팡이가 표면을 덮은 때는 겨우 표면이 만들어 진 상태인데, 이때 치즈를 잘라서 내면을 보면 두부처럼 하얀색이 전부일 것이다. 그러나 숙성실에서 2~3주간 숙성한 후에 치즈를 잘라 보면 전체 내면이 아이보리 색의 연노란 색으로 변해 있을 것이다 그래서 숙성과정을 거치라는 것이다. 숙성조건은 온도를 높여 주면(10~16℃) 빨리 진행될 것이고, 낮추면(6~10℃) 느리게 이루어 질 것이다. 그래서 이런 기간과 여러 조건을 고려해서 숙성조건을 잡는 것이 좋다. 다만 소규모 생산으로 짧은 기간 내 유통이나 가정에서 생산 소비할 경우는 위의 숙성방식을 준수해야 한다.

※ Tip : 큰 공장이 카망베르를 대량 생산하여 유통시킬 경우(이때는 Cold Chain 방식이 되어 운송조건이 6~10℃인 경우), 치즈매장에서의 진열판매도 그와 비슷한 온도 하에 보관되면서 유통기한이 2~3주간이 될 것이기 때문에 흰 곰팡

이가 표면에 덮인 것을 확인하고 포장 후 그대로 유통시켜 소비자의 식탁 위에 올랐을 때쯤이면 치즈 내부는 이미 숙성이 잘 이루어져 있을 것이다.

※ Tip : 털곰팡이(Mucor 속) 오염현상 : 카망베르 치즈 제조 시 가장 문제가 되는 것 중의 하나가 Mucor속 곰팡이가 카망베르 곰팡이 배양 시 치즈에 오염되어 흑색 반점을 만들어 치즈의 상품성을 떨어트린다는 점이다. 이 곰팡이는 치즈에 수분이 높거나 숙성실 천정의 응축수가 치즈 표면에 낙하하여 접촉되면 쉽게 오염이 된다. 그래서 치즈의 표면을 종이나 가늘은 천으로 덮어 줄 필요가 있다. 특히 여름철에 파리나 곤충이 숙성실 안에 들어오지 못하도록 철저히 조심해야 한다. 이는 치즈에 심각한 위생문제를 일으킬 수 있기 때문이다.

(*정과 배. 2009의 방식을 조정함)

참고문헌

1. Bush Kristensen J. M. 1999. Cheese Technology. Int'l Dairy Book. p.49. Denmark, Copenhagen.
2. CDR, 2010. CDR world cheese exchange. http://www.cdr.wisc.edu.
3. Emmons, D. B and Tuckey, S. L., 1967. Pfizer cheese Monographs-7, Cottage Cheese and other cultured products. Pfizer & Co. NewYork, N.Y.
4. Fox, P. F., P. L. H. McSweeney, T. M. Cogan and T. P. Guinee 2004(3rd ed.). Cheese - Chemistry, Physics and Microbiology. Elsevier. London. p.6.
5. Fox, P. F., T. P. Guinee T. M. Cogan and P. L.H. McSweeney, 2000(3rd ed.). Fundamentals of Cheese Science. An Aspen Publication. Maryland. p.5.
6. Herbst, S. T. and R. Herbst. 2007. The Cheese Lover's Companion. William Morrow. London.
7. http:www.camembert-france.com/histca.html.
8. Kosikowski, F. V and V. V. Mistry, 1997. Cheese and Fermented Milk Foods 3rd Ed. F. V. Kosikowski L. L. C, Virginia.
9. McCalman, M.. & Gibbons, D. 2009. Mastering Cheese. Clarkson Potter/ Publishers. N.Y.
10. Micheelson, P. 2010. CHEESE- Exploring Taste and Tradition. Gibbs Smith, Utah.
11. NPO法人チーズプロフェッショナル協會 2008. C.P.A.チーズプロフェッショナル 教本 2008 p.6.

12. Tetra Pak, 1995. Dairy processing handbook. Tetra Pak Processing Systems AB.
13. University of Guelph, 2007. Manual of Cheesemaking Technology Course.
14. Walstra, P., T. J. Guerts, A. Noomen, A. Jellema, M. A. J. S. van Boekel. 1999. Dairy Technology. Marcel Dekker, Inc. N.Y.
15. クレインプロデュ-ス. 1989. チ-ズ工房（株） 平凡社, 東京.
16. 磯川 まどか 2005. チ-ズ好きに贈るレシピ 文化出版局. 東京
17. 국립수의과학검역원, 2009. 축산물의 가공기준 및 성분 규격. 3 http://www.nvrgs.go.kr
18. 배인휴 등, 2001. 축산식품 즉석 가공학. 선진문화사.
19. 배인휴, 안종건(공역). 2007. 치즈과학과 제조기술(A. R. Hill저). 유한문화사
20. 이부웅 등. 2002. 유식품가공학. 선진문화사
21. 이재성. 이은정 역(Ridgway, J. & S. Hill저). 2008. 세계의 명품치즈.(The Cheese Companion) 도서출판 세경.
22. 정용삼(Sam. Y-Chung). 배인휴. 2009. 재독 치즈 마이스터 초청 치즈제조 워크숍 교재, 순천대학교소규모유가공연구센터.
23. 財團法人藏王酪農センタ 2000 國産ナチユラルチ一ズ 製造技術 マニユアル 作成 事業教材 第10集）

제 9 장

아이스크림

1. 서 론

아이스크림(ice cream)은 냉동유제품의 하나로서 그 기원은 정확하지는 않지만 아마도 중국에서 시작된 것으로 보인다. 고대 중국인들이 사용하던 눈(snow)과 과일주스를 혼합한 빙과제조법을 13세기 마르코폴로가 동방여행에서 이태리로 돌아와서 그 제조법을 전수하였으며, 17세기에 유럽 여러 나라로 전파되어 꽃을 피우게 되었다. 우리나라에서는 1960년대까지 빙과류가 주로 제조 판매되었으나 1970년대에 낙농산업의 발전과 더불어 아이스크림 산업도 함께 발전하게 되었다.

국내 아이스크림 시장은 1980년대에 들어오면서 식생활의 변화와 생활 패턴의 변화로 급격한 신장을 거듭하게 되며 외국 업체의 국내 진출도 함께 활발히 이루어지게 된다. IMF 사태 이후 외국 브랜드는 물론 국내 아이스크림 제조사도 침체기를 맞게 된다. 그러나 2000년대에 들어서면서 각 제조사 마다 고품질 아이스크림 제품을 출시하게 되며, 다시 외국 업체의 국내 진출과 함께 소득증가와 맛을 중시하는 새로운 소비층의 확대와 계절적 특성이 강한 아이스크림 시장이 비수기에도 소비가 이루어지는 등 시장 환경이 변하게 된다. 따라서 시장에서의 고급 아이스크림에 대한 요구는 계속 커지고 있으므로 앞으로 각 제조사는 소비자의 요구에 부응하는 고품질 아이스크림과 다양한 제품의 개발이 필요한 시점이라고 할 수 있다.

1.1 아이스크림류의 가공기준

1) 정 의

유지방 8% 이상의 우유는 천연에서는 거의 존재하지 않는다. 따라서 유지방 8% 이상은 우유로부터 분리한 크림이라고 할 수 있다. 이러한 점에서 아이스크림의 정의는 유지방 8% 이상의 냉동과자를 의미하는 것이 거의 세계적 공통 개념이라고 하겠다. 다만 아이스크림의 유지방 함량에 대한 규정은 각 나라마다 조금씩 다른 성분규격을 나타내고 있다.

나라마다 다소 규격의 차이가 있으나 일반적으로 아이스크림이란 우유와 유제품에 설탕, 계란, 색소, 향료, 안정제 등을 첨가하여 적당량의 유지방, 무지고형분, 감미료 등을 혼합한 믹스를 휘핑(whipping)하면서 냉동시킨 냉동과자로서 유지방 8% 이상의 제품이라고 정의할 수 있다.

우리나라에서는 축산물의 가공기준 및 성분규격에서 아이스크림류라 함은 원유·유가공품을 원료로 하여 이에 다른 식품 또는 식품첨가물 등을 가한 후 냉동·경화한 것을 말하며, 유산균 함유제품은 유산균(유산간균·유산구균·비피더스균을 포함) 또는 발효유를 함유한 제품으로 표시한 아이스크림류를 말한다. 아이스크림의 유형은 아이스크림·아이스밀크·샤베트·저지방 아이스크림·비유지방 아이스크림으로 나누고 있으며, 가공기준 및 그 성분규격은 3)항과 같다.

2) 아이스크림류의 유형

(1) 아이스크림

유지방분(우유로부터 얻은 지방분) 6% 이상, 유고형분(유지방분과 무지유고형분을 합한 것) 16% 이상 함유하고 있는 제품

(2) 아이스밀크

유지방분 2% 이상, 유고형분 7% 이상의 제품

(3) 샤베트

과즙을 주원료로 하며 설탕, 유고형분, 안정제 등을 첨가하여 냉동시킨 제품으로 무지유고형분 2% 이상의 제품

(4) 저지방 아이스크림

조지방 2% 이하, 무지유고형분 10% 이상의 제품

(5) 비유지방 아이스크림

조지방 5% 이상, 무지유고형분 5% 이상의 제품

3) 아이스크림류의 성분규격

구 분	아이스크림, 저지방 아이스크림	아이스밀크, 샤베트, 비유지방 아이스크림
성 상	고유의 향미를 가지고 이미 · 이취가 없어야 함	고유의 향미를 가지고 이미 · 이취가 없어야 함
유지방	6.0% 이상(단, 저지방 아이스크림믹스의 경우 조지방 2.0 이하)	2.0% 이상(아이스밀크 믹스에 한 함)
세균수	검사시료 1 mL당 100,000 이하(단, 멸균제품은 음성이어야 하며, 유산균 함유제품, 발효유 함유제품의 경우 유산균수는 제외)	검사시료 1 mL당 50,000 이하(단, 멸균제품은 음성이어야 하며, 유산균 함유제품, 발효유 함유제품의 경우 유산균수는 제외)
대장균군	1 mL당 10 이하(단, 멸균제품은 음성)	1 mL당 10 이하(단, 멸균제품은 음성)
유산균수	1 mL당 10,000,000 이상(단, 유산균 함유제품에 한함)	1 mL당 10,000,000 이상(단, 유산균 함유제품에 한함)

(국립수의과학연구원, 축산물가공기준 및 성분규격, 2003)

2. 아이스크림의 제조원료

아이스크림의 제조에는 대단히 많은 원료들이 사용되고 있으며, 원료는 유제품과 비유제품으로 나눌 수 있다. 유제품으로서는 우유, 생크림, 버터, 탈지분유, 탈지 농축유, 유청분말, 연유, 카세인 나트륨 등 거의 모든 유제품이 사용된다. 유제품 원료들은 아이스크림의 지방분과 무지고형분을 공급해 주며, 유제품 이외의 원료는 감미료로서 설탕, 포도당, 물엿, 아스파탐, 이성화당 등이 사용되며 안정제로서는 젤라틴, 구아검을 비롯한 검류등과 카라기난 등이 사용된다. 또한 유화제와 난황액이나 난백분 등의 난제품과 색소 .향료. 각종 과일 등과 올리고당, 식이섬유, 당알콜 등의 기능성 원료들도 사용된다.

아이스크림의 품질을 결정하는 요소에는 많은 인자가 영향을 미치지만 무엇보다도 신선한 유지방분을 비롯한 좋은 원료의 사용이 중요하다. 아이스크림의 특성을 결정하는 결정적인 요소는 기본적인 믹스의 조성 즉 지방, 무지유고형분, 감미료, 안정제, 유화제, 항료, 착색료 등의 배합비율과 냉동방법 및 오버런 등에 의해서 결정된다.

그 외 아이스크림을 어떻게 디자인 하고 다른 재료인 초콜릿 등의 제과 원료 및 다양한 재료들을 어떻게 조화 시키는가에 따라 별도의 부가가치를 부여하는 방법에 의하여 결정된다.

2.1 지 방

아이스크림에 있어 지방은 조직을 부드럽게 하고 향취를 진하게 하는 성분으로, 특히 중요한 역할을 한다. 유지방의 주공급원은 크림이며, 무염버터·버터오일·전유·농축유 등도 유지방의 원료로서 이용된다. 지방은 산화, 가수분해에 의해서 변질되기 쉽기 때문에 원료로서의 지방 선택은 물론 제조과정에 있어서도 세심한 주의가 필요하다. 유지방은 독특한 우유 풍미를 부여해 주며 바닐라, 딸기 등의 향료와 혼합되면 온화하면서도 고급스런 풍미를 부여해준다. 또한 유지방은 아이스크림의 부드러운 조직감을 준다거나, 풍성한 형체를 부여해 주는 것과 같이 주로 조직감에 좋은 영향을 미치지만 한편 과도하게 첨가할 경우에는 경제적으로도 가격이 비싸고 맛이 너무 질어져 청량감이 없어지는 단점이 있다. 또한 조직감에서 점도를 높여 기포성이 감소하며, 오버런이 적어지게 되는 등 바람직하지 않은 결점을 나타내게 된다.

신선한 생크림은 아이스크림에 있어 뛰어난 풍미를 부여해주는 다른 어떤 성분과도 비교가 되지 않는 유지방원이다. 다만 중화한 크림의 사용은 풍미나 기포성이 나쁘기 때문에 좋지 않다. 그러나 생크림은 가격이 비싸며 보존성이 나쁘고 계절에 따라 공급이 원활하지 않는 등 결점이 있다. 버터는 발효시키지 않은 생크림으로 만든 무염버터가 좋으며, 구입이 쉽고 보존성이 좋은 장점이 있지만 고지방 아이스크림에 다량으로 사용하면 버터취가 발생할 수 있다.

식물성 유지는 가격이 싼 유지방의 대체물로서 비유지방 아이스크림 제조에 주로 많이 사용된다.

2.2 무지고형분

무지고형분(milk solid non fat)은 유당·단백질·무기질로 주로 구성되며, 무지고형분의 원료로서는 탈지유·탈지분유·가당연유·농축유·유청분말 등이 사용된다. 무지고형분의 가장 좋은 원료는 탈지분유이다. 탈지분유는 보존성이 좋고 가격이 비교적 저렴하며 취급이 쉽고, 연중 구입이 가능하다는 장점이 있으나 다량으로 사용하게 되면 분유취가 나게 된다. 가능한 5% 이상은 사용하지 않는 것이 좋다. 무지고형분 중 단백질은 아이스크림의 기포를 균일하게 분포시키며, 유당은 빙점을 강하시키는 데 효과적이다. 무지고형분은 높은 영양가를 가지고 있을 뿐만 아니라 수분과 결합하여 조직을 부드럽게 해 주는 매우 중요한 성분이다.

무지유고형분으로서 첨가되는 것은 주로 탈지연유 및 탈지분유인데 탈지연유의 변성 단백질로 인한 점도가 아이스크림의 조직감과 형체를 개선해주고 또한 고급아이스크림에 어울리는 미세한 빙결정의 형성을 도와준다. 그러나 과도하게 사용하면 유당의 큰 결정이 형성되어 모래알(sandy)과 같은 조직이 형성된다.

과도한 유고형분의 사용은 높은 칼로리를 제공하게 되며 연유취, 가열취를 내게 되어 좋지 않은 결과를 초래하기 때문에 아이스크림 믹스의 비율을 계산할 때 다른 성분과의 균형을 고려하는 것이 좋다.

가장 저렴한 고형분의 원료는 설탕이다. 설탕은 점도에 의해 조직감을 개선시켜 줄 뿐만 아니라 감미료로서 향료와 어울려 풍미를 좋게 해준다. 하지만 과도하게 첨가하면 빙점강하가 심하게 일어나 조직이 무르고 점도가 감소할 뿐만 아니라 단맛이 강하여 청량감이 없어지게 된다.

2.3 감미료

감미료(sweeteners)는 고형분 함량을 조절하고 단맛을 주는 이외에도 빙점을 강하시키며 거품이 이는 것을 억제하고, 잘 녹고 부드러운 조직을 만들어 준다. 아이스크림의 맛 가운데 하나는 단맛이라고 할 수 있다. 아이스크림의 단맛의 질과 강도를 어떻게 결정할 것인가는 제품의 풍미를 좌우하는 중요한 문제이다.

아이스크림 믹스는 일반적으로 10～18%의 설탕을 함유하고 있다. 아이스크림 제조에 사용하는 감미료는 주로 설탕이 사용되지만, 설탕 이외에도 포도당·과당(fructose)·옥수수물엿·전화당(invert sugar： glucose와 fructose의 혼합물)·합성감미료, 아스파탐, 당알콜, 올리고당, 벌꿀 등이 사용된다.

2.4 유화제

유화제(emulsifiers)는 물과 지방과 같이 혼합되지 않는 물질들을 유화액으로 만들어 주는 물질로서 지방과 단백질의 혼합을 향상시켜 주며 단단한 아이스크림 조직을 부여해 주고, 조직을 부드럽게 해 준다. 아이스크림 제조에 사용되는 유화제는 glycerin esters, sorbitol esters, sugar esters와 다른 성분의 esters가 있다. 유화제는 보통 아이스크림 믹스의 0.3～0.5%를 첨가한다.

2.5 안정제

안정제(stabilizers)는 수분과 함께 젤을 형성하여 많은 양의 물과 결합함으로써 아이스크림의 저장 중 빙결정의 형성을 억제 또는 감소시켜 조직을 부드럽게 하고 녹는 것을 억제하며, 오버런을 적당하게 하여 거품의 유지 능력을 향상시키기는 기능이 있다. 아이스크림은 생산 공장에서 소비자에게 도달할 때까지 다양한 정도의 온도변화를 받게 되는 heat shock가 일어나게 된다. 부드러운 아이스크림도 이러한 온도변화를 장기간 걸쳐 받게 되면 얼음결정이 서서히 커지면서 조직감이 떨어져 얼음 같은 느낌이 나게 된다. 안정제 본래의 기능은 온도변동에 의하여 발생하는 얼음결정의 성장을 방지함으로서 아이스크림 조직을 안정하게 유지하는 데 있다.

아이스크림 제조에 사용되는 유고형분 자체는 이미 안정제의 역할을 하지만 미량의 안정제를 사용함으로써 얼음결정의 형성을 미세하게 하는 작용이 있다. 과잉으로 안정제를 첨가하게 되면 보형성이 너무 강하여 입안에서 끈적거림을 느끼게 되고, 용해가 잘 되지 않는 조직이 만들어지기도 한다.

안정제는 단백질과 탄수화물 두 가지 그룹이 있는데, 단백질 그룹으로는 gelatin, 카제인, 알부민, 글로부린이 있다. 탄수화물 그룹에는 헤미셀룰로오스, sodium alginate, carrageenan, pectin, sodium carboxymethylcellulose(CMC) 등이 있다. 안정제는 보통 0.2～0.4% 사용한다.

2.6 향

아이스크림에 첨가되는 향(flavor)은 소비자의 기호를 높이는 데 매우 중요한 역할을 한다. 일반적으로 많이 사용되는 향료 첨가제는 바닐라(vanilla)·초콜릿(chocolate)·누가(nougat)·딸기(strawberry)·견과(nut)·과일 등의 천연 향료와 인공향료가 있다. 바닐라 향은 가장 많이 이용되는 향으로서 vanilla fragrans라는 식물의 열매에서 추출한 것이다. 바닐라 다음으로 많이 이용되는 향 물질로서는 초콜릿과 카카오이며, theobroma cacao라는 나무의 열매 속에 있는 카카오콩(cacao bean)을 가공하여 제조한다. 천연 향료는 품질에서는 뛰어나나 가격이 비싸고, 인공 향료는 가격이 저렴하나 품질에서 떨어진다.

2.7 색 소

색소(colours)는 아이스크림의 외관을 좋게 하고, 첨가한 향 물질의 색을 증진시키기 위하여 사용된다.

3. 아이스크림 믹스 제조

3.1 믹스의 계산

좋은 아이스크림을 제조하기 위해서는 유제품과 다른 원료들을 잘 선택하고 적당한 비율로 배합을 하여야 하며, 여러 가지 고려해야 할 사항을 검토하여 제조한다. 제조하려고 하는 아이스크림의 종류가 결정되고, 사용하는 원료가 결정되었다면 이러한 사항을 기초로 하여 배합표를 작성해야 한다. 같은 제품을 만든다고 해도 언제나 같은 원료를 항상 같은 양만 사용할 수 있는 것은 아니다. 그때그때의 원료사정에 따라 배합표를 바꾸어가지 않으면 안 된다.

예를 들어 유지방 재료로서 생크림을 사용하고 있을 경우 계절에 따라 또는 여러 가지 원료사정에 따라 버터를 사용하는 경우도 있다. 따라서 가능한 한 제품의 품질에 변화가 없이 원료의 변화에 대응하기 위하여 배합표를 작성해 두어야 한다. 또한 신제품의 개발도 현재의 배합표를 기초로 하여 응용해 가야 한다. 배합표를 작성하는데 있어 각 원료의 성분 함량에 대한 정보를 알고 있어야 한다. 또한 한 가지 원료는 지방·무지고형분 등 모든 성분을 함유하고 있기 때문에 다양한 원료를 확보하여야 기본 배합을 충족시킬 수 있게 된다.

믹스 제조에 사용될 여러 가지 원료를 이용하여 아이스크림 믹스의 간단한 배합비 계산 예를 알아보자.

표 9-1에 있는 믹스 제조에 사용할 원료의 성분 함량표를 이용하여 표의 A에 기재된 원료를 사용하여 B에 기재된 성분의 아이스크림 믹스 100 kg을 만드는 경우의 간단한 믹스 배합비 계산방법을 알아보자.

표 9-1. 아이스크림 믹스제조에 사용되는 원료의 성분 함량

원 료	지 방	무지고형분	감미도	총 고형분
탈지유		8.5		8.5
원 유	3.3	8.2		11.5
생크림	40.0	5.1		45.1
버 터	82.0	1.0		83.0
전지연유	8.0	21.5	43.0	72.5
탈지연유		30.0	42.0	72.0
탈지분유		97.0		97.0
설 탕			100.0	100.0
유화안정제				100.0

A. 원 료	B. 아이스크림 믹스의 성분	
버 터(필요한 유지방성분의 1/2 공급)	유지방	12.0%
생크림(필요한 유지방성분의 1/2 공급)	무지고형분	10%
탈지연유	설 탕	15%
탈지분유(필요한 무지고형분의 1/2 공급)	유화안정제	0.5%
유화안정제	총 고형분	37.5%
설 탕		

1) 버터의 배합량 계산

$$12.00 \times \frac{1}{2} \times \frac{1}{0.82} = 7.32$$

2) 생크림 배합량 계산

$$12.00 \times \frac{1}{2} \times \frac{1}{0.40} = 15.00$$

3) 탈지분유 배합량 계산

$$10.00 \times \frac{1}{2} \times \frac{1}{0.97} = 5.15$$

4) 탈지연유의 배합량 계산

① 버터 중의 무지고형분 함량 $7.32 \times 0.01 = 0.07$

② 생크림 중의 무지고형분 함량 $15.0 \times 0.051 = 0.77$

③ 탈지분유 중의 무지고형분 함량 $5.15 \times 0.97 = 5.00$

④ 탈지연유로부터 공급해야 할 무지고형분 함량

$10.00 - (0.07 + 0.77 + 5.00) = 4.16$

⑤ 탈지연유의 배합량 $4.16 \times = \frac{1}{0.30} = 13.87$

5) 설탕 배합량 계산

① 탈지연유 중의 설탕량 $13.87 \times 0.42 = 5.83$

② 설탕의 배합량 $(15.00 - 5.83) \times \frac{1}{1.00} = 9.17$

6) 유화안정제의 배합량 계산

$$0.50 \times \frac{1}{1.00} = 0.50$$

7) 첨가할 물의 양 계산

$100.00 - (7.32 + 15.00 + 5.15 + 13.87 + 9.17 + 0.5) = 48.99$

8) 배합표의 작성

위에서 계산한 각 원료의 배합량을 사용하여 배합표를 최종적으로 정리하여 보면 표 9-2와 같다. 또 다른 믹스의 계산 예는 표 9-3에 있는 믹스 제조에 사용할 원료의

표 9-2. 완성된 아이스크림 믹스의 배합비

원료명	배합비	유지방	무지고형분	설 탕	총 고형분
버 터	7.32	6.00	0.07		6.07
생크림	15.00	6.00	0.77		6.77
탈지연유	13.87		4.16	5.83	9.99
탈지분유	5.15		5.00		5.00
설 탕	9.17			9.17	9.17
유화안정제	0.50				0.50
가수 량	48.99				0.00
합 계	100.00	12.00	10.00	15.00	37.50

표 9-3. 아이스크림 믹스제조에 사용되는 원료의 성분 함량

원 료	지 방	무지고형분	감미도	총 고형분
탈지유		8.5		8.5
원 유	3.3	8.2		11.5
생크림	40.0	5.1		45.1
버 터	82.0	1.0		83.0
전지연유	8.0	21.5	43.0	72.5
탈지연유		30.0	42.0	72.0
탈지분유		97.0		97.0
설 탕			100.0	100.0
분말물엿			19.0	95.0
유화안정제				100.0

A. 원 료	B. 아이스크림 믹스의 성분
버 터 생크림(필요한 유지방성분의 1/2 공급) 전지연유 탈지분유(필요한 무지고형분의 1/2 공급) 유화안정제 설 탕 분말 물엿	유지방 10.0 % 무지고형분 10.0 % 설 탕 15.0 % 유화안정제 0.5 % 총 고형분 38.0 %

성분 함량표를 이용하여 표의 A에 기재된 설탕과 분말물엿과 전지 연유 등을 사용하여 B에 기재된 성분의 아이스크림 믹스 100 kg을 만드는 경우의 믹스 배합비 계산방법을 알아보자.

(1) 생크림 배합량 계산

$$10.00 \times \frac{1}{2} \times \frac{1}{0.40} = 12.50$$

(2) 탈지분유 배합량 계산

$$10.00 \times \frac{1}{2} \times \frac{1}{0.97} = 5.15$$

(3) 버터와 전지연유의 배합량 계산

버터와 전지연유로부터 공급할 유지방 함량

$$10.00 \times \frac{1}{2} = 5.00$$

생크림 중의 무지고형분 함량 $12.5 \times 0.051 = 0.64$

버터와 전지연유로부터 공급할 무지유고형분 함량

$$10.00 \times \frac{1}{2} - 0.64 = 4.36$$

버터의 배합량을 X, 전지연유의 배합량을 y로 하면

유지방량 $0.82X + 0.08y = 5.00$ ------------(1)

무지유고형분 $0.01X + 0.215y = 4.36$ ------------(2)

(1)과 (2)의 연립방정식으로 계산하면

(1) $\times \frac{1}{0.82}$ $\frac{0.82}{0.82}X + \frac{0.08}{0.82}y = \frac{5.00}{0.82}$

$X + 0.098y = 6.098$ -----------(3)

(2)×100 $X + 21.5y = 436$ ------------(4)

(4)−(3) $21.402y = 429.902$

$$y = \frac{429.902}{21.402} = 20.09 \text{ ------전지연유}$$

(1)에 y를 대입하면 $0.82\times \ \ +0.080\times 20.09 = 5.00$

$$x = \frac{5.00 - 0.08\times 20.09}{0.82} = 4.14$$

(4) 설탕과 분말 물엿 배합량의 계산

탈지연유 중의 설탕 양 $20.09\times 0.43 = 8.64$

설탕과 분말연유로부터 공급받을 전고형분 양

$$38.00-(10.00+10.00+8.64+0.50) = 8.86$$

설탕과 분말연유로부터 공급받을 설탕 양 $15.00 - 8.64 = 6.36$

설탕의 배합량을 X, 분말 물엿의 배합량을 y로 하면

전고형분 양 $X + 0.95y = 8.86$ --------(1)

설 탕 $X + 0.19y = 6.36$ --------(2)

(1)-(2) $0.76y = 2.50$

$$y = \frac{2.50}{0.76} = 3.29$$

(2)에 y를 대입하면 $X + 0.19\times 3.29 = 6.36$

$$X = 6.36-0.63$$

$$X = 5.73$$

(5) 유화안정제의 배합량 계산

$$0.50\times \frac{1}{1.00} = 0.50$$

(6) 첨가할 수분 양

$$100.00(12.50+5.15+20.09+4.14+3.29+5.73+0.50) = 48.60$$

(7) 배합표의 작성 : 지금까지 계산한 각 원료의 배합량과 성분을 배합표로 작성하면 표 9-4와 같다.

표 9-4. 완성된 아이스크림 믹스의 배합비

원료명	배합비	유지방	무지고형분	설 탕	총고형분
버 터	4.14	3.39	0.04		3.43
생크림	12.50	5.00	0.64		5.64
전지연유	20.09	1.61	4.32	8.64	14.57
탈지분유	5.15		5.00		5.00
설 탕	5.73			5.73	5.73
분말 물엿	3.29			0.63	3.13
유화안정제	0.50				0.50
가수 량	48.60				0.00
합 계	100.00	10.00	10.00	15.00	38.00

표 9-5. 대표적인 아이스크림 믹스들의 성분조성

구 분	지방%	무지고형분%	설탕%	E/S%	수분%	오버런%vol
디저트아이스크림	15	10	15	0.3	59.7	110
아이스크림	10	11	14	0.4	64.6	100
밀크아이스	4	12	13	0.6	70.4	85
셔벳트	2	4	22	0.4	71.6	50
빙 과	0	0	22	0.2	77.8	0

(Dairy processing handbook, 1995)

4. 아이스크림의 제조

4.1 믹스의 혼합

아이스크림 믹스의 계산이 완료되면 원료를 배합한다. 먼저 고형분이 적은 우유나 물 등 액체 원료부터 배합조에 넣고 진탕하면서 가열한다. 다음으로 연유 등의 농축물을 넣으며, 마지막으로 분유·설탕·안정제·유화제 등을 교반하면서 첨가한다. 안정제는 덩어리가 형성되기 쉬우므로 주의가 필요하며, 안정제를 용해할 때는 각 안정제의 용해온도를 숙지하여 그 온도 이상의 온도에서 용해할 필요가 있다. 유화제는 직접 믹스에 첨가할 경우 때로는 어떤 온도에서 겔화가 일어나는 경우가 있으므로 첨가시 온도와 교반에 충분히 주의를 기울려야 한다. 모든 원료를 배합조에 혼합하여 첨가가 끝난 후 충분히 교반하면서 균질온도까지 가온하여 각 원료를 완전히 분산 용해시킨다.

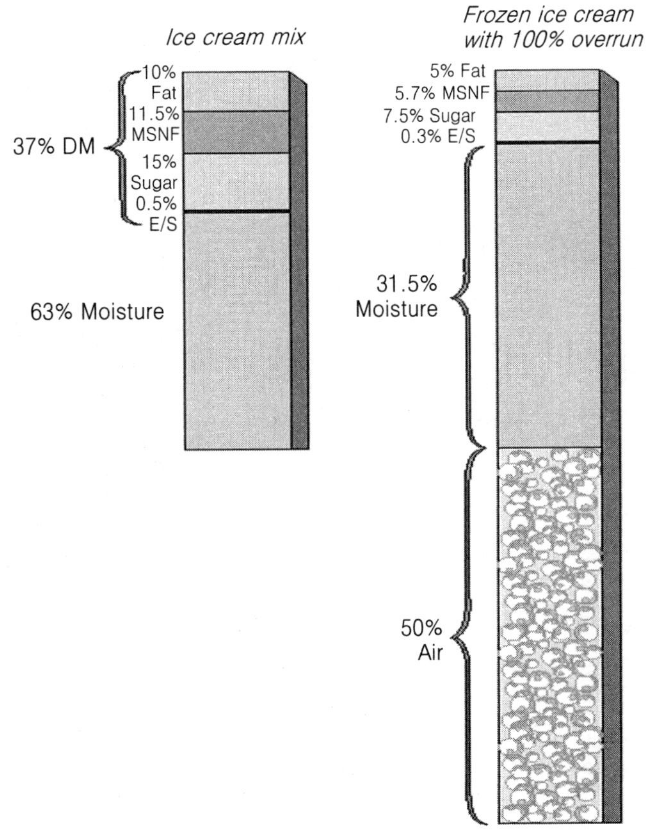

그림 9-1. 아이스크림 믹스로부터 만들어진 아이스크림의 조성

4.2 믹스의 살균과 균질

믹스의 살균은 지방 및 당질이 믹스 중의 미생물의 사멸에 대한 보호작용을 하기 때문에 우유의 처리에 적용되는 조건보다 좀더 강한 조건이 필요하다. 적어도 68℃ 이상의 온도로 30분간 열처리하는 것이 좋다. HTST 살균은 80℃ 이상의 온도로 25초간 열처리를 하며, UHT 처리는 105~130℃에서 1~2초간 열처리한다. 열처리는 고온일수록 살균효과가 높고 향취와 조직이 더 좋아지며, 산화에 저항성이 높고, 시간이 절약되어 처리능력이 높아진다.

믹스의 균질은 버터오일 및 식물성 유지를 원료로 사용했을 경우에도 지방을 완전히 유화 시킬 수 있으며, 숙성 시 지방구의 부상 및 지방분리 방지와 기포성을 좋게 해 주는 한편 숙성기간의 단축과 안정제 사용량을 감소시키는 효과가 있다. 또한 부드러운 조직의 아이스크림을 제조할 수 있다. 믹스의 균질온도가 낮으면 믹스의 점도

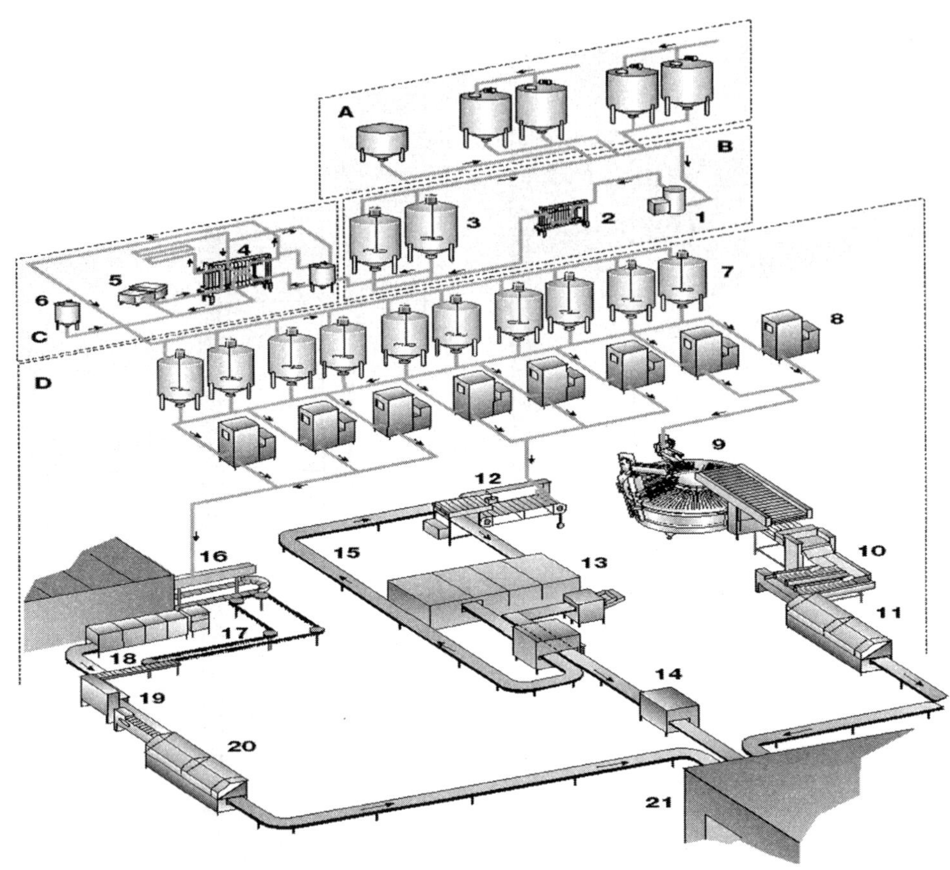

그림 9-2. 다양한 형태의 아이스크림 생산공정(시간당 5,000~10,000 liter)

A. Raw material storage

B. Dissolving of ingredients and mixing

1. Mixing unit
2. Plate heat exchanger
3. Mixing tanks
   (at least two for continuous processing)

C. Pasteurisation, homogenisation and fat standardisation of the mix

4. Plate heat exchanger
5. Homogeniser
6. Tank for AMF or vegetable fat

D. Ice cream production plant

7. Ageing tanks
8. Continuous freezers
9. Bar freezer
10. Wrapping and stacking unit
11. Cartoning unit
12. Cup/cone filler
13. Hardening tunnel
14. Cartoning line
15. Return conveyor for empty trays
16. Tray tunnel extruder
17. Chocolate enrobing unit
18. Cooling tunnel
19. Wrapping unit
20. Cartoning unit
21. Cold storage

가 높아지는 경향이 있으므로 균질온도는 지방의 융점 이상의 온도가 바람직한데 일반적으로 50～75℃ 범위에서 실시한다. 균질 압력은 지방 함량과 믹스의 성분, 균질기에 따라서 차이가 있는데 일반적으로 100～210 kg/cm^2, 제2단계에서는 30～50 kg/cm^{2}의 압력으로 균질한다. 일반적으로 지방함량이 높으면 낮은 압력으로, 지방함량이 높을수록 높게 하는 것이 효과적이다.

4.3 믹스의 냉각과 숙성

살균과 균질이 완료된 믹스는 고형분의 성질이 변화되어 있으며, 모든 지방이 용해되어 있으므로 즉시 0～4℃로 냉각시켜 줌으로서 지방의 결정화가 시작된다. 냉동 전까지 숙성탱크에 보존한다. 믹스가 냉각되면 적당한 온도에서 일정기간 숙성을 시키게 된다. 숙성은 믹스의 처리가 끝난 후 보통 18～24시간 동안 시키는데, 지방 결

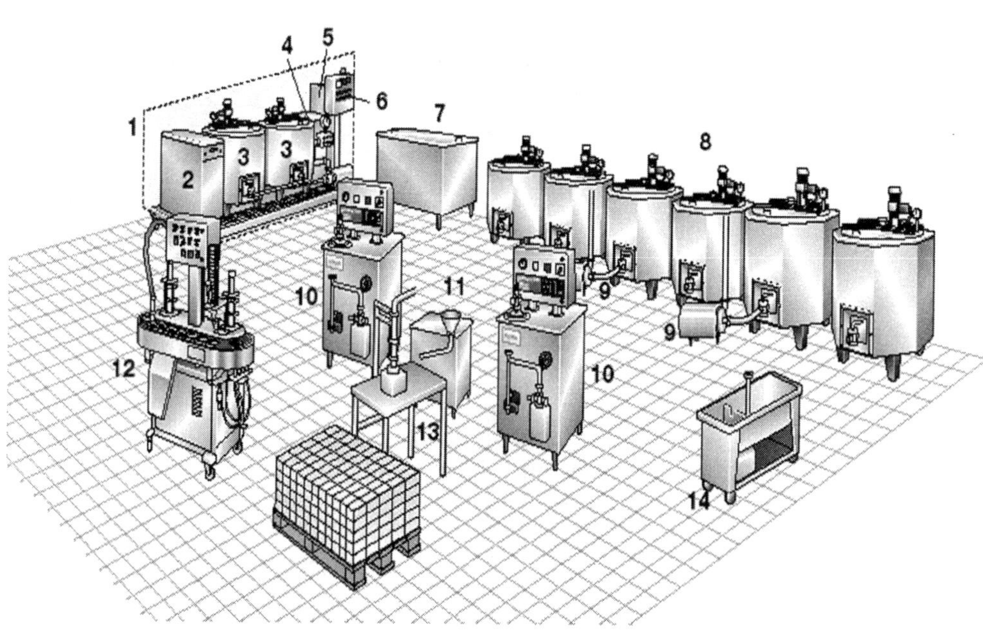

그림 9-3. 시간당 500리터 규모의 아이스크림 생산공정

1. Ice cream mix preparation module containing
2. Water heater
3. Mixing and processing tank
4. Homogeniser
5. Plate heat exchanger
6. Control panel
7. Cooling water unit
8. Ageing tanks
9. Discharge pumps
10. Continuous freezer
11. Ripple pump
12. Roto-filler
13. Can filler, manual
14. CIP unit

정화와 단백질의 수화(protein hydration)는 유화제·안정제의 작용이 최소한 4시간 이후에 일어나기 시작하므로 숙성시간은 최소한 4시간 이상 24시간까지 실시하며, 길면 길수록 부드러운 조직감과 좋은 제품을 얻을 수 있다. 숙성은 2～5℃에서 부드럽게 교반하면서 실시한다.

4.4 냉 동

아이스크림의 냉동(freezing)은 믹스를 숙성온도에서 냉동온도까지 저하시키면서 동시에 믹스에 공기를 혼입시켜서 아이스크림을 만들어 주는 과정이다. 냉동 시 순수한 물이 미세한 빙 결정을 형성하며 각각의 성분들이 미세하고 균일한 입자를 형성하게 되며, 믹스의 수분 33～67%가 냉동 중에, 나머지는 경화 중에 빙결정이 형성된다.

냉동기의 실린더 내의 기계적인 작용에 의하여 지방구는 서로 분쇄가 되며, 공기는

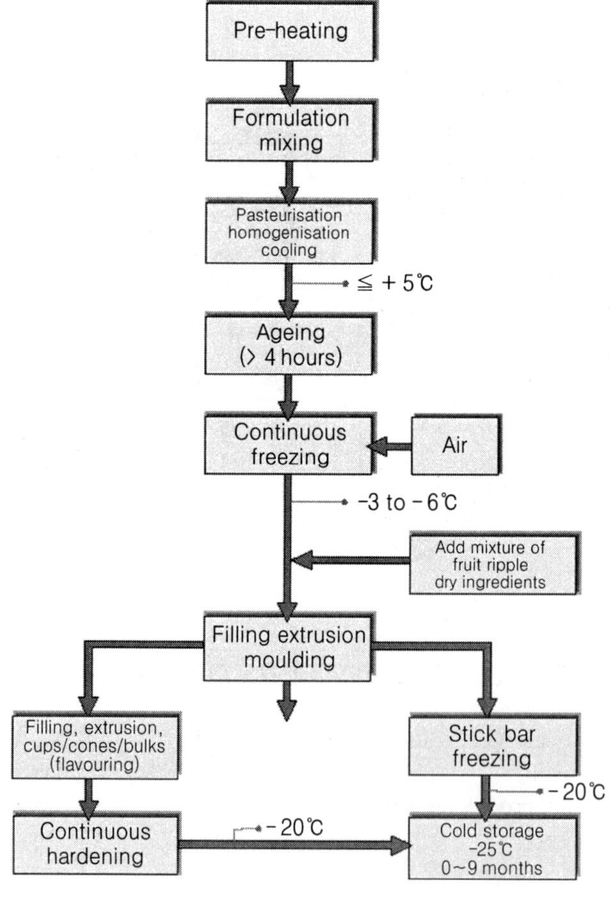

그림 9-4. 일반적인 아이스크림 제조 공정도

수분 · 지방 그리고 단백질과 접촉을 하게 되며, 특히 물은 빙결정으로 변한다. 온도가 떨어지면 떨어질수록 더욱 심하게 얼음이 형성되는데, 냉동기의 최종 온도가 -4~-5℃일 경우 수분은 약 40~45%가 동결이 된다.

믹스에 공기가 혼합되어 휘핑이 되는 동안 믹스의 부피는 증가하고 중량은 반대로 감소하게 된다. 이것을 오버런(overrun)이라 하고, 오버런의 측정은 믹스의 부피와 아이스크림의 부피를 비교하여 측정하거나 중량의 감소량을 측정해 계산할 수 있다. 부피의 증가에 따른 오버런 계산은 아래와 같다

$$\text{Overrun}(\%) = \frac{\text{믹스의 중량} - \text{같은 부피의 아이스크림의 중량}}{\text{같은 부피의 아이스크림의 중량}} \times 100$$

중량 감소에 따른 오버런의 계산은 다음과 같다.

$$\text{Overrun}(\%) = \frac{(\text{아이스크림 믹스의 무게} - \text{아이스크림의 무게})}{\text{아이스크림의 무게}} \times 100$$

오버런은 보통 80~100%가 적당하며, 그 이상 되면 과다한 공기혼입으로 조직이 좋지 않게 된다. 전형적인 아이스크림의 overrun은 총 고형분의 2.5~2.7배가 되어야 한다.

4.5 포장 및 경화

냉동기에서 나온 반고체의 아이스크림을 경화(hardening) 전에 적당한 포장용기에 포장한 다음 경화실로 옮겨 정체상태로 경화시킨다. 아이스크림은 신속히 소정온도인 -18℃ 이하, 가능한 -26℃로 냉동시킨다. 냉동방법은 -35℃의 냉동판 위에서 접촉냉동시키거나, -40℃의 염수(brine)에 침지하여 냉동 또는 -30℃~40℃로 냉각되어진 공기를 냉동실에서 강하게 공기를 송풍시키면서 경화시킨다. 경화시킨 아이스크림은 경화온도보다 약간 높은 온도에서 2~3주간 저장되며, -24℃ 내지 -28℃ 사이에서 균일하게 온도를 유지하여야 하며, 온도의 변화를 피해 주어야 한다.

5. 아이스크림의 품질

아이스크림의 품질에 영향을 미치는 요인으로는 크게 풍미와 조직을 들 수 있다. 풍미는 사용한 재료에 따라 영향을 많이 받는데, 유제품 원료에 기인하는 지방 분해취 · 금속취 · 산화취 · 가열취 · 불쾌취 등과 지나친 단맛 또는 단맛이 부족한 경우가

풍미 결점의 주요 원인이 된다. 또한 저장조건이 적절치 못할 경우 여러 가지 좋지 못한 냄새가 주위 환경으로부터 흡수될 수 있다. 조직의 결점은 얼음 결정의 크기, 기포의 크기와 분포, 아이스크림 내의 냉동되지 않은 입자의 크기 등에 의하여 결정된다. 냉동기에서 꺼낼 때의 아이스크림 온도가 너무 높거나, 저장 중 온도의 변화가 심하거나, 안정제의 함량이 부족하면 큰 유당결정이 생긴다.

이로 인하여 입에서 모래와 같은 감촉을 주는 모래알 조직(sandiness) 등의 결점이 나타날 수 있다. -18℃ 이하의 온도에서 저장된다면 미생물학적 품질은 염려하지 않아도 된다. 다만 아이스크림 믹스의 미생물학적 품질이 제품에 영향을 미칠 수 있으므로 제품의 제조 시 믹스에 대한 위생관리에 세심한 주의가 필요하다.

참고문헌

1. Dairy Processing Handbook, 1995. Tetra Pak Processing Systems AB. Sweden.
2. Hui, Y. H., 1993. Dairy science and technology handbook. vol. 2. Products manufacturing. VCH Publishers Inc., New York.
3. Robinson, R, K., 1994. Modern Dairy Technology Vol 2. Advances in milk products. Elsevier Applied Science pub. LTD., Essex, England.
4. 半擇啓二, 1972. アイスクリームハンドブック, 光琳書院.
5. 足立 達, 伊藤敞敏, 1987. 乳とその加工, 建帛社.
6. 강창기, 고준수, 권일경, 김거유, 박부구, 박승용, 박재인, 이성기, 채영석, 최면, 최일신, 1997. 축산물의 과학, 유한문화사.
7. 김영교, 김영주, 김현욱, 1996. 우유와 유제품의 과학(제 4판), 선진문화사.
8. 고준수 등, 2002. 유식품가공학, 선진문화사.
9. 수의과학검역원, 2003. 축산물가공기준 및 성분규격.

제 10 장

부산물과 유사 유제품

1. 부산물

유가공제품 제조 시 제조공정에서 생산되는 성분을 부산물이라 하며, 기본적인 유제품 부산물로서는 탈지유 · 유청 · 버터밀크 등이 있고, 이것들로부터 제조되는 주요

표 10-1. 유제품의 수입실적

(단위 : 톤)

	유 당	카제인	탈지분유	유 장
75	1,782	470	–	1,067
80	7,092	2,414	387	4,894
85	5,130	4,416	2,432	10,148
90	6,217	5,760	200	14,098
95	12,691	5,676	7,044	22,775
00	15,108	4,901	3,004	38,877
01	14,735	5,331	5,157	38,604
02	15,617	5,324	4,160	35,353
03	15,770	5,236	4,560	39,582
04	14,672	6,179	4,389	35,861
05	15,753	6,089	6,168	40,319
06	14,296	6,148	6,735	52,511
07	13,857	7,226	4,994	46,792
08	14,073	6,812	5,022	32,007
09	11,935	6,039	9,675	32,220

자료 : 축산정책관 축산경영과

주 : 01년까지 유장분말은 유제품용으로 양허관세 추천 실적

표 10-2. 탈지분유의 소비실적

	탈지분유	
	생 산	소 비
75	357	356
80	3,377	3,018
05	6,803	6,046
90	12,261	18,302
95	13,081	18,410
00	24,257	20,746
01	21,625	30,764
02	35,946	33,929
03	26,319	35,450
04	24,770	30,550
05	23,677	25,784
06	18,318	29,894
07	22,158	22,674
08	19,885	23,002
09	13,836	27,795

자료: 축산정책관 축산경영과

부산물로서 케이신 분말은 커피 화이트너, 유화제, 안정제 등의 가공식품 생산, 인쇄지 표면광택, 플라스틱 제조, 공업용 접착제 및 피혁공업 등의 공업용 원료로, 유청단백질은 유청단백질을 주원료로 하여 제조되는 유청치즈, 제빵, 제과, 알코올성 음료 및 기능성 식품의 첨가제로, 유청으로부터 분리되는 유당은 유아용 조제분유, 의약품 제조 및 식품첨가제로 사용된다.

1.1 탈지유

우유를 원심분리하여 크림을 분리하고 나면 유지방률 0.1% 정도인 탈지유(skim milk)가 나온다. 탈지유는 다음과 같이 이용된다.

① 액상으로 이용 : 유음료, 유산균음료, 초콜릿우유 등의 원료

② 농축, 건조하여 이용 : 탈지연유, 탈지분유로서 가공유, 유음료, 발효유, 아이스크림, 조제분유, 제과 등의 원료

③ 치즈제조에 이용 : Cottage cheese 등에 이용

④ 식품 및 산업원료로 이용 : 케이신과 유청단백질 및 유당의 제조원료

1.2 유 청

유청(whey)은 치즈제조 과정에서 얻어지는 부산물로서 우유 농축물인 커드를 제외한 나머지 수용성 부분의 총칭으로 유효성분을 다량 함유하고 있는 부산물이다. 유청은 대체로 두 가지로 분류되는데, 치즈제조 시 렌넷을 가한 우유로부터 케이신과 지방의 응고물인 커드 제거로 얻어진 감성유청(甘性乳淸, sweet whey, pH 5.9~6.6)과 탈지유에 황산·염산·유산 등으로 pH 4.3~4.6이 되도록 조정하여 케이신의 산업적 대량 생산 시에 얻어진 산성유청(酸性乳淸, acid whey)이 있다.

치즈 유청으로서 감성유청은 산도, 0.1~0.20%(pH 5.8~6.6), 중간 산성유청은 산도 0.20~0.40%(pH 5.0~5.8), 그리고 산성유청은 산도, 0.40~0.60%(pH 4.0~5.0)으로 구분된다(Koskowski과 Mistry, 1997).

따라서 표 10-3에 의하면 감성유청과 산성유청 사이에는 약간의 성분조성 차이가 있음을 알 수 있다. 일반적으로 건조 유청의 평균 성분함량은 단백질 9.7%, 탄수화물(유당) 71.7%, 지질(fat) 1.2% 그리고 무기물 8.2%인 것으로 보고되어 있다(Cerbulis 등, 1972).

1) 유청의 회수와 농축

유청에는 유산균이 함유되어 있고, 각종 세균 증식을 촉진하는 적정 온도조건과 영양물이 다량 함유되어 있으므로 모아진 유청은 가능한 한 빨리 가공하지 않으면 안된다. 신속한 가공이 어려운 경우 5℃ 이하 온도로 냉각함으로써 세균증식을 정지시켜야 한다. 유청의 보존을 위하여 30% 과산화수소수를 0.2%까지 첨가할 수 있도록 허용하고 있다.

표 10-3. 감성유청과 산성유청의 액상과 분말상 성분조성

구성성분	감성유청			산성유청		
	액상[a]	분말[a]	분말[b]	액상[a]	분말[a]	분말[b]
총 고형분	6.35	96.5	96.3	6.5	96.0	95.4
단백질(N*6.38)	0.80	13.1	13.0	0.75	12.5	11.7
유 당	4.85	75.0	69.4	5.0	67.4	63.2
지 방	0.50	0.8	1.0	0.04	0.6	0.48
무기물	0.50	7.3	8.3	0.80	11.8	10.6
유 산	0.05	0.2	-	0.40	4.2	-

[a] Kosikowski(1997), [b] Glass and Hekrick(1977)

(1) 케이신 입자 회수와 지방분리

유청은 작은 치즈 커드입자(casein fines)를 함유하고 있는데, 이는 유청의 지방 분리시 불순물로 가장 먼저 제거되어야 할 성분이다. 사이클론(cyclones)이나 원심분리기 혹은 회전여과장치 등에 의해 케이신 입자들은 제거가 가능하다(그림 10-1).

유청의 지방은 원심분리기에 의해 회수가 가능하다. 케이신 입자는 치즈와 같이 압착하여 가공치즈 원료로 사용하거나 그대로 숙성시켜서 요리재료로 이용할 수 있다. 회수된 유청지방은 치즈원유의 표준화에 유지방 보충 첨가물로 사용할 수 있는데, 유지방 함량이 거의 생크림 수준인 25~30% 정도로 매우 높기 때문이다. 유청크림은 크림제품제조 시 생크림과 혼합하여 이용되기도 하고, 이것으로 버터를 제조하면 whey butter가 된다.

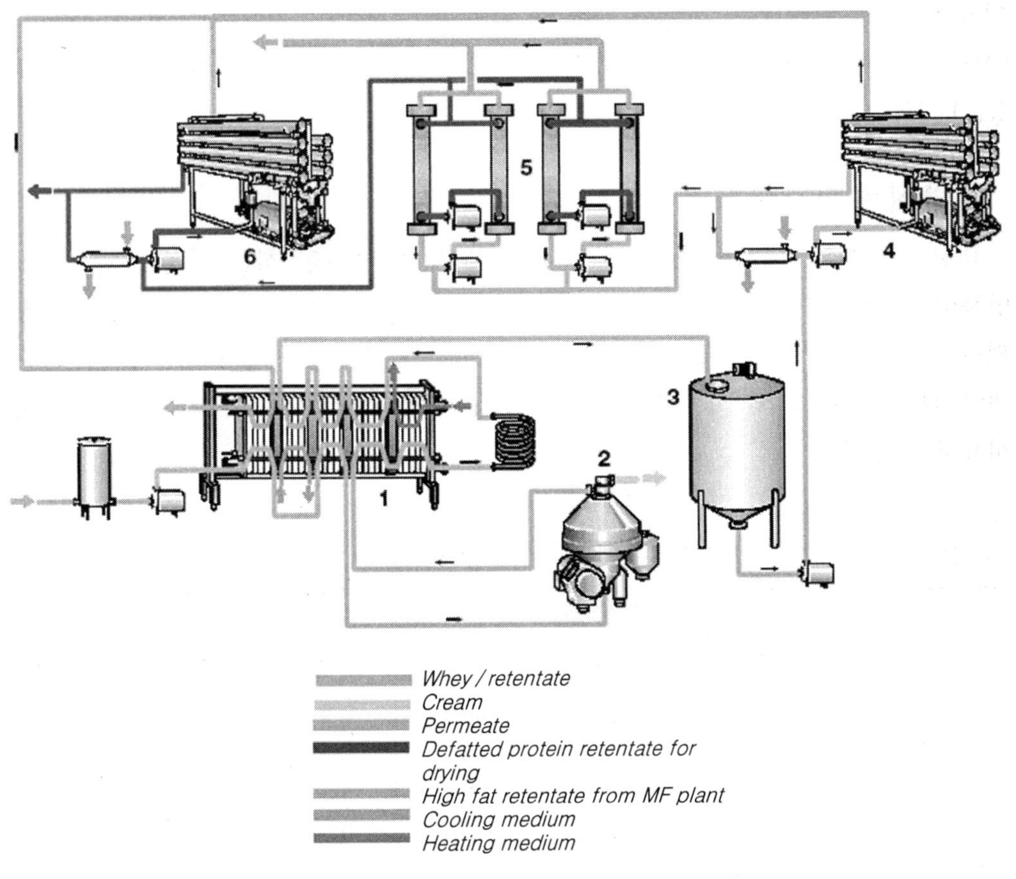

그림 10-1. 유청 농축물의 탈지과정

1. Pasteuriser
2. Whey cream separator
3. Holding tank
4. First UF plant
5. MF plant
6. Second UF plant

(2) 냉각과 살균

유청은 가공 전에 신속한 냉각과 살균을 거쳐서 가능한 한 빨리 저장해야 한다. 하루 이내의 저장은(10∼15시간) 냉각만으로도 세균증식을 충분히 억제시킬 수 있으나, 장기간 저장 시에는 살균이 필요하다.

(3) 총 고형분의 농축

① 농 축

유청의 농축은 전통적으로 진공 하에서 2단계 또는 그 이상의 단계를 가진 박막하강농축기(薄膜下降濃縮機, falling film evaporator)를 사용해 왔다. 관형으로 디자인된 RO(역삼투, reverse osmosis) 기계가 설치된 공장에서는 유청 농축액을 농가 사료용으로 보내기 전에 농축하는데, 최종 농축액은 총 고형분 함량이 45∼65% 정도로 비교적 높다. 농축 후 바로 열 교환장치에 의해 30℃ 정도로 신속 냉각되고 3중 재킷 탱크에 보내져 15∼20℃로 최종적으로 냉각된다. 이러한 공정은 6∼8시간 계속되어 매우 작은 결정체에 가까운 것을 얻을 수 있는데, 이는 분무건조 시 비흡습성(non-hygroscopic) 제품이 된다.

농축유청은 거의 포화 유당 농축액이 되는데, 어떤 온도조건 하에서 농축하게 되면 가끔 유당은 농축기를 빠져 나오기 전에 일부 결정화가 되기도 한다.

이상의 농축과정을 거치면 건물함량 65%의 농축물이 얻어지고, 이것은 점성이 강하여 더 이상 흘러내리지 않게 된다.

② 건 조

유청 건조도 기본 과정은 우유의 건조방식과 같다. 예를 들면 드럼건조나 분무건조 방식을 따른다. 그런데 유청 건조에 드럼건조 방식을 사용하는 데에는 한계가 있는데, 이는 드럼 표면에 건조된 유청층을 긁어내기가 매우 곤란하기 때문이다. 따라서 건조 작업 전에 충전물(filler)을 액상유청과 혼합시켜 작업을 해야 긁어내기 쉽다. 현재로서는 분무건조 방법이 유청 건조에 가장 널리 사용된다.

유청 농축물은 앞서 말한 작은 유당 결정체를 함유하기 때문에 건조작업 전에 수분이 첨가되어도 덩어리지는 현상이 일어나지 않는다. 카티지 치즈 생산이나 산 케이신 생산에서 얻어진 산성유청은 높은 유산 함유 때문에 건조가 어려운데, 이는 분무건조 시 응축물과의 복합물을 형성하기 때문이다.

(4) 총 고형분의 분획(fractionation)

① 단백질 회수

현재 유청단백질의 회수는 막분리법이나 크로마토그라피 방법에 침전법을 같이 사용되는 복합적인 기술이 이용된다. 가장 광범위하게 사용되는 방식은 유청액을 열처리 변성시킨 후 침전시켜 얻어내는 것이다. 이 방식에 의해 침전된 유청단백질은 불용성 혹은 변성 정도에 따라 불용성의 단백질이 되는데, 이를 열 침전 유청단백질(heat-precipitated whey protein, HPWP)이라 부른다.

유청분말의 성분인 천연 유청단백질은 유청을 조심스럽게 건조시켜 쉽게 얻을 수 있으나 단백질 함량이 상대적으로 낮아(단백질 11%, 높은 유당, 무기질 함유) 식품원료로 사용하는 데는 한계가 있다.

※ UF에 의한 단백질 회수: 천연 유청단백질 농축물은 이용성이 좋은 lysine과 cysteine이 고단위로 함유된 매우 좋은 아미노산 구성을 가지고 있다. 유청단백질 농축물(whey protein concentrates, WPC)은 유청을 한외여과(ultrafiltration, UF)시켜 얻어진 것을 건조시켜 제조된다. WPC의 단백질 함량은 총 건조고형물 중 단백질 함유량 비율로 표시되며, 35～85% 범위에 이른다. 35%의 단백질 함량을 갖는 유청농축액을 만들려면 6배 정도 농축시켜야 되며, 이것은 총 건조고형분 함량의 9%가 된다. 85%의 단백질 함량을 갖는 유청 농축액을 얻으려면 UF를 이용하여 20～30배로 정도로 농축시킨다. 이것은 총 건조고형분 함량의 25%가 된다.

② 유청단백질 농축물(WPC)의 지방 제거

건물 단백질로서 80～85%를 함유하는 탈지 WPC 분말은 식품에서 활용되는 측면이 많다. 예를 들면 과자의 일종인 머랭(meringues, 설탕과 달걀 흰자위로 만든 과자재료) 같은 제품의 단백질 대체첨가제로 사용되며, 각종 요리나 음료의 첨가물로 활용할 수 있기 때문이다. 미세여과(microfiltration, MF) 공정 내의 한외여과(UF) 공정으로 얻어진 유청 잔유물의 처리는 80～85% WPC 분말의 지방함량 7.2%를 0.4%까지 감소시킬 수 있다. 미세여과 역시 수합(收合)과 분별배치에 의해 이루어진 MF 잔유물내 지방구 피막 농축물과 대부분의 세균까지도 완벽하게 제거할 수 있다.

탈지 MF 여과물은 두 번째 UF 공정으로 보내져서 추가적인 농축에 들어가는데, 여과과정이 포함되어 그림 10-1에서와 같이 유청은 예열되고 함유된 지방량 만큼 25～30% 크림 형태로 회수되며, 이 유청크림은 치즈원유를 표준화시킬 때 지방 보충용으로 재사용된다. 이 분리과정에서 커드 입자들도 제거된다.

이 과정 이후에 중간 홀딩탱크에 옮겨지기 전에 유청은 살균되고, 55～60%로 냉각된다. 홀딩되었던 유청은 첫 번째 UF 공정에 이송되고, 여기서 유청은 약 3배로 농축된다. 농축물은 MF 공정으로 이송되고, 투과물은 재생 냉각부를 통과하여 수집이 되어서 탈지 투과물은 추가적으로 완벽한 UF를 받기 위해 진행한다. 약 20~30%의 건조물이 된 WPC는 분무건조를 통해 수분이 감소되어 봉투에 포장되기 전 최고 수분함량 4%의 분말이 된다.

③ 변성 유청단백질의 회수

일반적으로 유청단백질은 렌넷이나 산에 의한 침전이 불가능하다. 일단 열처리를 거친 유청단백질이어야만 산에 의한 침전이 가능해진다. 이것은 두 단계로 되어 있다.

- 열처리와 pH 조정이 조합된 단백질(변성) 침전
- 원심분리에 의한 단백질 침전물의 회수 농축

변성 유청단백질은 렌넷처리 전 치즈 원유에 첨가될 수 있는데, 단백질은 렌넷 응고가 이루어지는 동안 케이신 입자에 의해 격자조직을 만들어 유지시키게 된다.

그림 10-2에서 보는 바와 같이 변성 유청단백질 생산을 위한 유청집적 가공공정이 있다. 산도조정을 거친 유청은 중간 탱크를 거쳐 판형열교환기 쪽으로 이송되고, 열

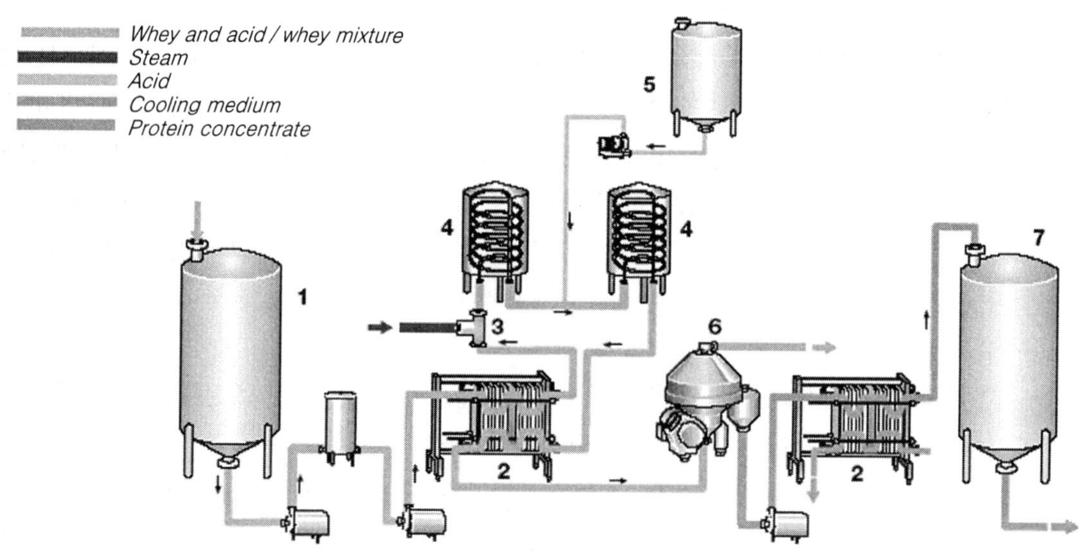

그림 10-2. 변성된 유청단백질의 회수

1. Whey collecting tank
2. Plate heat exchanger
3. Steam injector
4. Holding tube
5. Acid tank
6. Clarifier
7. Collecting tank for denaturated whey protein

재생부에서 가열된다. 이때 직접 스팀분사 장치에 의해 관형 홀딩부분을 통과하기 전에 유청은 90～95℃로 가열되어 3～4분간 유지된다. 이렇게 유지되는 동안 산이 첨가되면 유청의 pH는 하강한다. 이때 첨가되는 산은 법이 허용한 유기산이나 무기산(유산 혹은 식용 염산)이다.

관형 홀딩섹션에 들어 온 단백질은 열에 의해 변성되어 60초 이내에 침전이 된다. 열 교환 냉각부에 들어간 침전 단백질은 40℃로 냉각되어 고체상과 액상으로 청정장치에 의해 분리된다. 청정장치는 단백질 함량 8～10%의 12～15% 농축물로 이루어진 단백질 농축액이 모아지면 방출하게 된다. 이 방식으로 작업을 하면 침전 단백질의 90～95%를 회수할 수 있다.

④ Lactoperoxidase와 lactoferrin의 크로마토그래픽 분리법

최근 조제분유, 건강식품, 피부크림 그리고 치약 등에 대한 천연 생리활성 물질의 사용은 매우 큰 관심을 끌고 있다. 예를 들면 생리활성 단백질로서 lactoperoxidase (LP)와 lactoferrin(LF) 같은 물질은 낮은 농도로 유청에 존재하는데, 유청에 대개 20 mg/ℓ(LP), 35 mg/ℓ(L/F) 정도가 함유되어 있는 것으로 알려지고 있다. 유청으로부터 이런 기능성 물질의 분리원리는 LP와 LF 모두의 등전점이 알카리 pH 범위의 9.0～9.5라는데 기초를 두고 있다.

두 종류의 단백질이 정상적인 감성유청 pH 6.2～6.6에서는 양전하를 띠게 되는데, 같은 pH 범위에서 β-lactoglobulin과 α-lactalbumin 그리고 소 혈청 유래 albumin은 음전하를 띠고 있다는 뜻이다. 근본적으로 LP나 LF의 적절한 분리방법은 특별하게 고안된 양이온 선택성 흡수수지(resin)를 통과시키면 가능하다는 원리이다. 다른 유청단백질들은 음전하를 띄고 있기 때문에 이온교환 수지를 통과하지만 LP와 LF분자는 전하반응에 의해 이온교환 수지에 LP와 LF 같은 물질을 흡착 고정시키는 음전하를 띤 양이온 수지와 결합하게 된다.

이런 원리를 산업적으로 실용화하기 위해서는 몇 가지 기본 조건이 충족되어야 한다. 그 중 하나는 칼럼에 진입하는 단계에서 고속 유동성을 유지하기 위해서는 유청이 '무입자' 상태로 요구되는데, 그것은 이온교환 수지를 통과하는 동안 포화상태를 유지하기 위해서는 대용량의 유청이 통과되어야만 하기 때문이다. Pore size가 1.4 ㎛ 정도로 규정된 투과막 압력(uniform transmembrane pressure, UTP)으로 운영되는 교차 미세여과기는 무입자 유청을 얻어 낼 수 있는 성공적인 기술인 것으로 증명되었다. 안정된 유속인 1200～1500 ℓ/m^{2}h는 15～16시간까지도 용이하게 가동될 수 있다. 이런 형태의 유청 전처리 과정은 이온교환 칼럼을 넘치게 만드는 후속 압력 증가 형성을 피할 수 있게 해준다. 이러한 이온교환 수지는 수지 1ℓ당 40～45g의 LP와

LF 흡착능력을 나타낸다. 칼럼수지에 생리활성 단백질 흡착유속을 위한 좀 더 나은 선택조건이 얻어진다면 매우 순수한 분획의 LP와 LF 회수가 가능해질 것이다.

(5) 유당의 회수

유당은 유청의 주성분이다. 원재료의 상태에 따라 다르지만 유당 회수에는 다음 두 가지 방식이 있다.

- 농축유청 상태에서 비처리하여 유당 결정화
- 유청의 농축 이전에 UF나 다른 방법으로 단백질이 제거된 상태의 유청에서의 유당 결정화

① 결정화(crystallization)

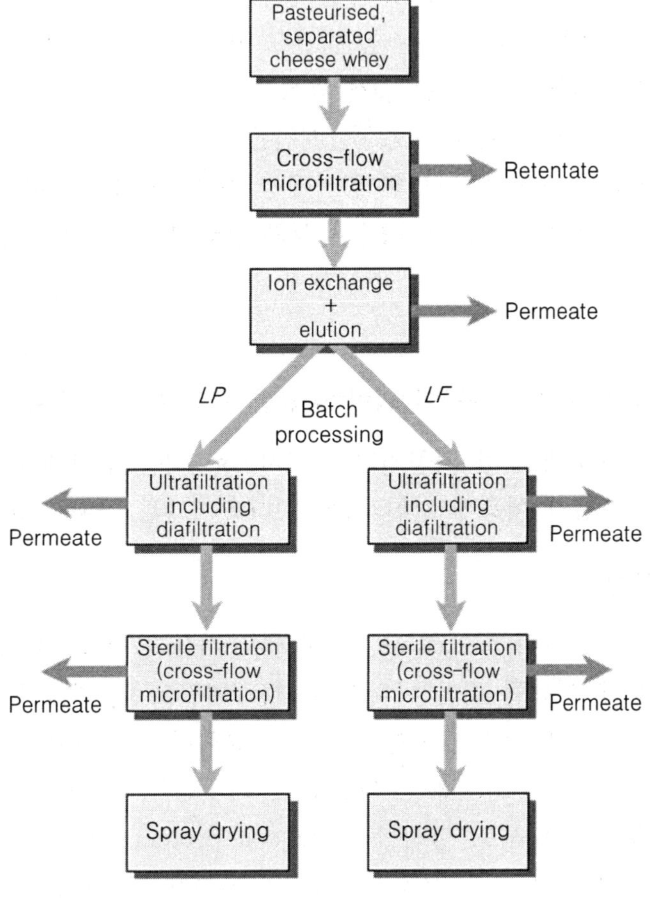

그림 10-3. 유청으로부터 lactoperxidase(LP)와 lactoferrin 분리를 위한 Bloc digram

유당 결정화 사이클은 다음 요인들에 의해 판단할 수 있다. 결정표면의 성장 가동성, 용액의 순수도, 포화도, 온도, 점도, 용액 내 결정들에 대한 교반 등이다.

② 유당 분리

유당 결정의 수확방법으로 다양한 원심분리 장치가 이용될 수 있다. 분리하는 동안에 유당으로부터의 불순물 제거가 이루어져 고도의 순수 유당이 얻어지게 한다. 결정수확이란 수분 잔유량은 9% 이하가 되고, 순수 유당으로 보면 건조체가 얻어진 셈이다.

③ 건 조

수확이 끝난 유당은 0.1～0.5% 잔류 수분을 제거하는데 향후 어떤 제품에 사용할 것인가가 수분 제거량과 관계가 있다. 수분제거 작업시 온도가 93℃ 이상을 넘어서지 않도록 해야 하는데 β-lactose는 높은 온도 하에서 생성되기 때문이다.

보통 건조방식으로 많이 채용하는 것은 액상 체를 얇은 bed 위에 깔아서 건조하는 것으로 bed drier가 쓰인다. 온도는 92℃, 시간은 15～20분 유지하면 만족할 결과가 얻어진다. 건조가 끝난 유당은 30℃의 공기에 의해 이송되는데, 이때 유당의 냉각이 이루어진다. 결정화 유당은 건조작업 즉시 분쇄되어 분말상태로 포장된다.

(6) 유청과 유당의 이용

① 유청은 각종 영양분 함유량이 많아 다양한 재료로 가공될 수 있다.

유청분말은 분유제조에 준한 가공처리를 거치므로 식품 첨가제나 부가 원료로 유용하게 사용한다. 유청의 이용에 관한 사항을 다음 그림 10-4에 정리하였다.

② 유당의 이용성

유당은 유아용 식품(특히 β-lactose, 조제분유, 이유식)이나 의약품(증량제, 정제, 환약의 당의제) 등에 이용될 뿐만 아니라 유당을 기질로 한 발효나 효소적·화학적 반응 유도체로 쓰인다. 유당은 감미가 부드럽고 유화력이 있어서 식품의 향미 보강, 감자칩, 바비큐 소스, 샐러드 드레싱, 과실주스, 파이와 푸딩 제조에 사용되고 있다.

유당발효 산물로서는 단세포 단백질(single cell protein, SCP)이나 알코올, 유산, 비타민 B_{12}, 페니실린 등이 있다. 효소적·화학적 유도체로는 시럽 감미료, 조지방 에스테르형에 있어서 표면활성제, 질소원 사료로서 사용하는 lactosylurea, ammonium lactate, *Bifidus*균 증식인자로서의 lactulose, galactosylactose, 유화제 등으로 사용되고 있다. 우리나라는 치즈 제조량이 많지 않아 유당의 대부분이 수입에 의존하고 있다.

《 유청에서 나오는 알코올 》

아일랜드의 Carberry에 있는 Express Dairies Creamery에는 유청으로부터 알코올을 생산하는 대단위 공장이 세워져 있다. 이 공장은 막 여과의 유청투과물(permeate)

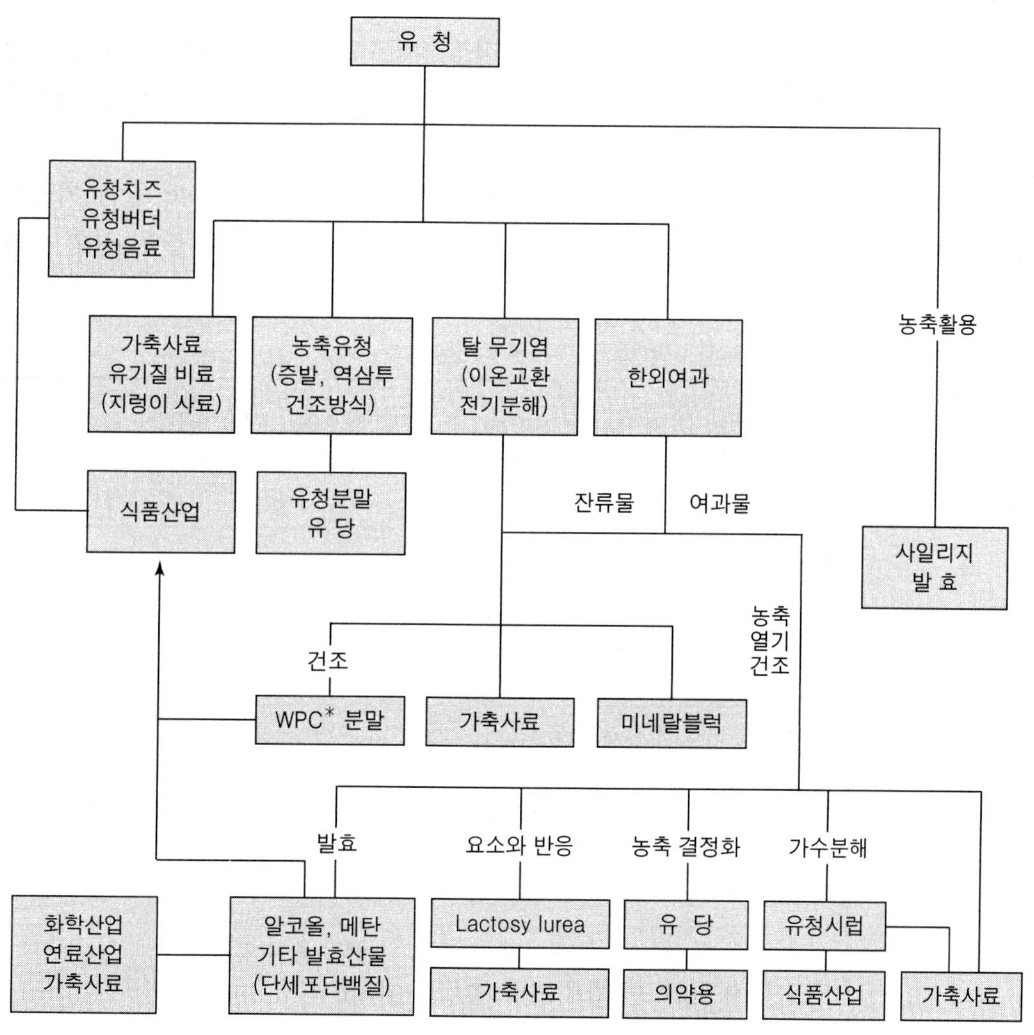

그림 10-4. 유청의 이용에 관한 개략도

WPC : whey protein concentrate(유청단백질 농축물)
단백질 함량에 따라 35%, 50%, 65%, 약 70~90% 농축물로 나뉨을 효모 *Kluyveromyces lactis*에 의해 10만 리터용 batch형 발효조에서 알코올 발효하여 96.5%의 에탄올 생산을 하고 있다. 이 회사에서 최고 생산 시에는 60만 리터의 유청을 2만 2천 리터의 에탄올로 생산할 수가 있다. 이 알코올은 투명한 음용 알코올, 즉 gin, vodka 제조에 적당한데, 뉴질랜드에서는 연료용 알코올(gasohol)로 더 많이 사용되고 있다.

1.3 케이신

1) 케이신(casein)의 용도

우유 단백질의 80%를 차지하는 케이신은 식품소재로 광범위하게 이용된다. 오늘날과 같이 고분자 화학공업이 발달되기 전에는 케이신의 용도가 매우 광범위하였으나 다른 고분자 화학제품들이 많이 출현함에 따라 이용범위가 제한되고 있다.

그러나 특수 분말화 기술과 혼합기술 예를 들면 Na-, Ca-, caseinate 같은 가공기술 발달로 또 다른 방면의 이용범위가 확대되고 있다. Rennet casein 같은 경우 식품

표 10-4. 각종 식품분야에서의 casein과 caseinate 용도

식품분야	용 도
제빵, 제과	영양증강제 : 조식 cereals, 고농축 비스켓류 조직 개선, 유화제, 동결케익
낙농식품	단백질 보충원 : 치즈 아날로그 단백질 급원 : 커피 화이트너(whiteners) 안정제 : 요구르트 향미 증진, 유화제 : 치즈 스프레드
음 료	안정제와 기포 형성제 : 탄산음료 안정제 : 음용 초콜릿 유화제 : 크림 리큐르(liquere), 아퍼리티포(aperitifs, 식욕을 돋구는 식전 주류, 반주)용 포도주 청량제 : 맥주, 포도주
디저트	안정제, 휘핑(whipping) 개선제, 프로즌 디저트, 즉석 푸딩용 안정제, 휘핑개선, 유화제, 필름 형성제, 휘핑한 토핑
당제(잼, 당과)	조직 개선제 : 태피(tafty, toffee, 설탕과 버터를 조려서 땅콩 넣은 캔디류) 퍼지(fudge · 설탕 · 버터 · 우유 · 초콜릿으로 만든 연한 캔디)
육제품	유화제, 조직 개선제, 수분 결합체 : 재조합 육제품

에서 향미 안정제로 쓰인다.

케이신은 공업용에 사용되기도 하는데, 산 케이신은 접착제, 종이코팅, 종이도사(陶砂, 종이에 물이 번지지 않게 하는 약품) 관련 용품으로 사용된다. 또한 색소 운반물질, 현탁 유기제, 라텍스(latex) 페인트 등으로 쓰인다. 산 케이신은 특히 plastic 제조용으로 사용되어 왔는데 렌넷 케이신은 산 케이신보다 질이 높다.

케이신의 식품분야 용도는 표 10-4에 나타나 있다.

2) 케이신의 종류

① 염산 케이신(hydrochloric acid casein)과 황산 케이신(sulfuric acid casein) : 탈지유에 황산과 염산을 가해 응고시켜 얻는데, 황산 케이신의 유청은 동물사료용으로 사용할 수 없다.

② 유산 케이신(lactic acid casein) : 탈지유에 50%에 해당하는 유산을 넣고 26.7℃로 16～18시간 발효시켜 응고된 케이신을 얻는다. 값이 저렴한 케이신이다.

③ 렌넷 케이신(rennet casein) : 탈지유에 충분한 rennet과 $CaCl_2$를 첨가하여 얻는데, 이 케이신은 케이신 플라스틱 용도로 쓰인다.

④ Na-caseinate, Ca-caseinate, K-caseinate, Mg-caseinate, ammonium caseinate : 탈지유에 칼슘을 첨가한 후 85～95℃로 가열하고 1～20분간 정치시키면 casein과 whey protein이 염화칼슘과 함께 침전된다. 이를 수세하고 건조한 공침물(coprecipitates)을 알칼리성 용액에 녹인 뒤 분무식이나 드럼건조를 행하면 가용성 케이신이 된다. 전 세계 케이신 사용량의 10～20%가 이런 류의 케이신으로 대부분 Na-caseinate 또는 Ca-caseinate이다.

3) 케이신의 제조법

여기서는 산 케이신 제조를 중심으로 정리해 둔다.

① 케이신의 침전 : 케이신의 등전점인 pH 4.6이 되도록 탈지유에 산을 가하여(염산·유산·황산) 케이신을 침전시킨다.

② 유청제거와 세척 : 케이신 침전 후 신속한 유청제거와 세척이 필요하다. 이때의 세척수의 pH는 유청의 pH와 같아야 한다. 효과적인 세척은 유청이 제거된 침전 케이신을 세척수에 침지시켜 15～30분간씩 정치하는 과정을 3회 정도 반복 실시한다.

③ 압착 : 치즈에서처럼 물리적 압력을 가해 압착하여 수분 55%의 케이신을 얻는

다.

④ 분쇄건조 : Miller를 사용하여 커드를 일정 크기로 파쇄한 다음 건조기에서 건조한다.

⑤ 냉각, 정화 : 저온에서 24시간 냉각 순화시키고 커드 내 수분의 균일성을 부여한다.

⑥ 파쇄, 입자화, 포장 : 냉각 케이신을 일정 크기로 분쇄하고 체질하여 일정 크기의 분말상을 포장한다.

※ 온도 : 산 케이신 제조시의 침전온도는 다음과 같은 제품성에 영향을 준다.

- 35℃ 이하 : 부드럽고 미세함
- 35～37.8℃ : 커드가 거칠게 나온다.
- 37.8～47.7℃ : 단단한 커드, 수세가 편리함

1.4 버터밀크

버터 제조시의 부산물로서 나오는 버터밀크는 유청과는 달리 유당과 지방함량이 낮고 단백질 함량이 상당히 높은 특징을 가지고 있으며, 유청보다 영양성분이 더 균형을 이루는 담황색의 액체인데 발효버터나 감성버터 모두에서 산출된다. 발효버터의 부산물로서 나온 것을 발효크림 버터밀크(sour cream butter milk), 감성버터 부산물로 나온 것을 신선크림 버터밀크(sweet cream butter milk)라 한다. 이 두 가지 버터밀크의 일반적인 성분 조성은 표 10-5에 나타나 있다.

버터밀크의 성분조성이 탈지유의 단백질 조성과 유사하나 버터 제조시 발생한 지방구피막이 이행되어 있어 인지질의 레시틴(lecithin), cephalin, sphingomyelin 등이 많아 구조상으로는 판이하다.

발효크림 버터밀크의 경우 원통건조법으로, 감성크림 버터밀크는 분무건조법에 의해 분말화하여 식품원료나 가축사료로 이용된다. 특히 이 중에는 lecithin의 함량이 많아서 거품발생이 좋고 유화가 잘 되는 성질 때문에 아이스크림 믹스 원료로 사용된다. 이밖에 제빵·제과·발효유·조제분유 등의 원료로도 사용된다.

표 10-5. 버터밀크의 성분 조성

	수 분	단백질	지 방	유 당	회 분	유 산
발효크림 버터밀크	91.70	3.00	0.65	3.40	0.65	0.60
감성크림 버터밀크	91.25	3.00	0.65	4.40	0.73	0.04

2. 유사 유제품

유사 유제품은 유제품의 한 가지 또는 둘 이상의 성분을 우유성분이 아닌 식물성 성분 등으로 대체시켜 만들어진 제품으로서 영양가가 낮고 주로 경제적 이유 등으로 만들어지지만 때로는 고유 유제품보다 저장성·기호성·편리성 등이 더 뛰어나다. 마가린, 포말토핑(whipped toppings) 및 커피 크리머(coffee creamer) 등은 편리성·저장성의 이점으로 유제품보다 많은 시장 점유율을 나타내고 있는 실정이다. 유사 유제품 제조에 사용되는 지방은 그 특성이 매우 중요하기 때문에 지방은 냄새가 없고 융점이 체온과 유사하여야 하며, 보통 monoglycerides, diglycerides 등의 유화제와 안정제, 색소 등이 함께 사용되고 있다.

2.1 치즈 대용품

1) 필요성

경제적인 이유, 기능성, 콜레스테롤치, 유통기한, 영양적 균형 등의 이유로 치즈 대용품(cheese substitutes)이 요구되었다.

2) 우려와 도전

① 효과적인 대용품은 치즈 제조 시 다른 성분을 첨가하는 것만으로도 충분하다는 생각이 있다.
② 가격은 저렴하게, 소비는 증대시킬 수 있는 제품으로 활용하려고 한다.
③ 어떤 소비자들은 각자의 식이요법(dietary)상 필요하므로 요청한다.
④ 일반 식품회사들은 치즈 대용품을 생산하지 않고 주로 유업체들이 생산하는 경향이 있다.

3) 미국에서의 치즈 대용품으로 출시된 것들의 사례

① 체다(가장 인기가 있음)
② 모짜렐라 : 산업적 목적 하에 생산되고, 60%가 피자요리에 사용된다.
③ 스위스(에멘탈)
④ 콜비
⑤ 고다
⑥ 프로볼롱
⑦ 가공치즈

⑧ 크림치즈
⑨ 치즈 스프레드(spreads)

4) 치즈 대용품의 형태

① 유지방 대체 치즈(filled cheese) : 탈지유와 식물성유 혹은 탈지유와 버터 + 식물성유 혼합형태의 원료로 제조된 것. 이 대용치즈는 낮은 고형분 함량의 원료들을 사용하여 제조해야 하므로 소비량이 저조하다.
② 유사치즈(cheese analogues)
③ 합성치즈: 대두단백 + 대두유 + 안정제 / 유화제 + 향료
④ 부분 유성분 합성치즈: 케이신 + 대두유 + 안정제 / 유화제 + 향료
⑤ 유성분 합성치즈: 케이신 + 버터오일 + 안정제 / 유화제

5) 체다치즈의 대용품 제조 사례

미국, 캐나다에서 가장 인기 있는 대용 체다치즈 제조 사례를 정리해 둔다.

〈제조공정〉

① 온도를 70℃까지 가온하여 지방분을 녹인다(예: 부분적인 가수분해를 거친 코코넛 오일은 용융점이 37℃이다).
② 안정제 시스템을 첨가한다. 특성 있는 안정제 시스템 혼합물은 몇몇 공급업체들로부터 구할 수 있다.
③ 빠른 속도로 교반하면서 기름에 부어 유화를 형성한다.
④ 온도는 그대로 70℃를 유지하면서 유/수 유화물에 calcium caseinate를 서서히

표 10-6. 표준 배합표

성 분	중량(%)
Sodium caseinate	13.0
식물성유	25.0
유 산	1.0
안정제/유화제	1.0
소 금	1.5
향 료	1.5
정제수	34.0
체다치즈	13.0

가해 준다. 그러면 이때 sodium caseinate에 혼합되면서 치즈의 조직이 형성되기 시작한다.

⑤ 체다치즈와 소금을 넣어 주고 나서 효소로 조정한 치즈향을 첨가한다.

⑥ 소량의 annatto 색소를 산과 함께 첨가한다. pH가 낮아지면서 치즈 조직은 드라마틱하게 효과적으로 생성된다.

⑦ 성형틀에 담아서 5℃로 냉각하고, 치즈 향이 고루 퍼지도록 overnight 하면서 저장한다.

2.2 버터 모조품 - 마가린(margarine, oleomargarine)

마가린은 소비자들에게 가장 혼동을 일으키는 모조 유제품으로 사실은 유제품이 아니다. 마가린은 나폴레옹 3세 시절인 1870년경 프랑스 화학자 Mēge Mouriés에 의해 전쟁 시 버터 대용품으로 발명되었다. 발명자 Mēge는 이를 두고 buerre econmigue(경제적인 버터)라고 불렀다고 한다.

마가린은 버터와 유사한 식물성 유지로 제조하여 가격이 저렴하고 동물성 지방의 콜레스테롤 섭취 감소 목적으로 소비가 일정수준 유지되고 있다. 한편 최근에 와서 마가린, 쇼트닝 등은 트랜스 지방의 한 종류로서 체내 및 혈관 내 축적이 우려되는 식품으로 보고되고 있으며(Mozaffarian 등, 2006), 그 특징을 간추려 보면 다음과 같다.

① 원 료 : 식물성 지방(옥수수유·대두유·면실유·땅콩기름·해바라기씨 오일 등)이며, 일부 저렴한 마가린은 동물성 지방과 식물유를 혼합하여 제조하기도 한다.

② 성분함량 : 지방 82%, 식염 1.5%, 유고형분 1.9%, 수분 16.40%

③ 제조공정

- 지방, 지용성 성분, 유화제는 기름에 녹여 배합한다.
- 소금, 기타 수용성 원료는 우유에 녹여 유화조에서 46~49℃로 진탕 유리시킨다.
- 이 둘을 유화조에서 혼합하고 유화시켜 냉각한다.
- 냉각한 마가린 유액은 48시간 동안 저장하여 조직이 형성되게 한다.
- 일정량을 취하여 성형 포장한다.

2.3 모조 아이스크림 - 멜로라인(mellorine)

한국에서는 아이스크림에 특별 소비세가 부과되던 1980년대 중반까지의 시절에는

표 10-7. 대표적인 모조 아이스크림(mellorine)의 성분 구성

성 분	함량(%)
식물성 지방	10～12
무지유고형분	10～12
설 탕	10～11
물엿(콘 시럽) 분말	8.5～8.0
유화제	0.0～0.3
안정제	0.2～0.3

모조 아이스크림과 동결제품이 아이스크림인양 대량으로 판매되던 시절이 있었다.

미국의 일부에서는 mellorine 판매가 금지되어 있지만, 영국을 포함한 유럽에서는 판매가 된다. Mellorine이 처음 등장한 것은 1942년 텍사스의 Corsicana 지역인데, 순식간에 이 제품의 제조가 허가된 이웃 주와 나라들에 퍼져 나갔다. Mellorine이란 명칭은 제품명으로 특허가 났지만 보편화되어 있는 용어로 로열티를 지불하지 않는다.

Mellorine이란 아이스크림 지방, 즉 우유지방 구성분과 유사한 지방을 사용하여 살균하고 냉동시킨 제품이다. 멜로라인에 사용되는 기름은 유지방 융점에 매우 근사치를 갖는 식물성 지방의 혼합물이다.

가수분해 시킨 코코넛 오일이 가장 많이 사용되고 여기에 향료가 추가된다. 그러나 경제적 이유 때문에 가수분해 시킨 값싼 옥수수기름이나 대두유 및 야자유(palm oil)가 사용되기도 한다. 만약 높은 불포화지방산 함유가 요구되는 제품에는 Safflower(잇꽃, 연지) 기름이 사용된다. 멜로라인 제조에는 높은 균질압(300～500 psi)과 많은 안정제 첨가가 요구된다. 식물성 유지 사용 때문에 원료의 10% 이상에 해당하는 향료가 사용되도록 되어 있다.

또한 미국의 많은 지역에서 지방함량이 기본적으로 10% 이상이 함유되도록 규제하고 있으며, 대부분의 국가에서 멜로라인 제품에는 모조 아이스크림이라는 라벨을 부착하도록 요구하고 있다. 멜로라인은 아이스크림 제조법과 유사하여 많은 아이스크림 공장 설비로 제조 판매되고 있다. 대표적인 미국의 mellorine 성분 구성표로는 다음 표 10-7에 나타낸 바와 같다.

2.4 커피 크리머

커피 크리머(coffee creamer)가 액상 커피크림을 완전 대체하게 된 것은 값이 싸

표 10-8. 커피 크리머의 배합 예

원 료	%
식물성 지방	8~11
고체물엿	9~10
안정제	0.3~0.5
Na-casienate 또는 대두단백질	1~2
인산소다	0.25~0.4
유화물	0.2~0.4
물	나머지

표 10-9. 포말토핑의 배합예

원 료	1 (%)	2 (%)
식물성 지방	24~28	24~28
고체물엿	3~5	-
설 탕	7~10	10~15
안정제	0.2~0.4	0.2~0.4
Na-casienate 또는 대두단백질	-	1~2
유화제	0.5~1.0	0.5~1.0

고 냉장하지 않고도 오래 보존할 수 있으며, 편리하기 때문이다. 특히 커피 자동판매기에서 편리하게 쓰인다. 커피 크리머는 half and half 같이 커피의 바람직한 색깔을 내게 하고, 커피에 풍부함(richness)을 부여하며, 커피의 쓴맛을 줄여 준다.

커피 크리머는 뜨거운 커피에서 단백질이 응고되는 “feathering”이 일어나지 않고, 지방유액이 파괴되어 기름기가 도는 “oiling-off”가 일어나지 않도록 잘 제조되어야 한다. 커피 크리머의 대표적 조성은 표 10-8과 같으며 액체, 분말, 동결제품의 형태로 제조된다.

2.5 포말토핑(whipped topping)

포말토핑은 포말크림보다 성분이 균일하고, 포말이 안정하며, 많은 오버런을 얻을 수 있어 제빵업계에서는 물론 가정에서도 많이 사용하고 있다. 또한 포말크림에서와 같은 유청분리(serum leakage 또는 Weeping)가 잘 일어나지 않는다. 기본배합은 커피 크리머와 비슷하지만 지방과 설탕함량이 높으며, 균질시 압력을 낮게 하여 유화안정성이 파괴되지 않도록 해야 한다.

표 10-10. 우유농축 무기질제제의 주요 구성성분

성 분	함량(mg/100g 제품)	성 분	함량(mg/100g 제품)
회 분	70,000	소디움	650
칼 슘	25,000	아 연	27
인	14,000	철 분	1.88
마그네슘	1,500	구 리	0.37
칼 륨	830		

2.6 우유농축 무기물

인간의 정상적인 성장, 유지에는 21종의 무기물이 요구된다. 이들 무기질의 모든 종류가 우유에서 발견된다. 최근 미국에서는 새로운 낙농제품으로서 식품의 무기질 성분 보강제, 식품 첨가제용으로써 우유농축 무기질(concentrated milk minerals)제제가 개발되었다.

이 제제의 사용으로 그 동안 문제가 되었던 골다공증·고혈압·비만 등의 해결책이 열린 것으로 보고되고 있다. 참고로 미국에서 제품으로 소개된 우유농축 무기질의 성분 구성은 표 10-10에 나타낸 바와 같다.

2.7 새로운 유제품의 개발

세계의 시장에는 끊임없이 새로운 유제품이 개발되고 있다. 새로운 유제품으로 눈에 띄는 것은 최근에 발달된 우유성분의 분리기술에 의하여 제조된 각종 우유성분들을 원료로 만들어지는 새로운 유제품들과 유청을 이용한 유음료 및 기능성 식품 등 여러 가지 제품들이라 할 수 있다.

새로운 유제품의 특징적인 경향은 즉석식품(ready-to-eat food)형 유제품이 우세한 경향이라 할 수 있고, 가공 시유에서는 향료물질의 첨가 및 성분의 다양화 제품이 많다. 그리고 우유단백질을 이용한 각종 식품의 제조, 효소처리에 의한 저유당제품, 냉동요구르트 아이스크림, 우유푸딩, 젤리우유 등의 디저트 등도 많이 제조되고 있고, 지방의 함량과 성질을 조정하여 만든 각종 dairy spreads들도 시중에 많이 나오고 있다.

참고문헌

1. Irvine, D. M and A. R. Hill, 1985. Cheese Technology. In Comprehensive Biotechnology: The Principles, Applications. and Regulations of Bio-technology in Industry and Medicine. M. Moo-Young edited, Pergamon Books Ltd. p. 523～565.
2. Kosikowski, F. V. and V. V. Misktry, 1997. Cheese and Fermented Milk Foods, F. V. Ksoikowski, L. L. C. Virginia. p. 427.
3. Glass, L. and T. I. Hedrick, 1977. Nutritional Composition of Sweet and acid type wheys. J. of Dairy Sci. 60:190～196.
4. Varnam, A. H and J. P. Sutherland, 1994. Milk and Milk Products. Chapman and Hall, England.
5. Sienkinewicz, T and C-L. Riedel, 1990. Whey and Whey utilization, Verlag Th. Mann. Germany.
6. 김영교, 김영주, 김현욱, 1985. 우유와 유제품의 과학. 선진문화사.
7. 강창기, 고준수, 권일경, 김거유, 박구부, 박승용, 박재인, 이성기, 채영석, 최면, 최일신, 1997. 축산물의 과학, 유한문화사.
8. Tetra Pak, 1995. Dairy Processing Handbook.
9. 이재영, 유제현, 강국희, 1981. 신제 유가공학, 향문사.
10. 中江利孝, 1979. 牛乳 乳製品, 養賢堂.
11. University of Guelph, 2004 Mannual of Cheesemaking Technology Course. University of Guelph, Ontario. Canada.
12. Lampert, L. M., 1975. Modern Dairy Products. Food Trade Press, London.
13. Glanbia ingredients, 2003. Concentrated Milk Minerals in Dairy Field (www. dairyfield.com).
14. Cebeulis, J., J. H. Woychick and M. U. Wondolowsk, 1972. Composition of Commercial wheys. J. Agric. Food. Chem. 20: 1057～1059.
15. 이무하 김대곤 김일석, 김정환, 박승룡, 배인휴, 진상근, 2001. 축산식품 즉석가공학, 선진문화사.
16. Mozaffarian D, Katan M. B, Ascherio A, Stampfer M. J, Willett W. C. 2006. Trans Fatty Acids and Cardiovascular Disease. New England J. Medicine, 354: 1601～1613.

제 11 장

유성분을 이용한 기능성 식품소재

1. 우유 단백질의 생리기능

우유 100 g에 약 3 g 함유된 우유 단백질은 카세인(casein)과 훼이단백질(whey protein)로 대별된다. 카세인은 우유 단백질의 75～85% 차지하고, 대부분이 인산칼슘 및 칼슘과 더불어 카세인 마이셀(casein micelle)을 형성하며 존재하고 있다.

카세인 마이셀은 αs_1-casein, αs_2-casein, β-casein 및 κ-casein으로 구성되어 있고, 모두 pH 4.6에서 침전한다. 한편, 훼이단백질은 우유 단백질의 15～25%를 차지하고, β-lactoglobulin, α-lactalbumin, 혈청알부민, 면역글로불린, 락토페린 등으로 구성되어 있다. 우유단백질을 구성하는 아미노산은 표 11-1에 나타내었다. 전체의 아미노산을 함유할 뿐만 아니라 영양상 불가결한 필수 아미노산이 높은 함량으로 존재하며, 우유단백질은 모든 단백질성 식품 중에서도 대단히 양질의 것으로 있다. 이 때문에 우유단백질은 유유아뿐만 아니라 성장기의 아이, 성인 및 고령자에 있어서 이상적인 단백질의 공급원이다.

우유 성분은 단순히 영양기능을 가질 뿐만 아니라 신생아의 건전한 발육을 위한 생리기능도 가지고 있다. 따라서 본 장에서는 우유의 생리기능과 효능에 대해서 설명한다.

1.1 감염 방어기능

감염방어란 병원체가 체내에 침입하여 병에 걸리는 것을 방어하는 것을 말한다. 신생아는 무균상태로 있다가 태어나면서 병원균이 많은 환경에 접하게 되는데 이러한

표 11-1. Casein과 whey protein의 아미노산 조성 비교 (단백질 100g당 아미노산 g 수)

	아미노산	전단백질	전casein	전whey protein
필수아미노산		총계 49.1	총계 48.0	총계 53.1
	Histidine	2.8	2.9	2.2
	Isoleucine	6.4	5.7	6.8
	Leucine	10.4	10.4	11.1
	Lysine	8.3	8.3	9.9
	Methionine	2.7	2.8	2.4
	Phenylalanine	5.2	5.1	3.8
	Threonine	5.1	4.6	8.0
	Tryptophan	1.4	1.4	2.1
	Valine	6.8	6.8	6.8
비필수아미노산	Alanine	3.5	3.1	5.0
	Arginine	3.7	4.0	3.0
	Asparagine+aspartic acid	7.9	7.3	11.3
	Cysteine	0.9	0.3	2.4
	Glutamine+Glutamic acid	21.8	23.0	19.2
	Glycine	2.1	2.1	2.2
	Proline	10.1	11.2	5.2
	Serine	5.6	5.8	5.2
	Tyrosine	5.3	6.0	3.5

병원균의 침입으로부터 방어하기 위해서 우유에 포함되어 있는 다종다양의 항균성분이 감염 방어기능을 하는 것은 매우 중요한 생리기능 중의 하나라고 할 수 있다.

1) 면역글로불린(immunoglobulin, Ig)

면역글로불린 중 모유의 초유에는 산에 대하여 안정하고, 단백질 분해효소에 대해서 비교적 저항성을 갖는 분비형 IgA가, 우유에는 IgG가 다량으로 함유되어 있다. 신생아는 자궁 내에서 태반을 통하여 혈액 중에 IgG를 받고, 초유 중의 분비형 IgA는 신생아의 장관에서 바이러스와 병원성 세균에 대한 감염방어를 한다.

한편, 태반을 통하여 면역글로불린을 받지 못하는 젖소는 우유 성분으로서 경구 섭취된 IgG는 곧바로 신생송아지의 장관으로부터 흡수되어 혈액으로 이행되어 감여방어를 행한다. 임신 중에 병원성 대장균 및 로타바이러스에 면역된 젖소로부터 분비된 우유로 조제된 훼이단백질 분획 및 면역글로불린 분획은 대장균에 의한 급성장염에 걸린 유아와 로타바이러스에 의해 설사 증상을 보이는 유아에 경구 투여하면 감염예방 효과가 있다는 것이 알려져 있다.

또한 엔테로톡신(enterotoxin)을 생산하는 대장균에 대해서 면역글로불린 농축물을 성인에게 경구 투여하면 병원성 대장균에 대해서 감염방어 효과를 나타내는 것이 확인되었다. 따라서 우유 면역글로불린은 갓 태어난 송아지 및 신생아의 장관에 있어서 명확히 감염방어 효과를 가질 뿐만 아니라 우유로부터 분리한 면역글로불린은 감염 예방을 위한 식품소재로서 이용 가능한 것이 시사된다.

2) 락토페린

락토페린의 다양한 기능에 대해서는 우유단백질의 생리기능 끝부분에 별도로 서술하기로 한다.

3) 라이소자임(lysozyme)

라이소자임은 muramidase라는 효소로 그람양성균의 세포벽의 다당체를 구성하는 N-acetylmuramic acid의 β-1, 4 결합을 절단하는 것에 의해 용균활성을 발휘한다. 포도상구균에 의해서 유방염에 걸리면 라이소자임의 함량이 증가하는 것이 알려져 있다.

4) 락토퍼옥시데이스(lactoperoxidase)

락토퍼옥시데이스는 효소 수용체의 존재 하에서 과산화수소를 분해하는 효소이다. 우유 중의 이 효소는 어미의 간장 및 신장의 대사산물로서 우유에 이행된 SCN^-를 산소 수용체로 하여 유당의 대사산물로 있는 과산화수소를 분해하여 항균활성을 나타낸다. 또 락토퍼옥시데이스는 내열성이 있고, 우유 중의 락토퍼옥시데이스의 활성은 우유가 고온처리 되었는지 아닌지의 지표가 된다.

5) 잔틴 옥시데이스(xanthine oxidase)

잔틴 옥시데이스는 hypoxanthine과 산소로부터 요산과 과산화수소를 만드는 효소로 있다. 락토퍼옥시데이스의 항균활성에는 과산화수소가 필요하지만, xanthine oxidase는 과산화수소의 생성을 촉진시키는 것에 의해 peroxidase의 항균활성을 돕게 하여 감염방어에 기여한다.

6) 보체(complement)

병원균과 결합한 면역글로불린은 그들 자체로서는 병원균을 분해하는 것은 어렵기 때문에 보체 및 식세포를 활성화시키는 것에 의해 병원균을 분해한다. 보체는 9종류의 단백질로 구성되어 있지만, 우유에는 9종류의 보체 가운데 C3과 C4가 포함되어 있다. 항균활성이 없는 젖소 IgG에 C3과 C4를 함유한 신선한 우유를 가하면 항균활성이 보이는 것으로부터 우유 중의 보체 성분은 무언가의 경로를 통해서 활성화되어 감염방어에 기여한다.

7) 트립신 억제제(trypsin inhibitor)

트립신 억제제는 트립신과 특이적으로 결합하고, 트립신의 단백질분해 활성을 억제하는 물질로 있다. 우유에는 트립신 저해활성을 가지는 당단백질이 함유되어 있고, 장관 내에서 면역글로불린이 트립신에 의해 소화되는 것을 저해하는 것에 의해 감염방어에 기여한다. 태반으로부터 IgG를 받는 동물의 유보다 우유를 통하여 받는 동물이 우유 중에 트립신 억제제가 많은 것, 우유 중의 IgG의 변동 패턴과 트립신 억제제 양의 변동패턴이 유사한 점, 갓 태어난 송아지의 혈청 중 IgG 양과 그 동물이 마시는 우유 중의 트립신 억제제 활성에는 높은 상관성이 있는 점 등이 우유 중의 트립신 억제제가 감염방어에 기여한다는 근거가 된다.

8) 비타민 B_{12}와 엽산결합 단백질

우유에는 비타민 B_{12} 또는 엽산과 결합하는 단백질이 함유되어 있다. 결합단백질은 비타민 B_{12} 또는 엽산과 결합하는 것에 의해 그들을 영양소로서 이용하려는 세균의 증식을 억제함으로써 감염방어에 관여한다고 생각된다.

1.2 정장기능

사람의 장내에는 약 100여 종의 균이 존재하고, 총 균수는 약 100조 개의 세균이 존재한다. 이들의 세균은 장내에서 상호관계를 유지하고 있다. 다음은 장관 내에 발생하는 유해물질을 중화하고, 유익균의 증식을 촉진하여 정장기능을 갖는 물질에 대하여 설명한다.

1) 유당(lactose)

유당은 유도효소로 있는 β-galactosidase에 의해 galactose와 glucose로 분해된다. β-galactosidase는 항상 장관 내에 다량으로 존재하는 효소가 아니므로 분해되지 않은 유당은 장관에서 흡수되지 않고 소장에 대량으로 축적되어 소장 내의 침투압을 높인다. 이 때문에 소장외의 침투압과 소장내의 침투압을 평형화하기 위해서 주위로부터 소장 내로 다량의 수분이 들어온다. 그 결과 장 내용물은 묽은 상태로 되어 변비를 억제한다. 한편, 묽은 상태의 장 내용물에 존재하는 유당은 소장 하부에 있는 회장 및 대장에서 유산균 등의 장내세균에 의해 유산 및 초산으로 변화된다. 이러한 산들은 회장 및 대장을 자극하여 장의 연동운동을 촉진하여 변비를 예방함과 동시에 대장균을 비롯한 유해세균이 생산하는 암모니아, 아민, 발암물질 등을 중화하는 역할을 한다.

2) κ -Caseinomacropeptide

비피도박테리아(Bifidobacteria)는 유해세균 또는 병원성 세균에 의한 독성물질의 생산을 억제하고, 비타민의 생산, 장관면역계를 촉진시키는 것에 의해 장관조직의 발달을 촉진한다. 모유 κ-casein의 카이모신(chymosin) 또는 펩신(pepsin)의 분해에 의해 생긴 κ-caseinomacropeptide는 비피도박테리아의 증식을 촉진하는 역할을 한다. κ-caseinmacropeptide는 비피도박테리아 이외의 다른 유산균에도 생장효과를 나타내었는데, 한 예로 κ-caseinmacropeptide를 trypsin으로 가수분해한 소화물은 *Lactococcus lactis* subsp *lactis*의 생장을 2배로 촉진시키는 효과가 있었다. 또한 N-acetylneuraminic acid(AcNeu)를 함유한 물질에서 여러 종류의 유산균의 생장을 촉진시키는 효과가 있다.

3) 올리고당(oligosaccharides)

우유로부터 분리된 N-acetylglucosamine을 함유하는 락토테트라오스(lactotetraose)는 비피도박테리아의 증식을 촉진하는 것으로써 비피도박테리아인자라고도 불리운다. 유당에 대한 자세한 설명은 유당의 생리기능을 참고하길 바란다.

4) 비피도박테리아 생장 촉진 peptide

비피도박테리아(Bifidobacteria)는 소장 하부에서 대장에 걸쳐서 서식하며, Gram 양성, 간상형 bacteria로 Y자, V자, 만곡, 곤봉 등의 다양한 형태를 보이며 영양상태, 산소와의 접촉 여부, 배양조건, 항생제의 존재 유무 등에 의하여 세포형태가 변화한다. 비피도박테리아는 완전 혐기성 미생물로, 최적 생장온도는 36∼38℃이고, DNA를 구성하는 염기 중 guanine과 cytosine의 비율은 57∼68 mole%로 알려져 있으며, 또한 포도당으로부터 초산과 젖산을 3 : 2의 비율로 생산한다.

비피도박테리아는 당류를 발효시켜 유기산을 생산하여 장내 pH를 저하시킴으로써 유해 미생물을 억제시킨다. 이때 생성된 산은 암모니아와 amine을 이온형태로 전환시켜 이들 유해물질의 장내 흡수를 억제한다. 또한 비피도박테리아의 세포성분은 숙주의 면역기능을 활성화시켜 유해 미생물을 억제시키고, 항암작용을 하는 것으로 알려져 있다. 비피도박테리아는 어린이와 어른의 장내, 특히 모유영양아의 장내 균총을 우점하고 있으며 숙주의 영양상태, 연령, 질병에 따라 분포가 변화한다. 숙주의 연령이 많아질수록 비피도박테리아는 감소하고, 반면 Gram 음성균이 증가하기 때문에 장내건강의 지표로 인정되고 있다.

비피도박테리아의 생장촉진 인자로는 모유에서 발견되는 N-acetylglucosamine (bifidus factor I)과 모유, 우유, pancreatic extract, insulin 및 casein 분해물에서 발견되는 bifidus factor II 등이 있다. 또한 우유 카세인 가수분해물, yeast extract, lactulose 및 대두단백질 분해물도 비피도박테리아의 생장촉진 효과가 있는 것으로 알려져 있다. Hirano 등은 DEAE-cellulose column을 이용하여 모유의 초유에 존재하는 glycopeptide를 분석한 결과, 5개의 분획으로 분별이 가능하였으며, 분자량 분포가 7.4～9 kDa 정도이었다고 보고하였다.

이들 peptide는 *Bifidobacterium bifidum* var. *pennsylvanicus*와 *B. bifidum* var. *tissier*의 생장을 촉진하는 효과가 있음을 밝혀냈다. 또한 DEAE-cellulose, CM-cellulose column을 사용하여 모유의 훼이에서 7개의 분획을 확인하였다. 모든 분획에서 비피도박테리아의 생장을 촉진시키는 효과가 있었으며, 이러한 생장 촉진효과는 각 분획에 포함된 당의 함량과 연관성이 있는 것으로 알려졌다. 계속적인 연구에서 이들은 모유의 훼이에서 *B. bifidum* var. *pennsylvanicus*의 생장을 촉진시키는 2개의 당단백질을 분리하였는데, 분자량은 29.5 kDa 정도였으며, galactose, galactosamine, glucosamine 및 N-acetylneuraminic acid (AcNeu) 등이 함유되어 있었다.

1.3 칼슘흡수 촉진기능

사람 몸에는 체중의 약 2%의 칼슘이 함유되어 있고, 이 중 99%는 뼈 및 치아의 구성성분으로 되며, 나머지 1%는 전신의 조직 및 혈액에 넓게 분포되어 있고, 생명의 유지에 불가결한 다양한 생리기능에 작용하고 있다.

또 혈액 중의 칼슘농도는 항상 일정하게 유지되며, 만약 음식으로서 섭취된 칼슘량이 부족하면 즉시 뼈의 칼슘이 혈액으로 유출되어 혈액 중의 칼슘 농도가 원래의 농도가 되도록 한다. 그러나 이것은 일시적인 해결책일 뿐 장기간의 칼슘 섭취량의 부족은 골다공증과 같은 장해를 일으킬 뿐만 아니라 뼈의 칼슘이 혈액에 유출될 때 세포내의 칼슘농도를 상승시키는 것에 의해 여러 가지 병을 일으킬 위험성이 있다. 즉, 원래 세포내 칼슘 량은 세포외 칼슘 양의 불과 만분의 1정도 밖에 안 되며, 세포내와 세포외의 칼슘농도의 거대한 차에 의해 세포의 정보전달이 일어난다. 그런 까닭에 세포내 칼슘의 농도가 상승하고, 세포외의 칼슘과의 농도차가 저하된다면 세포의 정보전달이 억제되어 고혈압, 동맥경화, 당뇨병, 악성종양, 알레르기 등의 여러 가지 장해의 원인이 된다.

장관 내 칼슘의 흡수는 장관 내의 칼슘 농도와는 무관계의 능동수송으로 있는 세포내 경로, 장관 내의 칼슘 농도에 의존한 수동수송으로 있는 세포측로(細胞側路), 그리고 소장의 쇄자연막(刷子緣膜 ; brush border membrane)에 부착된 칼슘이 세포내 섭취(endocytosis)에 의해 소포체로서 거두어들이는 경로에 의해서 일어난다. 그 중에서도 세포내 경로와 세포측로는 장에서 칼슘흡수의 주요 경로로 알려져 있다.

우유는 칼슘의 이상적인 공급원으로 알려져 있으나, 이것은 단순히 우유에 칼슘이 다량으로 함유되어 있기 때문만 아니라 상기의 경로에 의한 칼슘의 흡수가 우유 중의 다음과 같은 성분에 의해 촉진되기 때문이다.

1) 유 당

유당이 칼슘의 흡수를 촉진하는 것은 예부터 잘 알려진 사실이다. 유당에 의한 칼슘 흡수의 촉진기구로서는 칼슘과 킬레이트(chelate)하는 것에 의해 칼슘을 가용화시키는 것, 소장에서 세포의 산화대사계를 저해하여 칼슘의 투과성을 증대시키는 것, 장관 상피세포 쇄자연막에 칼슘이 흡수되기 쉽게 직접 작용하는 것, 또한 소장 하부에서 장내세균에 의해 유당으로부터 생성된 유산 및 그 외의 유기산이 장관 내 pH을 저하시켜 칼슘을 이온화시키는 것 등이 시사된다.

2) 비타민 D

비타민 D는 간장과 신장의 미토콘드리아에서 칼슘조절 호르몬의 하나로 있는 활성형 비타민 D로 변환된다. 활성형 비타민 D는 세포내 경로에 의한 칼슘의 흡수에 있어서 쇄자연막에서의 칼슘의 수송속도 상승, 장관 내에서의 칼슘수송에 관계하는 칼슘결합 단백질의 발현, 그리고 측저막 통과시의 Ca^{2+}/Mg^{2+}-ATPase 활성의 상승을 행하는 것에 의해 장관에서 칼슘의 흡수를 촉진한다.

3) 칼슘결합 단백질

우유에는 칼슘결합 단백질이 존재하고 있다. 칼슘결합 단백질은 장관에서 칼슘을 가용화시키는 것에 의해 소장하부에서의 세포측로에 의한 칼슘의 흡수를 촉진시킨다.

4) 칼슘흡수 촉진 peptide

칼슘의 체내 이용성은 식품에서 섭취된 칼슘의 양과 장관으로부터 흡수되는 정도에 따라 좌우된다. 일반적으로 칼슘의 흡수는 소장 상부에서 능동수송(active transport)에 의해 이루어지며, 장관의 하부로 내려갈수록 수동수송(passive transport)에 의해서 흡수가 된다. 칼슘이 체내로 흡수되려면 장관 내에서 가용상태로 존재해야 되는데, 장내의 pH가 알칼리성으로 변하면 칼슘은 쉽게 침전되기 쉬운 상태가 되어 이용성이 낮아진다. 또한 불용성 칼슘염의 형성은 영양가의 저하와 요로결석이 발생할 위험성이 높아진다.

우유 칼슘의 장내 흡수는 vitamin D가 촉진시키며, 우유 중에 함유된 유당에 의해서도 흡수가 촉진된다. 최근, 우유 중의 카세인에서 분리된 phosphopeptide는 소장에서 칼슘을 가용화시키는 ligand의 역할을 함으로써 칼슘의 흡수를 촉진하는 것으로 밝혀졌다. β-casein으로부터 얻어진 phosphopeptide가 칼슘과 결합하여 장 점막 세포로의 흡수를 촉진하며, phosphopeptide가 칼슘 흡수 및 대퇴부의 칼슘 축적을 유의적으로 증가시킨다.

β-casein 중 인과 결합하는 serine이 많이 존재하는 영역은 소화효소에서 쉽게 가수분해 되지 않으며, 소장 내의 칼슘 침전을 억제시켜 궁극적으로 가용성 칼슘 함량을 증가시켜 회장에서의 칼슘 흡수를 촉진시키는 것으로 밝혀졌다. 또한 casein phosphopeptide(CPP)는 소장 내에 존재하는 인산칼슘의 침전을 억제시키는데, αs1-casein 59~79 영역, β-casein 1~25 영역이 이러한 기능을 수행하는 CPP인 것으로 밝혀졌다.

1.4 혈청 콜레스테롤 저하기능

혈액 중에 콜레스테롤이 증가하면 고콜레스테롤의 혈증이 되어 심장병, 특히 협심증 및 심근경색 등의 허혈성 심질환을 일으킨다. 고콜레스테롤 혈증, 동맥경화증 예방 및 개선을 위한 많은 의약품과 식품 등의 등장에도 불구하고 WHO 통계에서는 세계에서 사망 원인의 제 1위는 심장혈관 질환으로 있다. 따라서 최근에는 새로운 지질대사 개선 펩타이드 연구가 진행되고 있다. 콜레스테롤대사를 개선하는 단백질에 관한 연구는 100여 년 전부터 진행되어 왔다.

우유 훼이단백질 농축물을 고콜레스테롤 사료에 첨가하여 랏트(rat)에 섭취시켜 혈청 콜레스테롤 양을 측정한 결과, 훼이단백질 농축물의 무첨가구 보다 현저히 저하시켰다는 연구 결과가 있다. 훼이단백질의 콜레스테롤 대사 개선작용은 대두단백질보다도 우수하다는 것이 동물실험에 의해서 밝혀졌다. 더욱이 Caco-2세포에 있어서 콜레스테롤 흡수 억제작용을 발휘하는 펩타이드로서 β-lactoglobulin의 트립신 분해물로부터 lactostatin(IIAEK)이라는 콜레스테롤 개선 펩타이드가 발견되었다.

1.5 면역계의 조절기능

우리의 주변에는 바이러스, 세균, 진균, 기생충 등의 다양한 병원성 생물이 존재하고 언제라도 우리를 감염시킬지도 모르는 상태로 있으며, 체내에 있어서도 언제 이상세포가 발생할지 모르는 상태로 있다. 그러나 우리의 몸은 이들로부터 보호받을 수 있는 면역기구가 준비되어 있고, 이것들에 의해 병원성 생물 및 이상세포를 무독화 시킬 수 있다.

면역기구는 기능적으로 자연면역기구와 획득면역기구로 대별할 수 있다. 자연면역기구는 병원성생물(항원)에 대해 최초로 방어하는 기구로 있고, 라이소자임(lysozyme), 퍼옥시데이스(peroxidase)와 같은 효소가 있으며, 트랜스페린(transferrin)과 인터페론(interferon) 등의 가용성 물질, 단구·마크로파아지 및 호중구 같은 탐식세포, 또 Natural killer 세포와 같은 세포가 작용하는 기구로 있다. 대부분의 병원성 생물은 감염되기 전에 이들의 작용에 의해 무독화 된다.

한편, 획득 면역은 이전에 침입한 적이 있는 항원에 대하여 그 항원과 특이적으로 반응하는 물질이 체내에 만들어지고, 다시 같은 항원이 침입할 때 그의 물질이 관여하여 무독화 하는 기구로 있다. 획득면역기구에서는 한번 만난 항원에 대한 정보를 림프구(lymphocyte)가 기억하고 있다가 다시 그의 항원이 침투하면 빨리 그의 항원과 특이적으로 반응하여 항체 및 킬러 T세포가 만들어지고, 이들의 무독화에 관여하고 있다.

또, 면역기구는 비장 및 림프절을 유도조직으로 한 전신면역계(말소 면역계)와 점막관련 림프조직(mucosa associated lymphoid tissue : MALT)을 유도조직으로 한 국소면역계(점막면역계)로 대별하는 것이 가능하다. 우유단백질 및 그의 소화물을 직접 접하는 것이 가능한 면역유도 조직은 점막관련 림프조직에 하나의 장관관련 림프조직(gut-associated lymphoid tissue : GALT)으로 있다. 장관관련 림프조직은 파이어반(peyer's patch), 장간막 림프절, 점막 고유층, 장관상피 등과 더불어 그들의 조직에는 많은 면역을 담당하는 세포가 존재하고 있다.

면역을 담당하는 세포는 natural killer(NK)세포, 탐식세포, 림프구 등으로 나뉘어져 있다. NK세포는 처음으로 만나는 바이러스 감염세포와 암세포를 죽이는 것이 가능하다. 마크로파아지, 수상세포, 호중구 등의 탐식세포는 이물을 탐식하는 것에 의해 분해되고 더불어 마크로파아지와 수상세포는 그의 이물단편을 림프구에 제시하는 것과 다양한 사이토카인을 생산하는 것에 의해 획득 면역에도 관여한다. 림프구로는 항체를 만드는 B세포, 그것을 도와주는 헬퍼 T세포, 그것을 억제하는 suppressor-T세포, 바이러스 감염세포 및 암세포를 죽이는 killer T세포 등이 있다.

1) 락토페린(lactoferrin)

락토페린은 림프구의 증식과 분화, 항체의 생산은 물론 단구·마크로파아지, 호중구 및 비만세포의 기능 및 사이토카인의 생산, 보체의 활성화 등의 면역계와 염증 계에 관계하는 여러 가지 세포의 기능에 영향을 미친다. 또한, 락토페린은 항염증작용과 감염방어 작용의 양면에서 신생동물의 생체방어에 기여하고 있다.

2) κ -Casein과 그의 분해물

우유 κ-casein은 수신피부 anaphylaxis 반응과 비만세포로부터 히스타민의 유리를 억제하는 것이 알려져 있다. 또한 우유 κ-casein과 그의 카이모신 소화에 의해 para-κ-casein과 κ-caseinoglycopeptide가 생성된다. κ-caseinoglycopeptide는 세포 배양계에서 림프구의 증식 및 항체생산을 억제하는 작용을 가지고 있다.

κ-caseinoglycopeptide에 의한 림프구의 증식 억제작용 및 항체생산 억제작용은 sialic acid잔기를 포함하는 복수개소의 단쇄를 통하여 κ-caseinoglycopeptide가 단구·마크로파아지에 결합하여 IL-1 receptor antagonist의 생산을 유도한다든가, $CD4^+$ T림프구에 결합하여 IL2 receptor의 발현을 저지하는 것에 의해 이루어진다. 한편, 우유 κ-caseinoglycopeptide을 오브알부민(ovalbumin)을 단백질로서 사료에 첨가하여 마우스에 경구투여하면 오브알부민 및 근육 내 투여 항원에 대한 IgG의 특이항체의 생산이 κ-caseinoglycopeptide 무첨가에 비해 현저히 저하하는 것이 확인되었다. 더욱이 모유 κ-caseinoglycopeptide는 림프구에 대하여 세포자연사(apotosis)를 유도하는 것이 보고되었다.

따라서 κ-casein도 락토페린과 더불어 장관면역계에 대하여 억제적으로 작용하고, 신생동물에 있어 항염증인자로서 기능을 시사하고 있다. 한편, para-κ-casein은 IgM의 면역글로불린의 생산을 증강시키는 것이 밝혀졌다.

3) Casein phosphopeptide(CPP)

우유 α_{s1}-casein의 phosphoserine 집중영역을 포함하는 59～79 영역의 펩타이드와 우유 β-casein의 phosphoserine 집중영역인 1～25 영역의 펩타이드는 비장 림프구 및 파이어반 림프구에 대하여 분열유발(mitogen) 활성이 있고, 더불어 그들의 림프구에 의한 IgG 생산을 촉진하는 작용을 가지고 있다.

4) α -Lactalbumin과 lysozyme

α-lactalbumin과 lysozyme은 아미노산 배열 및 disulfide 결합의 위치 등에 높은 상동성을 보이며, 동일의 선조로부터 분화된 단백질이라고 생각되어진다. 모유 α-lactalbumin은 랏트(rat)의 흉선세포와 사람의 암세포에 대하여 세포자연사(apotosis)를 유도하는 것이 밝혀졌다. 또 젖소 α-lactalbumin용액의 pH를 2 또는 4로 조정하고, 실온에 수시간 방치하면 자기의 림프구에 대하여 세포자연사 유도능이 발생되는 것처럼 된다. 닭, 메추라기, 집오리 등의 lysozyme는 세포자연사 유도능이 없는 것으로부터 α-lactalbumin의 세포자연사 유도능은 칼슘 결합능에 관계하고 있다는 것이 시사된다. 즉, α-lactalbumin과 lysozyme은 T, B 양 림프구의 증식을 억제하고, 더욱이 α-lactalbumin은 마크로파아지의 식작용 및 아소산염의 생성을 억제하는 것이 보고되어 있다.

5) 카세인 유래의 저분자 peptide

모유 β-casein 54～59 영역의 peptide는 마크로파아지에 의한 식작용 및 항체생산을 촉진하는 작용을, 또 우유 카세인의 소화물로부터 분리된 Leu-Leu-Tyr 및 Gly-Leu-Phe 등의 tripeptide는 마크로파아지에 의한 식작용을 촉진한다든지 마우스의 감염저항성을 높이는 작용을 가지고 있다. 한편, 우유 β-casein 192～209 영역의 peptide는 림프구에 대하여 분열유발(mitogen) 활성을 가지고 있다. 또한 우유 α_{s1}-casein 1～23 영역의 peptide는 식세포에 의한 식작용을 촉진시키는 것과 T-림프구의 증식을 촉진하는 것이 알려져 있다.

1.6 세포증식 촉진기능

세포의 증식은 기관 및 조직의 성숙, 각종 기관의 발현, 손상조직의 수복 등에 관계하는 중요한 현상이다. 모유와 우유의 락토페린과 트랜스페린은 주화(株化)된 인간 T 및 B림프구의 증식을 촉진하는 작용을 가지고 있다. 또 모유 락토페린에는 섬유아세포와 장관 crypto 세포의 증식을 촉진하는 기능이 알려져 있다.

더욱이 모유와 우유 락토페린은 L-M세포에 의한 신경성장인자의 생산을 촉진하는 작용이 있고, 일반적으로 신경성장인자의 합성과 세포의 증식을 병행하기 위해서 락토페린은 L-M세포의 증식을 촉진하는 것이 시사된다. 모유의 β-casein 1～18 영역과 105～117 영역의 peptide, 그리고 우유 β-casein 177～183 영역의 peptide는 3T3 섬유아세포의 증식을 촉진하고, 이들 가운데 1～18 영역의 peptide는 L섬유아세포의 증식을 촉진시키는 것으로 시사된다.

1.7 우유단백질의 소화에 의해 유리된 생리활성 peptide

생체 내에는 수많은 펩타이드 호르몬과 신경 펩타이드가 존재하고, 그들의 특이적 수용체에 작용하는 것으로 다양한 생리기능을 나타내고, 생체조절에 중요한 역할을 하는 것이 알려져 있다. 한편, 식품단백질의 효소 소화에 의해 파생되는 저분자 펩타이드 중에는 이들의 내인성 펩타이드에 대하여 수용체를 활성화하여 생리작용을 나타내는 것이 존재한다.

식품 유래의 생리활성 펩타이드 중에는 생체 조절기능이 주목되어 있고, 지금까지 혈압 강하작용과 지질대사 개선작용을 나타내는 생리활성 펩타이드가 식품단백질의 효소분해물로부터 단리 되고, 생활 습관병 예방에 기여할 가능성이 시사됨과 더불어 일부는 기능성 식품의 소재로서 실용화 되고 있다. 더욱이 최근 이들은 말초작용, 신경적 스트레스 완호작용, 식욕 조절작용, 학습 촉진작용 등의 중추신경계에 작용하는 생리활성 펩타이드가 존재하는 것이 밝혀졌다.

우유단백질 분해물은 아미노산이나 단백질보다 흡수율이 높고 항알레르기 효과와 같은 다양한 생리적 효능을 보인다. 우유단백질은 다른 식품에 존재하는 단백질과는 달리 소화과정 중에서 다양한 생리활성 peptide를 생산하는데, 우유단백질 분해물에서 얻어진 생리활성 peptide는 우유단백질로 존재 시에는 생리효과가 없는 상태로 있으나, 특정 효소에 의하여 가수분해가 되면 독특한 생리기능을 갖는 점을 특징으로 하고 있다. 발효유제품이나 치즈에서는 많은 생리활성 peptide가 보고되고 있다. 근래에는 우유 및 유제품을 대상으로 기능성을 강화시킨 제품들이 선보이고 있는데, 그 중에서도 연구가 많이 되어 있는 몇몇 생리활성 물질에 대하여 살펴보면 다음과 같다.

1) Opioid peptide

1971년 Golstein 등에 의하여 포유동물의 뇌 조직에 morphine에 대한 특정 receptor가 존재하는 것을 발견한 이래로 morphine과 유사한 물질이 체내에서 통증을 조절할 수 있을 것이라고 여겨져 왔다.

이러한 물질에 대한 연구는 1975년 Hughes에 의하여 2가지의 morphine(opiate peptide) 유사물질, 즉 adrenaline에서 분해된 Met enkephalin과 Leu enkephalin의 분리를 시작으로 뇌하수체, 시상하부, 소화기 조직 등에서 20여 종류의 morphine 유사 물질들이 분리되었으며, 수백 가지의 유도체들이 합성되었다.

Opioid peptide는 진통 peptide라고도 불리우고, 세포 표면에 그의 receptor와 결합하여 내분비기능, 자율기능, 운동기능, 지각기능 등의 중추신경계는 물론 췌액 분비기능, 소화관운동 등의 여러 가지 말초신경계에도 작용하여 마약이나 morphine과 유사한 작용을 나타내는 peptide를 말하며, 그 자체가 신경조절 물질(neuromodulator)로 작용하는데, 특정 receptor들에 결합하여 acetylcholine, noradrenalin, dopamine, serotonin과 같은 신경전달물질(neurotransmitter)의 대사에 관여하는 것으로 알려져 있다. 또한 neurotensin, somatostatin, 그리고 내분비 hormone과 같은 신경조절 물질들에 관여하는 기능이 있는 것으로 보고되어 있다.

이러한 opioid peptide들의 생리학인 작용을 크게 3가지로 요약하면 morphine과 같은 진통작용, euphoria(쾌감), 그리고 신경전달 물질이나 신경조절 물질로 작용하는 기능이다. 그 외 기억력, 학습능력, 스트레스에 대한 반응, 통증전달, 그리고 식욕, 체온과 호흡조절 등에 중요한 역할을 하고 있다.

1976년에 Waida 등은 우유 카세인 분해물에서 opioid 활성이 존재함을 처음 보고하였고, 유단백질 분해물과 우유, 분유 및 조제분유를 chloroform/methanol 추출 시 opioid 활성을 지닌 물질이 발견되었고, column chromatography로 분리한 결과 β-casein의 60～66번째 잔기인 Tyr-Pro-Phe-Pro-Gly-Pro-Ile으로 확인되었다. 또한 이를 carboxypeptidase로 처리하여 Pro-Ile 잔기를 절단한 결과, opioid 활성이 더욱 상승하는 현상을 발견하였다.

이 β-casein에서 분리한 heptapeptide와 pentapeptide를 각각 β-casomorphin 7과 β-casomorphin 5로 명명하였다. 유단백질 유래 peptide들의 opioid 효과를 확인하기 위한 *in vivo* 실험에서 β-casomorphin은 μ-receptor antagonist로 작용할 뿐 아니라 구강 투여 시 insulin과 somatostatin의 분비를 촉진함을 확인하였다. 우유의 α_{s1}-casein, β-casein 및 κ-casein에 단백질 분해효소로 가수분해 시킨 다음 HPLC를 이용하여 분석한 결과 opioid 활성이 높은 3개의 peptide를 발견하였는데, 이들은 각각 α_{s1}-casein의 90～95 영역, β-casein의 59～68 영역, κ-casein의 33～38 영역으로 밝혀졌다.

Trypsin 또는 pepsin의 단독 분해 시에는 opioid peptide들을 발견하지 못하였으나, pepsin과 trypsin의 2가지 또는 pepsin, trypsin, 그리고 chymotrypsin의 3가지 효소를 같이 병행하여 사용한 경우에는 opioid peptide가 존재한다고 밝혔다. 또한 κ-casein을 pepsin으로 5시간 동안 분해시킨 결과 opioid 활성이 높은 peptide를 얻을 수 있었고, 현재까지 카세인으로부터 casomorphin과 casoxin이, 훼이단백질로부터 lactorphin이 각각 분리되어 명명되었다.

우유 및 모유 단백질 분해물에서 발견된 opioid peptide는 표 11-2에 나타내었으며, 이러한 opioid peptide들은 카세인과 훼이단백질로 부터 각각 분리되었는데 trypsin, chymotrypsin, carboxypeptidase 등과 같은 소화효소에 의하여 잘 분해되지 않는

표 11-2. 유단백질 분해물에서 발견된 opioid peptide

Opioid peptides	Proteins	Amino acid sequence
Bovine β-casomorphin-7	β-casein	Tyr-Pro-Phe-Pro-Gly-Pro-Ile
Bovine β-casomorphin-6	β-casein	Tyr-Pro-Phe-Pro-Gly-Pro
Bovine β-casomorphin-5	β-casein	Tyr-Pro-Phe-Pro-Gly
Bovine β-casomorphin-4	β-casein	Tyr-Pro-Phe-Pro
Human β-casomorphin-8	β-casein	Tyr-Pro-Phe-Val-Glu-Pro-Ile-Pro
Human β-casomorphin-5	β-casein	Tyr-Pro-Phe-Val-Glu
Human β-casomorphin-4	β-casein	Tyr-Pro-Phe-Val
Human α-casomorphin	α-casein	Tyr-Val-Pro-Phe-Pro
Exorphin	α-casein	Arg-Tyr-Gly-Leu-Tyr-Glu
β-neocasomorphin	β-casein	Tyr-Pro-Val-Glu-Pro-Phe
Human β-casein	β-casein	Tyr-Pro-Ser-Phe-NH_2
"	β-casein	Tyr-Gly-Phe-Leu-Pro
Morphiceptin	β-casein	Tyr-Pro-Phe-P개-NH_2
Bovine κ-casein	κ-casein	Ser-Arg-Tyr-Pro-Ser-Tyr
Human α-lactorphin	α-lactalbumin	Tyr-Gly-Leu-Phe-NH_2
Serorphin	bovine serum albumin	Tyr-Gly-Phe-Gln-Asn-Ala

것으로 밝혀져 치료 및 예방용 식품으로 그 활용 가능성이 높은 물질로 생각되고 있다.

(1) β-Casomorphin

Brantl 등은 혈액 중에 이미 알려진 내인성 opioid peptide와는 다른 pronase 저항성을 나타내는 opioid 활성이 존재하는 것을 확인하였고, 이것이 식품으로부터 이행되었다는 가설로부터 탐색을 행하였다. 결과적으로는 가설은 빗나갔지만 casein peptide로부터 새로운 opioid peptide가 발견된 단서가 되었다.

얻어진 peptide Tyr-Pro-Phe-Pro-Gly-Pro-Ile는 β-casein 60~66 영역에 상당하는 것으로부터 β-casomorphin-7로 명명하였다. 또 β-casomorphin-7보다도 강력한 opioid활성을 갖는 Tyr-Pro-Phe-Pro-Gly와 Tyr-Pro-Phe-Pro- NH_2도 얻어지고, 이들을 각각 β-casomorphin-5와 morphiceptin으로 명명하였다. 특히 morphiceptin은 μ-receptor 선택성을 갖는 최초의 opioid peptide로서 주목되었다.

그 후 돼지 뇌로부터 μ-receptor선택적인 opioid peptide로서 endomorphin I (Tyr-Pro-Trp-Phe-NH_2)과 II(Tyr-Pro-Phe-Phe-NH_2)가 분리되었다. β-casein로부터 β-casomorphin-7의 생성조건은 오랫동안 불명하였고, 미생물 프로테이스(protease)

의 관여가 필요하다고 생각하였다.

모유 β-casein으로부터는 β-casomorphin-8(Tyr-Pro-Phe-Val-Glu-Pro-Ile-Pro)이 분리되었다. β-casomorphin은 타의 opioid 동상 장관의 연동을 억제하는 작용을 가지고 있는 것으로부터 음식물의 장관 내 채류시간을 연상시키는 것에 의해 영양소의 흡수를 높이는 효과가 시사된다. 즉 같은 기작을 기초로 morphiceptin 유도체를 동물의 설사 방지용으로 쓰고자 하는 것도 검토할 만하다.

복강 내 투여된 β-casomorphin이 신생 랏트(rat)의 수면을 증가시켰다는 보고가 있지만 경구투여에서는 아직 증명되지 않았다. 또한 β-casomorphin은 마우스 유래 Neuro2a 세포의 신경돌기신전촉진활성(神經突起神展促進活性)도 있는 것으로 밝혀졌다.

(2) β-Neocasomorphin

β-Neocasomorphin는 β-casomorphin-7의 생성조건을 검토하는 과정에서 새로운 opioid 펩타이드를 분리하였다. β-casein 114～119 영역의 잔기로서 Tyr-Pro-Val-Glu-Pro-Phe로 나열되어 있다.

(3) α-Casein exorphin

Loukas 등은 우유 α_{s1}-casein의 pepsin 분해에 의해 파생된 Arg-Tyr-Gly-Leu-Tyr-Glu는 δ-receptor 선택적인 opioid 활성을 나타낸다고 보고하였다. 그러나 그의 opioid 활성은 극히 적었다.

(4) Serorphin

젖소 혈청알부민(bovine serum albumin)은 훼이단백질의 주요 성분 중의 하나로 있다. 젖소 혈청알부민을 pepsin에 의해 소화시켜 얻어진 serorphin(Tyr-Gly-Phe-Gln-Asn-Ala)은 δ-receptor 선택성의 opioid 펩타이드이다.

(5) 그 외 잠재적인 opioid peptide

단백질의 1차 구조를 토대로 화학합성에 의해 opioid 활성이 확인된 peptide 배열은 모유 β-casein 중에 존재하는 Tyr-Pro-Ser-Phe-NH2 및 Tyr-Gly-Phe-Leu-Pro, α-lactalbumin에 존재하는 Tyr-Gly-Leu-Phe- NH2(α-lactorphin), 그리고 모유 α_{s1}-casein의 합성 fragment peptide로서 얻어진 Tyr-Val-Pro-Phe-Pro (α_{s1}-casomorphin)가 있다.

2) 안지오텐신 전환효소(Angiotensin Converting Enzyme) 저해 peptide

동맥 수축작용과 aldosterone 생산 촉진에 의해 강력한 혈압 상승작용을 나타내는 angiotensin II(ANG II)는 활성이 없는 상태의 decapeptide인 angiotensin I(ANG I; DRVYIHPFHL)이 안지오텐신 전환효소(ACE)에 의하여 C-말단의 His-Leu 잔기가 제거되는 것에 의해 생성된다(그림 11-1).

따라서 ACE 저해제는 ANG II라고 하는 활성형 호르몬으로 바꾸는 ACE에 작용하여 ANG II의 생산 억제와 aldosterone의 분비를 감소시키고, 반대로 동맥확장, 혈압 강하작용을 가지는 bradykinin(RPPGFSPFR)을 증가시켜 sodium 배설을 촉진함으로써 혈압을 강하시키는 작용을 말한다. 우유 카세인의 트립신 소화물로부터 3종류의 ACE저해 peptide(FFVAPFPE -VFGK, AVPYPQR, 그리고 TTMPWL)가 분리되었다.

FFVAPFPEVFGK와 TTMPWL은 α_{s1}-casein에서 유래된 것이고, 혈압 강하작용을 가지고 있다. 그러나 AVPYPQR는 β-casein에서 유래된 peptide이지만 진정한 저해물질은 아니고 ACE기질로서 ACE에 의해서 C말단부터 dipeptide 단위로 절단된다. 따라서 최종적으로는 ACE기능이 약한 AVP, YP, 그리고 QR까지 분해되기 때문에 혈압 강하작용을 기대하기는 힘들다.

3) 혈소판 응집저해 peptide

응혈은 혈소판이 응집하는 것에 의해 일어나는 현상으로 출혈에 의한 사망을 막기 위해 중요하지만, 역으로 응혈반응이 과도하기 발생하는 것도 생명을 위협하고 있다.

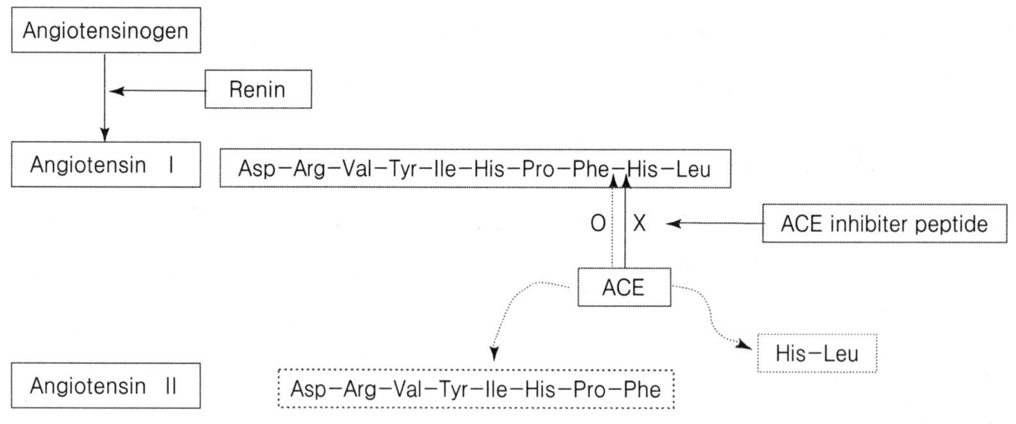

그림 11-1. 안지오텐신계의 개요

κ-casein의 유래 glycomacropeptide는 fibrinogen과 결합하여 혈소판 응집을 억제하는 기능이 있는데, 이러한 혈소판 응집 저해작용은 glycomacropeptide를 trypsin으로 가수분해시켜 저분자의 peptide로 분해시킨 경우에 높게 나타났다.

대표적인 antithrombotic peptide는 κ-casein 106～116영역(Met-Ala-Ile-Pro-Pro-Lys-Lys-Asn-Gln-Asp-Lys)과 101～105(Pro-His-Leu-Ser-Phe) 영역 분획임이 밝혀졌으며, 분해효소 및 반응조건에 따라 다소 차이를 보인다.

Chymosin에 의한 κ-casein의 응유 기작과 fibrinogen γ-chain에 의한 혈액응고 기작은 서로 유사한 점이 많은데 아미노산의 31～42%가 서로 유사성이 있었으며, κ-casein 106～116 영역은 사람의 fibrinogen γ-chain의 400～411 영역과 유사성이 매우 높다. 또한 락토페린 유래의 Lys-Arg- Asp-Ser는 혈소판 응집을 억제하는 작용을 가지고 있다.

4) Cholera 독소 중화 peptide

*Vibrio cholerae*의 toxin과 *Escherichia coli* 의 heat labile enterotoxin을 저해할 수 있는 물질은 면역글로불린과 유에 존재하는 ganglioside로 알려져 있다. 모유와 우유 중에 존재하는 ganglioside는 cholera toxin을 저해하는데 효과적이며, 모유의 경우가 우유보다 더 높은 저해효과가 있다고 한다. 이러한 차이는 ganglioside의 구성성분의 차이에 기인되는데, 모유에 존재하는 총 ganglioside의 74%가 monosialoganglioside인 반면, 우유에는 3% 밖에 존재하지 않기 때문이다.

5) 위액의 분비억제 peptide

Chymosin 작용에 의해 우유 κ-casein 106～169 영역의 peptide로 있는 κ-caseinomacropeptide는 시알산을 포함하는 무친형의 당쇄가 0-4본 결합하고 있다는 다형성을 보인다. κ-caseinomacropeptide는 위액의 분비 억제 이외에도 비피도박테리아 증식 촉진작용, 인플루엔자 바이러스에 의한 적혈구응집 저지작용, 그리고 병원성 대장균 부착 저지작용 등이 알려져 있다.

6) Prolyl endopeptidase 저해 peptide

Prolyl endopeptidase는 vasopressin과 같은 저분자의 peptide로 작용하여 prolyl을 유리시켜 endo형 peptidase로 된다. 모유 β-casein 50～57 영역의 peptide, 우유 β-casein 49～56, 60～67 영역의 peptide는 prolyl endopeptidase활성을 저해하는 것으로 알려져 있다.

7) 평활근 작동성 peptide

우유 β-lactoglobulin 146～149 영역의 peptide, 모유 α_{s1}-casein 유래의 casoxin D로 명명된 7개의 아미노산으로 된 peptide, 모유 κ-casein 유래의 casoxin C로 명명된 10개의 아미노산으로 된 peptide 및 젖소 혈청알부민 유래의 albutensin A로 명명된 peptide는 평활근의 작동성을 가지고 있다.

8) Glucagon 증강 peptide

우유 β-casein 177～183 영역의 peptide는 glucagon의 증강활성을 가지고 있다.

9) Insulin 작용 증강 peptide

Bovine serum albumin의 trypsin 소화에 의해 생긴 115～143 영역과 144～148 영역이 disulfide 결합에 의해 연결된 peptide는 인슐린의 작용을 증진하는 활성을 가지고 있다.

10) 조골세포 생장촉진 peptide

우유단백질의 가수분해 산물의 일부는 조골세포(osteoblast cell)와 파골세포(osteoclast cell)의 세포배양 실험에서 효과적으로 조골세포의 성장을 촉진하고 파골세포의 분화를 억제하는 것으로 나타났으며, 난소가 적출된 쥐를 이용하여 골밀도와 강도를 측정한 결과 높은 증진효과가 확인되었다.

1.8 락토페린(lactoferrin)

락토페린이란 이름은 락토(lacto)=젖(milk) 중에 페린(ferrin)=철과 결합하는 단백질이라는 것으로부터 붙어진 이름으로 붉은 단백질로 불리운다. 반면, 철을 결합하지 않은 락토페린, 즉 아포락토페린(apo-lactoferrin)은 무색으로 있다. 또한 락토페린은 락토트랜스페린(lactotransferrin) 또는 락토사이드로필린(lactosiderophilin)에 속한다. 왜냐하면 달걀내의 오보트랜스페린(ovotransferrin)과 혈액내 트랜스페린(transferrin)과 높은 유사성을 가지고 있기 때문이다.

락토페린은 분자량 약 80 kDa의 금속결합성 당단백질로 있고, 상동성이 높은 두 개의 lobe(N-lobe, C-lobe)로 구성되어 있는 염기성의 단백질이다. 락토페린은 금속결합성 단백질로 있기 때문에 각 로브에 하나씩 합쳐서 두 개의 철 결합부위로 2가 철 이온과 결합한다. 철을 결합하고 있는 락토페린의 동결건조분말은 붉은 색을 띠고, 철을 결합하지 않는 락토페린의 분말은 백색으로 있다. 이러한 철 결합은 인위적으로 조절할 수 있는데, pH를 산성으로 하면 락토페린으로부터 철 이온은 유리되며, 반대로 높은 pH를 갖는 락토페린 용액에 철 이온을 첨가하면 결합하게 된다.

락토페린은 혈액 및 여러 분비액에 함유되어 있지만, 그 중에서도 유중에 함량이 가장 많다. 즉, 모유에는 2000 μg/mL, 마우스는 200~2000 μg, 젖소는 20~200 μg, 그리고 쥐, 토기 및 개에는 50 μg 이하의 양이 함유되어 있다. 이들의 유로부터 섭취된 락토페린은 소화관내 또는 소화관을 경유하여 타의 부위에 있어서도 기능을 발휘하는 것으로 사료된다. 따라서 락토페린은 다양한 생리기능을 나타내는데, 그 주요기능으로서는 항균작용, 정균작용, 항바이러스작용, 항산화작용, 항암작용, 세포증식작용, 면역부활작용, 항염증작용 및 항 진균작용 등이 알려져 있다.

1) 정균 및 항균효과

락토페린의 정균작용은 많은 생리기능 중 가장 먼저 알려져 있는 작용으로 있다. 이것은 미생물이 필요로 하는 철이 아포(apo)락토페린의 킬레이트작용으로 그의 생육에 강하게 요구되는 미생물의 증식을 억제하기 때문이다. 그러나 장내에서 유익한 균으로 존재하는 유산균과 비피도박테리아 등은 비교적 철의 요구가 적은 것으로 알려져 있다. 따라서 유아의 소화관내에 있어서 락토페린의 선택적인 정균작용이 유효하게 기능하고 있다.

철 킬레이트작용 이외에도 락토페린의 등전점이 염기성 측에 있는 점을 이용하여 세균 표면의 음전하를 중화시켜 응집하거나 라이소자임 및 분비형의 면역글로불린(sIgA)과 협동적으로 작용하여 그의 상승효과에 의해서 강한 정균작용을 나타내는 것도 알려져 있다. 한편, 락토페린의 항균작용은 복수의 메카니즘이 보고되어 있다. 인간 및 젖소 락토페린의 pepsin 소화에 의해서 얻어지는 N말단에 염기성 기가 많은 프레그먼트(fragment)에 락토페린 자체의 약 10배의 살균효과를 나타내는데 그 부위를 락토페리신(lactoferricin)이라고 불린다. 인간 락토페린으로부터 얻어진 항균 펩타이드(peptide)를 lactoferricin H(LF-cin H), 젖소 락토페리신은 lactoferricin B(LF-cin B), 쥐(murine) 락토페리신은 lactoferricin M(LF-cin M) 그리고 염소(caprine) 락토페리신은 lactoferricin C(LF-cin C)로 각각 불려진다.

젖소의 락토페리신 내에서의 배열 RRWQWR(20~25)는 항균활성에 중요한 배열로 있고, 특히 Trp와 Arg이 락토페리신의 막 결합에 관여하고 있는 필수 아미노산 잔기로 있다. 또한 LF-cin H에서는 FQWQRNMRKVR(21~31) 부분이 항균활성의 필수부분이다. 락토페리신은 리포다당(lipopolysaccharide ; LPS)과 결합하여 균의 외막에 손상(damage)를 가해 균을 파괴하는 것이다. 그람음성균의 세균표층에 존재하는 porin에 락토페린이 결합하고, 이것이 세균붕괴의 방아쇠가 되든가 또는 리포다당에 락토페린이 결합하여 유리시키고 막 투과성을 변화시킨다.

최근에는 락토페리신 이외에 락토페람핀(lactoferrampin)이 보고되어 있다. 락토페람핀은 락토페린의 아미노산 잔기 256~284에 존재하고, 이 중 DLIW(265~268)의 부분이 항균성을 나타내는 필수 부분이다. 이들 항균성을 나타내는 펩타이드는 그 영역에 염기성 아미노산 잔기가 많고, 더욱이 소수성 잔기도 가지고 있는 양친매성의 부분으로 있다.

2) 항바이러스효과

(1) 항 C형 간염 바이러스

C형 간염 바이러스(HCV)는 single가닥 RNA 게놈으로 싸여진 바이러스이다. HCV의 특이한 특징은 잠복이 긴 감염증으로 만성적인 간염, 간경화 및 간암을 일으킬 수 있다. 2000년 Tanaka 등은 혈중의 C형 간염 바이러스 농도가 락토페린의 경구투여로 억제된다고 하였다.

그리고 N-lobe에 존재하는 락토페리신(FQWQRNMRKVR)은 HCV바이러스를 강하게 억제하는 효과가 있다. C형 간염치료는 인터페론(IFN) 투여가 일반적으로 쓰이고 있고, 그의 치료법이 점점 개선되고 있다. 그러나 반 정도는 치료되지 않고 HCV가 잔존하는 경우가 있다. 더욱이 이 치료약은 고가이며, 종종 부작용을 일으키기 때문에 치료가 어려운 사람 및 고령자에게는 처방하기가 곤란하다. 그러나 C형 만성간염(CHC) 환자에 젖소 락토페린을 투여하면 바이러스의 양을 감소시킨다고 하였다. 따라서 인터페론 등과 병행하는 것은 C형 간염 바이러스 치료에 유효성이 크다.

(2) 항 로타바이러스(rotavirus)

Rotavirus는 reoviridae-family 중의 하나이다. Rotavirus의 게놈은 세 겹의 캡시드(capsid)로 덮여 있고, 이 중 RNA 가닥은 서로 다른 10가지 단편으로 구성되어 있다. Rotavirus의 감염은 흔히 유아와 태아의 비박테리아성 위장염을 일으키는 원인으로 있다. 세계 각지에서 1년에 대략 100만 명 정도가 이 병으로 죽는다고 한다. 2001년 Superti 연구팀은 *in vitro* 시험에서 락토페린이 원숭이 rotavirus SA11을 억제시킨다고 보고하였다. 락토페린의 rotavirus의 억제효과는 rotavirus와 결합하는 세포에 락토페린이 결합하여 rotavirus의 흡착을 억제시키는 것으로 생각되어진다.

(3) 항 폴리오바이러스(poliovirus)

폴리오바이러스는 소아마비를 일으키는 원인 바이러스이다. 1999년 Marchetti 연구팀은 *in vitro* 시험에서 락토페린이 이들 바이러스를 억제시켰다고 보고하였다. 이들에 의하면 락토페린의 항 폴리오바이러스 효과는 감염의 초기에 효과가 더 크다고 하였으며, 면역염색형광법을 이용하여 폴리오바이러스가 감염시키고자하는 세포에 들어가는 것을 방해하는 것을 확인하였다. 더욱이 이들은 철 이외의 금속원자에 대해서 연구하였는데, 특히 아연(Zn^{2+})과 락토페린을 같이 첨가하였을 때 효과가 높다고 하였다.

(4) 기타 바이러스

에이즈(AIDS)의 원인으로 있는 인간면역결핍바이러스(HIV)를 젖소의 락토페린뿐만 아니라 인간 락토페린이 HIV를 억제시키거나 치료효과가 있다고 다수의 연구자들로부터 보고되어 있고, 완전한 치료를 위해서 현재도 연구 중에 있다. 그 외에도 HSV(Herpes Simplex Virus)1, 2형, FIV(Feline Immunodeficiency Virus)에 대해서 락토페린이 억제효과를 나타낸다고 보고되어 있다.

3) 항염증효과

락토페린이 감염부위에 있어서 호중구 및 대식세포의 행동을 억제하고 게다가 보체계의 활동 일부를 조절하는 염증 제어효과와 락토페린의 철 이온 포착작용이 항염증작용에 관여하고 있다는 보고가 있다. 접촉과민증의 유기물질에서 마우스의 피부에 염증을 일으키고 재조합 인간 및 젖소 락토페린의 도포 및 피부주사로 억제시키는 것이 가능하다고 한다. 또한 마우스(mouse)의 관절염에 대한 효과도 보고되어 있다.

4) 유산균과 비피도박테리아에의 작용

장내에 있어서 비피도박테리아 및 유산균은 면역부활작용을 나타내는 것으로 이미 잘 알려져 있고, 이러한 균주들은 프로바이오틱스(probiotics)로서 이용되고 있다. 락토페린은 대부분의 그람음성균에 대해서는 항균활성을 나타내고 있지만, 비피도박테리아와 유산균에 대해서는 생육을 촉진한다. 그러나 비피도박테리아에 대한 락토페린의 증식 촉진 활성은 균종·균주에 따라서 감수성이 크게 다르며, 배양조건 등의 실험조건에 따라서 크게 좌우된다.

락토페린 및 그의 단편이 비피도박테리아 및 유산균의 증식을 촉진하고, 이들의 균체성분이 장관면역계를 자극하는 것으로 사료된다. 이처럼 락토페린이 직접 혹은 간접적인 상호작용에 의해 경구섭취 된 락토페린은 체내에서 다양하게 이용되는 것으로 생각된다.

5) 항진균 효과

진균에 대한 감염증은 일반적으로 치료, 예방대책에 있어서 곤란한 감염증으로 알려져 있다. 젖소와 인간 락토페린의 *in vitro*에 있어서 항진균 효과에 대한 연구보고는 비교적 적은 편이다.

이들 연구 중에서도 *Candida albicans*를 시작으로 *C. krusei* 등의 *Candida* spp.에 대한 활성을 연구한 연구가 대부분을 차지하고 있으며, 이들이 보고한 젖소와 인간 락토페린의 Candida종에 대한 최소발육저지농도(MIC ; Minimal Inhibitory Concentration) 또는 최소진균농도(MFC; Minimum Fungicidal Concentration)는 약 20～200 μl/mL의 범위로 추정되고 있다.

젖소의 락토페린 및 LF-cin B는 *in vitro* 실험에 있어서 강한 항진균 활성을 나타내고 있고, 그 활성이 철 킬레이트 작용과는 무관계로서 진균세포층 구조에 대하여 직접적으로 장해작용을 나타내고 있는 것으로 추정되고 있다.

6) 항암 및 항종양효과

발암물질에 의한 각종 기관에서의 암유발에 대해서 락토페린이 암을 억제시키는 것이 동물실험에서 관찰되었다. 또한 랏트(rat)와 마우스(mouse)의 실험에서 젖소 락토페린의 경구투여에 의해 화학발암 물질에 의해서 유도되는 대장암, 방광암의 발생률이 감소하는 것으로 알려져 있다. 또 림프구 유래세포 및 결장 종양세포 증식의 조절도 관찰되고, 더욱이 마우스에 의한 폐로의 전이모델에 있어서 락토페린의 정맥주사가 전이를 억제시킨다고 한다. 마우스의 락토페린 경구투여 실험에서는 위암을 일으키는 *Hilicobactor pylori*가 억제되어 위암으로부터 보호되는 효과도 보고되어 있다. 그 외 실험동물에서 식도, 혀, 간장 등에서 종양을 억제하였다는 보고도 있다.

7) 항산화효과

생체 내에 있어서 미량의 철 또는 holo-락토페린이 superoxide(O_2^-) 및 과산화수소(H_2O_2)로부터 hydroxyl radicals(·OH)를 생성하고, 지질 등의 생체구성성분에 손상을 가할 가능성과 염증을 촉진시키는 것이 보고되어 있는 가운데 반대로 apo-락토페린은 철과 결합한 결과에 기인한 지질의 과산화를 억제시킬 수 있다고 보고되어 있다.

8) 진통효과와 항 스트레스 효과

락토페린의 새로운 작용으로 락토페린에 항 불안, 진통, 혈관 확장작용이 있고, 스트레스를 완화하는 작용이 있는 것이 밝혀졌다. 그 메카니즘에 대해서는 락토페린이

μ-opioid 수용체를 통한 제어계에 있어서 NOS(NO 합성효소)을 활성화하고, NO 생산을 증가시켜 이 NO가 통증제어계의 내인성 opioid 작용을 증강시켜 항 불안과 진통효과가 나타난다. 그 외 생리통에 대한 진통제 복용의 빈도가 락토페린의 섭취로 감소시킨다는 결과도 있으며, 모유의 락토페린이 새끼의 스트레스(stress)를 억제시켜 불안 행동을 억제시킨다고 하였다.

9) 락토페린과 골 대사

락토페린의 골 흡수 억제 및 골밀도 개선효과가 배양세포를 이용한 실험에 의해서 확인되었다. 더욱이 경구 투여된 우유 중의 락토페린이 혈중에 이행되어 골 흡수를 억제시키는 효과가 보고되었고, 난소를 절단한 마우스에 락토페린을 투여하면 골 강도가 강화된다는 연구 결과도 있다. 이외에도 골아세포에 락토페린 리셉터(receptor)가 존재한다는 보고와 마우스의 골아세포에서 락토페린이 파골세포형성을 억제한다는 보고도 있다.

10) 구강위생 효과

치주병원균에 의해 치육이 붉게 붇는 치주염이 더욱더 진행되면 치육 및 치아를 지지하는 치주골이 붕괴되어 치아가 손실되는 질환을 일으킨다. 락토페린의 고형제재를 치주포켓 국소에 투여하면 종래의 항생물질 투여 결과와 같은 정도 또는 그 이상의 효과를 얻을 수 있다.

그리고 락토페린은 치주병원균을 억제하기 때문에 경도 만성치주염 환자에 락토페린을 함유한 정과를 경구 투여하면 치육염지수가 현저히 저하하고, 치주포켓(pocket) 내 Prevotella intermedia을 억제한다. 또한 락토페린은 구취억제 효과를 나타낸다. 구취의 원인물질은 주로 휘발성 유황화합물(Volatile sulfur compounds : VSC)이고 유화수소, 메칠머캅탄(methyl mercaptan), 다이메틸황화물(dimethyl sulfide)의 가스가 대표로 있다.

이러한 휘발성 유화물은 세포 및 조직에 대하여 독성이 강하고, 구취의 원인물질이 될 뿐만 아니라 치주병의 원인이 된다. 락토페린을 장용성 캡슐(capsule)로 충진된 것을 일일 300 mg 복용하면 휘발성 유화물의 농도를 감소시키며, 구취도 개선하는 것으로 알려져 있다.

락토페린은 다기능성 단백질이라고 말하여지고 있다. 이와 같이 다기능성 단백질이라고 말하여지는 단백질들은 많지만, 특히 락토페린이 주목받는 이유 중의 하나는 산업적으로 안정되게 공급되는 우유를 원료로서 대량으로 분리・정제되기 때문이다. 우유와 모유는 락토페린 함량이 크게 다르기 때문에 모유와 성분이 같은 조제분유를 만들기 위해서 젖소 락토페린을 강화한 유아용 조제분유가 시판되고 있다. 그 외 락토페린 정제 및 과립, 식품첨가물, 사료첨가물 등 다양하게 이용되고 있다. 한편, 제약분야에서는 위내에서 내산성 및 펩신내성을 높이기 위해서 코팅제를 이용한 장용성 락토페린의 정제, 캡슐 혹은 과립으로 된 제품을 판매하고 있다.

락토페린의 안전성에 대해서는 경구섭취에 의한 부작용은 연령에 관계없이 대부분 없으며, 미국에서는 GRAS로서 인정되어 있고, 일본에서는 기존 첨가물 리스트에 기재되어 있다. 현재까지 우유단백질에 대하여 많은 생리활성이 있다고 밝혀져 왔으나 우유를 포함한 포유동물의 젖에는 아직까지 밝혀지지 않은 여러 가지 생리활성이 존재할 것으로 추정된다. 향후 이 부분에 관한 연구는 앞으로도 활발하게 진행될 것으로 예상된다.

2. 유지방의 생리기능

우유는 일반적으로 약 3.5%의 지방을 함유하고 있으며, 품종, 개체, 비유단계, 계절, 영양 등에 따라 함량이 다르게 나타난다. 우유속의 지질 대부분은 중성지방(triglyceride)으로 존재하고 있다. 중성지방은 단위 중량당 열량이 약 9 kcal로 에너지원으로서 중요성이 인정되며, 이는 체내에서의 에너지 저장체로서 탄수화물(4 kcal/g)보다 효율이 높다.

2.1 지방산과 유지방의 소화

유지방에는 중성지방 외에 뇌와 그 외의 조직 구성성분으로서 중요한 인지질, 스테롤, 유리지방산 등이 있다. 일반적으로 지방은 생체 내에서 당질과 단백질로부터 합성되지만 동물체 내에서는 합성할 수 없는 필수지방산인 리놀레산(linoleic acid), 리놀렌산(linolenic acid), 아라키돈산(arachidonic acid) 등의 지방산이 있어 식품으로서 외부로부터 섭취해야만 한다.

필수지방산은 신경의 구성에 중요한 역할을 하며, 특히 신생동물의 신경세포는 충분히 완성되지 않고, 사람에 있어서는 만 2세까지 완성된다고 한다. 때문에 유아기는 이들 필수지방산을 섭취할 필요성이 있다. 우유에는 필수지방산 등의 불포화지방산이 많이 포함되어 있고, 리놀레산은 체내와 혈구세포에 흡수된 후 ν-리놀렌산 등을 경유하여 아라키돈산으로 된다. 더욱이 아라키돈산 케스케이드(cascade)라고 불리우는 일련의 반응에 의해 프로스타글란딘(prostaglandin)과 leukotriene 등 eicosanoids로

표 11-3. 모유와 우유의 유지방에 존재하는 주요 지방산(wt%)

	4:0	6:0	8:0	10:0	12:0	14:0	16:0	16:1	18:0	18:1	18:2	18:3	C20 ~ C22
모 유	-	T	T	1.3	3.1	5.1	20.2	5.7	5.9	46.4	13.0	1.4	T
우 유	3.3	1.6	1.3	3.0	3.1	9.5	26.3	2.3	14.6	29.8	2.4	0.8	T

Christie(1995)

T: trace amount

불리우는 물질로 변화한다. 이 물질은 면역계 세포로 있는 helper T세포, suppressor-T세포 및 B-세포 등에 작용하여 활성화 또는 억제하는 것이 알려져 있다.

리놀레산은 포도상구균에 대해서 살균작용을 가지고 있다. 이 외에 유리의 불포화 지방산과 monolaurin 같은 monoglyceride는 바이러스의 막을 손상시키는 것이 알려져 있다. 우유와 모유의 유지방을 구성하고 있는 주요 지방산 함량은 표 11-3과 같다. 지방 소화율은 중성지방 중에서 개별 지방산의 위치에 따라 차이를 보이고 있으며, lipase의 가수분해 작용은 glycerol의 외부 측(1, 3위치) 지방산에 먼저 작용하므로 지방산이 외측에 주로 결합하고 있는 C_4에서 C_{10}까지의 지방산들이 쉽게 분해를 받을 수 있다.

따라서 위장에서 유지방의 소화과정에 도움을 주고 있다. 한편, 유지방은 소화된 후 단쇄지방산과 중쇄지방산이 위장내로 유리되어 위액의 분비를 촉진하여 단백질의 소화를 촉진하고, 위내의 pH를 낮게 유지함으로써 병원성 미생물에 대하여 산성 방어벽 역할을 한다. 또한 지방 분해물은 항바이러스와 항균작용을 나타낸다. 이러한 효과는 C_8~C_{12}까지의 중쇄지방산을 결합하고 있는 monoglyceride와 유리지방산에 의한 효과로 추측되고 있다.

2.2 Butyric acid

우유 전체 지방산의 약 3.6%를 함유하고 있는 butyric acid는 반추동물의 유즙에만 함유되어 있는 포화지방산이다. Butyric acid는 대장암을 억제하는 효과가 알려져 있으며, 억제효과는 소화과정 중 대장 점막세포의 영양원으로 이용되는 butyrate가 세포의 성장을 촉진하는 것에 기인하다.

Butyric acid는 위나 소장점막에서 직접 흡수되며, 중쇄지방산(C_6~C_{12})은 소장점막 내의 lipase의 작용을 받아 유리지방산의 형태로 분해되어 장 점막을 통하여 흡수되고, 간 문맥을 통해 간으로 이행되어 에너지원으로 이용된다. 따라서 butyric acid, 단쇄 그리고 중쇄지방산들은 소화흡수가 빠르기 때문에 위 절제 환자나 만성췌장 질환자를 위한 에너지공급원으로 이용될 수 있다.

2.3 지방구막(milk fat globule membrane ; MFGM)

우유와 모유의 지방은 지방구의 형태로 존재하지만 각 지방구는 지방구막으로 둘러싸여 있기 때문에 서로 부착되지 않고 유화상태로 분산되어 있다. 표 11-4에 나타낸 바와 같이 우유의 지방구는 모유보다 크고 직경은 모유가 1～5μm인 것이 대부

표 11-4. 우유와 모유의 지방구 형상

	우유(상유)	모유(상유 평균)
지방함량(%)	3.7 ～ 4.1	3.3
지방구수(1mL 중)	1.5×10^{10}	1.1×10^{10}
평균 직경(μm)	2.5 ～ 4.6	4.0

(Ruegg and Blanc, 1982)

표 11-5. 우유와 모유의 지방구막 성분조성 단위(%)

성 분	우 유	모 유
Lipid	60.9	50.5
Triglycerides	61.7	58.2
Diglycerides	8.9	8.1
Monoglyceride	흔적	0.6
Free fatty acids	6.7	7.3
Phospholipids	22.1	23.4
phosphatidyl enthanolamine	22.3	36.6
phosphatidyl choline	33.6	39.7
sphingomyelin	35.3	26.2
phosphatidyl inositol	2.0	4.6
lysophospholipid	1.0	1.9
phosphatidyl serine	2.3	1.0
cerebroside	1.8	-

표 11-6. 지방구막의 단백질 조성

단백질명	분자량 (kDa)
Mucin	160～200
Xanthin dehydrogenase/oxidase	150
Periodic acid Schiff(PAS)	95～100
Cluster of Differentiation	76～78
Butyrophilin	67
Adipophilin	52
Periodic acid Schiff 6/7	43～59
Fatty acid binding protein	210
Proteose peptone	18～30

(Shimizu, 2008)

분인 것에 반해 우유는 1～7μm로 4μm인 부근의 것이 많다. 한편, 지방구막은 단백질, 지질, 효소 등으로 구성되어 있다. 우유와 모유의 지방구막의 지질 조성은 표 11-5에서 보여주는 바와 같다.

또한, 지방구막에 존재하는 단백질 함량은 우유가 39.1%, 모유가 49.5%를 함유하고 있다. 이들 단백질들은 전기영동에 의해서 검출되며, 주요 성분은 표 11-6에서 보여주는 바와 같다. 주요 성분으로서는 분자량 40만 이상의 성분, 15.5만, 8만, 6.6만, 6.25만, 4.6만, 4.2만, 3.9만, 1.5만의 각 성분이 알려져 있다. 40만 이상의 성분은 Shimizu 등에 의해 분리되었고, PAS-0라고 불리고 있다. 이것은 50% 이상의 당을 포함한 mucin 같은 단백질로 종종 lectin과 결합한다. 지방구막의 항원성 성분으로서 유방암 진단의 지표로서 이용될 가능성을 시사하고 있다. 6.6만의 성분은 지방구막 단백질 중 가장 많은 성분으로 butyrophilin으로 명명되었다. 아미노산 조성 및 당조성도 밝혀져 있고, 당은 13.5%를 함유하고 있다. 이것 또한 유방암 진단의 지표로서 관심이 증대되고 있다.

2.4 Conjugated linoleic acid(CLA)

CLA는 linoleic acid(LA, Octadecadienoic acid, $C_{18:2}$ n-6)에 존재하는 이중결합이 기하학적으로 cis(c)와 trans(t)형을 모두를 포함하는 이성체(isomer)를 말한다. 식품 중에는 c-9, t-11이성체가 주요 활성형 CLA형태로 알려져 있다. 보통 LA는 9번과 12번 탄소에 이중 결합이 존재하지만 높은 열처리에 의한 이성화, 화학적합성 방

표 11-7. 우유 및 유제품의 총 CLA 함량과 cis-9, trans-11 CLA의 비율

유제품	총 CLA 함량(mg/g fat)	cis-9, trans-11 CLA(% of total)
유지방	2.0～30.0	90.0
요구르트	5.1～9.0	82.0
자연치즈	0.6～7.1	17.0～90.0
가공치즈	3.2～8.9	17.0～90.0
버 터	9.4～11.9	91.0
농축유	7.0	90.0
아이스크림	3.8～4.9	73.0～76.0

(최신유가공학, 유한문화사)

법(알칼리 촉매에 의한), 그리고 미생물에 의해 생성되는 linoleic acid isomerase의 효소반응 등에 의해서 다양한 형태의 CLA로 전환된다.

우유 중의 CLA 함량은 사료와 목초에 함유되어 있는 LA에서 기인하며, 섭취된 LA는 대사과정을 통하여 c-9, t-11 이성체로 전환되어 우유 속에 존재하게 된다. 유중의 CLA 함량은 축종, 사료, 계절 그리고 가공처리 방법에 따라 차이를 보이고 있으며, 함량은 매우 작다.

최근 *Lactobacillus acidophilus*로부터 유래된 linoleic acid isomerase를 이용한 CLA 생산에 관한 연구가 이루어지고 있다. CLA의 다양한 작용은 항암효과, 항 돌연변이 효과, 체지방 감소, 면역조절, 유해 미생물 생육억제, 인슐린 농도조절 등 다양한 생리활성 기능을 가지고 있다. 그러나 trans fatty acid로서의 유해성이 제기되고 있다. 따라서 CLA를 보다 유용하게 이용하기 위해서는 표 11-7에서 제시한 바와 같이 우유 및 유제품에 보강할 필요성이 있다.

2.5 인지질(phospholipid)

우유 중에는 20～50 mg/L의 인지질을 함유하고 있으며, 유지방구막에 주로 존재한다. 인지질은 필수 영양소가 아니지만 막의 중요한 구성성분이다.

우유 중의 인지질은 단쇄 지방산이 없고 불포화지방산의 함량이 높다. 인지질의 유화력은 카로티노이드(carotenoid)와 지용성 비타민의 생체 이용성의 증대에 이용되며, 장내에서 지질 흡수를 촉진시켜 주는 것이 알려져 있다. 그 외에 병원성 미생물을 억제하는 기능이 알려져 있다.

2.6 DHA(Docosahexaenoic acid C22 : 6)

DHA는 사람의 뇌·망막·신경·심장·정자 등에 존재하는 ω-3의 다가불포화지방산이다. DHA는 사람에게 필요한 물질이며 기능으로는 혈중 지질의 감소, 혈압강하, 항종양, 시력저하 억제, 학습능력 향상, 항알레르기, 생체의 항상성 유지, 그리고 항당뇨병 등이 알려져 있다.

3. 유당의 생리기능

당질의 주요 영양 기능은 에너지원이며, 단백질 및 지방 등의 합성을 위한 전구체로 있다. 우유 중에 대부분을 차지하는 당질은 lactose(유당)라고 불리며, 유당은 glucose와 galactose가 각 1개씩 결합한 이당류이다. 표 11-8은 대표적인 포유동물의 유중 유당함량을 나타내고 있다.

표 11-8에서 보는 바와 같이 고래와 토끼의 경우 다른 포유동물에 비해 유당 함량이 적은 것은 이들이 이용하는 에너지원이 유당이 아니고 지질로 있다는 것을 생각해 볼만하다. 유당은 1 g당 4 kcal의 에너지가 얻어지는 반면 지질은 7 kcal로 높기 때문에 온도 저하가 심한 산악지역 및 해수의 동물은 진화하는 과정에서 에너지원이 당에서 지질로 변화한 것으로 추측할 수 있다.

3.1 칼슘흡수 촉진작용

유당의 생리작용은 장관으로부터 칼슘이온과 마그네슘이온의 흡수 촉진작용이 있다. 이와 같은 유당의 금속이온 흡수 촉진작용에는 3가지 가설이 있다. 첫째, 유당이 장관 내에서 분해·흡수 속도가 느리기 때문에 장관 내 유산균이 이를 이용하여 얻어진 유기산에 의해 장내 pH가 낮아져 칼슘이 장내에 침전되기 전에 이온화되기 때

표 11-8. 대표적인 포유동물 유중에 함유된 유당의 함량

동물종	유당(w/v%)	동물종	유당(w/v%)
사람	7.2	고양이	4.8
소	4.8	코끼리	4.7
돼지	4.9	고래	1.3
개	3.1	토끼	0.9

(Jennes and Sloan, 1970)

문이라는 설, 둘째, 유당은 칼슘이온과 chelate를 만들기 때문에 흡수되기 쉽다는 설, 셋째, 유당 자체가 직접 장관의 움직임에 관여 한다는 설이 있다.

3.2 정장작용

1) Prebiotics

Prebiotics란 장내에 존재하는 유산균의 생장과 활성을 돕고, 숙주의 건강증진에 도움을 주는 비소화성 물질을 말한다. 대표적인 probiotics로서는 올리고당이 있다. 올리고당은 단당류가 2개에서 10개 결합한 당으로써 Bifidobacteria와 Lactobacilli와 같은 유산균은 이를 쉽게 분해하여 acetic acid, propionic acid, butyric acid 같은 유기산을 생성한다.

이와 같이 생성된 물질은 장내의 pH를 낮게 하여 병원성균의 생장을 억제하는 효과와 유기산의 자극에 의해 장관은 연동운동이 촉진되어 변비 등을 개선하는 효과도 기대할 수 있다. 그 외에 갈락토올리고당은 올리고당과 같이 소장에서 분해가 되지 않고, 대장에서 유산균에 의하여 분해되어 장내 유산균의 증식을 촉진하는 물질로 알려져 있다.

2) 유당 유도체

유당 유도체 성분으로 lactulose, lactitol, lactobionic acid 등이 알려져 있다. 유당을 알칼리성의 조건하에서 처리하면 이성화반응이 일어나 lactulose가 합성된다. 이 비환원성 2당은 자연계에는 존재하지 않는다. Lactulose는 대장까지 분해되지 않고 도달하며, 장내의 유산균이 이를 이용함으로써 생육이 촉진되고 이들 균에 의해 생성된 유산에 의해서 장내 pH를 낮춤으로써 유해균의 생장을 억제시키는 것이 알려져 있다. 또한 lactulose는 유음료 및 유아용 조제분유 등에 첨가되어 광범위하게 이용되고 있다.

유당을 공업적으로 니켈(Raney nikel) 촉매의 존재하에서 100℃로 고압접촉환원 또는 sulfite의 존재 하에서 전기분해 환원하면 lactitol이 얻어진다. 이 비환원 2당 알코올은 유당의 환원말단 glucose가 환원된 glucitol로 변환된 당질이다. Lactitol은 비소화성 당으로써 혈액과 간의 콜레스테롤 함량을 감소, 변비치료, 만성 간질환으로 인한 뇌퓨질병의 치료, 칼슘 흡수의 촉진 등이 알려져 있다. Lactobionic acid는 칼슘과 같은 무기질과 함께 수용성 복합체를 형성하여 칼슘의 흡수를 도와주고, 소장에서 분해되지 않고 대장에서 분해되므로 prebiotics로서의 이용 가능성이 있다.

참고문헌

1. Colette Shortt and John O'Brien, 2004. Handbook of functional dairy products, CRC Press LLC.

2. Fox, P. F. and McSweeney, P. L. H., 1998. Dairy Chemistry and biochemistry, Backie Academic & Professional, London.

3. Goodman, L. S. and Gilman, A. G., 1982. The pharmacological basis of therapeutics 7th edition. MacMillan Publishing Company, New York.

4. Hirano, S., Hayashi, H., Terabayashi, T., Onodera, K., Iseki, S., Kochibe, N., Nagai, Y., Yagi, N., Nakagaki, T., and Imagawa, T., 1968. *J. Biochem.* Cited from Otani, H., 1991. Milk products as dietetic and prophylactic food. p. 421～443. In *Function of fermented milks.* Nakazawa, Y. and A. Hosono (Eds.). Elsevier Applied Science, London.

5. Israel Goldberg, 1994. Functional foods, Designer foods, pharmafoods, Nutraceuticals. Chapman & Hall, Inc.

6. Iwasaki, 1991. Genetic engineering and fermented milks-Challenges for the health sciences. In *Function of fermented milks.* Nakazawa, Y. and A. Hosono(eds.). Elsevier Applied Science, London.

7. Kim, W.-S., *et al.* 2004. Growth promoting effects of lactoferrin on *L. acidophilus* and *Bifidobacterium* spp. BioMetals, 17:279～283.

8. Korhonen, H. and Pihlanto-Leppälä, A., 2002. Effects of processing and storage, in Bicoactive Compounds in Foods, Lee, T.-C, and Ho, C.-T., Eds., Rutgers, The State University of New Jersey, Chapter 13; ACS Symposium Series No. 816, an American Chemical Society publication, Washington, D.C., 173～186.

9. Mary K, Schmidl. and Theodore P. Labuza, 2000. Essentials of functional foods. Aspen publishers, Inc, Gaithersburg, Maryland.

10. Otani, H., 1991. Milk products as dietetic and prophylactic food. In *Function of fermented milks.* Nakazawa, Y. and A. Hosono(eds). Elsevier Applied Science, London.

11. Otani, H., 2006. A conclusion relating to actual and potential bio-defensive functions of bovine milk proteins via immune systems. Milk Science, 55:1～14.

12. Roudot-Algaron, F., LeBars, D., Kerhoas, L., Einhorn, J., and Gripon, J. C., 1994. Phosphopeptides from Comté cheese: nature and origin. *J. Food Sci.* 59:544～547.

13. Ruegg, M., and Blanc, B. 1982. Food Micro Structure, 1:25
14. Shimazaki, K. 2000. Lactoferrin: A marvelous protein in milk. Chikusan Gakkai-ho 71:329～347.
15. Shimizu, M. 2008. Studies on milk proteins and peptides - From biochemical chracterization to the gut physiology. Milk Sci. 57:35～44.
16. Tiina Mattila-Sandholm and Maria Saarela, 2003. Functional dairy products, Woodhead publishing Ltd and CRC Press LLC.
17. Yamaguchi, M. 2008. Anti-inflammatory properties of milk proteins and their peptides. Bulletin of japan Dairy Technical Association, 58:1～17.
18. 本間道, 光岡知足, 1978. ビフィスス菌, 株式會社 ヤクルト本社. 東京.
19. 吉川正明 等, 1998. ミルクの先端機能. 弘學出版, 東京.
20. 고준수 등, 2002. 유식품가공학, 선진문화사.
21. 김완섭, 류연경, 2009. 락토페린의 최근 연구개발 동향, 한국유가공기술과학회지, 27:19～28.
22. 김재완, 황만석, 박의순, 유희순, 1990. ACE inhibitor가 각광받는 최신약제, 의학정보. 1:16～22.
23. 서정돈, 1992. 본태성 고혈압의 병태생리학, 대한의학협회지. 35:169～173.
24. 허경택, 1995. 올리고당의 생리기능 특성, 한국식품과학회 국제심포지움 proceedings. 49～56.

제12장

HACCP

1. HACCP

1.1 HACCP 개요

HACCP(Hazard Analysis and Critical Control Points)는 식품의 원재료 생산에서부터 수확, 운반, 제조, 가공, 보관, 유통, 판매 및 최종소비에 이르기까지 각 단계에서 발생할 수 있는 생물학적・화학적・물리적 위해요소를 과학적으로 규명하고, 이를 중점적으로 관리하기 위한 중요관리점을 결정하여 자주적이며 체계적이고 효율적인 관리로 식품의 안전성(safety)을 확보하기 위한 과학적인 위생관리체계이다.

HACCP은 "위해요소중점관리기준"으로 번역하고 있으며, 위해분석(HA)과 중요관리점(CCP)으로 구성되어 있는데, HA는 위해가능성이 있는 요소를 찾아 분석・평가하는 것이며, CCP는 해당 위해 요소를 방지・제거하고 안전성을 확보하기 위하여 중점적으로 다루어야 할 관리점을 말한다.

1.2 HACCP 현황

HACCP는 1960년대 미국 NASA의 우주비행 계획에 우주인을 위한 식품의 생산과 연구에 참여한 Pillsbury 회사 및 미육군 NATICK연구소가 공동으로 식품의 안전성을 성공적으로 보장할 수 있도록 예방체계를 개발한 것이 근간이 되었다. 미 농무부(USDA)는 식육과 육제품의 취급 시설에 강제적인 HACCP 계획을 수립하고 1997년부터 법적으로 적용하고 있고, 미국 FDA의 경우 1995년에 수산물 및 수산가공품에 대한 HACCP를 적용하고 있으며, 우유와 유제품의 경우 Grade A Pasteurized Milk Ordinance(PMO)에 근거한 주 정부의 규제에 따르고 있다.

세계적으로는 1993년 7월 국제식품규격위원회(Codex Alimentarius Commisson)

제 20차 총회에서 "HACCP 시스템의 적용지침"을 채택된 이래 각국에 HACCP 도입을 권고함에 따라 HACCP는 전 세계에 빠른 속도로 확산되고 있으며, 세계 각국은 식품을 수입할 때 HACCP 적용을 각 식품제조 국가에 요구하고 있다.

이에 따라 우리나라에서는 과학적이고 경제적이며 예방적인 방법으로 자율적인 관리를 통해 식품의 안전성을 보장할 수 있다는 측면에서 보건복지부가 1996년에 식품위해요소 중점관리기준을 고시하였다. 유제품의 경우 1998년도부터 농림부가 유제품 제조회사에 HACCP를 도입하여 실행하고 있으며, 원유 생산농가에서도 HACCP 실행단계에 이르고 있다.

특히 2001년부터 는 "HACCP 적용작업장" 지정 대상품목을 모든 식품으로 확대하여 시행하고 있으며, 축산물가공처리법 시행규칙에서는 도축장의 경우 규모별로 2000년 7월부터 2003년 7월까지 의무적으로 적용하도록 규정하고 있다(부록 참조).

1.3 HACCP 도입효과

HACCP 도입에 따라 소비자는 안전한 식품을 선택하고 제공받을 수 있는 근거가 되고 생산자 측면에서는 자주적 위생관리 체계구축으로 위생적이고 안전한 식품을 효율적 제조할 수 있어 경제적 이익이 창출되고 회사의 이미지 제고와 신뢰성이 향상될 수 있다.

이를 좀 더 구체적으로 살펴보면 제조 시 위생상 가장 중요한 부분에 대한 중점투자가 가능하고 품질문제 발생 시 신속하고 명확한 원인규명이 가능하며, 다양한 제품생산 시에도 자율적으로 발생 가능한 위해요소를 예측하고 관리방법을 설정할 수 있다. 또한 이를 통해 국가적으로 식중독이나 유해물질 오염감소로 공중위생 비용이 감소될 수 있으며, 세계 각국과의 식품 및 농축산물 교역에 기여할 수 있는 장점이 있다.

1.4 HACCP 도입을 위한 선행요건 프로그램

축산물가공처리법에 따라 작업장 및 업소 또는 농장이 HACCP를 적용하는데 있어 토대가 되는 위생관리프로그램을 말하며 제품의 제조에 필요한 시설, 설비, 원료, 공정 및 최종제품에 대하여 최적조건을 보장하기 위한 기본적이고 보편적인 요건(GMP), 생산과 관련된 각 단계의 위생적 안전성 확보에 필요한 활동의 절차와 방법을 자체적으로 문서화 하는 것(SSOP) 등의 선행프로그램이 요구된다.

이러한 자체 프로그램을 개발하여 현장에 적용하고 유지관리 및 개선조치 등을 기록하여 이를 통해 HACCP 도입 준비를 하게 된다.

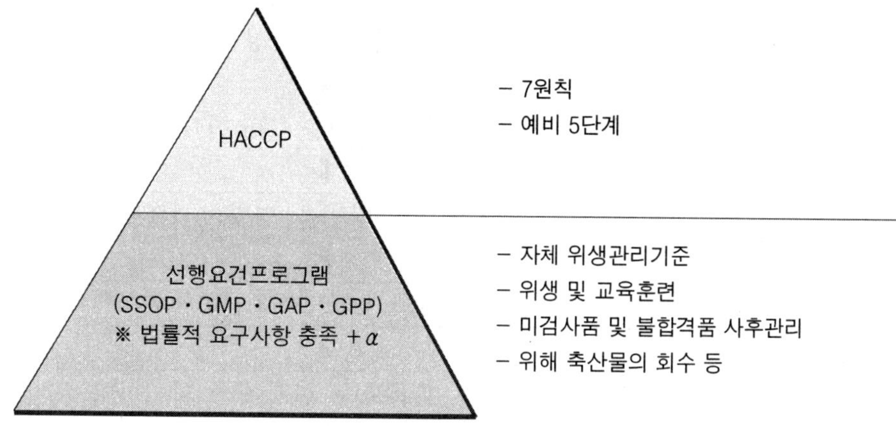

- SSOP(Sanitation Standard Operating Procedures) : 위생관리기준
- GMP(Good Manufacturing Practices) : 우수 제조기준
- GAP(Good Agriculture Practices) : 우수 생산기준
- GPP(Good Production Practices) : 농장 위생관리기준

그림 12-1. HACCP 선행요건 프로그램
(출처: 축산물위해요소중점관리기준원, 2009년)

1.5 HACCP 시스템 원칙

HACCP는 국제식품규격위원회(CODEX)에서 정한 다음의 7원칙 및 12절차에 따라 수행하게 되는데, 절차 1∼5는 원칙 1의 위해분석을 하기 위한 준비단계라 할 수 있다.

1) HACCP 준비 5단계

제 1단계: HACCP 팀구성

첫 번째 단계는 HACCP플랜을 개발하기 위한 지식과 전문기술을 가진 팀을 구성하는 것으로 이 팀에는 각 전문분야가 집결해야 하며, 생산, 위생, 품질보증, 식품미생물, 생산직원이 포함되어야 하고, 외부 전문가를 일부 포함시킬 수 있다. 이 때 필요한 HACCP팀의 규모는 작업장의 생산규모 및 자체 여건에 따라 다르기 때문에 특별히 정한 기준은 없으며, 가공장의 생산 및 환경 여건에 맞게 정하여야 한다.

제 2단계: 제품에 대한 기술 및 유통방법 기술

두 번째 단계는 생산하는 각 제품의 종류, 특성, 성분, 제조 및 유통방법을 구체적

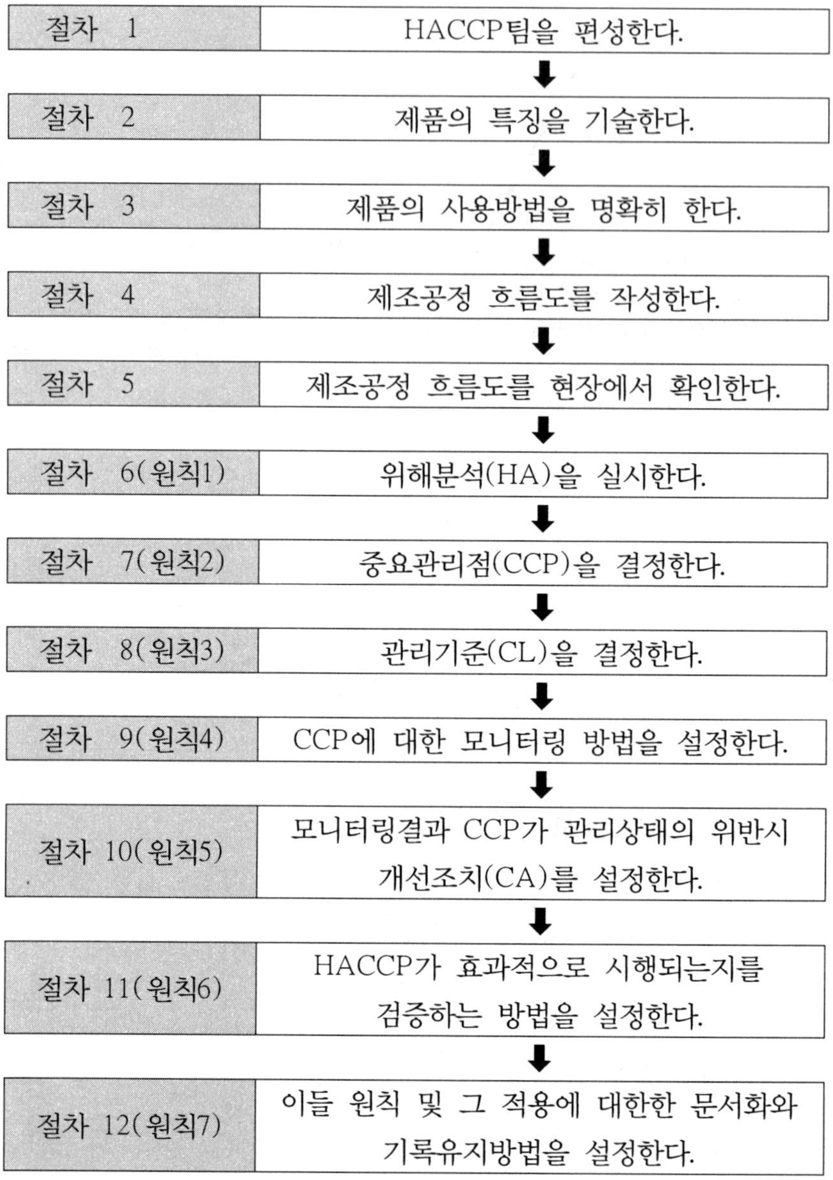

절차 1	HACCP팀을 편성한다.
절차 2	제품의 특징을 기술한다.
절차 3	제품의 사용방법을 명확히 한다.
절차 4	제조공정 흐름도를 작성한다.
절차 5	제조공정 흐름도를 현장에서 확인한다.
절차 6(원칙1)	위해분석(HA)을 실시한다.
절차 7(원칙2)	중요관리점(CCP)을 결정한다.
절차 8(원칙3)	관리기준(CL)을 결정한다.
절차 9(원칙4)	CCP에 대한 모니터링 방법을 설정한다.
절차 10(원칙5)	모니터링결과 CCP가 관리상태의 위반시 개선조치(CA)를 설정한다.
절차 11(원칙6)	HACCP가 효과적으로 시행되는지를 검증하는 방법을 설정한다.
절차 12(원칙7)	이들 원칙 및 그 적용에 대한한 문서화와 기록유지방법을 설정한다.

그림 12-2. CODEX HACCP 7원칙 및 12절차
(출처: 한국식품연구원, 2009년)

으로 기술하는 것으로 제품 설명서는 HACCP 계획을 개발하려는 제품의 특성을 정확히 파악함으로써 효과적인 위해분석 및 중요관리점 결정이 가능하도록 하기 위한 기초정보를 파악함에 그 목적이 있으므로 제품명, 제품의 유형 및 성상, 처리·가공·보고 년월일, 작성자 및 작성 년월일, 성분 배합비율, 처리·가공(포장) 단위, 완제

품의 규격, 보관·유통상의 주의사항, 용도 및 유통기간, 포장방법 및 재질, 기타 특별한 표시사항 등의 필요한 사항이 기재되어 있어야 하며, 이를 통하여 제품의 Life-cycle 전 단계와 관련된 위해요소의 특정화 및 기본적인 제어가능성을 파악할 수 있게 된다. 또한 작업공정 및 생산방법에 대한 간략한 기술을 포함할 수 있으며, 이것은 성분이나 또는 포장재질에 존재할 수 있는 위해들을 파악하는 데 도움이 된다.

제 3단계: 의도된 제품용도의 확인

세 번째 단계는 제품의 의도하는 사용방법 및 대상 소비자를 파악하는 것이다. 즉 제품을 그대로 섭취할 것인가?, 조리 후 섭취할 것인가? 등 조리가공방법 및 다른 제품의 원료로 사용되는가? 등의 예측 가능한 사용방법과 범위를 명확히 하여야 한다. 또한 위해물질에 감수성이 있는 대상 소비자(예: 어린이, 노인, 면역관련 환자 등)를 파악하여 공급되는 제품의 위험률 평가와 위해요소의 허용한계치 결정에 참고할 수 있다.

제 4단계: 공정흐름도 작성(제조공정도, 설치배치도 등)

위해요소 분석을 용이하게 하고 정확하게 하기 위해 실제 제조공정에 대한 원재료의 반입부터 최종 제품의 출하에 이르기까지 일련의 제조공정도를 작성한다.

제 5단계: 공정흐름도 현장 검증

공정흐름도와 현장과의 차이점과 누락사항을 체크하고 위해요소 분석 시 정확성을 기하기 위해 필수적으로 시행하여야 하며, 이러한 단계가 모두 완료되면 HACCP 계획수립에 착수한다.

2) HACCP 적용(7단계)

1단계 : 위해요소 분석(Hazard Analysis)

식품의 원재료의 생장, 생산, 수확단계에서 시작하여 제품의 제조, 보존, 유통단계를 지나 최종적으로 소비자의 손에 들어 갈 때까지의(Farm to Table) 각 단계에서 발생할 우려가 있는 위해의 원인을 확정하고, 그 위해의 중요도 및 위험도를 평가하는 것이다.

2단계 : 중요관리점(Critical Control Points) 설정

㉠ CCP란 엄격히 관리할 필요가 있으며, 또한 위해의 발생을 방지하기 위해 관리할

수 있는 절차, 조작, 단계를 말함. 식품제조 가공과정 중 제거, 방지 혹은 최소화 할 수 있는 단계, 처리 혹은 공정을 의미한다.

㉡ 위해분석 결과 명확해진 위해의 발생을 방지하기 위하여 특히 중점적으로 관리해야 할 공정을 중요관리점으로 정하여야 한다. 즉, HACCP 시스템에 의한 위생관리라 함은 중요관리점을 늘 관리하는 것이 특징이므로 중요관리점은 공정에서 반드시 관리가 필요한 개소에 한정하고, 관리를 집중시키는 것이 필요하다.

㉢ Codex에 의한 CCP 결정판단도(decision tree)

3단계 : 관리기준(Critical Limits: 허용한계치) 설정

㉠ 위해를 관리함에 있어 그 허용한계를 구분하는 모리터링 기법으로 확인된 위해

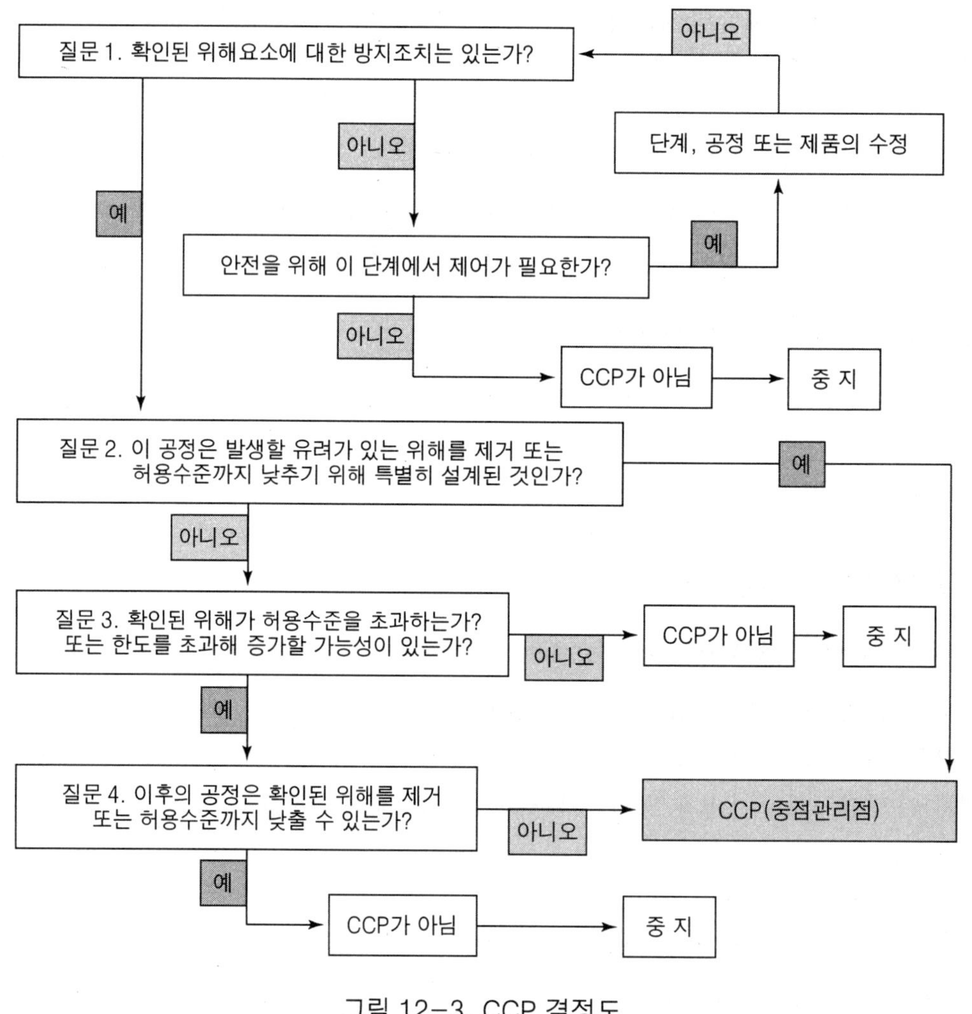

그림 12-3. CCP 결정도

가 CCP에서 적절하게 제어되고 있는지 여부를 판단하기 위해 설정한다.

㉡ 관리기준은 기본적으로 온도, 시간, pH, 색조 등, 계측기계를 사용하여 상시 또는 상당한 빈도로 측정할 수 있는 지표를 사용한 기준으로 하는 것이 필요하다. 즉, 병원성 미생물 등의 위해원인 물질이 확실히 사멸, 제거 또는 허용범위까지 감소되고 있는지를 확인할 수 있는 기준이며, 또한 과학적인 근거로 입증된 수치일 것으로 한다.

㉢ 또한 가능한 즉시 판단할 수 있는 기준, 예) 관능지표(색조・광택・냄새・맛・점도・물성・거품・소리 등) 또는 pH 등의 화학적 검사치, 온도, 시간, 압력, 수분활성도 등 물리적 측정치 등을 이용할 수 있다.

4단계 : 모니터링 방법(Monitoring Procedures) 설정

㉠ CCP가 정확히 관리되고 있음을 확인하며 또는 검증 시에 이용할 수 있는 정확한 기록의 기입을 위하여 관찰, 측정 또는 시험검사를 하는 것을 말한다.

㉡ 제조과정이 허용한계치 이내에서 운영되고 있음을 보증하기 위해서는 실질적인 가공공정의 감시가 이루어져야 하며, 제품이 허용한계치 이내에서 계속적으로 생산되고 있음을 신뢰하기 위해서는 감시가 자주 이루어지고 결과도 신속히 나와야 한다.

〈모니터링 결과의 기록〉

① 기록양식의 명칭
② 기록일자
③ 제품을 특정 지을 수 있는 명칭, 기호(롯트명)
④ 실제의 측정, 관찰, 검사결과
⑤ CL(한계기준)
⑥ 측정, 관찰, 검사자의 서명
⑦ 기록 점검자의 서명

5단계 : 개선조치(Corrective Actions)의 설정

㉠ 중요관리점에서 모니터링의 측정치가 관리기준을 이탈한 것이 판명된 경우 관리기준의 이탈에 의하여 영향을 받은 제품을 배제하고, 중요관리점에서 관리상태를 신속・정확히 정상으로 원위치 시켜야 한다.

개선조치에는 다음의 것들이 있다.

- 제조과정을 다시 관리 가능한 상태로 되돌림

- 제조과정이 통제를 벗어났을 때 생산된 제품의 안전성에 대한 평가
- 재 위반을 방지하기 위한 방법 결정

㉡ 개선 조치는 신속, 정확히 관리상태를 정상으로 돌릴 수 있는 구체적인 개선 조치(기계, 기구의 수리, 조정, 유지 및 교체 등), 관리기준을 이탈하고 있는 동안 제조된 제품의 적절한 처분방법, 개선 조치를 실시 책임자 선정 등이 필요하다.

6단계 : 기록유지 및 문서화(Record-Keeping Procedures) 확립

정확한 기록을 보관하는 일은 HACCP 시스템의 본질에 관한 것으로 공정관리가 HACCP 원칙과 계획에 따라 규정한 대로 실시되었다는 증거가 된다. 이 정보는 식품위생감시원의 검사 시 위생관리 및 공정관리의 상태를 조사하는 자료로 활용되고 필요한 경우 원재료, 포장자재, 최종제품 등의 롯트를 식별 및 추적하는 데 도움이 된다.

〈기록 및 보관문서의 내용〉

① HACCP팀의 구성과 역할분담
② 원재료 등의 기술(설명) 자료
③ 제품의 기술(설명)사항
④ 제조공정일람도
⑤ 표준작업절차서
⑥ 시설도면
⑦ 위해분석에 사용한 각종 자료
⑧ 표준위생처리공정(SSOP)
⑨ CCP에서의 조치의 효과에 관한 자료
⑩ CCP별로 조치내용의 구체적인 내용을 기재한 CCP 일람표
⑪ 문서보관 규정

7단계 : 검증절차(Verification Procedures) 확립

HACCP 계획의 유효성을 평가하고 HACCP시스템이 적절한 기능을 하고 있음을 확인하고, 정기적인 검증의 결과 자신의 위생관리시스템 중의 약점을 인식함으로써 HACCP 계획을 개선하여 발전적인 시스템을 구축하기 위해 필요하다.

〈 검증의 내용〉

① 기록의 점검
② 실제 모니터링 작업의 적절성 현장 확인

③ 원재료, 중간제품 및 최종제품의 시험검사에 의한 확인
④ 모니터링에 이용하는 측정기기(계기)의 교정
⑤ 소비자로부터의 불만, 위반 등 원인의 분석
⑥ HACCP 계획 전체의 개정 등

〈검증작업에 규정해야 할 내용〉

① 빈도 및 시기
② 담당자
③ 검증결과에 대한 조치
④ 검증결과의 기록방법

1.6 위해요소의 종류

1) 생물학적 위해

생물학적 위해란 생물, 미생물들로 사람의 건강에 영향을 미칠 수 있는 것을 말한다. 보통 bacteria는 식품에 넓게 분포하고 있으며 대다수는 무해하나 일부 병원성을 가진 종에 있어서 문제시 된다(표 12-1). 또한 식육 및 가금육의 생산에서 가장 일반적인 생물학적 요인은 미생물학적 요인이라 할 수 있다.

2) 화학적 위해

화학적 위해는 오염된 식품이 광범위한 질병발현을 일으키고 비록 일반적으로 영향을 미치는 원인은 더 적은 편이나 식인성 질병을 일으킬 수 있으며, 일반적으로 다음의 3가지 오염원에서 기인한다.

〈비의도적(우발적)으로 첨가된 화학물질〉

- 농업용 화학물질 : 농약, 제초제, 동물약품, 비료 등
- 공장용 화학물질 : 세정제, 소독제, 오일 및 윤활유, 페인트, 살충제 등
- 환경적 오염물질 : 납, 카드뮴, 수은, 비소, PCBs 등

〈천연적으로 발생하는 화학적 위해〉

- 아플라톡신과 같은 식물, 동물 또는 미생물의 대사산물 등

〈의도적으로 첨가된 화학물질〉

- 보존료, 산미료, 식품첨가물, 아황산염 제재, 가공보조제 등

표 12-1. 병원성 세균의 예방대책

종 류		예방대책
병원성 세균	*Bacillus cereus*	적정온도에서의 식품보관, 유통기간이 긴 캔 포장시 완전한 열처리
	Campylobacter jejuni/coli	적절한 저온살균과 완전한 요리 : 사용하는 기구 및 장비에 의한 교차오염방지, 냉동보관 및 안전한 포장
	Cl. botulinum	유통기간이 긴 캔 포장시 완전한 열처리 : 양념하여 가공한 식육 제품의 경우 nitrite나 salt의 첨가, 진공포장육의 경우 냉장보관 준수, pH 4.6 미만으로 감소, 수분활성도가 0.93 미만으로 감소
	Cl. botulinum *Cl. perfringenes*	적정온도에서의 식품보관 : 적절한 요리시간과 온도준수
	E. coli O157 : H7	적정온도에서의 식품보관 : 적절한 요리시간과 온도준수
	L. monocytogenes	적절한 열처리 : 엄격한 환경 위생관리프로그램 준수 : 원료와 바로 먹는 식품 및 완제품과의 격리보관, 이러한 사항은 위생관리 기준에 명기되어 있음
	Salmonella spp.	- 적절한 열처리 : 원료와 조리된 식품과의 격리보관 - 발효식품의 예방 : 수분활성도의 감소, 도축장으로 오기 전 동물에서의 사료 급여를 조절, 박피하는 동안 도체 표면의 가죽과 접촉을 피할 것 - 항균제를 이용한 세척 : 적절한 박피공정과 소독된 위생적인 칼의 사용
	Staphylococuss aureus	발효공정시의 pH 조절 : 적절한 열처리와 완제품의 적절한 취급 : 수분활성도를 감소
	Yersinia enterocolitica	적절한 냉장보관 : 열처리 : 염처리 및 산도의 조절, 교차오염을 예방
바이러스	Hepatitis, Norwalk, Rota, Astro, Calici, Enteric, etc.	식품제조 및 생산, 보관업 종사자들의 위생관리 철저, 식품의 적절한 보관
기생충	원충 등	건강한 가축의 생산과 환경위생 관리 철저
해충	쥐, 파리 등	적절한 구서 및 구충대책

다음 표 12-2에서는 일부 화학적 위해의 추가적인 발생원을 나타낸다.

표 12-2. 화학적 위해요소의 발생원

발생위치(Location)	위해요소(Hazards)
원재료(raw materials)	농약, 항생물질, 호르몬, 독소, 비료, 곰팡이제거제, 중금속, PCBs 등
	착색료, 잉크, 간접적인 첨가물, 포장재
가공공정(processing)	직접적인 식품첨가물 - 보존료(예 ; 질산염 등), 풍미강화제, 착색료
	간접적인 식품첨가물 - 보일러 수처리제, 껍질제거제, 소포제
건물 및 장비의 유지관리(maintenance)	윤활제, 페인트, 코팅제
위생관리(sanitation)	살충제, 세정제, 소독제
보관 및 출하(shipping)	모든 형태의 화학물질과 교차오염

3) 물리적 위해

물리적 위해에는 외부로부터의 모든 물질이나 이물에 해당하는 여러 가지 것들이 포함된다. 물리적 위해요소는 제품을 소비하는 사람에게 질병이나 상해를 발생시킬 수 있는 식품 중에서 정상적으로는 존재할 수 없는 모든 물리적 이물로 정의될 수 있다(표 12-3).

표 12-3. 물리적 위해요소의 원인 및 발생원

위해요소(Hazards)	원인 또는 발생원(Source of Cause)
유리(glass)	병, 항아리, 조명구, 도구, 계측기 뚜껑, 온도계
금속(metal)	너트류, 볼트류, 스크류, 금속용기, 철사, 고기걸이용 갈쿠리
돌(stone)	원재료
플라스틱(plastics)	포장재, 원재료
뼈(bone)	원재료, 부적절한 가공처리
총탄(bullet)/바늘(needle)	총탕으로 포획한 야생동물, 피하주사용으로 사용된 바늘

최종 제품 중에서 물리적 위해요소는 오염된 원재료, 잘못 설계되었거나 유지 관리된 설비 및 장비, 가공공정중의 잘못된 조작 및 부적절한 종업원 훈련 및 관행과 같은 여러 가지 원인에 의해 발생될 수 있다.

2. 유업회사에서 HACCP 적용

유제품 생산공장에서 HACCP을 시행하는데 있어서 현재 시행되는 제조공정과 위생 및 품질관리 체계, 우유 및 유제품에 관련된 식품위생법, 축산물위생처리법 및 기타 법규, 유제품 생산 공장의 생산 환경조건이 포함된다. 유가공공장에서의 HACCP 적용은 무엇보다 미생물에 대한 위해예방이 최선의 과제이다.

따라서 작업장 및 작업자와 기계설비등이 주요 위생관리 기준이며, 특히 작업장에서 습기제거 및 배수로, 응축수 와 제품 용기를 재포장하는데서 발생가능한 지분의 제거 등으로 작업장의 공기를 깨끗하게 유지하는 것도 중요 선행과제이다. 유제품 생산을 위한 관리 내용은 작업장관리, 위생관리, 검사관리, 제조시설 관리, 냉장・냉동설비 관리, 보관・운반관리, 미검사품, 검사 불합격 제품관리 및 교육・훈련관리 등이 있다

2.1 선행프로그램에 대한 보완

1) 작업장 관리기준

HACCP를 적용하기 위해 필요한 작업장 구성 용건으로 작업장의 위치, 건물, 채광 및 조명, 급수, 화장실, 청소 주기 및 위생처리, 위생관리, 위생동물 . 곤충관리, 폐기물처리, 보수 및 유지등 기타 필요한 사항 등이 포함된다.

2) 제조시설 관리기준

제조시설의 적정 배치, 청소주기 및 위생처리, 위생관리 및 보수 및 유지등 기타 필요한 사항 에 관한 사항 등이 포함되어 있다.

3) 위생 관리기준

청소장소 및 청소주기, 청소방법과 청소에 사용하는 소독약품 및 도구, 작업복장의 규격 및 착용규정, 작업원 손 씻기 및 소독방법, 작업중 위생에 관한 주의사항, 청소상태의 평가방법, 작업원의 건강상태 관리사항, 소독조의 소독 약품, 점검회수 및 점

검방법, 기타 필요한 사항 등이 포함되어 있다.

4) 보관 관리기준

원료・자재 구입시 품명, 수량 및 규격확인 방법, 보관관리 장소 및 방법, 완제품의 반 출입 관리방법, 검사결과 불량품에 대한 처리방법, 취급시 교차오염을 방지하기 위한 대책, 기타 보관관리에 필요한 사항 등이 포함되어 있다.

5) 냉장/냉동설비 관리기준

냉각・냉동, 냉동 설비의 구조와 기능, 원료나 제품을 수용 능력, 냉장 및 동결기기 실의 자동온도기록장치 부착 여부 등이 포함되어 있다.

6) 검사 관리기준

제조번호 및 제조연월일, 검사번호, 검사접수 및 검사연월일, 검사항목 ,검사기준 및 검사성적, 판정결과 및 판정 연월일, 검사자 및 판정자의 서명날인, 검채의 채취방법, 검사결과의 통지방법 등이 포함되어 있어야 한다.

제 1단계 : HACCP팀 구성
제 2~3단계 : 제품 및 사용에 관한 기술
제 4~5단계 : 우유제조공정도, 표준작업절차서의 작성 및 현장에서의 실제의 작업 내용과 일치하고 있는가를 확인
제 6단계 : 위해분석
제 7단계 : 우유의 CCP 결정

	질문 1	질문 2	질문 3	질문 4
선행 프로그램 : 선행프로그램에 의해 완전히 통제될 수 있는가?	방지방법이 있는가?	본 과정이 특별히 일어날 가능성이 있는 위해를 제거하거나 수용할 수 있는 수준으로 낮추기 위한 것인가?	확인된 위해에 의한 오염이 수용할 수 있는 수준 이상으로 나탈날수 있거나, 수용할 수 없는 수준으로 증가될 수 있는가?	일어날 가능성이 있는 위해가 다음 단계에서 제거 되거나 수용 할 수 있는 수준으로 감소될 수 있는가?

"예" 다음위해요소로 (CCP 아님)	"예" 질문 2	"예" 중요관리점 (CCP)	"예" 질문 4	"예" CCP 아님. 종결
"아니오" 질문 1	"아니오" 본 단계의 관리가 안전성을 위한 것인가? "예":단계,공정 또는 제품 개선:질문1 "아니오":	질문 3 "아니오"	CCP가 아님. 종결 "아니오"	중요관리점 (CCP)

제 8단계 : 한계 기준의 설정
제 9단계 : 모니터링 방법의 설정
제 10단계 : 개선 조치의 설정
제 11단계 : 검증방법의 설정
제 12단계 : 기록 보존 및 문서작성 규정의 설정

2.2 유제품별 HACCP plan 작성예시

1) 우유류, 저지방 우유류 및 가공유류 [표 12-4 (1)]

2) 발효유류 [표 12-4 (2)]

3) 천연치즈 [표 12-4 (3)]

4) 가공치즈 [표 12-4 (4)]

5) 버터류 [표 12-4 (5)]

6) 분유류 [표 12-4 (6)]

7) 유크림류 [표 12-4 (7)]

8) 아이스크림류 [표 12-4 (8)]

표 12-4 (1). 우유류, 저지방 우유류 및 가공유류

제조 공정	CCP 번호	관리항목별 관리기준	모니터링 방법				관리기준 이탈시 조치사항	검증방법
			대 상	방 법	빈 도	관리자		
착 유		축산물위생처리법에 준하여 실시						
저 장		온도: 5℃ 이하	저장조 온도	온도계		낙농자	신속한 냉각	기록 확인, 기기 보정
집 유 · 이 송		온도: 5℃ 이하 이송시간: 사내기준	유온 이송시간	온도계 타이머	집유시 TL별	이송자	집유금지	기록 확인
수 유		축산물위생 처리법 및 사내기준	유온	온도계	TL별	원유 관리자	신속한 냉각	검사기록 확인
			관능, 세균수, 체세포수, 항생물질 등	간이 검사	TL별	원유 관리자	반품, 폐기	
청 정 · 여 과		여과망 상태: 양호 기기 작동상태: 양호	여과망 상태 회전속도	육안 계기 확인	TL별	생산 관리자	여과망 교체, 청소·소독, 회전속도 조정	교체기록 확인, 미생물 검사
냉 각		온도: 5℃ 이하	냉각기 온도	기록지 확인 또는 측정	TL별	생산 관리자	냉각기 조정, 신속한 냉각, 다른 저유조 이송	기록 확인, 기기 보정
저 장		온도: 5℃ 이하 시간: 사내기준	저장조 온도 저장시간	기록지 확인 또는 측정	저장조 별	생산 관리자		
분 유 입 고 · 보 관		항생·항균 물질: 식품 공전 또는 사내기준	시험 성적서	서류 확인	입고시	보관 관리자	반품, 폐기	서류비치 확인, 기기 분석
		보관상태: 양호	파손상태	육안	수시	보관 관리자	재포장	조치기록 확인
과실류 입 고 · 보 관		농약: 식품공전 또는 사내기준	시험 성적서	서류 확인	입고시	보관 관리자	반품, 폐기	서류비치 확인, 기기 분석
		보관상태: 양호 보관온도: 사내기준	부패 유무 온도	육안 기록 확인, 측정	수시, 주기적	보관 관리자	폐기, 온도조정	조치기록 확인, 기기 보정
혼 합		위생상태: 양호	종사자, 기계 위생상태	육안 미생물 검사	Lot별	생산 관리자 품질 관리자	세척·소독 종사자 교육	세척· 소독기록: 확인

표 12-4 (2). 발효유류

제조 공정	CCP 번호	관리항목별 관리기준	모니터링 방법				관리기준 이탈시 조치사항	검증방법
			대 상	방 법	빈 도	관리자		
원 유 저 장		온도: 5℃이하 시간: 사내기준	저장조 온도 저장시간	기록 확인 또는 측정	저장조 별	생산 관리자	냉각기 조정, 신속한 냉각, 다른 저유조 이송	기록 확인, 온도 기록계 보정
분 유 입 고 · 보 관		항균·항생 물질: 식품공전 또는 사내기준	시험 성적서	서류 확인	입고시	보관 관리자	반품, 폐기	서류비치 확인, 기기분석
		보관상태: 양호	파손상태	육안	수시 또는 주기적	보관 관리자	재포장	조치기록 확인
과육·과즙 입고·보관		농약: 식품공전 또는 사내기준	시험 성적서	서류 확인	입고시	보관 관리자	반품, 폐기	서류비치 확인, 기기분석
		보관상태: 양호 보관온도: 사내기준	부패 유무 보관고 온도	육안 기록 확인, 측정	수시 또는 주기적	보관 관리자	폐기, 온도 조정	조치기록 확인
당류 입고·보관		보관상태: 양호	포장파손 여부	육안	수시 또는 주기적	보관 관리자	재포장	조치기록 확인
살 균	CCP 1	온도·시간: 사내기준	살균온도 /시간	기록 확인 또는 측정	연속 또는 Lot별	생산 관리자	살균기 조정, 재살균	기록 확인, 온도 보정, 경보체제 확인
냉 각		온도: 사내기준	냉각온도	기록 확인 또는 측정	연속 또는 Lot별	생산 관리자	냉각기 조정, 신속한 냉각	기록 확인, 온도 보정, 경보체제 확인
저 장	CCP 2	온도·시간: 사내기준	저장조 온도 저장시간	기록 확인 또는 측정	저유조 별	생산 관리자	냉각기 조정, 신속한 냉각	기록 확인, 온도 보정, 경보체제 확인, 미생물 검사
유산균 배양	CCP 1	배양온도: 사내기준	배양조 온도	기록 확인 또는 측정	배양조 별	생산 관리자	배양온도 조절	기록 확인, 온도 보정
유산균 접종		접종방법: 무균 접종량·활성: 사내기준	알콜 소독 여부 접종량·활성	기록 유지 측정	접종시 주기적	생산 관리자 품질 관리자	재소독 유산균 폐기, 재가열	기록 확인

표 12-4 (3). 천연치즈

제조 공정	CCP 번호	관리항목별 관리기준	모니터링 방법				관리기준 이탈시 조치사항	검증방법
			대 상	방 법	빈 도	관리자		
원유 저장		온도: 5℃ 이하 시간: 사내기준	저장조 온도 저장시간	기록 확인 또는 측정	저장조별	생산 관리자	냉각기 조정, 신속한 냉각, 다른 저유조 이송	기록 확인, 온도 보정
살 균	CCP 1	온도・시간: 사내기준	살균온도 /시간	기록 확인 또는 측정	연속 또는 Lot별	생산 관리자	살균기 조절, 재살균	기록 확인, 온도 보정, 경보체제 확인
냉 각	CCP 2	온도: 사내기준	냉각온도	기록 확인 또는 측정	연속 또는 Lot별	생산 관리자	냉각기 조정, 신속한 냉각	기록 확인, 온도 보정
혼 합		위생상태: 양호	종사자・기기 위생	육안	Lot별	생산 관리자	세척・소독	기록 확인, 미생물 검사
응 고	CCP 2	온도, 시간, 산도: 사내기준	온도, 시간, 산도	기록 확인 또는 측정	Lot별	생산 관리자	온도조절, 제품폐기	기록 확인, 산도측정
절 단		위생상태: 양호	종사자・기기 위생	육안	Lot별	생산 관리자	세척・소독	기록 확인, 미생물 검사
가 열		온도・시간: 사내기준	온도/시간	기록 확인 또는 측정	연속 또는 Lot별	생산 관리자	가열기 조정	기록 확인, 온도 보정
유청 제거		위생상태: 양호	종사자・기기 위생	육안	Lot별	생산 관리자	세척・소독	기록 확인, 미생물 검사
스트레칭・몰딩		온도・시간: 사내기준	온도/시간	기록 확인 또는 측정	Lot별	생산 관리자	온도 조정	기록 확인, 온도 보정
포 장		포장, 위생상태: 양호	포장, 위생상태	육안	수시 또는 주기적	생산 관리자	불량품 배제, 작업장 소독	불량품 처리 기록 확인, 미생물 검사, 종사자 교육
보 관		식품공전 또는 사내기준	보관온도	기록 확인 또는 측정	연속 또는 주기적	보관 관리자	신속한 냉각, 출입문 단속	기록 확인, 온도 보정
출 하		냉장탑차 이용	온도기록	서류 확인	출하시	보관 관리자	냉동기 작동 지도	온도 측정, 보정

표 12-4 (4). 가공치즈

제조 공정	CCP 번호	관리항목별 관리기준	모니터링 방법				관리기준 이탈시 조치사항	검증방법
			대 상	방 법	빈 도	관리자		
자연 치즈 입고·보관	CCP 1	Aflatoxin: 음성	곰팡이 발생	육안	입고시	보관 관리자	반품, 폐기	서류비치 확인, 기기 분석
		보관온도: 사내기준 보관상태: 양호	보관고 온도 포장 파손 여부	기록 확인, 측정 육안	주기적	보관 관리자	온도 조절 재포장	기록 확인, 온도 보정
부재료 입고·보관		보관온도: 사내기준 보관상태: 양호	보관고 온도 포장 파손여부	기록 확인, 측정 육안	주기적	보관 관리자	온도 조절 재포장	기록 확인, 온도 보정
치즈 박피		이물혼입: 배제 위생 상태: 양호	포장혼입 여부 종사자 위생	육안	Lot별	생산 관리자	포장 제거 세척·소독	조치기록 확인, 미생물 검사
배 합		위생상태: 양호	작업장, 기기, 종사자 등 위생	육안	Lot별	생산 관리자	세척·소독	조치기록 확인, 미생물 검사
분 쇄		온도·습도: 사내기준	작업장 온도·습도	측정	Lot별	생산 관리자	온도·습도 조정	기록 확인, 온도·습도 보정
가 열	CCP 1	온도·시간: 사내기준	온도/시간	기록 확인 또는 측정	연속 또는 Lot별	생산 관리자	가열기 조정, 재가열	기록 확인, 온도 보정
유 화	CCP 2	온도·시간: 사내기준	온도/시간	기록 확인 또는 측정	연속 또는 Lot별	생산 관리자	온도 조정, 재유화	기록 확인, 온도 보정
충전·포장		포장, 위생상태: 양호	포장, 위생상태	육안	수시 또는 주기적	생산 관리자	불량품 배제, 작업장·종사자 소독	불량품처리 기록 확인, 미생물 검사, 종사자 교육
냉 각	CP2	온도·시간: 사내기준	온도·시간	기록 확인 또는 측정	Lot별	생산 관리자	냉각기 조정, 신속한 냉각	기록 확인, 온도 보정, 미생물 검사
보 관		식품공전 또는 사내기준	보관온도	기록 확인 또는 측정	연속 또는 주기적	보관 관리자	신속한 냉각, 출입문 단속	기록 확인, 온도 보정
출 하		냉장탑차 이용	온도기록	서류 확인	출하시	보관 관리자	냉동기 작동 지도	온도 측정, 보정

표 12-4 (5). 버터류

제조 공정	CCP 번호	관리항목별 관리기준	모니터링 방법				관리기준 이탈시 조치사항	검증방법
			대 상	방 법	빈 도	관리자		
원유 저장		온도: 5℃ 이하 시간: 사내기준	저장조 온도 저장시간	기록 확인 또는 측정	저장조별	생산 관리자	냉각기 조정, 신속한 냉각, 다른 저유조 이송	기록 확인, 온도 보정
크림 분리		회전수, 지방함량: 사내기준	회전수 지방함량	기기 확인 측정	수시 또는 주기적	생산 관리자	분리기 조정	기록 확인, 지방함량 측정
크림 저장		온도: 5℃ 이하 시간: 사내기준	저장조 온도 저장시간	기록 확인 또는 측정	저장조별	생산 관리자	냉각기 조정, 신속한 냉각, 다른 저장조 이송	기록 확인, 온도 보정
살 균	CCP 1	온도·시간: 사내기준	살균온도 /시간	기록 확인 또는 측정	연속 또는 Lot별	생산 관리자	살균기 조정, 재살균	기록 확인, 온도 보정, 경보체제 확인
냉 각	CCP 2	온도: 사내기준	냉각온도	기록 확인 또는 측정	연속 또는 Lot별	생산 관리자	냉각기 조정, 신속한 냉각	기록 확인, 온도 보정
발효·숙성	CCP 1	온도, 시간: 사내기준	온도, 시간	기록 확인 또는 측정	연속 또는 Lot별	생산 관리자	온도 조절, 제품폐기	기록 확인, 미생물 검사
교 동		회전수: 사내기준	기기의 회전수	기록 유지	Lot별	생산 관리자	회전수 조절	기록 확인
혼 합		위생상태: 양호	종사자·기기 위생	육안	Lot별	생산 관리자	세척·소독	기록 확인, 미생물 검사
포 장		포장, 위생상태: 양호	포장, 위생 상태	육안	수시 또는 주기적	생산 관리자	불량품 배제, 작업장 소독	불량품 처리 기록 확인, 미생물 검사, 종사자 교육
보 관		식품공전 또는 사내기준	보관온도	기록 확인 또는 측정	연속 또는 주기적	보관 관리자	신속한 냉각, 출입문 단속	기록 확인, 온도 보정
출 하		냉장탑차 이용	온도기록	서류 확인	출하시	보관 관리자	냉동기 작동지도	온도 측정, 보정

표 12-4 (6). 분유류

제조 공정	CCP 번호	관리항목별 관리기준	모니터링 방법				관리기준 이탈시 조치사항	검증방법
			대 상	방 법	빈 도	관리자		
원유 저장		온도: 5℃ 이하 시간: 사내기준	저장조 온도 저장시간	기록 확인 또는 측정	저장조별	생산 관리자	냉각기 조정, 신속한 냉각, 다른 저유조 이송	기록 확인, 온도 보정
크림 분리		회전수, 지방함량: 사내기준	회전수 지방함량	기기 확인 측정	수시 또는 주기적	생산 관리자	분리기 조정	기록 확인, 지방함량 측정
혼 합	CCP 1	위생상태: 양호 영양소 함량: 사내기준	기기 등 위생 첨가량	육안 계량 기록 유지	Lot별	생산 관리자	세척·소독 보충, 재가공, 폐기	기록 확인, 미생물 검사, 계량기 보정
살 균	CCP 1	온도·시간: 사내기준	살균온도 /시간	기록 확인 또는 측정	연속 또는 Lot별	생산 관리자	살균기 조정, 재살균	기록 확인, 온도 보정
냉 각	CCP 2	온도: 사내기준	냉각온도	기록 확인 또는 측정	연속 또는 Lot별	생산 관리자	냉각기 조정, 신속한 냉각	기록 확인, 온도 보정
저 장	CCP 2	온도: 사내기준	냉각온도	기록 확인 또는 측정	연속 또는 Lot별	생산 관리자	냉각기 조정, 신속한 냉각	기록 확인, 온도 보정
농 축		온도, 시간: 사내기준	온도, 시간	기록 확인 또는 측정	연속 또는 Lot별	생산 관리자	온도 조절	기록 확인
건 조		온도, 시간: 사내기준	온도, 시간	기록 확인 또는 측정	연속 또는 Lot별	생산 관리자	온도 조절	기록 확인
충전·밀봉		포장, 위생상태: 양호	포장, 위생상태	육안	수시 또는 주기적	생산 관리자	불량품 배제, 작업장 소독	불량품 처리 기록 확인, 미생물 검사
		질소가스 치환량: 사내기준	기기작동 상태	기록 확인, 측정	주기적	생산 관리자	기기 조정, 재작업	기록 확인, 검사
보 관		보관상태: 양호	보관상태 선입선출 여부	육안 기록	수시 또는 주기적	보관 관리자	불량품 회수, 폐기	기록 확인
출 하		용기상태: 양호	용기파손 여부	육안	출하시	보관 관리자	불량품 회수, 폐기	조치기록 확인

표 12-4 (7). 유크림류

제조 공정	CCP 번호	관리항목별 관리기준	모니터링 방법				관리기준 이탈시 조치사항	검증방법
			대 상	방 법	빈 도	관리자		
원유 저장		온도: 5℃이하 시간: 사내기준	저장조 온도 저장시간	기록 확인 또는 측정	저장조별	생산 관리자	냉각기 조정, 신속한 냉각, 다른 저유조 이송	기록 확인, 온도 보정
분유입고 보관		항균·항생물질: 식품공전 또는 사내기준	시험 성적서	서류 확인	입고시	보관 관리자	반품, 폐기	서류비치 확인, 기기 분석
		보관상태: 양호	파손상태	육안	수시	보관 관리자	재포장	조치기록 확인
크림 분리		회전수, 지방함량: 사내기준	회전수 지방함량	기기 확인 측정	수시 또는 주기적	생산 관리자	분리기 조정	기록 확인, 지방함량 측정
살 균	CCP 1	온도·시간: 사내기준	살균온도 /시간	기록 확인 또는 측정	연속 또는 Lot별	생산 관리자	살균기 조정, 재살균	기록 확인, 온도 보정, 경보체제 확인
냉 각	CCP 2	온도: 5℃ 이하	냉각온도	기록 확인 또는 측정	연속 또는 Lot별	생산 관리자	냉각기 조정, 신속한 냉각	기록 확인, 온도 보정, 경보체제 확인
저 장	CCP 2	온도·시간: 사내기준	저장조 온도 저장시간	기록 확인 또는 측정	저유조별	생산 관리자	냉각기 조정, 신속한 냉각	기록 확인, 온도 보정, 경보체제 확인, 미생물 검사
농 축		온도, 시간: 사내기준	온도, 시간	기록 확인 또는 측정	연속 또는 Lot별	생산 관리자	온도 조절	기록 확인
충전·포장		봉인, 위생상태: 양호	봉인상태, 접착온도, 위생상태	육안, 계기 확인	수시 또는 주기적	생산 관리자	불량품 배제, 작업장 소독	불량품 처리 기록 확인, 미생물 검사, 종사자 교육
		유통기간: 5일(살균제품)	표시상태	육안	작업전, 수시	생산 관리자	날짜조정, 재작업	조치기록 확인
보 관		식품공전 또는 사내기준	보관온도	기록 확인 또는 측정	연속 또는 주기적	보관 관리자	신속한 냉각, 출입문 단속	기록 확인, 온도보정
출 하		냉장탑차 이용	온도기록	서류 확인	출하시	보관 관리자	냉동기 작동 지도	온도 측정, 보정

표 12-4 (8). 아이스크림류

제조 공정	CCP 번호	관리항목별 관리기준	모니터링 방법				관리기준 이탈시 조치사항	검증방법
			대 상	방 법	빈 도	관리자		
유 · 유제품 입고 · 보관		항생 · 항균물질: 식품공전 또는 사내기준	시험 성적서	서류 확인	입고시	보관 관리자	반품, 폐기	서류비치 확인, 기기 분석
		보관상태: 양호 보관온도: 사내기준	파손상태 온도	육안 기록 확인, 측정	수시 또는 주기적	보관 관리자	재포장, 온도 조절	기록 확인, 미생물 검사
부재료 입고 · 보관		농약: 식품공전 또는 사내기준	시험 성적서	서류 확인	입고시	보관 관리자	반품, 폐기	서류비치 확인, 기기 분석
		보관상태: 양호 보관온도 : 사내기준	부패 유무 온도	육안 기록 확인, 측정	수시 또는 주기적	보관 관리자	폐기, 온도조절	기록 확인, 미생물 검사
혼 합		위생상태: 양호	종사자, 기계 등 위생	육안	Lot별	생산 관리자	세척 · 소독	기록 확인, 미생물 검사
살 균	CCP 1	살균온도 · 시간: 사내기준	살균온도 /시간	기록 확인 또는 측정	연속 또는 Lot별	생산 관리자	살균기 조정, 재살균	기록 확인, 기기 보정
냉 각	CCP 2	온도: 5℃이하	냉각온도 /시간	기록 확인 또는 측정	연속 또는 Lot별	생산 관리자	냉각기 조정, 신속한 냉각	기록 확인, 기기 보정
저 장	CCP 2	온도: 5℃이하	저 장 조 온도	기록 확인 또는 측정	저유조 별	생산 관리자	기기조정, 신속냉각, 타 저장조 이송	기록 확인, 기기 보정, 미생물 검사
충 전	CCP 2	충전, 위생상태: 양호	충전량, 작업장, 기기 등 위생	육안	수시 또는 주기적	생산 관리자	불량품 배제, 작업장 · 종사자 등 세척 · 소독	불량품 처리 기록 확인, 미생물 검사, 종사자 교육
경 화	CCP 1	경화온도 · 시간: 사내기준	경화온도 · 시간	기록 확인 또는 측정	연속 또는 Lot별	생산 관리자	온도 조정, 불량품 배제	기록 확인, 기기 보정

(계속)

제조 공정	CCP 번호	관리항목별 관리기준	모니터링 방법				관리기준 이탈시 조치사항	검증방법
			대 상	방 법	빈 도	관리자		
포 장		포장, 위생상태: 양호	밀봉상태, 작업장, 기기 등 위생	육안	수시 또는 주기적	생산 관리자	불량품 배제, 작업장·종사자 등 세척·소독	불량품 처리 기록 확인, 미생물 검사, 종사자 교육
보 관		식품공전 또는 사내기준	보관온도	기록 확인 또는 측정	연속 또는 주기적	보관 관리자	신속한 냉각, 출입문 단속	기록 확인, 온도보정
출 하		냉장탑차 이용	온도기록	서류 확인	출하시	보관 관리자	냉동기 작동 지도	온도 측정, 보정

참고문헌

1. Alvarez, V. B., Bash, W., Cornelius, Bill., Courtney, Polly. and Knipe, Lynn, 2002. Ensuring safe Food. The Ohio State University. USA.
2. Fennema, O. R., Karel, M., Sanderson, G. W., Tannenbaum, S. R., Walstar, P. and Whitaker J. R., 1998. Milk and dairy product technology. Marcel Dekker, Inc. New york. America.
3. Fox, P. F. and McSweeney, P. L. H., 1998. Dairy chemistry and Biochemistry. Thomson Science. London. UK.
4. 국립수의과학검역원, 2009. 축산물의 가공기준 및 성분규격.
5. 김현욱 외 13인, 1999. 유가공학, 선진문화사.
6. 정석근, 2004. 농가의 원유품질 현황과 향상방안, 축산기술연구소.
7. 축산물위해요소중점관리기준원. 2009. http://www.ihaccp.or.kr
8. 한국식품연구원. 2009. http://www.kfri.re.kr

제13장

우유 및 유제품의 포장

1. 서 론

식품용 포장재는 타 포장재와는 달리 식품을 담고 있는 단순한 용기(container)로서의 기능 이외에 외부충격의 방지, 가공과정에서 내용물과의 반응 등을 고려해야 한다. 일반적으로 식품포장재는 다음과 같은 기능을 가진다(표 13-1).

첫째, 제품을 담을 수 있는 용기로서의 기능이다. 이것은 가장 기본적인 기능으로 밀봉이 가능하며, 충진 조건을 만족할 수 있고 내용물과 반응이 없는 것이 바람직하다. **둘째**, 외부 환경으로부터 내용물을 보호하는 품질 보호성이다. 포장식품은 수송이나 저장과정 중 외부 충격을 받기 쉬우므로 물리적 충격으로부터 제품을 보호하는 기능 이외에 수분, 산소, 자외선 등을 차단하는 기능적 차단성(functional barrier)이 필요하다. **셋째**, 소비자가 내용물을 쉽게 파악할 수 있는 편이성 기능이다. 포장 식품의 개봉이 용이하거나 식품 내용물의 색과 같은 관능적 특성을 쉽게 파악할 수 있는 재질이 중요하다. **넷째**, 포장재는 내용물의 표시가 가능한 정보의 기능을 가져야 한다. 포장재는 인쇄성(printability)이 우수하거나 시각적 지속성(durability), 투명성(clarity)이 바람직하다. **다섯째**, 포장재는 폐기 및 재활용이 가능하여야 한다. 식품포장재는 사용 후에 환경 부담을 경감하기 위하여 분해성이 좋고 부피를 줄일 수 있는 재질이 선호된다. 세척하거나 열에 녹여 재활용성이 우수한 것도 식품 포장재를 선택하고자 할 때 고려해야 할 중요한 성질의 하나이다. **여섯째**, 포장재는 안전성과 경제성 기능이 있어야 한다. 내용물과 접촉하는 포장재는 무엇보다도 안전성이 뛰어날 뿐만 아니라 가격이 저렴한 것으로서 원가에 지나친 부담을 주지 않는 것을 선택하는 것이 좋다.

우유 및 유제품의 포장은 생산된 제품의 포장을 통해 상품가치를 높이고, 유통기간

표 13-1. 식품포장의 기본적 보유기능과 추가 구비요건

기능 또는 요건		내 용
기본적 보유기능	품질 보호성	· 물리적 보호: 유통 중의 압축, 진동, 낙하충격에 의한 파손, 외력에 의한 변형 등 · 화학적 보호: 산화, 빛에 의한 열화, 부식, 활성 화학물질에 의한 작용, 냄새 · 생물적 보호: 미생물(세균·효모·곰팡이), 해충, 쥐 · 인위적 보호: 변조, 위조, 오용 등
	편이성	· 유통상의 편리: 수송, 보관상의 편의성, 소포장화 편의성 · 판매상의 편리: 진열 편의성, 판매단위의 편의성 · 소비상의 편리: 개봉성, 휴대성, 인스턴트(레토르트 및 전자레인지 대응) · 폐기상의 편리: 분별성, 파괴 용이성, 감용성(減容性)
	정보기능	· 상품표시: 상품명, 식품첨가물, 원재료명, 내용량, 유통기한, 보존방법, 제조자, 원산지, 성분표시, 사용상의 주의, 취급상 주의, 포장재에 대한 정보 제공
추가 구비요건	안전 위생성	· 식품위생성: 식품위생법 대응 · 인체 안전성의 확보: PL법 대응, HACCP 대응
	사회환경성	· 자원 절약목적: 자원 재이용, 재사용(reuse), 리사이클(recycle) 적성, 폐기성(소각 배출가스, 생분해성, 광분해성) · 소비자 보호법 적합성 · 다이옥신(dioxins) 등 환경호르몬 문제
	생산 적성	· 포장작업성: 포장기계 및 라인화 적성, 품질 안정성(규격치수, 형태 오차)
	경제성	· 재료가격: 재료가격의 안정성, 조달 용이성

중 다양한 유통환경 조건에서도 우유 및 유제품의 물리적·화학적·생화학적 변패를 방지하면서 안전하고, 원래의 맛과 향을 잃지 않는 제품으로 최종 소비자들에게 전달하고 취급을 편리하게 하고, 제품의 정보를 전달하며 판매를 촉진하는 데 있다. 따라서 포장은 생산된 제품의 상품적 가치를 완성하는 최종 공정으로 소비자에게 구매욕과 만족감을 주어야 하는 매우 중요한 과정이다.

2. 유제품에 사용되는 포장재료

유제품의 포장재에는 크게 종이・플라스틱・금속관・유리 등 매우 다양한 종류가 있으나 그 중에서도 플라스틱류가 가장 많이 이용되고 있다. 현재 생산되고 있는 플라스틱의 종류는 수십 종류에 달하고 있으며, 공업적으로 가열할 때 일어나는 상태변

표 13-2. 열가소성 플라스틱과 열경화성 플라스틱의 비교

구 분	열가소성(Thermoplastic) 플라스틱	열경화성(Thermosetting) 플라스틱
성 상	가열하면 연화되어 유동성이 되고 냉각하면 다시 경화하는 변화를 가역적으로 반복할 수 있는 것	가열하면 처음에는 연화되어 유동성을 나타내게 되나 차차 분자 중에 남아있던 미반응기가 서로 반응하여 망상구조를 형성하게 되어 불용・불융 상태로 되는 것
열변형온도	150℃에서 변형되는 것이 많음	제품은 불용・불융이며 일반적으로 150℃에서 견딜 수 있음
성형능률	사출, 압출성형 등의 능률적이고 연속적인 가공법을 사용할 수 있음	압축, 적층성형 등의 가공법에 의해 성형되므로 능률적이지 못함
재활용성	성형시 화학적인 변화를 일으키지 않기 때문에 원칙적으로 재활용이 가능	성형 시 3차원 구조가 형성되기 때문에 재활용이 불가능함
투명도	대부분의 재료에서 투명한 제품을 얻을 수 있음	대부분이 불투명 또는 반투명 제품을 얻을 수 있음
수지의 종류	PE, PP, PVC, PS, PVA, PVDC, Nylon, PET 등	Phenol, Urea, Melamine, Epoxy 등

표 13-3. 열가소성 플라스틱의 물리적 특성

구 분	LDPE	HDPE	CPP	OPP	PVC	PS	PET
밀 도	0.91～0.92	0.94～0.96	0.89～0.91	0.90	1.35	1.0～1.1	1.35～1.40
투명도	약간 흐리며 투명	반투명	투 명	투 명	투 명	투 명	투 명
투습도	낮 음	매우 낮음	매우 낮음	매우 낮음	중 간	높 음	중 간
산소투과도	매우 높음	높 음	높 음	높 음	낮 음	높 음	낮 음
내열성	보 통	보 통	양 호	양 호	약간 불량	보 통	약간불량
내한성	매우 양호	매우 양호	불 량	매우 양호	보 통	불 량	양 호
내충격 강도	우수함	보 통	불 량	매우 양호	보 통	불 량	매우 양호

* LDPE(low density polyethylene), HDPE(high density polyethylene), CPP(casted polypropylene), OPP(oriented polypropylene), PVC(polyvinyl chloride) PS(polystyrene), PET(polyethylene terephthalate)

화에 따라 분류할 수도 있으며(표 13-2), 이들 플라스틱 필름의 물리적 특성 또한 필름에 따라 매우 상이한 특성을 나타낸다(표 13-3).

이러한 포장재들은 재료에 따른 특성과 성질이 매우 다양하므로 포장하려고 하는 제품의 특성, 저장기간 등 여러 요인들을 고려하여 적당한 포장재와 포장방법을 결정하여야 한다.

2.1 포장 재료별 특성

1) 종 이

종이는 식물성 섬유를 엉키게 하여 교착시켜 엷게 만든 것이다. 가장 좋은 질의 종이는 리그닌이 없는 순수한 셀룰로오스(cellulose)로 만들어진다. 종이는 가볍고 인쇄성이 좋으며, 기계적 강도가 있고 형태 보존성이 있으며, 자외선 차단성이 있으며, 공해가 적은 것이 장점이다.

그러나 수분과 공기의 차단성이 낮고 투명하지 않으며, 열 접착성이 없는 것이 단점이다. 그러나 플라스틱이나 금속박 등과 복합된 것이 사용되면서 방습성・내유성을 가진 가공지가 개발되어 여러 가지 식품의 포장에도 사용하게 되었다.

2) Cellulose acetate(CA)

셀룰로오스 아세테이트는 펄프나 솜에서 얻어지는 셀룰로오스를 아세트산 및 황산으로 처리하여 제조한다. 이 필름은 투명성・광택 등의 광학적 성질이 뛰어나며 140℃ 정도까지의 온도에서는 물리적 성질이 변하지 않으며, 내열성이 대단히 우수하다. 강산, 강알칼리에는 약하나 내수성・내유성은 크다. CA 필름은 종이, 알루미늄박, 또는 다른 플라스틱 필름 등과 적층하면 열접착을 할 수 있다.

3) 알루미늄(aluminium, Al)

금속을 종이와 같이 얇게 늘인 알루미늄박(Al foil)은 알루미늄판을 압연기에 걸어 몇 번이고 반복하여 원하는 두께로 만들 수가 있다. 호일형태로 있는 알루미늄은 거의 9 ㎛의 두께로 늘릴 수 있다.

포장재료로 사용되는 알루미늄박은 단독으로 사용하는 것보다 강도 등을 보완하기 위하여 종이, 셀로판, polyethylene 등을 적층하여 많이 사용한다. 알루미늄은 빛・기체・습기의 차단성이 있으며, 무해・무독하여 위생적으로 안전하며, 가공성이 좋은 특성을 가지고 있다.

4) Polyethylene(PE)

폴리에틸렌은 밀도에 따라 고밀도 PE(HDPE), 중밀도 PE(MDPE), 저밀도 PE (LDPE), 선상저밀도 PE(LLDPE) 네 종류로 나눌 수 있다. PE는 수증기 차단성이 좋으며 내화학성·가공성이 우수하며, 무미·무취하고 가격이 저렴한 장점이 있으나 내유성이 약간 떨어지며, 인쇄적성이 불량하고, 기체 투과성이 큰 단점이 있다. PE는 그 제법에 따라 즉, 반응온도 및 압력에 따라 제품의 물성에 많은 차이가 있다. PE필름이 포장재료로서 널리 이용되게 된 것은 물리적 강도가 크고 내수성이 있으며, 열접착성이 우수하고 가벼우며, 저온에서도 유연성이 있기 때문이다.

5) Polypropylene(PP)

PP는 무연신(無延伸) PP(CPP)와 연신(延伸) PP(OPP)로 구분되며, OPP는 일축연신 PP(MOPP)와 이축연신 PP(BOPP)로 구분된다. 포장재료로서의 PP필름은 플라스틱 필름 중에서 가장 가벼운 것 중의 하나이며, 무미·무취·무독의 안정성을 가지고 있으며, 투명성이 뛰어나고, 물리적 강도가 강하며, 내약품성·내한성·내열성·방습성 등이 우수하여 최근에 들어 많이 사용되고 있다.

PP의 기체 투과성은 PE와 비교하면 무연신 PP필름은 1/2 정도, 2축 연신 PP필름은 1/3～1/5 정도로 적다. 산소의 차단성을 증가시키기 위하여 polyvinylidene chloride 수지를 코팅하여 제조하기도 한다. PP의 물성을 개선하기 위하여 다른 플라스틱 재료들과 적층하여 제조함으로써 인쇄 적성·열 접착성 등을 개선할 수 있다.

6) Polyvinyl chloride(PVC)

PVC 필름은 수증기 투과도 및 산소투과도는 상당히 낮고 투명성 및 가공성이 좋아 식품 포장재로 많이 이용되고 있다. PVC 필름은 가소제의 첨가비율이 높아질수록 인장강도는 떨어지고, 신장강도는 커지며, 유연(柔軟)온도가 낮아진다. 가소제 함량이 적은 경질 PVC는 내유성·내산성과 내알칼리성이 좋은 반면 PE나 PP와 비교하여 수분 차단성은 나쁘나 가스 차단성은 좋다. 일반적으로 가소제 첨가량이 많은 연질 PVC는 위생적인 문제로 식품의 포장에 적합지 않으며, 반경질 및 경질 PVC가 식품포장에 주로 사용된다.

7) Polyvinylidene chloride(PVDC)

PVDC 필름의 특성은 기체 및 수증기의 투과 방지성·내약품성·열수축성·투명성 등이 좋은 점이다. PVDC는 다른 플라스틱 필름에 비하여 기체나 수증기의 차단성이 매우 높아 대표적인 고차단성 포장재로 사용된다. PVDC 필름은 저온에서의 취급에 주의를 하여야 하며, 열 수축성은 다른 필름에 비하여 크기 때문에 포장 후 가열처리를 함으로써 밀착포장을 할 수 있다.

8) Polystyrene(PS)

PS에는 합성고무를 배합(HIPS)한 것과 발포제를 첨가한 제품(EPS), 일반 PS를 가로, 세로의 두 방향으로 연신(延伸)한 제품(BOPS) 등이 있다. 고무를 배합한 PS는 충격에 대한 저항성을 증가시켜 주지만 유백색 내지 반투명성이다. 순수한 PS는 무색투명하며, 무미・무취・무독성이나 제품에 따라서는 styrene monomer가 잔류할 수 있으므로 사용목적에 따라 재료를 잘 선택하여야 한다. PS의 종류에 따라 차이는 있으나 모두 -40～80℃ 범위에서는 물리적 강도에 영향이 없다. 또한 PS는 인쇄성이 좋으며, 성형성이 우수한 특성을 가지고 있다.

9) Polycarbonate(PC)

PC는 인장강도와 충격강도가 매우 크다. PC는 플라스틱 재료 중에서 가장 온도의 영향을 적게 받는 필름으로 100～135℃의 범위 내에서 열 저항성이 있다. 기체 투과성은 비교적 적으며, 습기의 투과성은 약간 크기 때문에 다른 재질과 적층하여 물성을 개선하여 사용할 수 있다.

10) Polyester(polyethylene terephthalate, PET)

PET는 기계적 강도가 높고 질기며, 투명도가 좋고 화학적 내성 또는 내열성이 우수하며, 가스 차단성이 좋다. 그러나 수증기 차단성은 좋지 못한 단점이 있다. 온도변화에 따른 물성의 변화가 적어 -50～150℃의 넓은 온도범위에서 사용이 가능하다. 다만 열 접착성이 좋지 않은 단점이 있으나 PVDC와 같은 다른 플라스틱 재료들과 적층하여 사용하면 열 접착성을 개선할 수 있으며, 차단성을 더욱 증가시킬 수 있다.

11) Polyamide(PA, Nylon)

나일론은 질기며 인장강도가 높고 내마모성이 좋으며, 내핀홀성이 우수하다. 사용온도는 낮은 온도에서 유연하여 냉동식품에 사용되며, 고온에서는 약 140℃ 정도까지 견디므로 사용온도 범위가 매우 넓으며, 내열성 및 내한성도 좋은 편이다. PA는 기체 차단성은 좋으나 흡습성이 크다. PA는 투명하고 광택이 있으며, 다른 필름과 적층하여 제조함으로써 물성을 개선할 수 있다.

2.2 각 유제품의 포장

유제품의 성분은 제품에 따라 매우 상이하며, 제품의 형태도 액상·고상·분말상·점질상 등으로 차이가 나며, 보관온도도 제품에 따라 매우 차이가 크다. 따라서 유제품의 저장 수명을 결정하는 요인은 달라지며, 제품의 포장재 선택 시 이러한 사항들을 고려하여야 한다(표 13-4, 13-5 참조).

1) 시 유

현재 시유 포장의 주종을 이루고 있는 것은 카톤팩이다. 카톤팩은 크게 일반 제품용과 장기 보관용 제품용으로 구분된다. 현재 국내에서는 일반 시유에는 Gable Top

표 13-4. 주요 유제품의 품질과 포장재 성질

제 품		저장수명 결정인자	요구되는 포장재 성질	유통기한
시 유	일 반	미생물(10^6마리 이상), off-flavor, 응고	광선 차단, 산화방지	5~10일
	장기보존	미생물, 효소, 화학적 off-flavour	광선 차단성, 산소, 수증기 차단성	7~12주
요구르트	액 상	미생물, 화학적 off-flavour	광선 차단성, 산소 차단성, 성형성	7~10일
	호 상			10~14일
버 터		이미·향미 파괴, 이취 흡착 산패취, 건조조직 변화, 변색	수증기 차단성, 광선 차단성 내유성, 방향성	냉장 3개월 냉동 12개월
치 즈	생치즈	곰팡이, 효모, 세균, 산패취, 표면건조	광선, 산소, 수증기 차단성	3개월
	가공치즈	곰팡이, 효모, off-flavour, 산패취, 표면건조	광선, 산소, 수증기 차단성	6개월
	숙성치즈	곰팡이, 효모, off-flavour, 산패취, 표면건조	광선, 산소, 수증기 차단성 기계적 강도, 보향성	경성 12개월 반경성 6개월 연성 3개월
분 유	탈 지	갈변, 유당 결정화, 용해도 감소, 비타민 손실	광선, 수증기, 산소 차단성	실온 6개월 암소
	전 지	산패취, 응고, 갈변, 유당 결정화, 용해도 감소, 비타민 손실	광선, 수증기, 산소 차단성	
아이스크림		산패, 재결정화, 미생물	내한성, 광선 차단성, 내유성	

형(그림 13-1)이, 그리고 장기 보존 시유에는 벽돌형(Brick Type)이 이용되고 있다. Gable Top형 카톤팩의 재질은 약 85%의 펄프와 약 15%의 폴리에틸렌으로 구성되어 있으며, PE / 종이 / PE의 형태이며, 장기 보존용 무균포장 팩에는 산소, 수증기 및 광

표 13-5. 국내 유제품 포장단위 및 포장형태

제 품		포장단위	포 장 형 태		
			용 기		뚜껑재질
대분류	소분류		재 질	구 성	
우 유	일반시유	200, 500 mL. 1 L	카톤 팩 플라스틱	PE/Paper/PE HDPE/LLDPE, PP, HDPE	-
		1.5～2.5 L	플라스틱 Jug	HDPE	PP
		18 kg	금속캔	주석 도금강판	-
	장기보존	200 mL, 1 L	카톤 팩	PE/Paper/PE/Al/PE/(PE)	-
	가 공	200～250 mL	멸균팩 플라스틱용기	PE/Paper/PE/Al/PE/(PE) HIPS, PET, HDPE	- PP
요구르트	액 상	65 mL, 140 mL	플라스틱용기	HIPS, HDPE	PP, Al foil
	호 상	100×300 g	플라스틱용기 플라스틱봉지	GPPS, PP, PET/PE HDPE HDPE	Al foil PVC, PS
버 터	가염, 무염	240, 450, 1000 g	종이, Al	Paper/Paper Paper/PE, Al/Paper	-
치 즈	슬라이스 (가공)	18～20 g × 5～25매	플라스틱봉지	PET/PVDC(내피)	-
				PET/LLDPE(외피)	-
	피 자	170～500 g	플라스틱봉지	PET(PA)/LDPE(LLDPE)	-
	크 림	120 g	유리병		-
분 유	탈지, 전지, 고지방	500 g	플라스틱봉지	Ny/Al/PE	-
		1 kg	플라스틱봉지	PET/PE(내피)	-
				OPP/PE/Al/PE(외피)	-
		20 kg	플라스틱백/ 지대	PE/Paper	-
아이스크림	-	-	플라스틱, 종이봉지, 컵, 용기, 스틱 등	OPP/VM-CPP(PE), OPP/VM-PET/CPP, OPP/Al/Paper/Wax, OPP/Paper/PE, HDPE, PP등	-
생크림	-	500 mL	카톤 팩	Paper/PE	-
		18 L	금속캔	주석 도금강판	-
연 유	가당, 무가당	300～580 g	플라스틱용기 또는 금속캔	PVC, PP/EVOH/PP, 주석 도금강판	-

선차단성을 부여하기 위하여 알루미늄층이 필수적인데, 일반적으로 PE / 종이 / PE / Al / PE(PE) 등 5~6층 구조로 되어 있으며, 플라스틱 병으로는 HDPE · PP · PET 등의 재질이 이용되기도 한다.

카톤팩은 유리병에 비하여 가볍고 부피가 작아 물류비를 절감할 수 있으며 광선 차단성이 뛰어나 영양소의 보존효과가 높아 전 세계적으로 가장 광범위하게 사용되고 있다.

2) 요구르트

요구르트는 액상과 호상으로 구분되는데, 액상 요구르트의 경우 일반적으로 HIPS (High Impact PS) 용기에 포장된다. 뚜껑재료는 Al/PE/wax 재질이 일반적으로 이용된다. 그 외 HDPE와 같은 플라스틱 용기나 카톤팩에 포장된 제품도 있다. 호상 요구르트의 용기 재질은 다양한 편인데 HIPS, GPPS(General Purpose PS), PP, PET/PE나 HDPE 재질이 이용되며, 뚜껑(리드)은 Al-foil/PS 접착제, 종이/Al/접착제, PE, PP 또는 PET 등이 이용된다.

최근 호상 요구르트의 경우 숟가락으로 퍼먹는 불편함을 개선한 소용량 튜브 형태로 FFS 방법(PET/LLDPE)으로 제조된 짜 먹는 형태의 제품을 선보이고 있으며, 그 외 카톤팩에 포장되는 제품도 있다.

요구르트 용기는 광선과 산소의 차단성이 우수하여야 저장기간이 연장된다. 용기를 밀봉하기 전에 질소가스로 씻어내면 곰팡이와 효모의 발생을 억제할 수 있다.

그림 13-1. Gable Top 용기

3) 버 터

버터의 포장에는 일반적으로 종이(황산지)나 알루미늄박이 적층된 종이로 싸는 형태가 일반적이나 일부 PS나 PP용기에 직접 버터를 담는 형태도 있다. 버터는 지방 함량이 80% 이상으로 높기 때문에 미생물보다는 광선에 의한 지방 산화에 의하여 품질이 저하된다. 따라서 산패를 방지하기 위하여 포장재의 광차단성이 우수하여야 하며, 건조에 의하여 표면이 굳어지고 이취가 흡착되는 것을 방지하여야 한다. 현재 국내에서 200 g 이상의 버터용 포장재는 Al(7 ㎛)/박엽지(40 g / m^2)/PE(20 ㎛)가 사용되고 있으며, 포션버터(1회용 버터)의 경우 용기는 HIPS, 리드는 Al/접착제 또는 PET/Al/접착제로 된 재질을 사용한다.

4) 치 즈

치즈는 그 종류도 매우 다양하고 형태도 다르기 때문에 일률적으로 설명하기가 매우 어렵다. 일반적으로 연성 신선치즈는 PVC, PS, PP tray에 포장되고 있으며, 리드(뚜껑) 재로는 산소와 광선 차단성을 부여하기 위해서 알루미늄이 적층된 포장재를 주로 사용된다(그림 13-2).

체다치즈와 같은 경성치즈는 일반적으로 차단성 포장재로 진공 또는 가스(탄산가스·질소) 치환방식에 의하여 포장되고 있다. 포장재질은 Nylon/EVA, PET/PE, PP/EVA 등의 기본구성에 AL, PVDC나 EVOH의 차단층을 접합한 형태의 필름 또는 용기가 사용된다. 뚜껑은 PET/PVDC/EVA가 이용된다. 까망베르 치즈류들은 알루미늄 호일과 황산지 또는 플라스틱과 적층된 포장재가 이용된다. 가공치즈는 유산지·플라

그림 13-2. 각종 치즈제품의 포장

스틱 · 종이카톤 · 알루미늄 적층재질 등 다양하게 이용되고 있으며, 포장형태 또한 제품별로 다양하다.

포션치즈의 포장형태는 20~30 g 단위의 치즈를 12~15 ㎛ 두께의 알루미늄 호일에 3각형 모양으로 포장하여 밀봉한다. 내면의 열접착을 위하여 플라스틱으로 코팅되고 개봉을 용이하게 하기 위하여 플라스틱 리본을 달아 놓았다. 슬라이스치즈는 외포장재로는 K-PET/LLDPE, 개별 내포장재로는 K-PET(PVDC가 코팅된 PET), OPP / PE가 이용되고 있다. 치즈의 저장수명을 연장하기 위해서는 CO_2와 N_2의 혼합가스로(80 : 20 혹은 70 : 30) 포장하면 저장성이 향상된다.

5) 분 유

분유의 포장형태는 크게 나누어 합성 캔, 금속 캔과 플라스틱 파우치(pouch) 형태로 구분된다. 분유는 수분함량이 5% 이하로 낮아 미생물에 의한 변질 위험보다는 불포화지방산의 산패로 인하여 이취가 발생되는 것이 문제이다. 분유는 건조 분말상태이기 때문에 흡습이 잘 일어나고, 전지분유의 경우 지방함량이 높아 산화가 일어나기 쉽기 때문에 질소치환포장을 하고 수증기 차단성과 광선 차단성이 중요한 포장재 선택 요소이다.

캔은 일반적으로 3피스 주석캔으로 제조되며, 질소 가스가 충진된다. 요즘은 주석캔 대신 몸통이 알루미늄 foil과 종이층이 접합된 컴포지트(composite) 캔이 많이 보급되어 있다. 플라스틱류는 Ny /A /PE, PET/Al /PE, OPP/PE/Al/PE 등이 있으며, 20kg 대용량 포장에는 Kraft Paper/PE가 이용되며, 파우치형 포장재는 Al(9 ㎛) / 종이(45g / m^2) / LDPE(25 ㎛), Al(9 ㎛) / PET(12 ㎛) / LDPE(64 ㎛)가 대표적이다.

6) 아이스크림

아이스크림은 플라스틱 용기로서 PS컵 형태가 보편적이고, 고급제품에는 OPP / Al -foil / 종이 / wax와 같이 Al층이 차단층으로 이용된다. PP 용기가 이용되기도 하지만 성형성과 가공성이 떨어진다. 봉지형은 OPP/ 알루미늄 증착 / PE, OPP / Al / 종이 / wax, OPP / 종이 / PE, OPP / white opaque PP, OPP / PE / CPP 등 다양한 조합이 가능하다. 그 외 종이재가 왁스 코팅된 형태로도 포장되고 있다.

참고문헌

1. 고준수 등, 2002. 유식품가공학, 선진문화사.
2. 박승용, 2003. 우유생산과 가공, 유한문화사.
3. 박영호, 1994. 식품포장학, 수학사.
4. 이근택, 2000. 유제품의 품질과 안정성 향상을 위한 포장재의 선택, 한국유가공기술학회지. 18(2) 129.
5. 안덕준, 2007. 식품포장학, 보문각.
6. Robertson, G. L. 2006. Food Packaging: Principles and Practice, 2nd Ed., Taylor & Francis, New York.

찾아보기

ㄱ

ㄴ

ㅈ

ㅌ

ㅍ

ㅎ

Index

H

I

J

K

L

R

S

T

최신 유가공학 (증보개정판)

2011년 2월 20일 초판 인쇄
2011년 3월 1일 초판 발행

저 자 : 김거유 · 김세헌 · 김완섭 · 김철현 · 남명수
문용일 · 배인휴 · 오세종 · 윤성식 · 이수원
이원재 · 전우민 · 하월규

펴낸이 : 천승배

펴낸곳 : 도서출판 유한문화사

주소 : (157-801) 서울시 강서구 강서로76길 21(가양동)
전화 : 2668-2055~6
팩스 : 2668-2565
http://www.yuhansa.com
E-mail : yuhansa@hanmail.net
등록 : 제 5-31호. 1979. 3. 6.

값 20,000 원

ISBN : 978-89-7722-563-3 93570